동아출판이 만든 진짜 기출예상문제집

특급기출

중간고사

중학 수학 **3-2**

Structure 구성과 특징

단원별 개념 정리

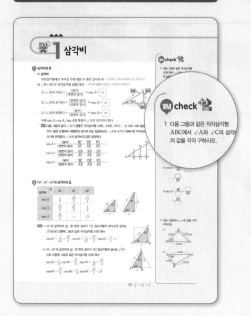

중단원별 핵심 개념을 정리하였습니다.

| 개념 Check |

개념과 1 : 1 맞춤 문제로 개념 학습을 마무리 할 수 있습니다.

기출 유형

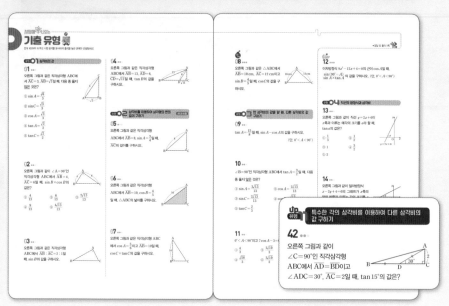

전국 1000여 개 학교 시험 문제를 분석하여 출제율 높은 문제만 선별해 구성하였습니다.

시험에 자주 나오는 빈출 유형과 난이도가 조금 높지만 중요한 **Up 유형** 까지 학습해 실력을 올려 보세요.

기출 서술형

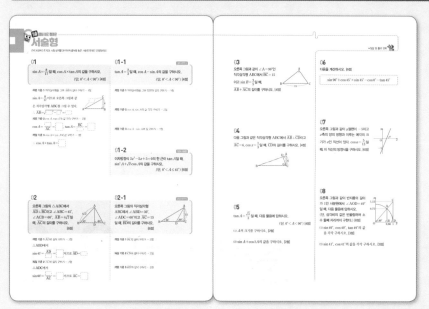

전국 1000여 개 학교 시험 문제 중 출제율 높은 서술형 문제만 선별해 구성하였습니다.

틀리기 쉽거나 자주 나오는 서술형 문제는 쌍둥이 문항으로 한번 더 학습할 수 있습니다.

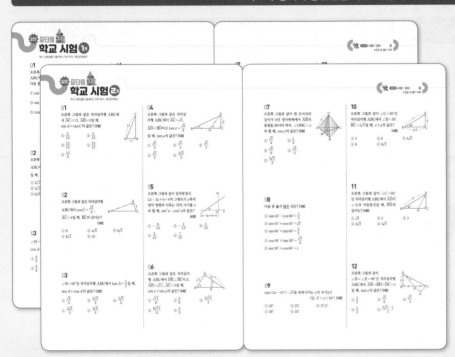
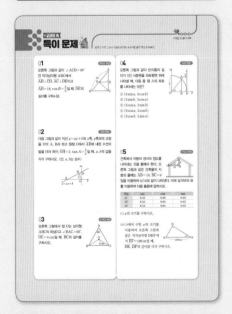
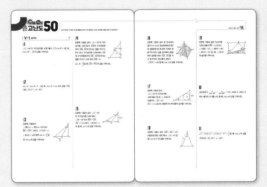
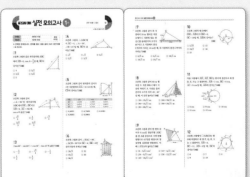

오답 Note를 만들면...

실력을 향상하기 위해선 자신이 틀린 문제를 분석하여 다음에는 틀리지 않도록 해야 합니다. 오답노트를 만들면 내가 어려워하는 문제와 취약한 부분을 쉽게 파악할 수 있어요. 자신이 틀린 문제의 유형을 알고, 원인을 파악하여 보완해 나간다면 어느 틈에 벌써 실력이 몰라보게 향상되어 있을 거예요.

오답 Note 한글 파일은 동아출판 홈페이지 (www.bookdonga.com)에서 다운 받을 수 있습니다.

★ 다음 오답 Note 작성의 5단계에 따라 〈나의 오답 Note〉를 만들어 보세요. ★

1단계

제목 쓰기
공부한 날짜와 해당 주요 개념을 적습니다.

2단계

틀린 문제 다시 쓰기
틀린 문제를 직접 손으로 적거나 오려 붙이세요. 문제를 적으면서 문제의 의미에 대해 한 번 더 생각해 보세요.

4단계

개념 확인하기
문제와 관련된 주요 개념을 정리하고 복습합니다.

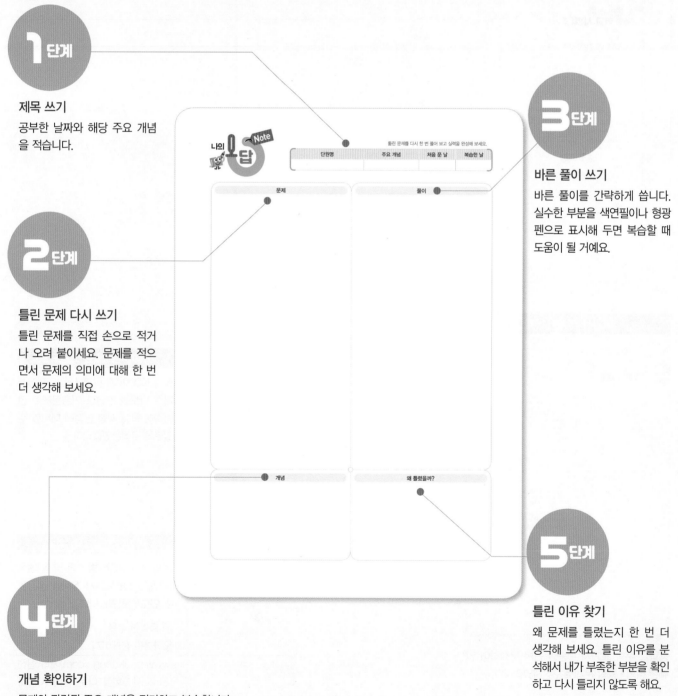

3단계

바른 풀이 쓰기
바른 풀이를 간략하게 씁니다. 실수한 부분을 색연필이나 형광펜으로 표시해 두면 복습할 때 도움이 될 거예요.

5단계

틀린 이유 찾기
왜 문제를 틀렸는지 한 번 더 생각해 보세요. 틀린 이유를 분석해서 내가 부족한 부분을 확인하고 다시 틀리지 않도록 해요.

나의 오답 Note

단원명	주요 개념	처음 푼 날	복습한 날

문제

풀이

개념

왜 틀렸을까?

단원명	주요 개념	처음 푼 날	복습한 날

문제

풀이

Contents 차례

① 삼각비

② 삼각비의 활용

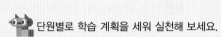

단원별로 학습 계획을 세워 실천해 보세요.

학습 날짜	월 일	월 일	월 일	월 일
학습 계획				
학습 실행도	0 100	0 100	0 100	0 100
자기 반성				

삼각비

❶ 삼각비의 뜻

(1) 삼각비

직각삼각형에서 주어진 각에 대한 두 변의 길이의 비 → 삼각비는 직각삼각형에서만 생각한다.

(2) ∠B＝90°인 직각삼각형 ABC에서 → 직각삼각형에서 높이는 기준각의 대변이다.

① (∠A의 사인)＝$\dfrac{(높이)}{(빗변의 길이)}$ → $\sin A = \boxed{(1)}$

② (∠A의 코사인)＝$\dfrac{(밑변의 길이)}{(빗변의 길이)}$ → $\cos A = \boxed{(2)}$

③ (∠A의 탄젠트)＝$\dfrac{(높이)}{(밑변의 길이)}$ → $\tan A = \boxed{(3)}$

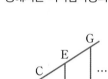

이때 $\sin A$, $\cos A$, $\tan A$를 통틀어 ∠A의 삼각비라 한다.

참고 다음 그림과 같이 ∠A가 공통인 직각삼각형 ABC, ADE, AFG, …는 모두 서로 닮은 도형이다. 닮은 도형에서 대응변의 길이의 비는 일정하므로 ∠A의 크기가 정해지면 직각삼각형의 크기에 관계없이 ∠A의 삼각비의 값은 일정하다.

$\sin A = \dfrac{(높이)}{(빗변의 길이)} = \dfrac{\overline{BC}}{\overline{AC}} = \dfrac{\overline{DE}}{\overline{AE}} = \dfrac{\overline{FG}}{\overline{AG}} = \cdots$

$\cos A = \dfrac{(밑변의 길이)}{(빗변의 길이)} = \dfrac{\overline{AB}}{\overline{AC}} = \dfrac{\overline{AD}}{\overline{AE}} = \dfrac{\overline{AF}}{\overline{AG}} = \cdots$

$\tan A = \dfrac{(높이)}{(밑변의 길이)} = \dfrac{\overline{BC}}{\overline{AB}} = \dfrac{\overline{DE}}{\overline{AD}} = \dfrac{\overline{FG}}{\overline{AF}} = \cdots$

❷ 30°, 45°, 60°의 삼각비의 값

삼각비 \ A	30°	45°	60°
$\sin A$	$\dfrac{1}{2}$	$\dfrac{\sqrt{2}}{2}$	$\dfrac{\sqrt{3}}{2}$
$\cos A$	$\dfrac{\sqrt{3}}{2}$	$\dfrac{\sqrt{2}}{2}$	$\dfrac{1}{2}$
$\tan A$	$\dfrac{\sqrt{3}}{3}$	1	$\sqrt{3}$

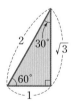

참고 (1) 45°의 삼각비의 값 : 한 변의 길이가 1인 정사각형의 대각선의 길이는 $\sqrt{2}$이므로 오른쪽 그림과 같은 직각삼각형 ABC에서

$\sin 45° = \dfrac{1}{\sqrt{2}} = \dfrac{\sqrt{2}}{2}$, $\cos 45° = \dfrac{1}{\sqrt{2}} = \dfrac{\sqrt{2}}{2}$, $\tan 45° = \dfrac{1}{1} = 1$

(2) 30°, 60°의 삼각비의 값 : 한 변의 길이가 2인 정삼각형의 높이는 $\sqrt{3}$이므로 오른쪽 그림과 같은 직각삼각형 ABC에서

$\sin 30° = \dfrac{1}{2}$, $\cos 30° = \dfrac{\sqrt{3}}{2}$, $\tan 30° = \dfrac{1}{\sqrt{3}} = \dfrac{\sqrt{3}}{3}$

$\sin 60° = \dfrac{\sqrt{3}}{2}$, $\cos 60° = \dfrac{1}{2}$, $\tan 60° = \dfrac{\sqrt{3}}{1} = \sqrt{3}$

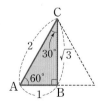

---

1 다음 그림과 같은 직각삼각형 ABC에서 ∠A와 ∠C의 삼각비의 값을 각각 구하시오.

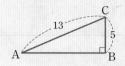

2 다음 그림과 같은 직각삼각형 ABC에서 $\overline{AC} \perp \overline{BD}$일 때, □ 안에 알맞은 것을 써넣으시오.

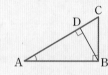

(1) $\sin A = \dfrac{\overline{BC}}{\boxed{}} = \dfrac{\boxed{}}{\overline{AB}}$

$ = \dfrac{\overline{CD}}{\boxed{}}$

(2) $\cos A = \dfrac{\boxed{}}{\overline{AC}} = \dfrac{\overline{AD}}{\boxed{}}$

$ = \dfrac{\boxed{}}{\overline{BC}}$

(3) $\tan A = \dfrac{\overline{BC}}{\boxed{}} = \dfrac{\boxed{}}{\overline{AD}}$

$ = \dfrac{\overline{CD}}{\boxed{}}$

3 다음 그림에서 x, y의 값을 각각 구하시오.

(1)
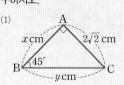

(2)
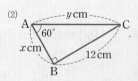

답 (1) $\dfrac{a}{b}$ (2) $\dfrac{c}{b}$ (3) $\dfrac{a}{c}$

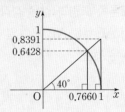

③ 예각의 삼각비의 값

좌표평면 위에 원점 O를 중심으로 하고 반지름의 길이가 1인 사분원을 그렸을 때, 임의의 예각 x에 대한 삼각비의 값은 다음과 같다.

(1) $\sin x = \dfrac{\overline{AB}}{\overline{OB}} = \dfrac{\overline{AB}}{1} = \overline{AB}$

(2) $\cos x = \dfrac{\overline{OA}}{\overline{OB}} = \dfrac{\overline{OA}}{1} = \overline{OA}$

(3) $\tan x = \dfrac{\overline{CD}}{\overline{OC}} = \dfrac{\overline{CD}}{1} = \overline{CD}$

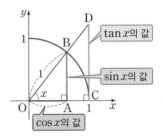

참고 임의의 예각에 대한 삼각비의 값은 분모인 변의 길이가 1인 직각삼각형을 이용하여 구한다.

④ 0°, 90°의 삼각비의 값

(1) 0°, 90°의 삼각비의 값

① $\sin 0° = 0$, $\cos 0° = 1$, $\tan 0° = 0$

② $\sin 90° = 1$, $\cos 90° = 0$, $\tan 90°$의 값은 정할 수 없다.

(2) 각의 크기에 따른 삼각비의 값의 대소 관계

$0° \leq x \leq 90°$인 범위에서 x의 크기가 증가하면

① $\sin x$의 값은 0에서 ④ 까지 증가한다.

② $\cos x$의 값은 1에서 ⑤ 까지 감소한다.

③ $\tan x$의 값은 0에서 한없이 증가한다.

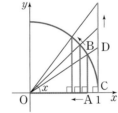

참고 삼각비의 값의 대소 비교

① $0° \leq A < 45°$일 때, $\sin A < \cos A$

② $A = 45°$일 때, $\sin A = \cos A < \tan A$

③ $45° < A < 90°$일 때, $\cos A < \sin A < \tan A$

⑤ 삼각비의 표

(1) 삼각비의 표

0°에서 90°까지의 각을 1° 간격으로 나누어서 이들의 삼각비의 값을 반올림하여 소수점 아래 넷째 자리까지 구하여 나타낸 표

각도	sin	cos	tan
⋮	⋮	⋮	⋮
34°	0.5592	0.8290	0.6745
35°	0.5736	0.8192	0.7002
36°	0.5878	0.8090	0.7265
⋮	⋮	⋮	⋮

(2) 삼각비의 표 읽는 방법

삼각비의 표에서 각도의 가로줄과 sin, cos, tan의 세로줄이 만나는 곳의 수가 삼각비의 값이다.

예 $\sin 34° = 0.5592$, $\cos 35° = 0.8192$, $\tan 36° = $ ⑥

---

4 아래 그림과 같이 반지름의 길이가 1인 사분원에서 다음 삼각비의 값을 구하시오.

(1) $\sin 40°$

(2) $\cos 40°$

(3) $\tan 40°$

5 다음을 계산하시오.

(1) $\sin 0° + \cos 90°$

(2) $\sin 90° \times \cos 0° - \tan 0°$

[6~7] 아래 삼각비의 표를 이용하여 다음 물음에 답하시오.

각도	sin	cos	tan
20°	0.3420	0.9397	0.3640
21°	0.3584	0.9336	0.3839
22°	0.3746	0.9272	0.4040
23°	0.3907	0.9205	0.4245
24°	0.4067	0.9135	0.4452
25°	0.4226	0.9063	0.4663

6 다음 삼각비의 값을 구하시오.

(1) $\sin 21°$

(2) $\cos 23°$

(3) $\tan 25°$

7 다음을 만족시키는 $\angle A$의 크기를 구하시오.

(1) $\sin A = 0.3420$

(2) $\cos A = 0.9135$

(3) $\tan A = 0.4245$

답 (4) 1 (5) 0 (6) 0.7265

시험에 꼭 나오는

기출 유형

전국 1000여 개 학교 시험 문제를 분석하여 출제율 높은 문제만 선별했어요!

유형 01 삼각비의 값

01

오른쪽 그림과 같은 직각삼각형 ABC에서 $\overline{AC}=3$, $\overline{AB}=\sqrt{3}$일 때, 다음 중 옳지 않은 것은?

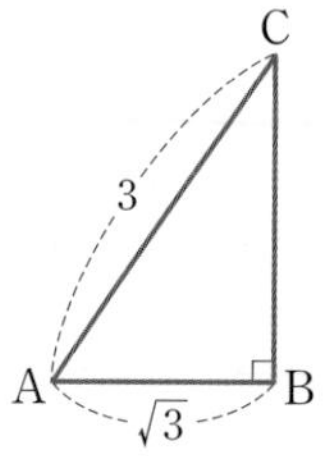

① $\sin A=\frac{\sqrt{6}}{3}$

② $\sin C=\frac{\sqrt{3}}{3}$

③ $\cos A=\frac{\sqrt{3}}{3}$

④ $\tan A=\frac{\sqrt{2}}{2}$

⑤ $\tan C=\frac{\sqrt{2}}{2}$

02

오른쪽 그림과 같이 $\angle A=90°$인 직각삼각형 ABC에서 $\overline{AB}=4$, $\overline{AC}=6$일 때, $\sin B\times\cos B$의 값은?

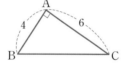

① $\frac{4}{13}$ ② $\frac{6}{13}$ ③ $\frac{2\sqrt{13}}{13}$

④ $\frac{9}{13}$ ⑤ $\frac{4\sqrt{13}}{13}$

03

오른쪽 그림과 같은 직각삼각형 ABC에서 $\overline{AB}:\overline{AC}=2:1$일 때, $\sin B$의 값을 구하시오.

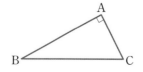

04

오른쪽 그림과 같은 직각삼각형 ABC에서 $\overline{AB}=13$, $\overline{AD}=6$, $\overline{CD}=\sqrt{11}$일 때, $\tan B$의 값을 구하시오.

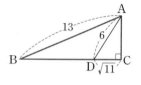

유형 02 삼각비를 이용하여 삼각형의 변의 길이 구하기 (최다 빈출)

05

오른쪽 그림과 같은 직각삼각형 ABC에서 $\overline{AB}=8$, $\sin A=\frac{3}{4}$일 때, $\overline{AC}$의 길이를 구하시오.

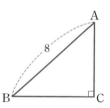

06

오른쪽 그림과 같은 직각삼각형 ABC에서 $\overline{AB}=10$, $\cos B=\frac{4}{5}$일 때, $\triangle ABC$의 넓이를 구하시오.

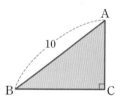

07

오른쪽 그림과 같은 직각삼각형 ABC에서 $\cos A=\frac{5}{6}$이고 $\overline{AB}=10$일 때, $\cos C\times\tan C$의 값을 구하시오.

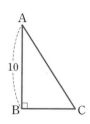

●정답 및 풀이 5쪽

08 •••

오른쪽 그림과 같은 △ABC에서 $\overline{AB}=10$ cm, $\overline{AC}=12$ cm이고 $\sin B=\dfrac{4}{5}$일 때, $\cos C$의 값을 구하시오.

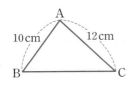

유형03 한 삼각비의 값을 알 때, 다른 삼각비의 값 구하기

09 •••

$\tan A=\dfrac{15}{8}$일 때, $\sin A-\cos A$의 값을 구하시오.

(단, $0°<A<90°$)

10 •••

∠B$=90°$인 직각삼각형 ABC에서 $\tan A=\dfrac{3}{2}$일 때, 다음 중 옳지 <u>않은</u> 것은?

① $\sin A=\dfrac{3\sqrt{13}}{13}$ ② $\cos A=\dfrac{2\sqrt{13}}{13}$

③ $\sin C=\dfrac{2\sqrt{13}}{13}$ ④ $\cos C=\dfrac{\sqrt{13}}{13}$

⑤ $\tan C=\dfrac{2}{3}$

11 ••

$0°<A<90°$이고 $7\cos A-3=0$일 때, $\tan A$의 값은?

① $\dfrac{4}{3}$ ② $\dfrac{2\sqrt{10}}{3}$ ③ $\dfrac{7}{3}$

④ $\dfrac{\sqrt{58}}{3}$ ⑤ $\dfrac{3\sqrt{10}}{2}$

12 •••

이차방정식 $9x^2-12x+4=0$의 근이 $\cos A$일 때, $\dfrac{\sin(90°-A)}{\sin A\times\tan A}$의 값을 구하시오. (단, $0°<A<90°$)

유형04 직선의 방정식과 삼각비

13 •••

오른쪽 그림과 같이 직선 $y=2x+6$이 x축과 이루는 예각의 크기를 a라 할 때, $\tan a$의 값은?

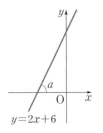

① $\dfrac{1}{3}$ ② $\dfrac{1}{2}$

③ 1 ④ $\dfrac{3}{2}$

⑤ 2

14 •••

오른쪽 그림과 같이 일차방정식 $x-2y+4=0$의 그래프가 x축의 양의 방향과 이루는 각의 크기를 a라 할 때, $\sin a+\cos a$의 값을 구하시오.

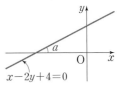

15 •••

오른쪽 그림과 같이 일차방정식 $3x-4y+12=0$의 그래프가 x축의 양의 방향과 이루는 각의 크기를 a라 할 때, $\cos a-\tan a$의 값을 구하시오.

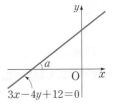

유형 05 직각삼각형의 닮음과 삼각비 (1)　최다 빈출

16 ●●

오른쪽 그림과 같이 $\angle A = 90°$
인 직각삼각형 ABC에서
$\overline{AD} \perp \overline{BC}$이고 $\overline{AB} = 4$, $\overline{AC} = 3$
일 때, $\sin x - \sin y$의 값은?

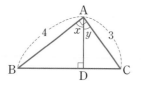

① $-\dfrac{1}{5}$　　② $\dfrac{1}{7}$　　③ $\dfrac{1}{5}$

④ $\dfrac{1}{4}$　　⑤ $\dfrac{1}{3}$

17 ●●

오른쪽 그림과 같이 $\angle B = 90°$인 직각삼
각형 ABC에서 $\overline{AC} \perp \overline{BD}$이고 $\overline{BC} = 3$,
$\tan x = \sqrt{2}$일 때, $\overline{AC}$의 길이는?

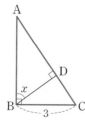

① $3\sqrt{2}$　　② $3\sqrt{3}$
③ 6　　④ $3\sqrt{5}$
⑤ $3\sqrt{6}$

18 ●●

오른쪽 그림과 같이 직사각형
ABCD의 꼭짓점 A에서 대각선
BD에 내린 수선의 발을 H라 하자.
$\overline{BC} = 12$, $\overline{CD} = 9$일 때,
$\cos x \times \tan x$의 값을 구하시오.

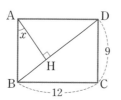

유형 06 직각삼각형의 닮음과 삼각비 (2)

19 ●●

오른쪽 그림과 같이 $\angle A = 90°$
인 직각삼각형 ABC에서
$\overline{BC} \perp \overline{DE}$이고 $\overline{DE} = 6$, $\overline{EC} = 8$
일 때, $\cos x$의 값을 구하시오.

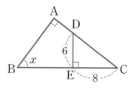

20 ●●

오른쪽 그림과 같이 $\angle A = 90°$
인 직각삼각형 ABC에서
$\angle ADE = \angle ACB$이고
$\overline{AE} = 3$, $\overline{DE} = 6$일 때,
$\cos B + \cos C$의 값을 구하시오.

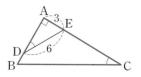

21 ●●

오른쪽 그림과 같은 직각삼각형 ABC에
서 $\overline{AC} \perp \overline{DE}$, $\overline{AD} = \overline{BD}$이고 $\overline{DE} = 1$,
$\cos C = \dfrac{\sqrt{3}}{3}$일 때, $\overline{AC}$의 길이를 구하
시오.

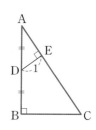

22 ●●

오른쪽 그림과 같은 직각삼각형
ABC에서 다음 중 $\sin B$의 값
이 <u>아닌</u> 것은?

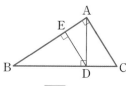

① $\dfrac{\overline{AD}}{\overline{AB}}$　　② $\dfrac{\overline{CD}}{\overline{AC}}$　　③ $\dfrac{\overline{AE}}{\overline{AD}}$

④ $\dfrac{\overline{DE}}{\overline{AD}}$　　⑤ $\dfrac{\overline{AC}}{\overline{BC}}$

● 정답 및 풀이 7쪽

유형 **07** 입체도형과 삼각비 `최다 빈출`

23 ●●●

오른쪽 그림과 같이 한 모서리의 길이가 2인 정육면체에서 ∠BHF=x 라 할 때, $\cos x$의 값을 구하시오.

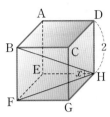

24 ●●●

오른쪽 그림과 같은 직육면체에서 ∠EAG=x라 할 때, $\sin x$의 값은?

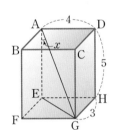

① $\dfrac{3\sqrt{2}}{10}$ ② $\dfrac{2\sqrt{2}}{5}$

③ $\dfrac{\sqrt{2}}{2}$ ④ $\dfrac{3\sqrt{2}}{5}$

⑤ $\sqrt{2}$

25 ●●●

오른쪽 그림과 같이 한 모서리의 길이가 3 cm인 정육면체에서 ∠CEG=x라 할 때, $\sin x \times \cos x + \tan x$의 값을 구하시오.

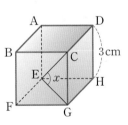

26 ●●●

오른쪽 그림과 같이 한 모서리의 길이가 6인 정사면체에서 $\overline{BC}$의 중점을 M이라 하자. ∠AMD=x라 할 때, $\tan x - \sin x$의 값을 구하시오.

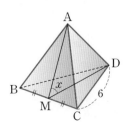

유형 **08** 특수한 각의 삼각비의 값

27 ●●●

다음 중 계산 결과가 나머지 넷과 다른 하나는?

① $\sin 30° + \cos 60°$ ② $\tan 30° \times \tan 60°$

③ $\sin 60° \div \cos 30°$ ④ $\cos 45° \times \sin 45°$

⑤ $(\tan 45° - \sin 30°) \div \cos 60°$

28 ●●●

$\sqrt{3} \cos 30° - \dfrac{\sqrt{2} \sin 45° \times \tan 45°}{\tan 30° \times \tan 60°}$의 값은?

① $\dfrac{\sqrt{3}}{2} - 1$ ② $\dfrac{1}{2}$ ③ $\dfrac{\sqrt{3}}{2}$

④ 1 ⑤ $\sqrt{3}$

29 ●●

다음 보기에서 옳은 것을 모두 고른 것은?

> 보기
>
> ㄱ. $\sin 45° \div \cos 45° = \tan 45°$
>
> ㄴ. $\sin 30° + \cos 60° + \tan 30° \times \tan 60° = 2$
>
> ㄷ. $\sin 30° \times \tan 60° \div \cos 45° = \dfrac{\sqrt{6}}{2}$
>
> ㄹ. $(\cos 30° + \sin 30°) \times (\sin 60° - \cos 60°) = 1$

① ㄱ, ㄴ   ② ㄱ, ㄷ   ③ ㄴ, ㄹ

④ ㄱ, ㄴ, ㄷ   ⑤ ㄴ, ㄷ, ㄹ

30 ●●●

이차방정식 $6x^2 - ax + 1 = 0$의 한 근이 $\tan 30°$일 때, 상수 a의 값을 구하시오.

유형 09 특수한 각의 삼각비를 이용하여 각의 크기 구하기

31 •••

$\cos(2x-10°)=\sin60°$를 만족시키는 x의 크기는?

(단, $5°<x<50°$)

① 15° ② 20° ③ 25°
④ 30° ⑤ 35°

32 •••

$\sin(3x-30°)=\dfrac{\sqrt{3}}{2}$일 때, $\sin x+\cos 2x$의 값을 구하시오. (단, $10°<x<40°$)

33 •••

$\sin A$가 이차방정식 $4x^2-4x+1=0$의 해일 때, $\tan A$의 값을 구하시오. (단, $0°<A<90°$)

34 •••

오른쪽 그림과 같이 $\angle C=90°$인 직각삼각형 ABC에서 $\overline{AB}=14$, $\overline{AC}=7\sqrt{3}$일 때, $\angle A$의 크기는?

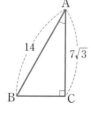

① 20° ② 25°
③ 30° ④ 33°
⑤ 45°

유형 10 특수한 각의 삼각비를 이용하여 변의 길이 구하기 최다 빈출

35 •••

오른쪽 그림의 $\triangle ABC$에서 $\overline{AD}\perp\overline{BC}$이고 $\angle B=30°$, $\angle C=45°$일 때, $\overline{AC}$의 길이는?

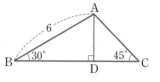

① 2 ② $2\sqrt{2}$ ③ $2\sqrt{3}$
④ 4 ⑤ $3\sqrt{2}$

36 •••

오른쪽 그림에서 $\angle BAC=\angle ADC=90°$이고 $\angle ACB=30°$, $\angle DAC=45°$, $\overline{BC}=12$일 때, $\overline{AD}$의 길이는?

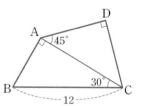

① 6 ② $3\sqrt{6}$
③ 8 ④ $4\sqrt{6}$
⑤ $6\sqrt{3}$

37 •••

오른쪽 그림에서 $\overline{AB}=4$, $\angle ABC=\angle BCD=90°$, $\angle BAC=60°$, $\angle BDC=45°$일 때, $\overline{BD}$의 길이는?

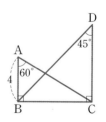

① $4\sqrt{2}$ ② $4\sqrt{3}$
③ 8 ④ $4\sqrt{6}$
⑤ $8\sqrt{6}$

38 ●●●

오른쪽 그림과 같이 ∠C=90°인 직각삼각형 ABC에서 ∠ABC=30°, ∠ADC=60°이고 $\overline{BD}=6$일 때, $\overline{AB}$의 길이를 구하시오.

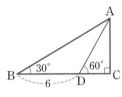

39 ●●●

오른쪽 그림에서 △ABC와 △DBC는 각각 ∠BAC=∠BCD=90°인 직각삼각형이다. ∠ABC=45°, ∠BDC=60°, $\overline{CD}=4$ cm일 때, $\overline{AB}$의 길이를 구하시오.

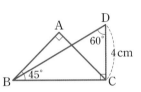

40 ●●●

오른쪽 그림과 같이 ∠C=90°인 직각삼각형 ABC에서 $\overline{AB}=8$ cm, ∠ABC=30°일 때, △DEC의 넓이를 구하시오.

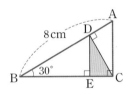

41 ●●●

오른쪽 그림에서 $\overline{AF}=16$ cm일 때, △ABC의 넓이는?

① $\dfrac{32\sqrt{3}}{3}$ cm² ② $13\sqrt{2}$ cm²

③ $13\sqrt{3}$ cm² ④ $\dfrac{27\sqrt{3}}{2}$ cm²

⑤ $14\sqrt{3}$ cm²

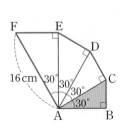

유형 UP 특수한 각의 삼각비를 이용하여 다른 삼각비의 값 구하기

42 ●●●

오른쪽 그림과 같이 ∠C=90°인 직각삼각형 ABC에서 $\overline{AD}=\overline{BD}$이고 ∠ADC=30°, $\overline{AC}=2$일 때, $\tan 15°$의 값은?

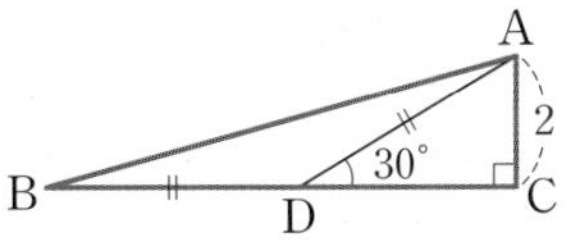

① $2-\sqrt{3}$ ② $2+\sqrt{3}$ ③ $2+2\sqrt{3}$
④ $4+\sqrt{3}$ ⑤ $4+2\sqrt{3}$

43 ●●●

오른쪽 그림과 같은 반원 O에서 $\overline{AC}=2$, ∠AOC=45°, ∠ACB=90°일 때, $\tan x$의 값은?

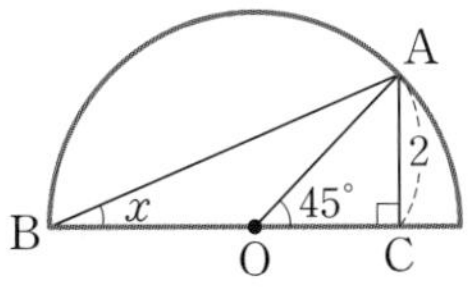

① $\dfrac{\sqrt{2}-1}{2}$ ② $\dfrac{\sqrt{2}+1}{2}$ ③ $\sqrt{2}-1$
④ $\sqrt{2}+1$ ⑤ $\sqrt{2}+2$

44 ●●●

오른쪽 그림과 같은 직각삼각형 ABC에서 $\overline{BC}=4$, $\overline{AD}=\overline{BD}$, ∠DBC=60°일 때, $\tan 75°$의 값은?

① $2-\sqrt{3}$ ② $3-\sqrt{2}$
③ $1+\sqrt{3}$ ④ $2+\sqrt{3}$
⑤ $3+\sqrt{2}$

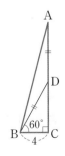

유형 12 직선의 기울기와 삼각비

45

오른쪽 그림과 같이 x절편이 -2이고 x축의 양의 방향과 이루는 각의 크기가 60°인 직선의 방정식을 $y=ax+b$라 할 때, 상수 a, b에 대하여 $b-a$의 값은?

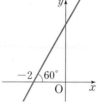

① $\sqrt{2}$　　② $\sqrt{3}$　　③ $2\sqrt{3}$

④ $3\sqrt{2}$　　⑤ $3\sqrt{3}$

46

오른쪽 그림과 같이 y절편이 3이고 x축의 양의 방향과 이루는 예각의 크기가 a인 직선이 있다. $\sin a=\dfrac{1}{2}$일 때, 이 직선의 방정식을 구하시오.

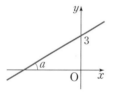

47

일차방정식 $\sqrt{3}x-y+5=0$의 그래프가 x축의 양의 방향과 이루는 예각의 크기는?

① 30°　　② 45°　　③ 60°

④ 65°　　⑤ 80°

48

점 $(-1, 3)$을 지나고 x축의 양의 방향과 이루는 각의 크기가 45°인 직선의 방정식을 구하시오.

유형 13 사분원에서 예각의 삼각비의 값　　최다 빈출

49

오른쪽 그림과 같이 반지름의 길이가 1인 사분원에서 $\cos 48°$의 값은?

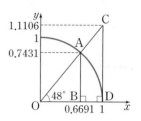

① 0.6691　　② 0.7431

③ 1　　④ 1.1106

⑤ 1.2

50

오른쪽 그림과 같이 반지름의 길이가 1인 사분원에서 다음 중 옳은 것은?

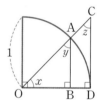

① $\sin x=\overline{DC}$

② $\sin y=\overline{AB}$

③ $\cos y=\overline{OB}$

④ $\cos z=\overline{AB}$

⑤ $\tan x=\overline{OC}$

51

오른쪽 그림과 같이 좌표평면 위의 원점 O를 중심으로 하고 반지름의 길이가 1인 사분원에서 다음 중 옳은 것은?

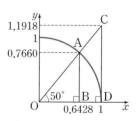

① $\sin 40°=0.7660$

② $\cos 40°=0.6428$

③ $\sin 50°=0.6428$

④ $\cos 50°=0.7660$

⑤ $\tan 50°=1.1918$

52 ●●○

오른쪽 그림과 같이 반지름의 길이가 1이고 중심각의 크기가 70°인 부채꼴 AOB에서 $\overline{AH} \perp \overline{OB}$일 때, 다음 중 $\overline{BH}$의 길이는?

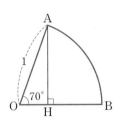

① $\cos 70°$ ② $\sin 70°$
③ $\tan 70°$ ④ $1 - \cos 70°$
⑤ $1 - \sin 70°$

53 ●●○

오른쪽 그림과 같이 반지름의 길이가 1인 사분원에서 다음 중 $\overline{OC}$의 길이는?

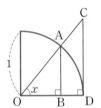

① $1 - \cos x$ ② $1 - \sin x$
③ $1 - \tan x$ ④ $\dfrac{1}{\sin x}$
⑤ $\dfrac{1}{\cos x}$

54 ●●●

오른쪽 그림과 같이 좌표평면 위의 원점 O를 중심으로 하고 반지름의 길이가 1인 사분원에서 $\tan 55° - (\sin 35° + \cos 55°)$의 값을 구하시오.

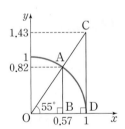

55 ●●●●

오른쪽 그림과 같이 반지름의 길이가 4인 사분원에서 $\cos x = \dfrac{3}{4}$일 때, □BCED의 넓이를 구하시오.

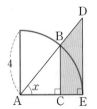

유형 **14** 0°, 90°의 삼각비의 값

56 ●●○

다음 중 옳지 <u>않은</u> 것은?

① $\sin 0° + \cos 90° = 0$
② $\sin 90° - \cos 0° = 0$
③ $\cos 0° \times (\sin 90° + \tan 45°) = 2$
④ $\sin 0° - (1 - \tan 0°) \times (1 + \cos 90°) = -1$
⑤ $(\sin 90° + \cos 45°) \times (\cos 0° - \sin 45°) = -\dfrac{1}{2}$

57 ●●○

다음을 계산하시오.

$$2 \sin 30° \times \cos 0° - \sqrt{3} \tan 30° \times \sin 0°$$

58 ●●○

다음 보기에서 옳지 <u>않은</u> 것을 모두 고른 것은?

> **보기**
>
> ㄱ. $\sin 0° = 0$ ㄴ. $\cos 0° = 1$
> ㄷ. $\tan 0° = 1$ ㄹ. $\sin 90° + \cos 0° = 1$
> ㅁ. $\dfrac{\tan 0°}{\cos 0°}$의 값은 정할 수 없다.
> ㅂ. $\cos 90° - \sin 90° = -1$

① ㄱ, ㄴ, ㅂ   ② ㄱ, ㄷ, ㄹ
③ ㄴ, ㄹ, ㅁ   ④ ㄷ, ㄹ, ㅁ
⑤ ㄷ, ㄹ, ㅂ

59 •••

$\sin x = 1$, $\cos y = 1$을 만족시키는 x, y에 대하여 $\left(\sin\dfrac{x}{3} + \tan\dfrac{2}{3}x\right)\left(2\cos\dfrac{x}{3} - \sin y + \tan y\right)$의 값을 구하시오. (단, $0° \le x \le 90°$, $0° \le y \le 90°$)

유형 5 각의 크기에 따른 삼각비의 값의 대소 관계

60 •••

다음 중 삼각비의 값의 대소 관계로 옳지 <u>않은</u> 것은?

① $\sin 20° < \sin 40°$ ② $\cos 50° < \cos 30°$

③ $\sin 70° > \sin 65°$ ④ $\cos 20° > \cos 30°$

⑤ $\tan 40° > \tan 55°$

61 •••

$45° < A < 90°$일 때, 다음 중 $\sin A$, $\cos A$, $\tan A$의 대소 관계를 바르게 나타낸 것은?

① $\sin A < \cos A < \tan A$

② $\sin A < \tan A < \cos A$

③ $\cos A < \sin A < \tan A$

④ $\cos A < \tan A < \sin A$

⑤ $\tan A < \cos A < \sin A$

62 •••

$0° \le A \le 90°$일 때, 다음 중 옳지 <u>않은</u> 것을 모두 고르면?

(정답 2개)

① A의 크기가 커지면 $\sin A$의 값도 커진다.

② A의 크기가 커지면 $\cos A$의 값도 커진다.

③ $\cos A$의 가장 작은 값은 0, 가장 큰 값은 1이다.

④ $A = 45°$이면 $\sin A = \cos A$이다.

⑤ $\tan A$의 가장 작은 값은 1, 가장 큰 값은 정할 수 없다.

---

63 •••

다음 보기의 삼각비의 값 중에서 세 번째로 작은 것을 구하시오.

> **보기**
>
> ㄱ. $\sin 45°$ ㄴ. $\cos 0°$ ㄷ. $\cos 70°$
>
> ㄹ. $\sin 75°$ ㅁ. $\tan 50°$ ㅂ. $\tan 75°$

---

up 유형 6 삼각비의 값의 대소 관계를 이용한 식의 계산

64 •••

$0° < x < 90°$일 때, $\sqrt{(\cos x + 1)^2} + \sqrt{(\cos x - 1)^2}$을 간단히 하면?

① 2 ② $2\cos x$ ③ 0

④ -2 ⑤ $-2\cos x$

65 •••

$0° < A < 45°$일 때, $\sqrt{(\sin A - \cos A)^2} + \sqrt{\sin^2 A}$를 간단히 하면?

① -1 ② 0 ③ 1

④ $\cos A$ ⑤ $2\cos A$

66 •••

$\sin A = \dfrac{2}{3}$일 때, $\sqrt{(1 + \tan A)^2} - \sqrt{(1 - \cos A)^2}$의 값을 구하시오. (단, $0° < A < 90°$)

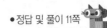

67 •••

$45° < A < 90°$이고

$\sqrt{(\sin A - \cos A)^2} + \sqrt{(\sin A + \cos A)^2} = \sqrt{3}$일 때, $\tan A$의 값은?

① $-2\sqrt{3}$ ② $-\sqrt{3}$ ③ $\sqrt{3}$

④ 2 ⑤ $2\sqrt{3}$

유형 17 삼각비의 표를 이용하여 삼각비의 값, 각의 크기 구하기

[68 ~ 69] 아래 삼각비의 표를 이용하여 다음 물음에 답하시오.

각도	sin	cos	tan
32°	0.5299	0.8480	0.6249
33°	0.5446	0.8387	0.6494
34°	0.5592	0.8290	0.6745
35°	0.5736	0.8192	0.7002

68 •••

$\sin 33° + \cos 35° - \tan 34°$의 값을 구하시오.

69 •••

$\tan x = 0.6249$를 만족시키는 x에 대하여 $\sin x$의 값을 구하시오.

70 •••

$\sin x = 0.4384$, $\tan y = 0.4452$일 때, 다음 삼각비의 표를 이용하여 $x + y$의 크기를 구하시오.

각도	sin	cos	tan
24°	0.4067	0.9135	0.4452
25°	0.4226	0.9063	0.4663
26°	0.4384	0.8988	0.4877
27°	0.4540	0.8910	0.5095

유형 18 삼각비의 표를 이용하여 변의 길이 구하기

71 •••

오른쪽 그림과 같은 직각삼각형 ABC에서 $\angle B = 38°$, $\overline{AB} = 10$일 때, 다음 삼각비의 표를 이용하여 $\overline{AC} + \overline{BC}$의 길이를 구하시오.

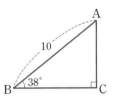

각도	sin	cos	tan
51°	0.7771	0.6293	1.2349
52°	0.7880	0.6157	1.2799
53°	0.7986	0.6018	1.3270

[72 ~ 73] 아래 삼각비의 표를 이용하여 다음 물음에 답하시오.

각도	sin	cos	tan
54°	0.81	0.59	1.38
55°	0.82	0.57	1.43
56°	0.83	0.56	1.48

72 •••

오른쪽 그림과 같은 직각삼각형 ABC에서 $\angle B = 35°$, $\angle C = 55°$, $\overline{BC} = 50$일 때, $y - x$의 값은?

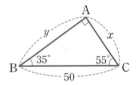

① 10 ② 12.5

③ 14 ④ 16.5

⑤ 18

73 •••

오른쪽 그림과 같이 반지름의 길이가 1인 사분원에서 $\overline{OB} = 0.59$일 때, $\overline{AB}$의 길이는?

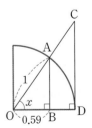

① 0.57 ② 0.59

③ 0.81 ④ 0.82

⑤ 1.38

기출에서 바로 뽑아온 **서술형**

전국 1000여 개 학교 시험 문제를 분석하여 출제율 높은 서술형 문제만 선별했어요!

01

$\sin A = \dfrac{8}{17}$일 때, $\cos A \times \tan A$의 값을 구하시오.

(단, $0° < A < 90°$) [4점]

채점 기준 1 직각삼각형을 그려 $\overline{AB}$의 길이 구하기 … 1점

$\sin A = \dfrac{8}{17}$이므로 오른쪽 그림과 같은 직각삼각형 ABC를 그릴 수 있다.

$\therefore \overline{AB} = \sqrt{\boxed{}^2 - \boxed{}^2} = \boxed{}$

채점 기준 2 $\cos A$, $\tan A$의 값 각각 구하기 … 2점

$\cos A = \dfrac{\boxed{}}{\overline{AC}} = \boxed{}$, $\tan A = \dfrac{\overline{BC}}{\boxed{}} = \boxed{}$

채점 기준 3 $\cos A \times \tan A$의 값 구하기 … 1점

$\therefore \cos A \times \tan A = \boxed{}$

01-1 숫자 바꾸기

$\tan A = \dfrac{2}{3}$일 때, $\cos A - \sin A$의 값을 구하시오.

(단, $0° < A < 90°$) [4점]

채점 기준 1 직각삼각형을 그려 빗변의 길이 구하기 … 1점

채점 기준 2 $\cos A$, $\sin A$의 값 각각 구하기 … 2점

채점 기준 3 $\cos A - \sin A$의 값 구하기 … 1점

01-2 응용 서술형

이차방정식 $2x^2 - 5x + 3 = 0$의 한 근이 $\tan A$일 때, $\sin^2 A + \sqrt{2}\cos A$의 값을 구하시오.

(단, $0° < A \leq 45°$) [6점]

02

오른쪽 그림의 △ABC에서 $\overline{AD} \perp \overline{BC}$이고 $\angle ABC = 45°$, $\angle ACB = 60°$, $\overline{AB} = 4\sqrt{2}$일 때, $\overline{AC}$의 길이를 구하시오.

[6점]

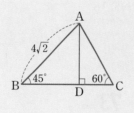

채점 기준 1 $\overline{AD}$의 길이 구하기 … 3점

△ABD에서

$\sin 45° = \dfrac{\overline{AD}}{\boxed{}} = \boxed{}$ 이므로 $\overline{AD} = \boxed{}$

채점 기준 2 $\overline{AC}$의 길이 구하기 … 3점

△ADC에서

$\sin 60° = \dfrac{\boxed{}}{\overline{AC}} = \boxed{}$ 이므로 $\overline{AC} = \boxed{}$

02-1 조건 바꾸기

오른쪽 그림의 직각삼각형 ABC에서 $\angle ABD = 30°$, $\angle ADC = 60°$이고 $\overline{AC} = 15$일 때, $\overline{BD}$의 길이를 구하시오.

[6점]

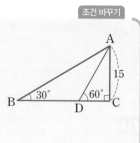

채점 기준 1 $\overline{BC}$의 길이 구하기 … 2점

채점 기준 2 $\overline{CD}$의 길이 구하기 … 2점

채점 기준 3 $\overline{BD}$의 길이 구하기 … 2점

03

오른쪽 그림과 같이 $\angle A = 90°$인
직각삼각형 ABC에서 $\overline{BC} = 15$
이고 $\sin B = \dfrac{3}{5}$일 때,
$\overline{AB} + \overline{AC}$의 길이를 구하시오. [4점]

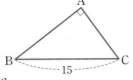

04

다음 그림과 같은 직각삼각형 ABC에서 $\overline{AB} \perp \overline{CD}$이고
$\overline{AC} = 6$, $\cos x = \dfrac{1}{3}$일 때, $\overline{CD}$의 길이를 구하시오. [4점]

05

$\tan A = \dfrac{\sqrt{3}}{3}$일 때, 다음 물음에 답하시오.

(단, $0° < A < 90°$) [4점]

(1) A의 크기를 구하시오. [2점]

(2) $\sin A + \cos 2A$의 값을 구하시오. [2점]

06

다음을 계산하시오. [6점]

$$\sin 90° + \cos 45° \times \sin 45° - \cos 0° - \tan 45°$$

07

오른쪽 그림과 같이 y절편이 -5이고
x축의 양의 방향과 이루는 예각의 크
기가 a인 직선이 있다. $\cos a = \dfrac{5}{13}$일
때, 이 직선의 방정식을 구하시오. [6점]

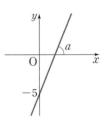

08

오른쪽 그림과 같이 반지름의 길이
가 1인 사분원에서 $\angle AOD = 49°$
일 때, 다음 물음에 답하시오.
(단, 삼각비의 값은 반올림하여 소
수 둘째 자리까지 구한다.) [6점]

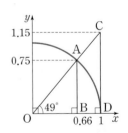

(1) $\sin 49°$, $\cos 49°$, $\tan 49°$의 값
을 각각 구하시오. [3점]

(2) $\sin 41°$, $\cos 41°$의 값을 각각 구하시오. [3점]

실전! 중단원 학교 시험 1회

학교 선생님들이 출제하신 진짜 학교 시험 문제예요!

01

오른쪽 그림과 같은 직각삼각형 ABC에서 $\overline{AC}=3$, $\overline{BC}=4$일 때, 다음 중 옳은 것은? [3점]

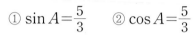

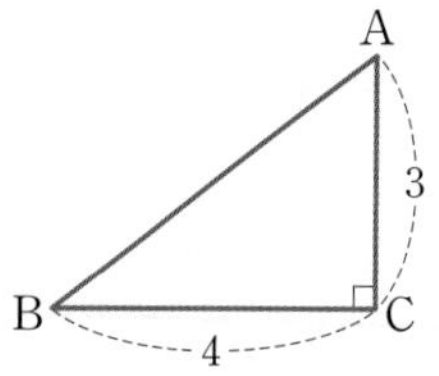

① $\sin A=\frac{5}{3}$ ② $\cos A=\frac{5}{3}$

③ $\sin B=\frac{3}{4}$ ④ $\cos B=\frac{4}{5}$

⑤ $\tan B=\frac{4}{3}$

02

오른쪽 그림과 같은 직각삼각형 ABC에서 $\tan A=\frac{2}{3}$, $\overline{AB}=6$일 때, $\overline{AC}$의 길이는? [3점]

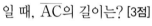

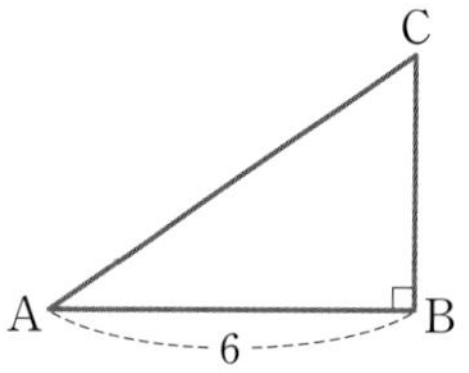

① $2\sqrt{13}$ ② 8

③ $3\sqrt{10}$ ④ 10

⑤ $6\sqrt{5}$

03

$\angle B=90°$인 직각삼각형 ABC에서 $\sin A=\frac{3}{4}$일 때, $\cos A\times\tan A$의 값은? [3점]

① $\frac{3}{5}$ ② $\frac{3}{4}$ ③ $\frac{4}{5}$

④ $\frac{5}{4}$ ⑤ $\frac{4}{3}$

04

오른쪽 그림과 같이 일차방정식 $4x-3y+12=0$의 그래프가 x축의 양의 방향과 이루는 각의 크기를 a라 할 때, $\sin a-\cos a$의 값은? [4점]

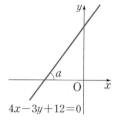

① $\frac{1}{5}$ ② $\frac{2}{5}$ ③ $\frac{1}{2}$

④ $\frac{3}{5}$ ⑤ $\frac{4}{5}$

05

오른쪽 그림과 같이 직사각형 모양의 종이 ABCD를 $\overline{EF}$를 접는 선으로 하여 점 A가 점 C에 겹쳐지도록 접었다. $\angle CEF=x$라 할 때, $\tan x$의 값은? [5점]

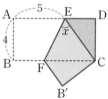

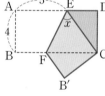

① $\frac{4}{5}$ ② $\frac{5}{4}$ ③ $\frac{4}{3}$

④ $\frac{5}{3}$ ⑤ 2

06

다음 그림과 같은 직각삼각형 ABC에서 $\overline{AD}\perp\overline{BC}$이고 $\overline{AB}=5$, $\overline{AC}=12$일 때, $\sin x+\cos y$의 값은? [4점]

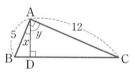

① $\frac{10}{13}$ ② $\frac{13}{12}$ ③ $\frac{17}{13}$

④ $\frac{24}{13}$ ⑤ $\frac{26}{12}$

07

오른쪽 그림과 같이 ∠A=90°
인 직각삼각형 ABC에서
$\overline{DE} \perp \overline{BC}$이고 $\overline{AB}=8$,
$\overline{BC}=17$일 때, $\sin x$의 값은?

[4점]

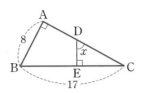

① $\dfrac{7}{17}$ ② $\dfrac{8}{17}$ ③ $\dfrac{7}{15}$

④ $\dfrac{8}{15}$ ⑤ $\dfrac{15}{17}$

08

오른쪽 그림과 같이 한 모서리의
길이가 4 cm인 정육면체에서
∠AGE=x라 할 때, $\cos x$의
값은? [4점]

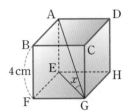

① $\dfrac{\sqrt{2}}{3}$ ② $\dfrac{\sqrt{3}}{3}$

③ $\dfrac{\sqrt{2}}{2}$ ④ $\dfrac{\sqrt{6}}{3}$

⑤ $\dfrac{\sqrt{6}}{2}$

09

$\sin 60° \times \tan 30° - \cos 45° \times \sin 45°$의 값은? [4점]

① 0   ② $\dfrac{1}{4}$ ③ $\dfrac{1}{3}$

④ $\dfrac{1}{2}$ ⑤ 1

10

$\sin (x+15°)=\dfrac{\sqrt{2}}{2}$일 때, $\cos x \times \tan x$의 값은?

(단, $0° < x < 75°$) [4점]

① $\dfrac{1}{2}$ ② $\dfrac{\sqrt{3}}{6}$ ③ $\dfrac{\sqrt{2}}{2}$

④ $\dfrac{\sqrt{3}}{2}$ ⑤ $\dfrac{3}{2}$

11

오른쪽 그림과 같은 직각삼각형
ABC에서 $\overline{AB}=6$, ∠A=30°
일 때, $\overline{AC}$의 길이는? [3점]

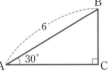

① 3   ② $2\sqrt{3}$

③ $3\sqrt{2}$ ④ $3\sqrt{3}$

⑤ 6

12

오른쪽 그림과 같이 $\overline{AB}=\overline{AC}=6$인
이등변삼각형 ABC에서 $\overline{BD} \perp \overline{AC}$이
고 ∠ABC=75°일 때, $\tan 15°$의 값
은? [5점]

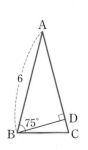

① $2-\sqrt{3}$ ② $2-\sqrt{2}$

③ $1+\sqrt{3}$ ④ $2+\sqrt{2}$

⑤ $2+\sqrt{3}$

13

오른쪽 그림과 같이 x절편이 -3이고 x축의 양의 방향과 이루는 각의 크기가 $30°$인 직선의 방정식은? [4점]

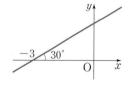

① $y=\dfrac{\sqrt{3}}{3}x+\dfrac{\sqrt{3}}{3}$ ② $y=\dfrac{\sqrt{3}}{3}x+1$

③ $y=\dfrac{\sqrt{3}}{3}x+\sqrt{3}$ ④ $y=\sqrt{3}x+\sqrt{3}$

⑤ $y=\sqrt{3}x+3\sqrt{3}$

14

다음은 오른쪽 그림과 같이 반지름의 길이가 1인 사분원에 대해 학생들이 나눈 대화이다. 옳은 설명을 한 학생들을 모두 고른 것은? [4점]

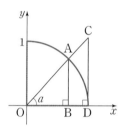

> 우영 : 점 A의 좌표는 $(\sin a, \cos a)$야.
> 청아 : 점 C의 좌표는 $(1, \tan a)$야.
> 성은 : $\overline{BD}$의 길이는 $1-\cos a$야.

① 우영   ② 청아   ③ 우영, 청아

④ 우영, 성은   ⑤ 청아, 성은

15

다음 식을 만족시키는 x, y에 대하여 $x-y$의 크기는? [4점]

> (가) $\sin 0°=\cos x=\tan 0°$
> (나) $\sin 90°=\cos 0°=\tan y$

① $0°$ ② $30°$ ③ $45°$

④ $60°$ ⑤ $90°$

16

다음 중 옳지 <u>않은</u> 것은? [4점]

① $0°<x<45°$일 때, $\sin x<\cos x$

② $x=45°$일 때, $\sin x=\cos x$

③ $x=45°$일 때, $\cos x<\tan x$

④ $45°<x<90°$일 때, $\sin x<\cos x$

⑤ $45°<x<90°$일 때, $\sin x<\tan x$

17

$0°<x<45°$일 때,

$\sqrt{(\sin x-\cos x)^2}-\sqrt{(\cos x-\sin x)^2}$을 간단히 하면? [5점]

① $-2\sin x$ ② $-2\cos x$ ③ 0

④ $2\sin x$ ⑤ $2\cos x$

18

$\sin x=0.8988$, $\tan y=2.2460$일 때, 다음 삼각비의 표를 이용하여 $x+y$의 크기를 구하면? [3점]

각도	sin	cos	tan
63°	0.8910	0.4540	1.9626
64°	0.8988	0.4384	2.0503
65°	0.9063	0.4226	2.1445
66°	0.9135	0.4067	2.2460

① $127°$ ② $128°$ ③ $129°$

④ $130°$ ⑤ $131°$

19

오른쪽 그림과 같은 직각삼각형 ABC 에서 $\overline{AC}=10$, $\sin A=\dfrac{4}{5}$일 때, △ABC의 넓이를 구하시오. [4점]

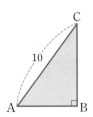

20

다음 그림과 같이 직사각형 ABCD의 꼭짓점 A에서 대 각선 BD에 내린 수선의 발을 H라 하자. $\overline{BH}=3$, $\tan x=\dfrac{1}{2}$일 때, △ABH의 둘레의 길이를 구하시오.

[6점]

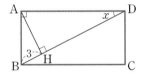

21

오른쪽 그림에서 $\overline{AF}=32$일 때, $\overline{AC}+\overline{BC}$의 길이를 구하시오.

[7점]

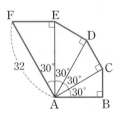

22

$45°<x<90°$이고

$$\sqrt{(\cos x+\sin x)^2}+\sqrt{(\cos x-\sin x)^2}=\frac{24}{13}$$일 때,

$\tan x$의 값을 구하시오. [7점]

23

오른쪽 그림과 같이 반지름의 길이 가 1인 사분원에서 다음 삼각비의 표를 이용하여 $\overline{AB}+\overline{CD}$의 길이를 구하시오. [6점]

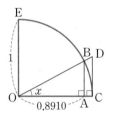

각도	sin	cos	tan
25°	0.4226	0.9063	0.4663
26°	0.4384	0.8988	0.4877
27°	0.4540	0.8910	0.5095

실전! 중단원
학교 시험 2회

학교 선생님들이 출제하신 진짜 학교 시험 문제예요!

01

오른쪽 그림과 같은 직각삼각형 ABC에서 $\overline{AC}=13$, $\overline{AB}=5$일 때, $\sin A\times\tan C$의 값은? [3점]

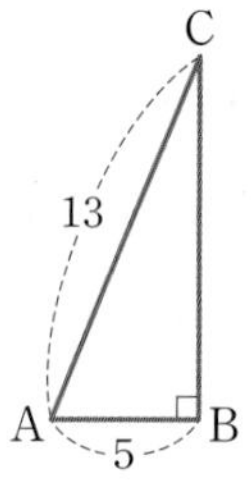

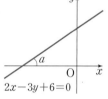

① $\frac{5}{13}$
② $\frac{5}{12}$
③ $\frac{12}{13}$
④ $\frac{13}{12}$
⑤ $\frac{12}{5}$

02

오른쪽 그림과 같은 직각삼각형 ABC에서 $\cos C=\frac{\sqrt{2}}{4}$, $\overline{AC}=4$일 때, $\overline{BC}$의 길이는? [3점]

① 8
② $4\sqrt{5}$
③ $8\sqrt{2}$
④ $8\sqrt{3}$
⑤ 16

03

$\angle B=90°$인 직각삼각형 ABC에서 $\tan A=\frac{1}{2}$일 때, $\sin A+\cos A$의 값은? [3점]

① $\frac{\sqrt{3}}{3}$
② $\frac{2\sqrt{3}}{3}$
③ $\frac{2\sqrt{5}}{5}$
④ $\frac{3\sqrt{5}}{5}$
⑤ $\frac{4\sqrt{5}}{5}$

04

오른쪽 그림과 같은 직각삼각형 ABC에서 $\overline{AC}=\sqrt{5}$, $\overline{AD}=\overline{BD}$이고 $\tan x=\frac{\sqrt{5}}{5}$일 때, $\tan y$의 값은? [5점]

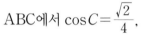

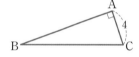

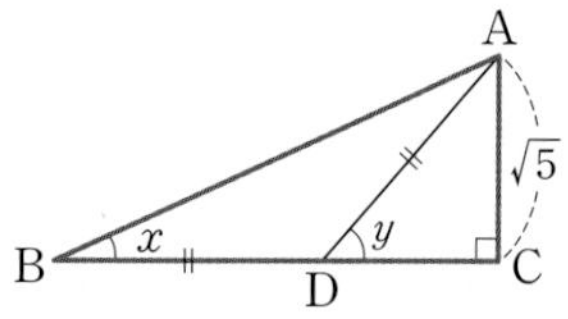

① $\frac{\sqrt{5}}{5}$
② $\frac{\sqrt{5}}{4}$
③ $\frac{\sqrt{5}}{3}$
④ $\frac{\sqrt{5}}{2}$
⑤ $\frac{3\sqrt{5}}{2}$

05

오른쪽 그림과 같이 일차방정식 $2x-3y+6=0$의 그래프가 x축의 양의 방향과 이루는 각의 크기를 a라 할 때, $\sin^2 a-\cos^2 a$의 값은? [4점]

① $-\frac{5}{13}$
② $-\frac{1}{13}$
③ $\frac{1}{13}$
④ $\frac{5}{13}$
⑤ $\frac{7}{13}$

06

오른쪽 그림과 같은 직각삼각형 ABC에서 $\overline{DE}\perp\overline{BC}$이고, $\overline{AB}=\sqrt{11}$, $\overline{AC}=5$일 때, $\sin x+\sin y$의 값은? [4점]

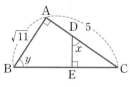

① $\frac{\sqrt{11}}{6}$
② $\frac{5}{6}$
③ $\frac{2\sqrt{11}}{5}$
④ $\frac{6\sqrt{11}}{11}$
⑤ $\frac{5}{3}$

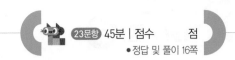
07

오른쪽 그림과 같이 한 모서리의 길이가 6인 정사면체에서 $\overline{AB}$의 중점을 M이라 하자. $\angle OMC = x$ 라 할 때, $\cos x$의 값은? [5점]

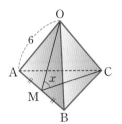

① $\dfrac{\sqrt{2}}{6}$ ② $\dfrac{1}{3}$

③ $\dfrac{\sqrt{6}}{6}$ ④ $\dfrac{\sqrt{3}}{3}$

⑤ $\dfrac{2\sqrt{3}}{3}$

08

다음 중 옳지 <u>않은</u> 것은? [3점]

① $\tan 45° - \cos 60° = \dfrac{1}{2}$

② $\sin 45° + \cos 45° = \sqrt{2}$

③ $\sin 60° \times \tan 60° = \dfrac{3}{2}$

④ $\cos 30° \times \tan 30° = \dfrac{\sqrt{3}}{6}$

⑤ $\sin 30° \div \cos 60° = 1$

09

$\tan(2x - 10°) = \sqrt{3}$을 만족시키는 x의 크기는?
(단, $5° < x < 50°$) [3점]

① $20°$ ② $25°$ ③ $27.5°$

④ $30°$ ⑤ $35°$

10

오른쪽 그림과 같이 $\angle C = 90°$인 직각삼각형 ABC에서 $\angle B = 30°$, $\overline{BC} = 2\sqrt{3}$일 때, $x + y$의 값은? [4점]

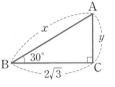

① 3   ② 6   ③ $4\sqrt{3}$

④ 8   ⑤ $6\sqrt{3}$

11

오른쪽 그림과 같이 $\angle C = 90°$인 직각삼각형 ABC에서 $\overline{AD}$가 $\angle A$의 이등분선일 때, $\overline{BD}$의 길이는? [4점]

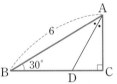

① $\sqrt{3}$ ② 2   ③ 3

④ $2\sqrt{3}$ ⑤ $3\sqrt{2}$

12

오른쪽 그림과 같이 $\angle B = \angle E = 90°$인 직각삼각형 ABC에서 $\overline{AB} = \overline{BD} = \overline{DC} = 4$ 일 때, $\tan x$의 값은? [5점]

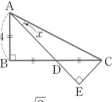

① $\dfrac{1}{5}$ ② $\dfrac{\sqrt{2}}{6}$ ③ $\dfrac{\sqrt{2}}{3}$

④ $\dfrac{1}{3}$ ⑤ $\dfrac{2\sqrt{2}-1}{7}$

13

일차함수 $y=ax+b$의 그래프가 x축의 양의 방향과 이루는 각의 크기가 $45°$이고 이 그래프의 x절편이 6일 때, 상수 b의 값은? (단, a는 상수) [4점]

① $-6\sqrt{3}$ ② -6 ③ $-2\sqrt{3}$
④ $2\sqrt{3}$ ⑤ 6

14

오른쪽 그림과 같이 반지름의 길이가 1인 사분원에서 다음 보기의 설명 중 옳은 것을 모두 고른 것은? [4점]

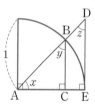

> **보기**
>
> ㄱ. $\sin x=\overline{BC}$ ㄴ. $\cos x=\overline{AC}$
> ㄷ. $\cos y=\overline{BC}$ ㄹ. $\tan z=\overline{DE}$

① ㄱ, ㄴ   ② ㄷ, ㄹ   ③ ㄱ, ㄴ, ㄷ
④ ㄱ, ㄴ, ㄹ   ⑤ ㄴ, ㄷ, ㄹ

15

$(\sin 90°+\tan 0°)\times(\sin 0°-\cos 0°)$를 계산하면?

[4점]

① -2 ② -1 ③ 0
④ 1   ⑤ 2

16

다음 삼각비의 값 중에서 가장 큰 것은? [4점]

① $\sin 90°$ ② $\cos 0°$ ③ $\tan 70°$
④ $\sin 45°$ ⑤ $\cos 30°$

17

$0°<x<90°$일 때, 다음 식을 간단히 하면? [4점]

$$\sqrt{(\sin x-1)^2}+\sqrt{(\sin x+1)^2}$$

① $-2\sin x$ ② -2 ③ 0
④ $2\sin x$ ⑤ 2

18

오른쪽 그림과 같이 $\angle B=90°$인 직각삼각형 ABC에서 $\overline{AC}=1000$, $\overline{AB}=309$이다. 다음 삼각비의 표를 이용하여 A의 크기를 구하면? [4점]

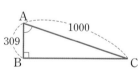

각도	sin	cos	tan
71°	0.9455	0.3256	2.9042
72°	0.9511	0.3090	3.0777
73°	0.9563	0.2924	3.2709
74°	0.9613	0.2756	3.4874
75°	0.9659	0.2588	3.7321

① $71°$ ② $72°$ ③ $73°$
④ $74°$ ⑤ $75°$

서술형

19

$\tan A = \sqrt{3}$일 때, 다음 물음에 답하시오.

(단, $0° < A < 90°$) [4점]

(1) A의 크기를 구하시오. [2점]

(2) $\sin A + \cos \dfrac{A}{2}$의 값을 구하시오. [2점]

20

오른쪽 그림과 같이
$\angle A = 90°$인 직각삼각형
ABC에서 $\overline{AD} \perp \overline{BC}$이고
$\overline{AB} = 4\sqrt{5}$, $\overline{AC} = 2\sqrt{5}$일 때,
$\cos x + \cos y$의 값을 구하시오. [7점]

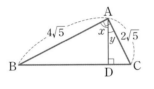

21

△ABC에서 $\angle A : \angle B : \angle C = 1 : 2 : 3$일 때, 다음을 계산하시오. [6점]

$$\frac{1}{\sin B - \cos B} - \frac{2}{\tan B + 1}$$

22

다음 그림과 같이 $\angle C = 90°$인 직각삼각형 ABC에서 $\overline{BD} = \overline{DC}$이고 $\overline{AB} = 12$, $\angle B = 30°$일 때, $\overline{AD}$의 길이를 구하시오. [7점]

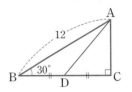

23

다음 그림과 같이 좌표평면 위의 원점 O를 중심으로 하고 반지름의 길이가 1인 사분원에서 $\tan 38° + \cos 52°$의 값을 구하시오. [6점]

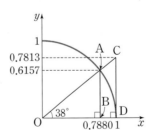

교과서 속 특이 문제

중학교 수학 교과서 10종을 분석한 교과서별 출제 예상 문제예요!

01
지학사 변형

오른쪽 그림과 같이 $\angle ACB = 90°$ 인 직각삼각형 ABC에서 $\overline{AB} \perp \overline{CD}$, $\overline{AC} \perp \overline{DE}$이고 $\overline{AB} = 18$, $\cos B = \dfrac{2}{3}$일 때, $\overline{DE}$의 길이를 구하시오.

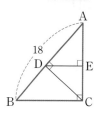

02
천재 변형

다음 그림과 같이 직선 $y = ax + b$와 x축, y축과의 교점을 각각 A, B라 하고 원점 O에서 $\overline{AB}$에 내린 수선의 발을 H라 하자. $\overline{OH} = 2$, $\tan A = \dfrac{1}{2}$일 때, a, b의 값을 각각 구하시오. (단, a, b는 상수)

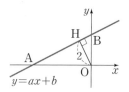

03
미래엔 변형

오른쪽 그림에서 점 O는 삼각형 ABC의 외심이고 $\angle BAC = 60°$, $\overline{OC} = 4$ cm일 때, $\overline{BC}$의 길이를 구하시오.

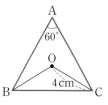

04
비상 변형

오른쪽 그림과 같이 반지름의 길이가 5인 사분원을 좌표평면 위에 나타낼 때, 다음 중 점 A의 좌표를 나타내는 것은?

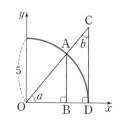

① $(5\sin a,\ 5\cos b)$
② $(5\sin b,\ 5\cos a)$
③ $(5\cos a,\ 5\sin b)$
④ $(5\cos a,\ 5\cos b)$
⑤ $(5\cos b,\ 5\sin a)$

05
신사고 변형

건축에서 지붕의 경사의 정도를 나타내는 것을 물매라 한다. 오른쪽 그림과 같은 건축물의 지붕의 물매는 $\overline{AB} = 10$, $\overline{BC} = 6$임을 이용하여 6/10과 같이 나타낸다. 아래 삼각비의 표를 이용하여 다음 물음에 답하시오.

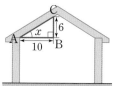

각도	sin	cos	tan
31°	0.52	0.86	0.60
32°	0.53	0.85	0.62
33°	0.54	0.84	0.65

(1) x의 크기를 구하시오.

(2) (1)에서 구한 x의 크기를 이용하여 오른쪽 그림과 같은 직각삼각형 DEF에서 $\overline{EF} = 100$ m일 때, $\overline{DE}$, $\overline{DF}$의 길이를 각각 구하시오.

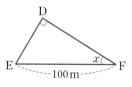

V 삼각비

① 삼각비

② 삼각비의 활용

단원별로 학습 계획을 세워 실천해 보세요.

학습 날짜	월 일	월 일	월 일	월 일
학습 계획				
학습 실행도	0 100	0 100	0 100	0 100
자기 반성				

2 삼각비의 활용

1 직각삼각형의 변의 길이

$\angle C=90°$인 직각삼각형 ABC에서

(1) $\angle B$의 크기와 빗변의 길이 c를 알 때 → $a=c\cos B$, $b=$ ☐(1)

(2) $\angle B$의 크기와 밑변의 길이 a를 알 때 → $b=a\tan B$, $c=\dfrac{a}{\cos B}$

(3) $\angle B$의 크기와 높이 b를 알 때 → $a=$ ☐(2) , $c=\dfrac{b}{\sin B}$

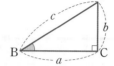

설명 $\sin B=\dfrac{b}{c}$이므로 $b=c\sin B$, $c=\dfrac{b}{\sin B}$

$\cos B=\dfrac{a}{c}$이므로 $a=c\cos B$, $c=\dfrac{a}{\cos B}$

$\tan B=\dfrac{b}{a}$이므로 $a=\dfrac{b}{\tan B}$, $b=a\tan B$

2 일반 삼각형의 변의 길이

(1) $\triangle ABC$에서 두 변의 길이 a, c와 그 끼인각 $\angle B$의 크기를 알 때

→ $\overline{AC}=\sqrt{(c\sin B)^2+(a-c\cos B)^2}$

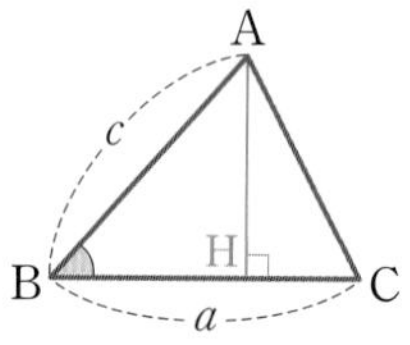

설명 꼭짓점 A에서 $\overline{BC}$에 내린 수선의 발을 H라 하면

$\overline{AH}=c\sin B$, $\overline{BH}=c\cos B$이므로 $\overline{CH}=a-c\cos B$

$\therefore \overline{AC}=\sqrt{\overline{AH}^2+\overline{CH}^2}=\sqrt{(c\sin B)^2+(a-c\cos B)^2}$

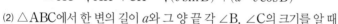

(2) $\triangle ABC$에서 한 변의 길이 a와 그 양 끝 각 $\angle B$, $\angle C$의 크기를 알 때

→ $\overline{AB}=\dfrac{a\sin C}{\sin A}$, $\overline{AC}=\dfrac{a\sin B}{\sin A}$

설명 두 꼭짓점 B, C에서 대변에 내린 수선의 발을 각각 H, H′이라 하면

$\angle A=180°-(\angle B+\angle C)$이고

$\overline{BH}=\overline{AB}\sin A=a\sin C$, $\overline{CH'}=\overline{AC}\sin A=a\sin B$이므로

$\overline{AB}=\dfrac{a\sin C}{\sin A}$, $\overline{AC}=\dfrac{a\sin B}{\sin A}$

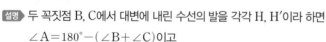

3 삼각형의 높이

$\triangle ABC$에서 한 변의 길이 a와 그 양 끝 각 $\angle B$, $\angle C$의 크기를 알 때, 높이 h는

(1) 주어진 각이 모두 예각인 경우

→ $h=\dfrac{a}{\tan x\,☐(3)\,\tan y}$

설명 $\overline{BH}=h\tan x$, $\overline{CH}=h\tan y$이므로

$a=h\tan x+h\tan y$ $\therefore h=\dfrac{a}{\tan x+\tan y}$

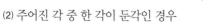
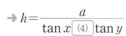

(2) 주어진 각 중 한 각이 둔각인 경우

→ $h=\dfrac{a}{\tan x\,☐(4)\,\tan y}$

설명 $\overline{BH}=h\tan x$, $\overline{CH}=h\tan y$이므로

$a=h\tan x-h\tan y$ $\therefore h=\dfrac{a}{\tan x-\tan y}$

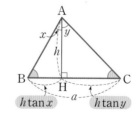
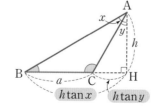

개념 check

1 다음 그림과 같은 직각삼각형 ABC에서 x, y의 값을 각각 구하시오. (단, $\sin 34°=0.56$, $\cos 34°=0.83$으로 계산한다.)

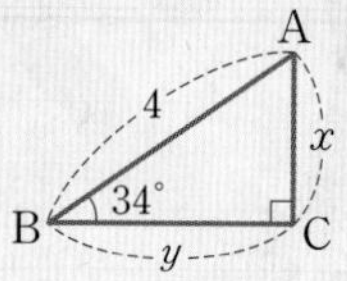

2 아래 그림과 같은 삼각형 ABC에서 다음을 구하시오.

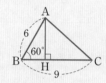

(1) $\overline{AH}$의 길이

(2) $\overline{BH}$의 길이

(3) $\overline{CH}$의 길이

(4) $\overline{AC}$의 길이

3 아래 그림과 같은 삼각형 ABC에서 다음을 구하시오.

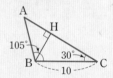

(1) $\overline{BH}$의 길이

(2) $\overline{AB}$의 길이

4 다음 그림과 같은 $\triangle ABC$에서 h의 값을 구하시오.

(1)

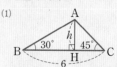

(2)

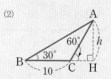

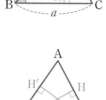

답 (1) $c\sin B$ (2) $\dfrac{b}{\tan B}$ (3) ＋ (4) －

개념 check

④ 삼각형의 넓이

△ABC에서 두 변의 길이 a, c와 그 끼인각 ∠B의 크기를 알 때, 넓이 S는

(1) ∠B가 예각인 경우

(2) ∠B가 둔각인 경우

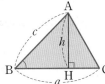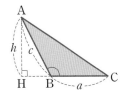

→ $S = \dfrac{1}{2}ac\sin B$

→ $S = \dfrac{1}{2}ac\sin\boxed{(5)}$

설명 (1) $h = c\sin B$이므로 $\triangle ABC = \dfrac{1}{2}ah = \dfrac{1}{2}ac\sin B$

(2) $h = c\sin(180°-B)$이므로 $\triangle ABC = \dfrac{1}{2}ah = \dfrac{1}{2}ac\sin(180°-B)$

⑤ 사각형의 넓이

(1) 평행사변형의 넓이

평행사변형 ABCD에서 이웃하는 두 변의 길이가 a, b이고 그 끼인각 x가 예각일 때, 넓이 S는

→ $S = \boxed{(6)}$

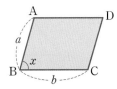

설명 대각선 AC를 그으면 △ABC와 △CDA에서

$\overline{AB}=\overline{CD}$, $\overline{BC}=\overline{DA}$, $\overline{AC}$는 공통이므로

$\triangle ABC \equiv \triangle CDA$ (SSS 합동)

∴ $\square ABCD = 2\triangle ABC = 2\times\dfrac{1}{2}ab\sin x = ab\sin x$

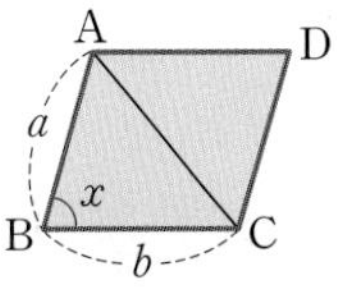

참고 x가 둔각인 경우

→ $S = ab\sin(180°-x)$

(2) 사각형의 넓이

$\square ABCD$에서 두 대각선의 길이가 a, b이고 두 대각선이 이루는 각 x가 예각일 때, 넓이 S는

→ $S = \boxed{(7)}ab\sin x$

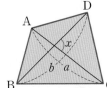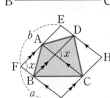

설명 네 점 A, B, C, D를 지나고 두 대각선 AC, BD에 각각 평행한 직선을 그어 이들이 만나는 점을 각각 E, F, G, H라 하면

$\square ABCD = \dfrac{1}{2}\square EFGH = \dfrac{1}{2}ab\sin x$
→ □EFGH는 평행사변형

참고 x가 둔각인 경우

→ $S = \dfrac{1}{2}ab\sin(180°-x)$

5 다음 그림과 같은 △ABC의 넓이를 구하시오.

(1)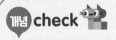

(2)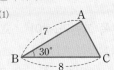

(3)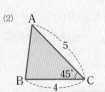

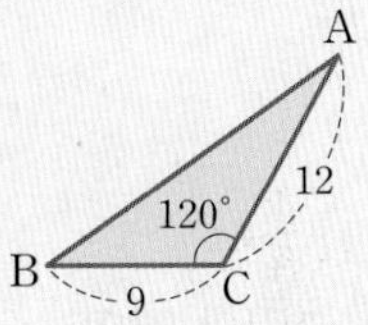

6 다음 그림과 같은 평행사변형 ABCD의 넓이를 구하시오.

(1)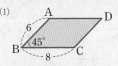

(2)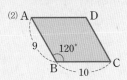

7 다음 그림과 같은 □ABCD의 넓이를 구하시오.

(1)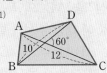

(2)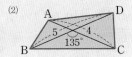

답 (5) $(180°-B)$ (6) $ab\sin x$ (7) $\dfrac{1}{2}$

시험에 꼭 나오는
기출 유형

전국 1000여 개 학교 시험 문제를 분석하여 출제율 높은 문제만 선별했어요!

유형 01 직각삼각형의 변의 길이

01

오른쪽 그림과 같이 $\angle A=90^\circ$인 직각삼각형 ABC에서 $\angle B=63^\circ$, $\overline{BC}=10$일 때, $y-x$의 값을 구하시오. (단, $\sin 63^\circ=0.89$, $\cos 63^\circ=0.45$로 계산한다.)

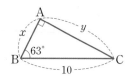

02

오른쪽 그림과 같이 $\angle C=90^\circ$인 직각삼각형 ABC에서 $\angle A=40^\circ$, $\overline{AC}=9$일 때, 다음 중 $\overline{AB}$의 길이를 나타내는 것을 모두 고르면? (정답 2개)

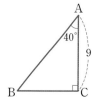

① $9\sin 40^\circ$　② $9\tan 40^\circ$

③ $\dfrac{9}{\sin 50^\circ}$　④ $\dfrac{9}{\cos 40^\circ}$

⑤ $\dfrac{9}{\cos 50^\circ}$

실수 주의

03

오른쪽 그림과 같이 $\angle A=90^\circ$인 직각삼각형 ABC의 꼭짓점 A에서 $\overline{BC}$에 내린 수선의 발을 H라 하자. $\angle BAH=x$, $\angle CAH=y$라 할 때, 다음 중 옳지 않은 것은?

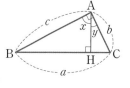

① $\overline{BH}=c\sin x$　② $\overline{AH}=b\cos y$

③ $\overline{CH}=b\sin y$　④ $\overline{AB}=a\sin y$

⑤ $\overline{AC}=c\tan y$

유형 02 입체도형에서 직각삼각형의 변의 길이의 활용

04

오른쪽 그림의 직육면체에서 $\overline{BD}=8$ cm, $\overline{BF}=10$ cm, $\angle DBC=30^\circ$일 때, 이 직육면체의 부피를 구하시오.

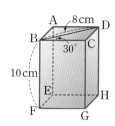

05

오른쪽 그림의 삼각기둥에서 $\overline{BC}=4\sqrt{2}$ cm, $\overline{BE}=6$ cm이고 $\angle BAC=90^\circ$, $\angle ABC=45^\circ$일 때, 이 삼각기둥의 겉넓이를 구하시오.

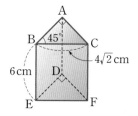

06

오른쪽 그림과 같이 모선의 길이가 $2\sqrt{3}$ cm인 원뿔이 있다. $\angle ABH=60^\circ$일 때, 이 원뿔의 부피를 구하시오.

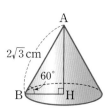

07

오른쪽 그림과 같이 한 변의 길이가 $3\sqrt{2}$ cm인 정사각형을 밑면으로 하는 정사각뿔이 있다. $\angle ABH=45^\circ$일 때, 이 정사각뿔의 부피를 구하시오.

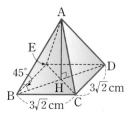

유형 03 실생활에서 직각삼각형의 변의 길이의 활용

08 ●●○

오른쪽 그림과 같이 어느 공원의 기념 탑으로부터 2 m 떨어진 A 지점에서 기념탑의 꼭대기 C 지점을 올려본각의 크기가 55°일 때, 이 기념탑의 높이를 구하시오.

(단, $\tan 55° = 1.43$으로 계산한다.)

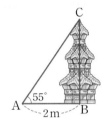

09 ●●○

지면에 수직으로 서 있던 전봇대 가 벼락을 맞아 오른쪽 그림과 같 이 직각으로 꺾이며 쓰러졌다. 쓰 러지기 전의 전봇대의 높이는?

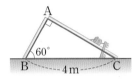

① 4 m
② $(8-2\sqrt{3})$ m
③ $(2+2\sqrt{3})$ m
④ $4\sqrt{3}$ m
⑤ $(4+2\sqrt{3})$ m

10 ●●○

오른쪽 그림과 같이 정수의 손의 위 치에서 드론을 올려본각의 크기가 40°이고, 정수의 손에서 드론까지의 거리는 30 m이다. 지면에서 정수의 손까지의 높이가 1.4 m일 때, 지면에 서 드론까지의 높이는?

(단, $\sin 40° = 0.64$로 계산한다.)

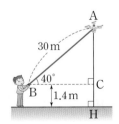

① 19 m
② 19.8 m
③ 20.6 m
④ 21.4 m
⑤ 22.2 m

11 ●●○

오른쪽 그림과 같이 60 m 떨어진 두 건물 ㈎, ㈏가 있다. ㈎ 건물의 옥상 A 지점에서 ㈏ 건물의 B 지 점을 올려본각의 크기는 45°이고, C 지점을 내려본각의 크기는 30°일 때, ㈏ 건물의 높이를 구하시오.

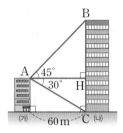

12 ●●●

오른쪽 그림과 같이 지면 위의 B 지 점에서 언덕 위의 건물 꼭대기 A 지 점을 올려본각의 크기는 60°이고, B 지점에서 건물 쪽으로 10 m 걸어간 C 지점에서 건물의 아래 끝 E 지점을 올려본각의 크기는 30°이다. $\overline{CE} = 4\sqrt{3}$ m일 때, 건물의 높이인 $\overline{AE}$의 길이를 구하시오.

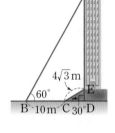

13 ●●●

오른쪽 그림은 산의 높이를 구하기 위하여 산 아래쪽의 수평면 위에 $\overline{AB} = 100$ m가 되도록 두 지점 A, B를 잡고 필요한 부분을 측정한 것이다. 이때 산의 높이인 $\overline{CH}$의 길이는?

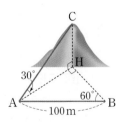

① $\dfrac{50\sqrt{3}}{3}$ m
② $25\sqrt{3}$ m
③ 50 m
④ $\dfrac{100\sqrt{3}}{3}$ m
⑤ $50\sqrt{3}$ m

14 ●●●

오른쪽 그림과 같이 길이가 20 cm 인 실에 매달린 추가 $\overline{OA}$를 기준으로 좌우로 45°의 각을 이루며 움직이고 있다. 추가 가장 높이 올라갔을 때, 추는 A 지점을 기준으로 몇 cm 의 높이에 있는가? (단, 추의 크기는 생각하지 않는다.)

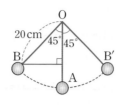

① $(20-6\sqrt{2})$ cm
② $(20-8\sqrt{2})$ cm
③ $(20-8\sqrt{3})$ cm
④ $(20-10\sqrt{2})$ cm
⑤ $(20-10\sqrt{3})$ cm

15 ●●●

오른쪽 그림과 같이 수면으로부터의 높이가 12 m 인 등대의 꼭대기 A 지점에서 C 지점에 있는 배를 내려본각의 크기는 30°이고 4분 후 D 지점에 있는 같은 배를 내려본각의 크기는 60° 일 때, 이 배가 1분 동안 이동한 거리를 구하시오.

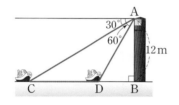

(단, 배는 등대를 향해 일정한 속력으로 이동한다.)

16 ●●●

오른쪽 그림과 같이 헬리콥터가 초속 30 m로 지면과 수평하게 A 지점에서 B 지점으로 똑바로 날고 있다. C 지점에서 A 지점에 있는 헬리콥터를 올려본각의 크기는 60°, 10초 후에 B 지점에 있는 헬리콥터를 올려본각의 크기는 30°일 때, 이 헬리콥터가 지면으로부터 몇 m의 높이에서 날고 있는지 구하시오.

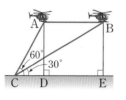

유형 04 삼각형의 변의 길이 구하기
– 두 변의 길이와 그 끼인각의 크기를 알 때

17 ●●●

오른쪽 그림과 같은 △ABC에서 $\overline{AB}=6\sqrt{2}$, $\overline{BC}=14$이고 ∠B=45°일 때, $\overline{AC}$의 길이를 구하시오.

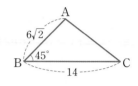

18 ●●●

오른쪽 그림은 연못의 두 지점 A, B 사이의 거리를 구하기 위하여 C 지점을 잡고 필요한 부분을 측정한 것이다. $\overline{AC}=30$ m, $\overline{BC}=20$ m이고 ∠ACB=60°일 때, 두 지점 A, B 사이의 거리를 구하시오.

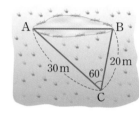

19 ●●●

오른쪽 그림과 같은 △ABC에서 $\overline{BC}=8$, $\overline{AC}=6$, ∠C=120°일 때, $\overline{AB}$의 길이를 구하시오.

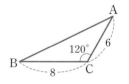

20 ●●●

오른쪽 그림과 같은 평행사변형 ABCD에서 $\overline{AB}=4\sqrt{3}$ cm, $\overline{BC}=9$ cm이고 ∠BCD=150°일 때, $\overline{AC}$의 길이를 구하시오.

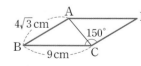

•정답 및 풀이 20쪽

유형 05 삼각형의 변의 길이 구하기 – 한 변의 길이와 그 양 끝 각의 크기를 알 때

21 ●●●

오른쪽 그림과 같은 △ABC에서 $\overline{AC}=12$ cm이고 ∠A=75°, ∠C=45°일 때, $\overline{AB}$의 길이는?

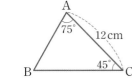

① 6 cm ② $6\sqrt{2}$ cm

③ $4\sqrt{6}$ cm ④ 8 cm

⑤ $8\sqrt{2}$ cm

실수주의 22 ●●●

오른쪽 그림의 △ABC에서 $\overline{AC}=b$라 할 때, 다음 중 $\overline{AB}$의 길이를 나타내는 것은?

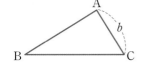

① $\dfrac{b\sin A}{\sin B}$ ② $\dfrac{b\sin A}{\sin C}$ ③ $\dfrac{b\sin B}{\sin A}$

④ $\dfrac{b\sin B}{\sin C}$ ⑤ $\dfrac{b\sin C}{\sin B}$

23 ●●●

오른쪽 그림과 같은 △ABC에서 $\overline{BC}=8$ cm, ∠B=45°, ∠C=105° 일 때, $\overline{AC}$의 길이를 구하시오.

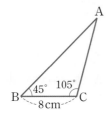

24 ●●●

오른쪽 그림과 같은 어느 캠핑장에서 두 텐트 B, C 사이의 거리는 600 m 이다. 공동 식수대 A 지점에 대하여 ∠B=60°, ∠C=75°일 때, 공동 식수대 A에서 텐트 C까지의 거리를 구하시오.

25 ●●●

오른쪽 그림은 두 지점 A, B 사이의 거리를 구하기 위하여 필요한 부분을 측정한 것이다. $\overline{BC}=70$ m이고 ∠A=30°, ∠B=45°일 때, 두 지점 A, B 사이의 거리는?

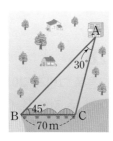

① $35(\sqrt{2}+1)$ m ② $35(\sqrt{3}+1)$ m

③ $35(\sqrt{3}+\sqrt{2})$ m ④ $35(\sqrt{6}+\sqrt{2})$ m

⑤ $35(\sqrt{6}+\sqrt{3})$ m

유형 06 예각삼각형의 높이 구하기   최다 빈출

26 ●●●

오른쪽 그림과 같은 △ABC에서 $\overline{AH}\perp\overline{BC}$이고 $\overline{BC}=9$, ∠B=35°, ∠C=50°이다. $\overline{AH}=h$라 할 때, 다음 중 h의 값을 구하는 식으로 알맞은 것은?

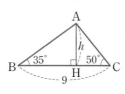

① $h\sin 35°+h\sin 50°=9$

② $h\sin 55°+h\cos 40°=9$

③ $h\cos 35°+h\cos 50°=9$

④ $h\tan 35°+h\tan 50°=9$

⑤ $h\tan 55°+h\tan 40°=9$

27 •••

오른쪽 그림과 같은 △ABC에서 $\overline{BC}=30$이고 ∠B=30°, ∠C=45°이다. 점 A에서 $\overline{BC}$에 내린 수선의 발을 H라 할 때, $\overline{AH}$의 길이는?

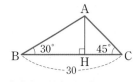

① $\sqrt{3}-1$ ② $\sqrt{3}+1$ ③ $5(\sqrt{3}-1)$
④ $5(\sqrt{3}+1)$ ⑤ $15(\sqrt{3}-1)$

28 •••

오른쪽 그림과 같이 8 m 떨어진 두 지점 B, C에서 하늘 위의 새를 올려본각의 크기가 각각 60°, 30°이었다. 이때 지면에서 새까지의 높이인 $\overline{AH}$의 길이는?

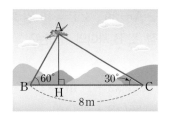

① $\sqrt{6}$ m   ② $2\sqrt{2}$ m   ③ 3 m
④ $2\sqrt{3}$ m   ⑤ 4 m

29 •••

오른쪽 그림과 같은 △ABC에서 $\overline{AC}=16$ cm, ∠B=75°, ∠C=45°일 때, △ABC의 넓이는?

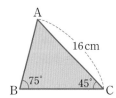

① $64(\sqrt{3}-1)$ cm²
② $64(3-\sqrt{3})$ cm²
③ $64(\sqrt{3}+1)$ cm²
④ $128(\sqrt{3}-1)$ cm²
⑤ $128(3-\sqrt{3})$ cm²

유형 07 둔각삼각형의 높이 구하기

30 •••

오른쪽 그림과 같은 △ABC에서 $\overline{BC}=12$ cm, ∠ABC=30°, ∠ACB=135°일 때, $\overline{AH}$의 길이를 구하시오.

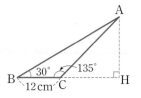

31 ••

등대에서 비추는 불빛과 지면과의 각도를 측정하였더니 오른쪽 그림과 같았다. $\overline{BC}=18$ m일 때, 등대의 높이를 구하시오.

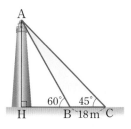

32 •••

오른쪽 그림과 같이 7 m 떨어진 두 지점 A, B에서 동상의 꼭대기를 올려본각의 크기가 각각 32°, 48°일 때, 동상의 높이인 $\overline{CH}$의 길이를 구하시오.

(단, tan 42°=0.9, tan 58°=1.6으로 계산한다.)

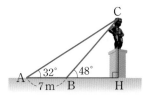

33 •••

오른쪽 그림과 같은 △ABC에서 $\overline{BC}=4$, ∠B=30°, ∠C=120°일 때, △ABC의 넓이를 구하시오.

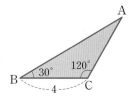

유형 08 예각삼각형의 넓이   최다 빈출

34 •••

오른쪽 그림과 같이 $\overline{AB}=8$ cm,
$\overline{BC}=6$ cm, ∠B=60°인 △ABC의
넓이는?

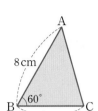

① $10\sqrt{3}$ cm²   ② $11\sqrt{3}$ cm²

③ $12\sqrt{3}$ cm²   ④ $13\sqrt{3}$ cm²

⑤ $14\sqrt{3}$ cm²

35 •••

오른쪽 그림과 같이 $\overline{AC}=\overline{BC}$인
이등변삼각형 ABC에서
∠B=75°이고 △ABC의 넓이
가 36 cm²일 때, $\overline{AC}$의 길이는?

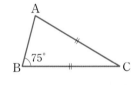

① 9 cm   ② 10 cm   ③ 11 cm

④ 12 cm   ⑤ 13 cm

36 •••

오른쪽 그림과 같이 $\overline{AC}=4$ cm,
$\overline{BC}=7$ cm인 △ABC의 넓이
가 $7\sqrt{2}$ cm²일 때, ∠C의 크기
는? (단, 0°<∠C<90°)

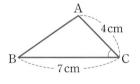

① 15°   ② 30°   ③ 45°

④ 50°   ⑤ 60°

37 •••

오른쪽 그림과 같이 $\overline{AB}=18$ cm,
$\overline{AC}=14$ cm, ∠A=30°인
△ABC에서 점 G가 △ABC의 무
게중심일 때, △GBC의 넓이를 구하
시오.

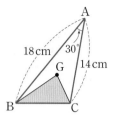

38 •••

오른쪽 그림에서 $\overline{AC}\parallel\overline{DE}$이고
$\overline{AB}=8$ cm, $\overline{BC}=7$ cm,
$\overline{CE}=4$ cm, ∠B=45°일 때,
□ABCD의 넓이를 구하시오.

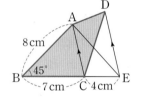

39 •••

오른쪽 그림과 같은 △ABC에서
∠BAC=60°이고 $\overline{AB}=10$ cm,
$\overline{AC}=12$ cm이다. $\overline{AD}$가 ∠A의
이등분선일 때, $\overline{AD}$의 길이를 구
하시오.

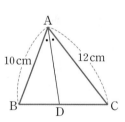

40 •••

오른쪽 그림과 같이 한 변의 길이가
8 cm인 정사각형 ABCD에서 두
점 M, N이 각각 $\overline{AD}$, $\overline{DC}$의 중점
일 때, $\sin x$의 값을 구하시오.

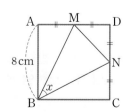

유형 **09** 둔각삼각형의 넓이

41 ●●○

오른쪽 그림과 같은 △ABC에서 $\overline{AB}=5$ cm, $\overline{BC}=4$ cm, ∠B=135°일 때, △ABC의 넓이는?

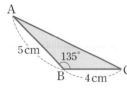

① $2\sqrt{2}$ cm²   ② $3\sqrt{2}$ cm²   ③ $4\sqrt{2}$ cm²

④ $5\sqrt{2}$ cm²   ⑤ $6\sqrt{2}$ cm²

42 ●●○

오른쪽 그림과 같이 $\overline{AB}=5$ cm, $\overline{BC}=8$ cm인 △ABC의 넓이가 $10\sqrt{3}$ cm²일 때, ∠B의 크기를 구하시오.

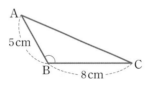

(단, 90°<∠B<180°)

43 ●●○

오른쪽 그림과 같이 한 변의 길이가 6 cm인 정사각형 ABCD의 한 변 AD를 빗변으로 하는 직각삼각형 ADE에서 ∠ADE=30°일 때, △ABE의 넓이를 구하시오.

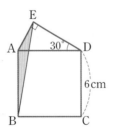

44 ●●●

오른쪽 그림과 같이 반지름의 길이가 4 cm인 반원 O에서 ∠ACB=22.5°일 때, 색칠한 부분의 넓이를 구하시오.

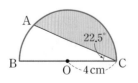

유형 **10** 다각형의 넓이   최다 빈출

45 ●●○

오른쪽 그림과 같은 □ABCD의 넓이를 구하시오.

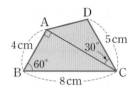

46 ●●○

오른쪽 그림과 같은 □ABCD의 넓이는?

① $20\sqrt{3}$ cm²   ② $27\sqrt{3}$ cm²

③ 48 cm²   ④ 52 cm²

⑤ 62 cm²

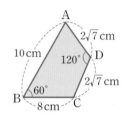

47 ●●●

오른쪽 그림과 같이 한 변의 길이가 2 cm인 정육각형의 넓이를 구하시오.

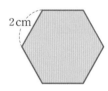

48 ●●●

오른쪽 그림과 같은 □ABCD의 넓이는?

① $25+2\sqrt{26}$

② $30+2\sqrt{26}$

③ $35+3\sqrt{26}$

④ $40+3\sqrt{26}$

⑤ $45+3\sqrt{26}$

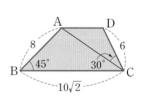

유형 **11** 평행사변형의 넓이

49 •••

오른쪽 그림과 같은 평행사변형 ABCD에서 $\overline{AB}=2$ cm, $\overline{BC}=4$ cm, $\angle C=150°$일 때, □ABCD의 넓이를 구하시오.

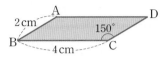

50 ••

오른쪽 그림과 같은 평행사변형 ABCD에서 두 대각선 AC와 BD의 교점을 O라 하자. $\overline{AB}=3$ cm, $\overline{BC}=4$ cm이고 $\angle ABC=60°$일 때, 색칠한 부분의 넓이는?

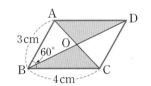

① 3 cm² ② $3\sqrt{2}$ cm² ③ $3\sqrt{3}$ cm²
④ 6 cm² ⑤ $6\sqrt{2}$ cm²

51 •••

오른쪽 그림과 같은 평행사변형 ABCD에서 $\angle B=30°$이고 $\overline{AB}:\overline{BC}=3:4$, □ABCD$=54$ cm²일 때, □ABCD의 둘레의 길이를 구하시오.

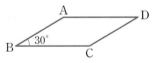

52 •••

폭이 각각 8 cm, 6 cm로 일정한 두 종이 테이프가 오른쪽 그림과 같이 겹쳐져 있을 때, 겹쳐진 부분의 넓이를 구하시오.

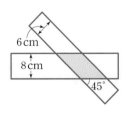

유형 **12** 사각형의 넓이

53 •••

오른쪽 그림과 같은 사각형 ABCD에서 두 대각선의 교점을 O라 할 때, □ABCD의 넓이는?

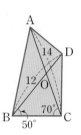

① $21\sqrt{2}$ ② $21\sqrt{3}$
③ 42 ④ $42\sqrt{2}$
⑤ $42\sqrt{3}$

54 •••

오른쪽 그림과 같은 등변사다리꼴 ABCD에서 두 대각선이 이루는 각의 크기가 $120°$이고 □ABCD의 넓이가 $25\sqrt{3}$ cm²일 때, $\overline{AC}$의 길이를 구하시오.

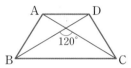

55 •••

오른쪽 그림과 같이 $\overline{AC}=24$ cm, $\overline{BD}=10$ cm인 □ABCD의 넓이가 $60\sqrt{2}$ cm²일 때, $\angle x$의 크기를 구하시오. (단, $0°<\angle x<90°$)

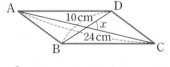

56 •••

오른쪽 그림과 같은 □ABCD에서 두 대각선의 길이가 각각 8 cm, 12 cm일 때, □ABCD의 넓이의 최댓값을 구하시오.
(단, 점 O는 두 대각선의 교점이다.)

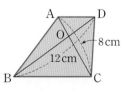

01

오른쪽 그림과 같은 △ABC에서 $\overline{AH} \perp \overline{BC}$이고 $\overline{AB}=3\sqrt{2}$, $\overline{BC}=5$, ∠B=45°일 때, 다음 물음에 답하시오. [6점]

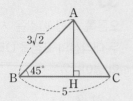

(1) $\overline{AH}$의 길이를 구하시오. [2점]

(2) $\overline{AC}$의 길이를 구하시오. [4점]

(1) **채점 기준 1** $\overline{AH}$의 길이 구하기 … 2점

  △ABH에서

  $\overline{AH}=3\sqrt{2} \times \underline{\quad\quad} = 3\sqrt{2} \times \boxed{} = \underline{\quad}$

(2) **채점 기준 2** $\overline{BH}$, $\overline{CH}$의 길이 각각 구하기 … 2점

  $\overline{BH}=3\sqrt{2} \times \underline{\quad\quad} = 3\sqrt{2} \times \boxed{} = \underline{\quad}$ 이므로

  $\overline{CH}=\overline{BC}-\overline{BH}=5-\underline{\quad}=\underline{\quad}$

  채점 기준 3 $\overline{AC}$의 길이 구하기 … 2점

  △AHC에서 $\overline{AC}=\sqrt{\boxed{}^2 + \boxed{}^2}=\underline{\quad\quad}$

01-1

오른쪽 그림과 같은 △ABC에서 $\overline{AH} \perp \overline{BC}$이고 $\overline{AB}=6$, $\overline{BC}=4\sqrt{3}$, ∠B=30°일 때, 다음 물음에 답하시오. [6점]

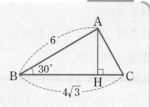

(1) $\overline{AH}$의 길이를 구하시오. [2점]

(2) $\overline{AC}$의 길이를 구하시오. [4점]

(1) **채점 기준 1** $\overline{AH}$의 길이 구하기 … 2점

(2) **채점 기준 2** $\overline{BH}$, $\overline{CH}$의 길이 각각 구하기 … 2점

  채점 기준 3 $\overline{AC}$의 길이 구하기 … 2점

02

오른쪽 그림과 같이 지름의 길이가 8 cm인 원 O에 내접하는 정육각형의 넓이를 구하시오. [6점]

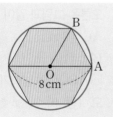

채점 기준 1 △OAB의 넓이 구하기 … 4점

$\overline{OA}=\overline{OB}=\dfrac{1}{2} \times \underline{\quad} = \underline{\quad}$ (cm)이고

∠AOB$=360° \times \boxed{} = \underline{\quad\quad}$ 이므로

$\triangle OAB = \dfrac{1}{2} \times \overline{OA} \times \overline{OB} \times \underline{\quad\quad}$

$\qquad\qquad = \underline{\quad\quad\quad\quad} = \underline{\quad\quad}$ (cm²)

채점 기준 2 정육각형의 넓이 구하기 … 2점

∴ (정육각형의 넓이) $= \boxed{} \times \triangle OAB = \underline{\quad\quad\quad}$ (cm²)

02-1

오른쪽 그림과 같이 지름의 길이가 12 cm인 원 O에 내접하는 정팔각형의 넓이를 구하시오. [6점]

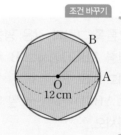

채점 기준 1 △OAB의 넓이 구하기 … 4점

채점 기준 2 정팔각형의 넓이 구하기 … 2점

02-2

반지름의 길이가 a인 원에 내접하는 정십이각형의 넓이를 a를 사용하여 나타내시오. [7점]

●정답 및 풀이 25쪽

03

오른쪽 그림과 같이 빗변을 따라 내려오는 직각삼각형 모양의 놀이 기구가 있다. 지면 위의 두 지점 B, C 사이의 거리는 50 m이고 놀이 기구의 경사각의 크기는 13°일 때, 다음 표를 이용하여 놀이 기구의 출발 지점 A의 지면으로부터의 높이를 구하시오. [4점]

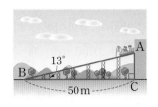

sin 13°	cos 13°	tan 13°
0.23	0.97	0.23

04

다음 그림과 같이 지면으로부터 34 m 상공에서 날고 있는 드론이 수평면과 20°의 각도를 유지하면서 초속 2 m로 움직여 C 지점에 착륙하려고 한다. 드론이 직선으로 움직인다고 할 때, 착륙하는 데 걸리는 시간을 구하시오.
(단, sin 20°=0.34, cos 20°=0.94, tan 20°=0.36으로 계산한다.) [6점]

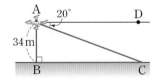

05

오른쪽 그림과 같은 사다리꼴 ABCD에서 $\overline{AB}=\overline{AD}=4$, ∠B=∠C=60°일 때, □ABCD의 넓이를 구하시오. [6점]

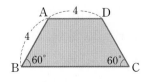

06

오른쪽 그림과 같은 평행사변형 ABCD에서 $\overline{AB}=6$ cm, $\overline{BC}=10$ cm, ∠C=120°일 때, 다음 물음에 답하시오. [6점]

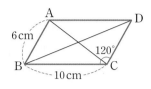

(1) 대각선 AC의 길이를 구하시오. [3점]

(2) 대각선 BD의 길이를 구하시오. [3점]

07

오른쪽 그림과 같은 △ABC에서 점 G는 △ABC의 무게중심이다. $\overline{AC}=12$ cm, ∠A=60°이고 △GBC의 넓이가 $14\sqrt{3}$ cm²일 때, $\overline{AB}$의 길이를 구하시오. [6점]

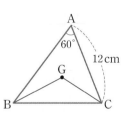

08

오른쪽 그림과 같은 평행사변형 ABCD에서 점 O는 두 대각선 AC, BD의 교점이다. $\overline{AB}=8$, $\overline{BC}=10$이고 ∠ABC : ∠BCD=1 : 3일 때, △OBC의 넓이를 구하시오. [7점]

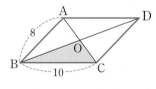

학교 선생님들이 출제하신 진짜 학교 시험 문제예요!

01

오른쪽 그림과 같이 $\angle C=90^\circ$인 직각삼각형 ABC에서 $\overline{BC}=3$, $\angle B=38^\circ$일 때, 다음 중 $\overline{AC}$의 길이를 나타내는 것은? [3점]

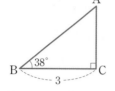

① $3\sin 38^\circ$　② $3\cos 38^\circ$　③ $3\tan 38^\circ$
④ $\dfrac{3}{\cos 38^\circ}$　⑤ $\dfrac{3}{\tan 38^\circ}$

02

오른쪽 그림과 같이 한 변의 길이가 6 cm인 정사각형 ABCD를 점 A를 중심으로 시계 반대 방향으로 30°만큼 회전시켜 정사각형 AB′C′D′을 만들었다. 이때 두 정사각형이 겹쳐지는 부분의 넓이는? [5점]

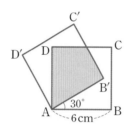

① $12\sqrt{2}$ cm²　② $12\sqrt{3}$ cm²　③ 24 cm²
④ $24\sqrt{2}$ cm²　⑤ $24\sqrt{3}$ cm²

03

오른쪽 그림과 같이 밑넓이가 4π cm²인 원뿔이 있다. 모선 AB와 $\overline{BO}$가 이루는 각의 크기가 60°일 때, $\overline{AB}$의 길이는? [3점]

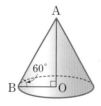

① 2 cm　② $2\sqrt{2}$ cm　③ $2\sqrt{3}$ cm
④ 4 cm　⑤ $4\sqrt{3}$ cm

04

다음 그림과 같이 경사도가 15°인 짚타워의 꼭대기에서 출발하여 짚와이어를 타고 일직선으로 미끄러져 내려온 거리가 1000 m일 때, 짚타워의 높이인 $\overline{AB}$의 길이는? (단, $\sin 15^\circ=0.2588$, $\cos 15^\circ=0.9659$, $\tan 15^\circ=0.2679$로 계산한다.) [3점]

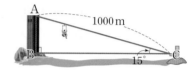

① 258.8 m　② 267.9 m　③ 517.6 m
④ 535.8 m　⑤ 965.9 m

05

오른쪽 그림과 같이 길이가 24 cm인 줄에 매달린 시계추가 $\overline{OA}$를 기준으로 좌우로 30°의 각을 이루며 움직인다고 할 때, 시계추의 최고 높이와 최저 높이의 차는? (단, 시계추의 크기는 생각하지 않는다.) [4점]

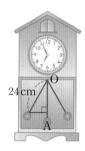

① $(24-12\sqrt{3})$ cm　② $(12\sqrt{3}-12)$ cm
③ 12 cm　④ $(24-6\sqrt{3})$ cm
⑤ $(12\sqrt{3}-6)$ cm

06

오른쪽 그림과 같은 △ABC에서 $\overline{AH}\perp\overline{BC}$이고 $\overline{AB}=4$ cm, $\overline{BC}=3\sqrt{3}$ cm, $\angle B=30^\circ$일 때, △AHC의 둘레의 길이는? [4점]

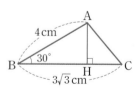

① $(2+\sqrt{3}+\sqrt{5})$ cm　② $(2+\sqrt{3}+\sqrt{7})$ cm
③ $(2+\sqrt{5}+\sqrt{7})$ cm　④ $(4+\sqrt{3}+\sqrt{5})$ cm
⑤ $(4+\sqrt{3}+\sqrt{7})$ cm

07

오른쪽 그림과 같은 평행사변형 ABCD에서 $\overline{AB}=2$ cm, $\overline{BC}=4$ cm 이고 ∠ABC=60°일 때, 대각선 BD의 길이는? [4점]

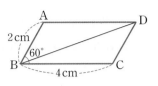

① 5 cm   ② $\sqrt{26}$ cm   ③ $3\sqrt{3}$ cm
④ $2\sqrt{7}$ cm   ⑤ $\sqrt{29}$ cm

08

다음 그림과 같은 △ABC에서 $\overline{AB}=6$ cm, $\overline{BC}=2\sqrt{3}$ cm이고 ∠B=150°일 때, $\overline{AC}$의 길이는? [4점]

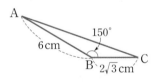

① $2\sqrt{3}$ cm   ② $\sqrt{21}$ cm   ③ $2\sqrt{11}$ cm
④ $4\sqrt{5}$ cm   ⑤ $2\sqrt{21}$ cm

09

오른쪽 그림과 같은 △ABC에서 $\overline{AB}=4\sqrt{2}$ cm, ∠B=105°, ∠C=30°일 때, $\overline{BC}$의 길이는? [4점]

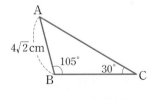

① 6 cm   ② $6\sqrt{2}$ cm   ③ 8 cm
④ $6\sqrt{3}$ cm   ⑤ $8\sqrt{2}$ cm

10

다음 그림과 같이 100 m 떨어진 두 지점 B, C에서 A 지점에 있는 열기구를 올려본각의 크기가 각각 45°, 30°일 때, 지면으로부터 열기구까지의 높이는? [4점]

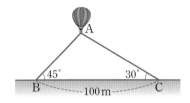

① $50(2-\sqrt{3})$ m   ② $50(\sqrt{3}-\sqrt{2})$ m
③ $50(\sqrt{3}-1)$ m   ④ $100(2-\sqrt{3})$ m
⑤ $100(\sqrt{3}-1)$ m

11

오른쪽 그림과 같은 △ABC에서 $\overline{BC}=2$, ∠B=30°, ∠ACH=45°일 때, △ABC의 넓이는? [4점]

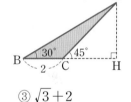

① $\sqrt{3}+1$ ② $\sqrt{5}+1$ ③ $\sqrt{3}+2$
④ $\sqrt{3}+3$ ⑤ $2\sqrt{3}+1$

12

오른쪽 그림과 같이 $\overline{AB}=\overline{AC}=4$ cm 인 이등변삼각형 ABC에서 ∠B=75°일 때, △ABC의 넓이는? [4점]

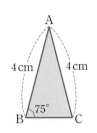

① 4 cm^2 ② $4\sqrt{2}$ cm^2
③ $4\sqrt{3}$ cm^2 ④ 8 cm^2
⑤ $8\sqrt{3}$ cm^2

13

오른쪽 그림과 같은
△ABC에서
$\overline{AB}=5$ cm, $\overline{BC}=8$ cm,
∠B=135°일 때,
△ABC의 넓이는? [3점]

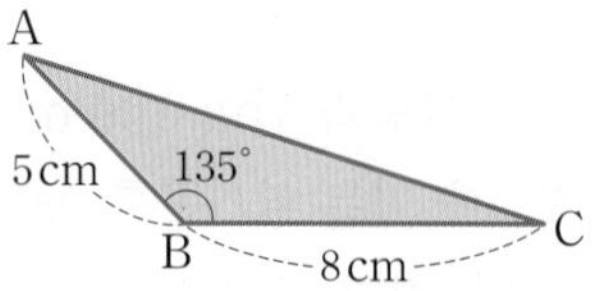

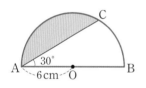

① 10 cm² ② 10√2 cm² ③ 10√3 cm²
④ 20 cm² ⑤ 20√2 cm²

14

오른쪽 그림과 같이 반지름의
길이가 6 cm인 반원 O에서
∠CAO=30°일 때, 색칠한
부분의 넓이는? [5점]

① $(12\pi-11\sqrt{3})$ cm² ② $(12\pi-9\sqrt{3})$ cm²
③ $(12\sqrt{3}\pi-8)$ cm² ④ $(12\sqrt{3}\pi-3)$ cm²
⑤ $(24\pi-11\sqrt{3})$ cm²

15

오른쪽 그림과 같은 □ABCD의
넓이는? [4점]

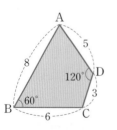

① $15\sqrt{3}$ ② $\dfrac{61\sqrt{3}}{4}$
③ $\dfrac{31\sqrt{3}}{2}$ ④ $\dfrac{63\sqrt{3}}{4}$
⑤ $16\sqrt{3}$

16

오른쪽 그림과 같은 평행사변
형 ABCD에서 점 M은 $\overline{BC}$
의 중점이고 $\overline{AB}=12$ cm,
$\overline{AD}=14$ cm, ∠ABC=120°
일 때, △DBM의 넓이는? [4점]

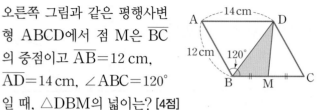

① $12\sqrt{3}$ cm² ② $15\sqrt{3}$ cm² ③ $18\sqrt{3}$ cm²
④ $21\sqrt{3}$ cm² ⑤ $24\sqrt{3}$ cm²

17

폭이 각각 3 cm, 6 cm로 일
정한 두 종이 테이프가 오른쪽
그림과 같이 겹쳐져 있을 때,
겹쳐진 부분의 넓이는? [5점]

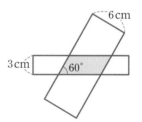

① $9\sqrt{3}$ cm² ② 12 cm²
③ $12\sqrt{3}$ cm² ④ 20 cm²
⑤ $18\sqrt{3}$ cm²

18

오른쪽 그림과 같은 □ABCD의 넓
이는? [3점]

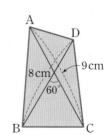

① $12\sqrt{3}$ cm² ② $18\sqrt{3}$ cm²
③ $24\sqrt{3}$ cm² ④ $30\sqrt{3}$ cm²
⑤ $36\sqrt{3}$ cm²

19

오른쪽 그림과 같은 삼각기둥에서 $\overline{BC}=8$ cm, $\overline{CF}=5\sqrt{3}$ cm이고 $\angle BAC=90°$, $\angle ACB=30°$일 때, 이 삼각기둥의 부피를 구하시오. [4점]

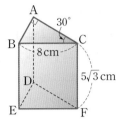

20

오른쪽 그림과 같이 20 m 떨어진 두 건물 (개), (내)가 있다. (개) 건물의 옥상 C 지점에서 (내) 건물의 A 지점을 올려본각의 크기는 60°, B 지점을 내려본각의 크기는 45°일 때, (내) 건물의 높이를 구하시오. [6점]

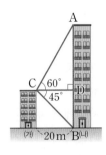

21

오른쪽 그림과 같이 바닥에서 1 m 위에 액자가 놓이도록 걸었다. 바닥면 위의 A 지점에서 액자의 위쪽 끝인 D 지점을 올려본각의 크기는 60°, 액자의 아래쪽 끝인 C 지점을 올려본각의 크기는 30°일 때, 이 액자의 세로의 길이를 구하시오.
    (단, 액자의 두께는 생각하지 않는다.) [6점]

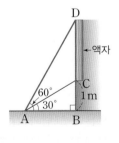

22

다음 그림과 같이 8 m 떨어져 있는 두 사람 B, C가 호수 중앙에 있는 섬의 A 지점을 바라보았을 때의 각의 크기가 각각 45°, 60°일 때, h의 값을 구하시오. [7점]

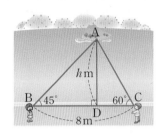

23

다음 그림과 같은 △ABC에서 $\overline{AB}=6$ cm, $\overline{AC}=12$ cm이고 $\angle BAC=120°$이다. $\overline{AD}$가 $\angle A$의 이등분선일 때, $\overline{AD}$의 길이를 구하시오. [7점]

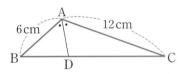

01

오른쪽 그림과 같이 ∠C=90°인 직각삼각형 ABC에서 $\overline{AB}=100$, ∠B=25°일 때, $\overline{BC}$의 길이는? (단, sin 25°=0.4226, cos 25°=0.9063, tan 25°=0.4663으로 계산한다.) [3점]

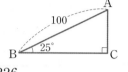

① 42.26   ② 46.63   ③ 84.52
④ 88.89   ⑤ 90.63

02

오른쪽 그림과 같은 직육면체에서 $\overline{FG}=4$ cm, $\overline{GH}=3$ cm이고 ∠DFH=30°일 때, 이 직육면체의 부피는? [4점]

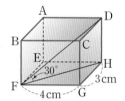

① $7\sqrt{3}$ cm³   ② $10\sqrt{3}$ cm³
③ $20\sqrt{3}$ cm³   ④ $22\sqrt{3}$ cm³
⑤ $25\sqrt{3}$ cm³

03

오른쪽 그림과 같이 건물로부터 10 m 떨어진 진우가 건물의 꼭대기를 올려본각의 크기가 35°이다. 진우의 눈높이가 1.5 m일 때, 이 건물의 높이는?
(단, sin 35°=0.57, cos 35°=0.82, tan 35°=0.70으로 계산한다.) [3점]

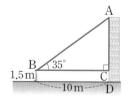

① 6.2 m   ② 7.2 m   ③ 8.5 m
④ 9.5 m   ⑤ 9.7 m

04

지면에 수직으로 서 있던 나무가 오른쪽 그림과 같이 부러졌다. 나무의 꼭대기 부분과 지면이 이루는 각의 크기가 30°일 때, 부러지기 전의 나무의 높이는? [4점]

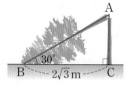

① $(6-\sqrt{3})$ m   ② 6 m
③ $(6+\sqrt{3})$ m   ④ $(8-\sqrt{3})$ m
⑤ 8 m

05

오른쪽 그림과 같이 높이가 30 m인 등대의 꼭대기 A 지점에서 두 배 B, C를 내려본각의 크기가 각각 30°, 45°일 때, 두 배 B, C 사이의 거리는?
(단, 배의 크기는 생각하지 않는다.) [4점]

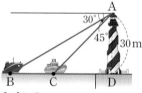

① $30(\sqrt{3}-1)$ m   ② $30(3-\sqrt{3})$ m
③ $60(\sqrt{3}-1)$ m   ④ $30\sqrt{3}$ m
⑤ $60(3-\sqrt{3})$ m

06

오른쪽 그림과 같은 평행사변형 ABCD에서 $\overline{AB}=4$ cm, $\overline{BC}=5$ cm이고 ∠B=60°일 때, $\overline{AC}$의 길이는? [4점]

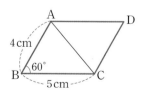

① $\sqrt{19}$ cm   ② $\sqrt{21}$ cm   ③ $2\sqrt{6}$ cm
④ $\sqrt{26}$ cm   ⑤ $2\sqrt{7}$ cm

07

오른쪽 그림과 같은 △ABC에서 $\overline{BC}=6$ cm이고 ∠B=45°, ∠C=75°일 때, $\overline{AC}$의 길이는?

[4점]

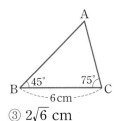

① $2\sqrt{3}$ cm　　② 4 cm　　③ $2\sqrt{6}$ cm

④ $3\sqrt{3}$ cm　　⑤ $4\sqrt{2}$ cm

08

오른쪽 그림과 같은 △ABC에서 $\overline{AH}\perp\overline{BC}$이고 $\overline{BC}=16$ cm, ∠B=30°, ∠C=60°일 때, $\overline{AH}$의 길이는? [4점]

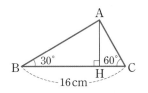

① $4\sqrt{2}$ cm　　② $4\sqrt{3}$ cm　　③ $4\sqrt{5}$ cm

④ $8\sqrt{2}$ cm　　⑤ $8\sqrt{3}$ cm

09

오른쪽 그림과 같은 두 직각삼각형 ABC, DBC에서 $\overline{AB}=3\sqrt{2}$ cm, ∠ACB=45°, ∠D=60°일 때, △EBC의 넓이는? [5점]

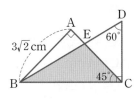

① $6(\sqrt{3}-1)$ cm^2　　② $9(\sqrt{3}-1)$ cm^2

③ $12(\sqrt{3}-1)$ cm^2　　④ $6(\sqrt{3}+1)$ cm^2

⑤ $9(\sqrt{3}+1)$ cm^2

10

오른쪽 그림과 같이 10 m 떨어진 두 지점 B, C에서 건물의 꼭대기 A 지점을 올려본각의 크기가 각각 45°, 60°일 때, 이 건물의 높이는? [4점]

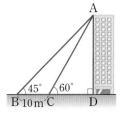

① $5(\sqrt{3}-1)$ m　　② $5(3-\sqrt{3})$ m

③ $5(1+\sqrt{3})$ m　　④ $5(2+\sqrt{3})$ m

⑤ $5(3+\sqrt{3})$ m

11

오른쪽 그림과 같이 $\overline{AB}=4$ cm, $\overline{BC}=6$ cm이고 ∠B=45°인 △ABC의 넓이는? [3점]

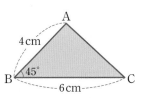

① 6 cm^2　　② $6\sqrt{2}$ cm^2　　③ $6\sqrt{3}$ cm^2

④ 12 cm^2　　⑤ $12\sqrt{2}$ cm^2

12

오른쪽 그림에서 $\overline{AC}/\!/\overline{DE}$이고 $\overline{AB}=8$ cm, $\overline{BC}=5\sqrt{2}$ cm, $\overline{CE}=2\sqrt{2}$ cm, ∠B=45°일 때, □ABCD의 넓이는? [4점]

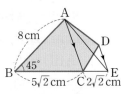

① 24 cm^2　　② $24\sqrt{2}$ cm^2　　③ $24\sqrt{3}$ cm^2

④ 28 cm^2　　⑤ $28\sqrt{2}$ cm^2

13

폭이 6 cm인 직사각형 모양의 종이를 오른쪽 그림과 같이 $\overline{AC}$를 접는 선으로 하여 접었다. $\overline{AC}=12$ cm일 때, $\triangle ABC$의 넓이는? [5점]

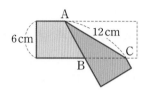

① $9\sqrt{3}$ cm^2 ② 12 cm^2 ③ $12\sqrt{3}$ cm^2
④ 20 cm^2 ⑤ $18\sqrt{3}$ cm^2

14

오른쪽 그림과 같이 $\overline{BC}=8$ cm, $\angle C=120°$인 $\triangle ABC$의 넓이가 $24\sqrt{3}$ cm^{2}일 때, $\overline{AC}$의 길이는?

[3점]

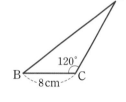

① 10 cm ② 12 cm
③ 14 cm ④ $8\sqrt{3}$ cm
⑤ $10\sqrt{3}$ cm

15

오른쪽 그림과 같이 $\angle A=90°$인 $\square ABCD$에서 $\overline{AB}=4$ cm, $\overline{BC}=5\sqrt{2}$ cm 이고 $\angle ABD=45°$, $\angle DBC=30°$일 때, $\square ABCD$의 넓이는? [4점]

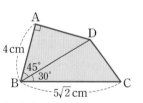

① 9 cm^2 ② $9\sqrt{2}$ cm^2 ③ $9\sqrt{3}$ cm^2
④ 18 cm^2 ⑤ $18\sqrt{2}$ cm^2

16

오른쪽 그림과 같이 원 O에 내접하는 정팔각형의 넓이가 $50\sqrt{2}$ cm^{2}일 때, 원 O의 반지름의 길이는? [5점]

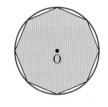

① 4 cm ② $3\sqrt{2}$ cm
③ 5 cm ④ $4\sqrt{2}$ cm
⑤ 6 cm

17

오른쪽 그림과 같이 $\overline{BC}=3$ cm, $\overline{CD}=6$ cm이 고 $\angle C=150°$인 평행사변형 ABCD의 넓이는? [3점]

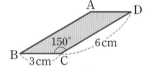

① 9 cm^2 ② $9\sqrt{2}$ cm^2 ③ $9\sqrt{3}$ cm^2
④ 18 cm^2 ⑤ $18\sqrt{2}$ cm^2

18

오른쪽 그림과 같이 $\overline{AC}=4$ cm, $\overline{BD}=9$ cm인 $\square ABCD$의 넓이가 $9\sqrt{2}$ cm^{2}일 때, $\angle x$의 크기는? (단, $90°<\angle x<180°$) [4점]

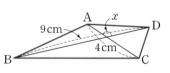

① $115°$ ② $120°$ ③ $135°$
④ $145°$ ⑤ $150°$

서술형

19

오른쪽 그림과 같이 ∠C=90°인
직각삼각형 ABC에서
$\overline{AB}$=4 cm, ∠B=30°이다.
$\overline{BC}$ 위의 한 점 D에 대하여
∠ADC=45°일 때, $\overline{AD}$의 길이를 구하시오. [4점]

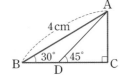

20

오른쪽 그림과 같이 밑면이 직각삼각
형인 삼각뿔에서 $\overline{BC}$=12 cm이고
∠ABD=45°, ∠DBC=30°,
∠ADC=90°일 때, 이 삼각뿔의 부
피를 구하시오. [6점]

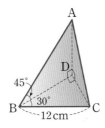

21

오른쪽 그림과 같이 지민이가 다
보탑의 중심축과 5.5 m 떨어진
A 지점에서 다보탑의 끝 부분인
C 지점을 올려본각의 크기가 58°
이다. 지민이의 눈높이가 1.6 m
일 때, 다음 표를 이용하여 다보탑의 높이인 $\overline{CE}$의 길이
를 소수점 아래 둘째 자리에서 반올림하여 구하시오.

[6점]

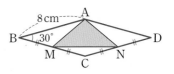

sin 58°	cos 58°	tan 58°
0.8480	0.5299	1.6003

22

다음 그림과 같은 마름모 ABCD에서 두 점 M, N은 각
각 $\overline{BC}$, $\overline{CD}$의 중점이다. $\overline{AB}$=8 cm, ∠B=30°일 때,
△AMN의 넓이를 구하시오. [7점]

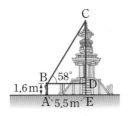

23

다음 그림과 같은 등변사다리꼴 ABCD에서 두 대각선
의 교점을 O라 하자. ∠BOC=120°이고 □ABCD의
넓이가 49√3 cm²일 때, $\overline{BD}$의 길이를 구하시오. [7점]

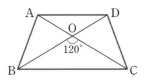

• 교과서 속 특이 문제

중학교 수학 교과서 10종을 분석한 교과서별 출제 예상 문제예요!

• 정답 및 풀이 32쪽

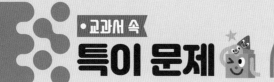

01

미래엔 변형

오른쪽 그림의 사각뿔은 밑면이 한 변의 길이가 6 cm인 정사각형이고, 옆면이 모두 합동인 이등변삼각형이다. 꼭짓점 O에서 밑면에 내린 수선의 발을 H라 할 때, $\angle \text{OAH}=30°$이다. $\triangle \text{OAB}$의 넓이를 구하시오.

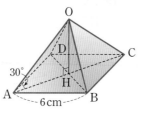

02

신사고 변형

오른쪽 그림과 같은 정삼각형 ABC에서 $\angle \text{ADB}=75°$, $\overline{\text{BD}}=6\sqrt{2}$일 때, $\triangle \text{DBC}$의 넓이를 구하시오.

03

천재 변형

$\triangle \text{ABC}$에서 $\overline{\text{AB}}$의 길이는 $50\ \%$ 늘이고, $\overline{\text{BC}}$의 길이는 $40\ \%$ 줄여서 새로운 $\triangle \text{A}'\text{BC}'$을 만들었다.
$\triangle \text{A}'\text{BC}'$의 넓이는 $\triangle \text{ABC}$의 넓이에 비해 얼마나 어떻게 변하였는지 구하시오.

04

신사고 변형

다음 그림과 같은 $\triangle \text{ABC}$에서 $\overline{\text{AD}} : \overline{\text{DB}}=3 : 2$, $\overline{\text{AE}} : \overline{\text{EC}}=3 : 4$이다. $\triangle \text{ADE}$의 넓이를 S, $\square \text{DBCE}$의 넓이를 T라 할 때, $S : T$를 가장 간단한 자연수의 비로 나타내시오.

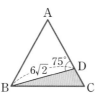

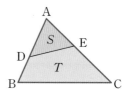

05

신사고 변형

다음 그림과 같이 정삼각형 ABC에 외접하는 원 O의 반지름의 길이가 2 cm일 때, 색칠한 부분의 넓이를 구하시오.

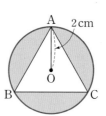

1 원과 직선

② 원주각

단원별로 학습 계획을 세워 실천해 보세요.

학습 날짜	월 일	월 일	월 일	월 일
학습 계획				
학습 실행도	0 □□□□□ 100	0 □□□□□ 100	0 □□□□□ 100	0 □□□□□ 100
자기 반성				

원과 직선

❶ 현의 수직이등분선

(1) 원의 중심에서 현에 내린 수선은 그 현을 ▢(1)▢ 한다.

→ $\overline{OM} \perp \overline{AB}$이면 $\overline{AM} = \overline{BM}$

(2) 현의 수직이등분선은 그 원의 중심을 지난다.

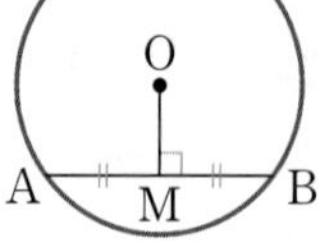

설명 (1) 원의 중심 O에서 현 AB에 내린 수선의 발을 M이라 하면

△OAM과 △OBM에서

∠OMA = ∠OMB = 90°, $\overline{OA} = \overline{OB}$(반지름), $\overline{OM}$은 공통이므로

△OAM ≡ △OBM (RHS 합동) ∴ $\overline{AM} = $ ▢(2)▢

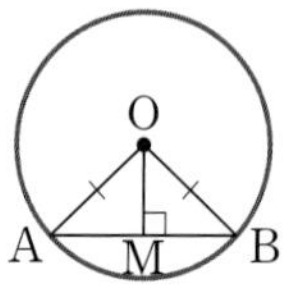

(2) 원 O에서 현 AB의 수직이등분선을 l이라 하면 두 점 A, B로부터 같은 거리에 있는 점들은 모두 직선 l 위에 있다. 이때 원의 중심은 두 점 A, B로부터 같은 거리에 있으므로 원의 중심도 직선 l 위에 있다.

따라서 현의 수직이등분선은 그 원의 중심을 지난다.

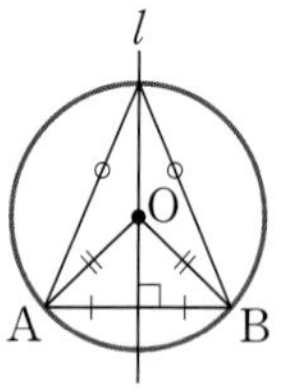

❷ 현의 길이

(1) 한 원에서 원의 중심으로부터 같은 거리에 있는 두 ▢(3)▢ 의 길이는 같다.

→ $\overline{OM} = \overline{ON}$이면 $\overline{AB} = \overline{CD}$

(2) 한 원에서 길이가 같은 두 현은 원의 중심으로부터 같은 거리에 있다.

→ $\overline{AB} = \overline{CD}$이면 $\overline{OM} = \overline{ON}$

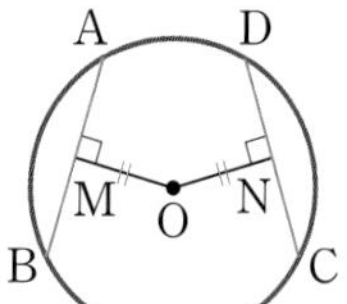

설명 (1) 원 O의 중심에서 같은 거리에 있는 두 현 AB, CD에 내린 수선의 발을 각각 M, N이라 하면 △OAM과 △OCN에서

∠OMA = ∠ONC = 90°, $\overline{OA} = \overline{OC}$(반지름), $\overline{OM} = \overline{ON}$이므로

△OAM ≡ △OCN (RHS 합동) ∴ $\overline{AM} = \overline{CN}$

이때 $\overline{AB} = 2\overline{AM}$, $\overline{CD} = 2\overline{CN}$이므로 $\overline{AB} = \overline{CD}$

(2) 원 O의 중심에서 길이가 같은 두 현 AB, CD에 내린 수선의 발을 각각 M, N이라 하면 △OAM과 △OCN에서

$\overline{AB} = \overline{CD}$이므로 $\overline{AM} = \overline{CN}$이고

∠OMA = ∠ONC = 90°, $\overline{OA} = \overline{OC}$(반지름)이므로

△OAM ≡ △OCN (RHS 합동) ∴ $\overline{OM} = $ ▢(4)▢

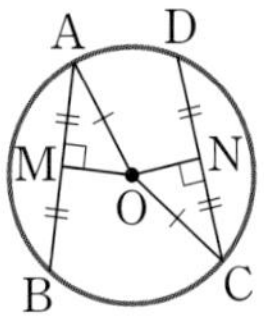

참고 △ABC의 외접원 O에서 $\overline{OM} = \overline{ON}$이면 $\overline{AB} = \overline{AC}$이므로 △ABC는 이등변삼각형이다.

→ ∠B = ∠C

주의 한 원 또는 합동인 두 원에서

① 호의 길이는 중심각의 크기에 정비례한다.

→ ∠AOB : ∠COE = $\overset{\frown}{AB}$: $\overset{\frown}{CDE}$

② 현의 길이는 중심각의 크기에 정비례하지 않는다.

→ ∠AOB : ∠COE ≠ $\overline{AB}$: $\overline{CE}$

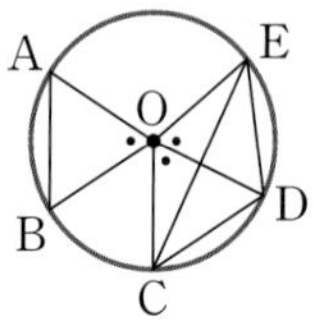

답 (1) 수직이등분 (2) $\overline{BM}$ (3) 현 (4) $\overline{ON}$

개념 check

1 다음 그림에서 x의 값을 구하시오.

(1)

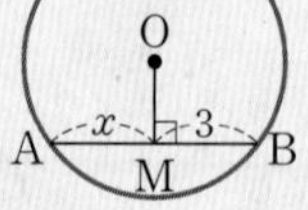

(2)

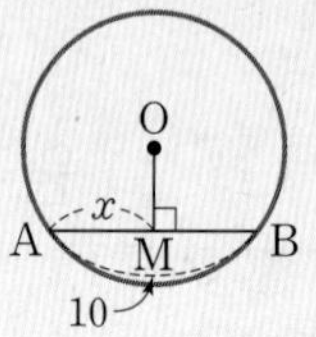

2 다음 그림에서 x의 값을 구하시오.

(1)

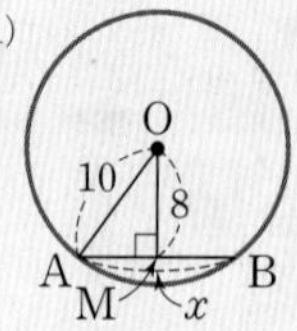

(2)

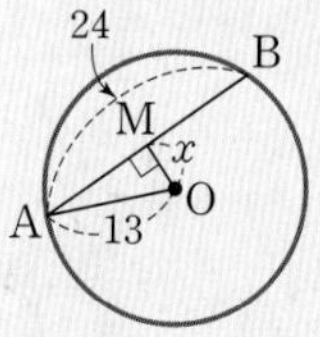

3 다음 그림에서 x의 값을 구하시오.

(1)
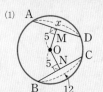

(2)
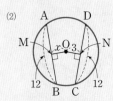

4 다음 그림의 원 O에서 $\overline{OM} = \overline{ON}$이고 ∠ABC = 65°일 때, ∠$y$ − ∠x의 크기를 구하시오.

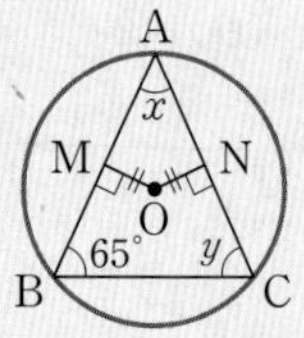

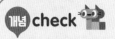

③ 원의 접선

(1) 원의 접선의 길이

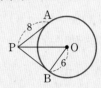

원 O 밖의 한 점 P에서 원 O에 그을 수 있는 접선은 ⑤ 개이다. 두 접선의 접점을 각각 A, B라 하면 $\overline{PA}$, $\overline{PB}$의 길이를 점 P에서 원 O에 그은 접선의 길이라 한다.

(2) 원의 접선의 성질

원 O 밖의 한 점 P에서 그 원에 그은 두 접선의 길이는 서로 같다.

→ $\overline{PA} = $ ⑥

설명 (2) $\overrightarrow{PA}$, $\overrightarrow{PB}$가 원 O의 접선일 때, △PAO와 △PBO에서

∠PAO=∠PBO=90°, $\overline{PO}$는 공통, $\overline{OA}=\overline{OB}$ (반지름)이므로

△PAO≡△PBO (RHS 합동) ∴ $\overline{PA}=\overline{PB}$

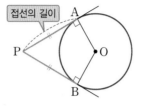

④ 삼각형의 내접원

반지름의 길이가 r인 원 O가 △ABC에 내접하고 세 점 D, E, F가 그 접점일 때,

(1) $\overline{AD}=\overline{AF}$, $\overline{BD}=\overline{BE}$, $\overline{CE}=\overline{CF}$

(2) (△ABC의 둘레의 길이)$=a+b+c=2($ ⑦ $)$

(3) $\triangle ABC = \frac{1}{2}r(a+b+c)$

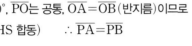

└─• △ABC의 둘레의 길이

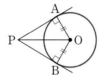

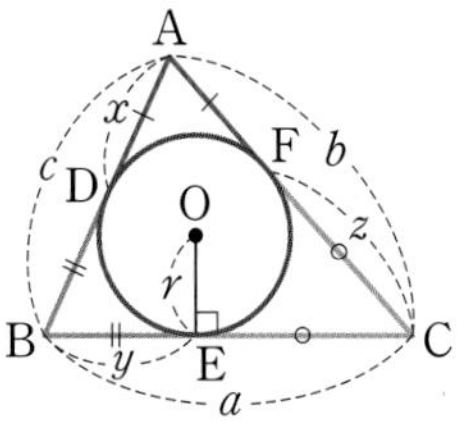

설명 (2) $\overline{AF}=\overline{AD}=x$, $\overline{BD}=\overline{BE}=y$, $\overline{CE}=\overline{CF}=z$이므로

(△ABC의 둘레의 길이)$=a+b+c$

$=(y+z)+(x+z)+(x+y)$

$=2(x+y+z)$

(3) $\triangle ABC = \triangle OAB + \triangle OBC + \triangle OCA$

$=\frac{1}{2}cr+\frac{1}{2}ar+\frac{1}{2}br$

$=\frac{1}{2}r(a+b+c)$

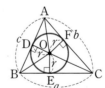

참고 반지름의 길이가 r인 원 O가 직각삼각형 ABC에 내접할 때,

(1) □OECF는 한 변의 길이가 r인 정사각형이다.

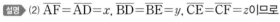

(2) $\triangle ABC = \frac{1}{2}r(a+b+c) = \frac{1}{2}ab$

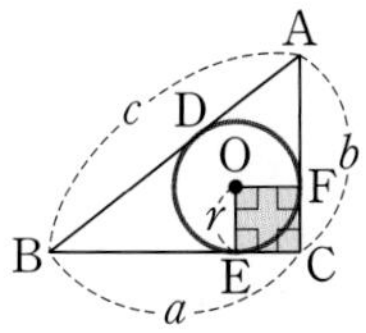

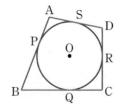

⑤ 외접사각형

(1) 원에 외접하는 사각형의 두 쌍의 대변의 길이의 합은 서로 같다.

→ $\overline{AB}+\overline{CD}=\overline{AD}+$ ⑧

(2) 두 쌍의 대변의 길이의 합이 같은 사각형은 원에 외접한다.

설명 (1) $\overline{AB}+\overline{CD}=(\overline{AP}+\overline{BP})+(\overline{CR}+\overline{DR})$

$=(\overline{AS}+\overline{BQ})+(\overline{CQ}+\overline{DS})$

$=(\overline{AS}+\overline{DS})+(\overline{BQ}+\overline{CQ})$

$=\overline{AD}+\overline{BC}$

---

5 다음 그림에서 $\overline{PA}$, $\overline{PB}$는 원 O의 접선이고 두 점 A, B는 그 접점이다. $\overline{PA}=8$, $\overline{BO}=6$일 때, 다음을 구하시오.

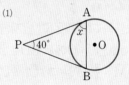

(1) $\overline{PB}$의 길이 (2) $\overline{PO}$의 길이

6 다음 그림에서 $\overline{PA}$, $\overline{PB}$는 원 O의 접선이고 두 점 A, B는 그 접점일 때, ∠x의 크기를 구하시오.

(1)

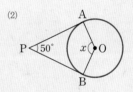

(2)

7 다음 그림에서 원 O는 △ABC의 내접원이고 세 점 D, E, F는 그 접점일 때, x의 값을 구하시오.

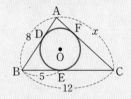

8 다음 그림에서 □ABCD가 원 O에 외접할 때, x의 값을 구하시오.

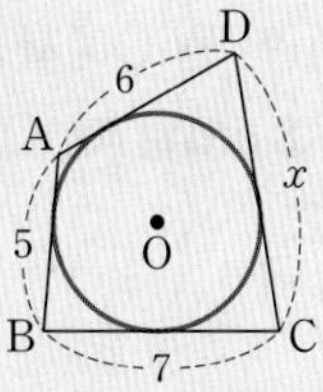

답 (5) 2 (6) $\overline{PB}$ (7) $x+y+z$ (8) $\overline{BC}$

유형 01 현의 수직이등분선 (1) 최다 빈출

01

오른쪽 그림의 원 O에서 $\overline{OM} \perp \overline{AB}$ 이고 $\overline{OA} = 4$ cm, $\overline{OM} = 2$ cm일 때, $\overline{AB}$의 길이는?

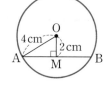

① $2\sqrt{2}$ cm
② $2\sqrt{3}$ cm
③ 4 cm
④ $4\sqrt{3}$ cm
⑤ $4\sqrt{5}$ cm

02

오른쪽 그림과 같이 반지름의 길이가 6 cm인 원 O에서 $\overline{CD} \perp \overline{AB}$이고 $\overline{OM} = \overline{BM}$일 때, $\overline{CD}$의 길이를 구하시오.

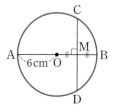

03

오른쪽 그림과 같이 지름의 길이가 12 cm인 원 O에서 $\overline{CD} \perp \overline{AB}$이고 $\overline{DM} = 2$ cm일 때, $\overline{AB}$의 길이를 구하시오.

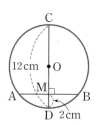

04

오른쪽 그림과 같이 지름의 길이가 10 cm인 원 O에서 $\overline{CD} \perp \overline{OM}$이고 $\overline{CD} = 8$ cm일 때, $\overline{OM}$의 길이를 구하시오.

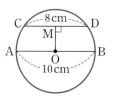

05

오른쪽 그림과 같이 지름의 길이가 16 cm인 원 O에서 $\overline{CD} = 10$ cm일 때, △OCD의 넓이는?

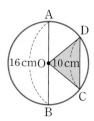

① $2\sqrt{41}$ cm²
② 8 cm²
③ $3\sqrt{39}$ cm²
④ 10 cm²
⑤ $5\sqrt{39}$ cm²

06

오른쪽 그림에서 △ABC는 원 O에 내접하는 정삼각형이다. $\overline{OM} \perp \overline{BC}$이고 $\overline{AB} = 12$ cm, $\overline{OM} = 2\sqrt{3}$ cm일 때, 원 O의 넓이는?

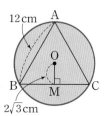

① 44π cm²
② 46π cm²
③ 48π cm²
④ 50π cm²
⑤ 52π cm²

07

오른쪽 그림에서 $\overline{CM}$은 원 O의 중심을 지나고, $\overline{CM} \perp \overline{AB}$이다. $\angle AOC = 120°$, $\overline{AB} = 4\sqrt{3}$ cm일 때, 원 O의 둘레의 길이는?

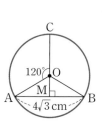

① 6π cm
② 8π cm
③ $6\sqrt{3}\pi$ cm
④ $8\sqrt{3}\pi$ cm
⑤ $10\sqrt{3}\pi$ cm

유형 02 현의 수직이등분선 (2)

08 ...

오른쪽 그림은 원의 일부분이다.
$\overline{CD} \perp \overline{AB}$이고 $\overline{CD} = 3$ cm,
$\overline{AD} = \overline{BD} = 6$ cm일 때, 이 원의
반지름의 길이는?

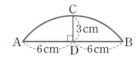

① 7 cm
② $\dfrac{15}{2}$ cm
③ 8 cm
④ $\dfrac{17}{2}$ cm
⑤ 9 cm

09 ..

오른쪽 그림은 원의 일부분이다.
$\overline{CD} \perp \overline{AB}$, $\overline{AC} = \overline{BC}$이고
$\overline{AB} = 16$ cm, $\overline{CD} = 4$ cm일
때, 이 원의 둘레의 길이는?

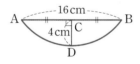

① 16π cm
② 18π cm
③ 20π cm
④ 22π cm
⑤ 24π cm

10 ...

오른쪽 그림과 같이 정면에서 본 모양이 원
의 일부분인 유리잔이 있다. 두 점 A, B 사
이의 거리는 $4\sqrt{2}$ cm이고 점 C와 $\overline{AB}$의
중점 M을 이은 선분은 현 AB에 수직이다.
점 C에서 $\overline{AB}$까지의 거리가 8 cm일 때,
이 원의 반지름의 길이를 구하시오.

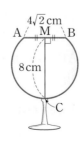

유형 03 현의 수직이등분선 (3) 최다 빈출

11 ...

오른쪽 그림은 반지름의 길이가 4 cm
인 원 모양의 종이를 $\overline{AB}$를 접는 선으
로 하여 원 위의 한 점이 원의 중심 O
에 오도록 접은 것이다. 이때 $\overline{AB}$의 길
이를 구하시오.

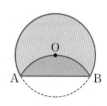

12 ...

오른쪽 그림은 원 모양의 종이를 원 위
의 한 점이 원의 중심 O에 오도록 $\overline{AB}$
를 접는 선으로 하여 접은 것이다.
$\overline{AB} = 18$ cm일 때, 원 O의 반지름의
길이를 구하시오.

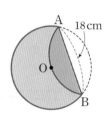

13 ...

오른쪽 그림과 같이 지름이 $\overline{AB}$인
반원 O를 현 AC를 접는 선으로 하
여 $\overset{\frown}{AC}$ 위의 한 점이 반원의 중심
O를 지나도록 접었다. $\overline{AB} = 20$ cm
일 때, △AOC의 넓이를 구하시오.

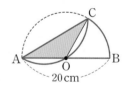

14 ...

오른쪽 그림은 원 모양의 종이를 접어
서 원 위의 한 점이 원의 중심 O에 오
도록 한 것이다. $\overline{AB} = 6\sqrt{3}$ cm일 때,
$\overset{\frown}{AB}$의 길이를 구하시오.

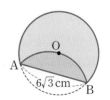

유형 **04** 현의 수직이등분선 (4)

15

오른쪽 그림과 같이 중심이 같은 두 원에서 큰 원의 현 AB가 작은 원과 만나는 두 점을 각각 C, D라 하자. $\overline{AB}=26$ cm, $\overline{CD}=12$ cm일 때, $\overline{AC}$의 길이를 구하시오.

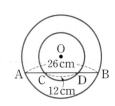

16

오른쪽 그림과 같이 중심이 같은 두 원에서 큰 원의 현 AB가 작은 원과 만나는 두 점을 각각 C, D라 하고 점 O에서 현 AB에 내린 수선의 발을 M이라 하자.
$\overline{OA}=11$ cm, $\overline{OM}=3$ cm, $\overline{DB}=\sqrt{7}$ cm일 때, 작은 원의 넓이를 구하시오.

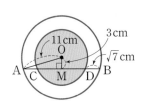

유형 **05** 현의 수직이등분선 (5)

17

오른쪽 그림과 같이 중심이 같은 두 원의 반지름의 길이는 각각 8 cm, 4 cm이고 $\overline{AB}$가 작은 원의 접선일 때, $\overline{AB}$의 길이를 구하시오.

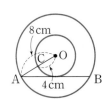

18

오른쪽 그림과 같이 중심이 같은 두 원에서 큰 원의 현 AB는 작은 원의 접선이고 점 C는 접점이다. $\overline{OC}=5$ cm, $\overline{CD}=8$ cm일 때, $\overline{AB}$의 길이를 구하시오. (단, 세 점 D, C, O는 한 직선 위에 있다.)

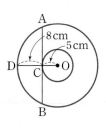

19

오른쪽 그림과 같이 중심이 같은 두 원의 반지름의 길이의 비는 4 : 3이고, 큰 원의 현 AB는 작은 원의 접선이다.
$\overline{AB}=4\sqrt{7}$ cm일 때, 작은 원의 반지름의 길이는?

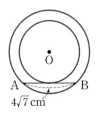

① 4 cm   ② 5 cm   ③ $2\sqrt{7}$ cm

④ $\sqrt{35}$ cm   ⑤ 6 cm

20

오른쪽 그림과 같이 점 O를 중심으로 하는 두 원에서 작은 원의 접선과 큰 원의 두 교점을 각각 A, B라 하자.
$\overline{AB}=12$ cm일 때, 색칠한 부분의 넓이는?

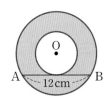

① 18π cm^2 ② 21π cm^2 ③ 25π cm^2

④ 36π cm^2 ⑤ 49π cm^2

유형 **06** 현의 길이 (1)   <small>최다 빈출</small>

21 •••

오른쪽 그림의 원 O에서 $\overline{OM} \perp \overline{AB}$, $\overline{ON} \perp \overline{CD}$이고 $\overline{OM} = \overline{ON}$, $\overline{DN} = 3$ cm일 때, $x + y$의 값을 구하시오.

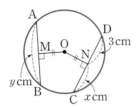

22 •••

오른쪽 그림의 원 O에서 $\overline{OM} \perp \overline{AB}$, $\overline{ON} \perp \overline{CD}$이고 $\overline{OA} = 9$ cm, $\overline{OM} = \overline{ON} = 6$ cm일 때, $\overline{CD}$의 길이를 구하시오.

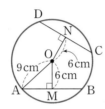

23 •••

오른쪽 그림의 원 O에서 $\overline{OM} \perp \overline{AB}$, $\overline{ON} \perp \overline{CD}$이고 $\overline{AB} = 24$ cm, $\overline{CN} = 12$ cm이다. 원 O의 반지름의 길이가 13 cm일 때, $\overline{OM}$의 길이를 구하시오.

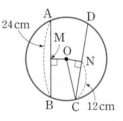

24 •••

오른쪽 그림과 같이 반지름의 길이가 5 cm인 원 O에서 $\overline{OM} \perp \overline{CD}$이고 $\overline{AB} = \overline{CD}$이다. $\overline{OM} = 3$ cm일 때, △OAB의 넓이는?

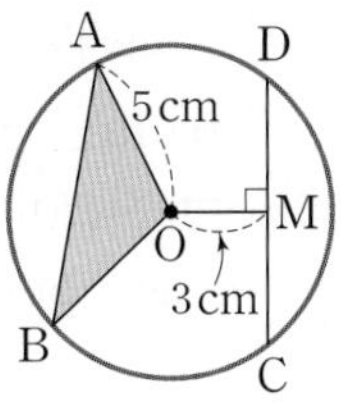

① 6 cm²   ② 8 cm²
③ 10 cm²   ④ 12 cm²
⑤ 14 cm²

25 •••

오른쪽 그림과 같이 반지름의 길이가 17 cm인 원 O에서 $\overline{AB} = \overline{CD} = 30$ cm 이고 $\overline{AB} /\!/ \overline{CD}$일 때, 두 현 AB, CD 사이의 거리를 구하시오.

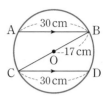

유형 **07** 현의 길이 (2)   <small>최다 빈출</small>

26 •••

오른쪽 그림과 같은 원 O에서 $\overline{OM} \perp \overline{AB}$, $\overline{ON} \perp \overline{BC}$이고 $\overline{OM} = \overline{ON}$, $\angle ABC = 50°$일 때, $\angle x$의 크기는?

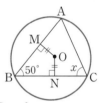

① 55°   ② 60°   ③ 65°
④ 70°   ⑤ 75°

27 •••

오른쪽 그림과 같은 원 O에서 $\overline{OM} \perp \overline{AB}$, $\overline{ON} \perp \overline{AC}$이고 $\overline{OM} = \overline{ON}$, $\angle ABC = 72°$일 때, $\angle BAC$의 크기는?

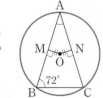

① 33°   ② 34°
③ 35°   ④ 36°
⑤ 37°

28

오른쪽 그림과 같이 원 O에 △ABC
가 내접하고 있다. $\overline{OM} \perp \overline{AB}$,
$\overline{ON} \perp \overline{AC}$이고 $\overline{OM} = \overline{ON}$,
∠MON=100°일 때, ∠x의 크기
는?

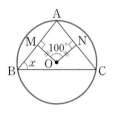

① 40°　　　② 50°　　　③ 60°

④ 70°　　　⑤ 80°

29

오른쪽 그림의 원 O에서 $\overline{OM} \perp \overline{AB}$,
$\overline{ON} \perp \overline{AC}$이고 $\overline{OM} = \overline{ON}$이다.
$\overline{AM} = 5$ cm, $\overline{MN} = 4$ cm일 때,
△ABC의 둘레의 길이는?

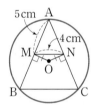

① 28 cm　　　② 29 cm

③ 30 cm　　　④ 31 cm

⑤ 32 cm

30

오른쪽 그림과 같이 △ABC의 외접원
의 중심 O에서 세 변 AB, BC, CA에
내린 수선의 발을 각각 D, E, F라 하
자. $\overline{OD} = \overline{OE} = \overline{OF}$이고 $\overline{AB} = 6$ cm
일 때, 원 O의 넓이를 구하시오.

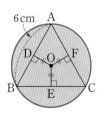

유형 **08** 원의 접선의 성질 (1)

31

오른쪽 그림에서 $\overline{PA}$는 원 O의 접
선이고 점 A는 그 접점이다.
$\overline{PB} = 4$ cm, $\overline{BO} = 6$ cm일 때,
$\overline{PA}$의 길이를 구하시오.

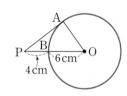

32

오른쪽 그림에서 $\overrightarrow{PT}$는 원 O의 접선
이고 점 T는 그 접점이다. $\overline{OP}$와 원
O의 교점 A에 대하여 $\overline{PA} = 2$ cm,
$\overline{PT} = 4$ cm일 때, 원 O의 반지름의
길이를 구하시오.

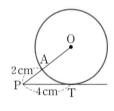

33

오른쪽 그림에서 $\overline{PT}$는 원 O의 접선
이고 점 T는 그 접점이다. $\overline{OP}$와 원 O
의 교점 A에 대하여 $\overline{PA} = 3$ cm,
$\overline{PT} = 9$ cm일 때, 원 O의 넓이를 구
하시오.

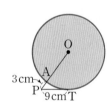

34

오른쪽 그림에서 $\overline{PT}$는 지름의 길
이가 6 cm인 원 O의 접선이고 점
T는 그 접점이다. $\overline{OP}$와 $\overline{OP}$의 연
장선이 원 O와 만나는 점을 각각 A,
B라 하고 ∠PBT=30°일 때, $\overline{PT}$의 길이는?

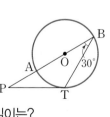

① $2\sqrt{3}$ cm　　　② 4 cm　　　③ $3\sqrt{2}$ cm

④ 5 cm　　　⑤ $3\sqrt{3}$ cm

유형 **09** 원의 접선의 성질 (2) 〈최다 빈출〉

35 ●●

오른쪽 그림에서 $\overline{PA}$, $\overline{PB}$는 원 O의 접선이고 두 점 A, B는 그 접점이다. ∠PAB=67°일 때, ∠AOB의 크기를 구하시오.

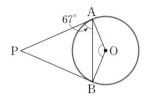

36 ●●

오른쪽 그림에서 $\overline{PA}$, $\overline{PB}$는 원 O의 접선이고 두 점 A, B는 그 접점이다. 원 O의 반지름의 길이가 8 cm이고 $\overline{PO}$=17 cm일 때, □APBO의 둘레의 길이는?

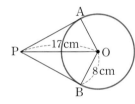

① 36 cm ② 42 cm ③ 46 cm
④ 57 cm ⑤ 64 cm

37 ●●

오른쪽 그림에서 $\overline{PA}$, $\overline{PB}$는 원 O의 접선이고 두 점 A, B는 그 접점이다. $\overline{PA}$=6 cm, ∠APB=45°일 때, △ABP의 넓이는?

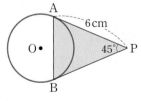

① $6\sqrt{2}$ cm² ② $6\sqrt{3}$ cm² ③ 9 cm²
④ $9\sqrt{2}$ cm² ⑤ $9\sqrt{3}$ cm²

38 ●●

오른쪽 그림에서 $\overline{PA}$, $\overline{PB}$는 원 O의 접선이고 두 점 A, B는 그 접점이다. $\overline{PC}$=4 cm, $\overline{OA}$=2 cm일 때, $\overline{PB}$의 길이는?

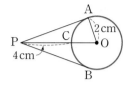

① $2\sqrt{7}$ cm ② $4\sqrt{2}$ cm ③ 6 cm
④ $2\sqrt{10}$ cm ⑤ $3\sqrt{5}$ cm

39 ●●

오른쪽 그림에서 $\overline{PA}$, $\overline{PB}$는 각각 두 점 A, B를 접점으로 하는 원 O의 접선이고 $\overline{BC}$는 원 O의 지름이다. ∠ABC=16°일 때, ∠P의 크기를 구하시오.

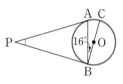

40 ●●

오른쪽 그림에서 $\overline{PA}$, $\overline{PB}$는 원 O의 접선이고 두 점 A, B는 그 접점이다. $\overline{AO}$=8 cm, ∠P=75°일 때, 색칠한 부분의 넓이를 구하시오.

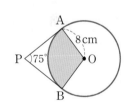

41 ●●

오른쪽 그림에서 두 점 A, B는 원 밖의 점 P에서 원 O에 그은 두 접선의 접점이다. 원 위의 한 점 C에 대하여 $\overline{AC}$=$\overline{BC}$이고 ∠PAC=34°, ∠ACB=112°일 때, ∠P의 크기를 구하시오.

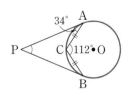

유형 10 원의 접선의 성질 (3)

42 ∙∙∙

오른쪽 그림에서 $\overline{PA}$, $\overline{PB}$는 원 O의 접선이고 두 점 A, B는 그 접점이다. $\overline{PA}=9$ cm, $\angle P=60°$일 때, $\square APBO$의 넓이는?

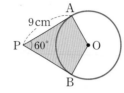

① 27 cm^2　　② $27\sqrt{3}$ cm^2　　③ 54 cm^2

④ $54\sqrt{2}$ cm^2　　⑤ $54\sqrt{3}$ cm^2

43 ∙∙

오른쪽 그림에서 $\overline{PA}$, $\overline{PB}$는 원 O의 접선이고 두 점 A, B는 그 접점이다. $\overline{AO}=4\sqrt{3}$ cm, $\angle AOB=120°$일 때, 다음 중 옳지 않은 것은?

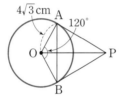

① $\overline{OP}=8\sqrt{3}$ cm　　② $\overline{AB}=8\sqrt{3}$ cm

③ $\angle APO=30°$　　④ $\triangle AOP\equiv\triangle BOP$

⑤ $\square AOBP=48\sqrt{3}$ cm^2

44 ∙∙∙

오른쪽 그림에서 $\overline{PA}$, $\overline{PB}$는 원 O의 접선이고 두 점 A, B는 그 접점이다. $\overline{PA}=12$ cm, $\overline{OA}=5$ cm일 때, $\overline{AB}$의 길이는?

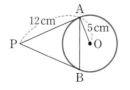

① $\dfrac{120}{13}$ cm　　② $\dfrac{28}{3}$ cm　　③ $\dfrac{19}{2}$ cm

④ $\dfrac{29}{3}$ cm　　⑤ $\dfrac{49}{5}$ cm

유형 11 원의 접선의 활용　　최다 빈출

45 ∙∙∙

오른쪽 그림에서 $\overline{PX}$, $\overline{PY}$, $\overline{AB}$는 원 O의 접선이고 세 점 X, Y, C는 그 접점이다. $\overline{PX}=10$ cm, $\overline{PA}=8$ cm, $\overline{PB}=7$ cm일 때, $\overline{AB}$의 길이를 구하시오.

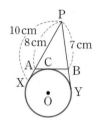

46 ∙∙

오른쪽 그림에서 $\overline{AD}$, $\overline{AE}$, $\overline{BC}$는 원 O의 접선이고 세 점 D, E, F는 그 접점일 때, 다음 보기에서 옳은 것을 모두 고르시오.

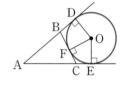

> 보기

ㄱ. $\overline{AD}=\overline{AE}$　　　ㄴ. $\overline{AB}=\overline{AC}$

ㄷ. $\overline{BC}=\overline{BD}+\overline{CE}$　　ㄹ. $\overline{AB}+\overline{BC}+\overline{CA}=2\overline{AD}$

47 ∙∙∙

오른쪽 그림에서 $\overline{AD}$, $\overline{AE}$, $\overline{BC}$는 원 O의 접선이고 세 점 D, E, F는 그 접점이다. $\overline{AB}=9$ cm, $\overline{BC}=7$ cm, $\overline{AC}=8$ cm일 때, $\overline{CE}$의 길이를 구하시오.

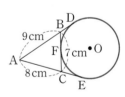

48 ∙∙∙

오른쪽 그림에서 $\overline{AD}$, $\overline{AE}$, $\overline{BC}$는 원 O의 접선이고 세 점 D, E, F는 그 접점이다. $\angle BAC=60°$, $\overline{AO}=10$ cm일 때, $\triangle ABC$의 둘레의 길이를 구하시오.

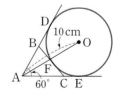

● 정답 및 풀이 38쪽

유형 12 반원에서의 접선의 길이

49 ●●●

오른쪽 그림에서 $\overline{AB}$는 원 O의 지름이고 $\overline{AC}$, $\overline{BD}$, $\overline{CD}$는 접선이다. $\overline{AC}=4$ cm, $\overline{BD}=9$ cm일 때, 원 O의 반지름의 길이를 구하시오.

(단, 점 P는 접점이다.)

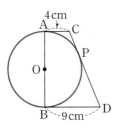

50 ●●●

오른쪽 그림에서 $\overline{AB}$는 반원 O의 지름이고 $\overline{AC}$, $\overline{BD}$, $\overline{CD}$는 접선이다. $\overline{AC}=8$ cm, $\overline{BD}=4$ cm일 때, □ABDC의 넓이를 구하시오. (단, 점 E는 접점이다.)

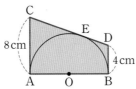

51 ●●●

오른쪽 그림에서 □ABCD는 한 변의 길이가 10 cm인 정사각형이고 $\overline{DE}$는 $\overline{BC}$를 지름으로 하는 반원 O의 접선이다. 이때 $\overline{DE}$의 길이는?

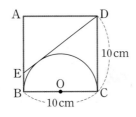

① 11 cm   ② $\dfrac{23}{2}$ cm   ③ 12 cm

④ $\dfrac{25}{2}$ cm   ⑤ 13 cm

유형 13 삼각형의 내접원   최다 빈출

52 ●●●

오른쪽 그림에서 원 O는 △ABC의 내접원이고 세 점 P, Q, R는 그 접점이다. $\overline{PB}=1$ cm, $\overline{QC}=5$ cm, $\overline{AR}=3$ cm일 때, △ABC의 둘레의 길이를 구하시오.

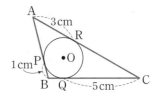

53 ●●●

오른쪽 그림에서 원 O는 △ABC의 내접원이고 세 점 D, E, F는 그 접점이다. $\overline{AB}=11$ cm, $\overline{BC}=9$ cm, $\overline{CA}=8$ cm일 때, $\overline{BD}$의 길이는?

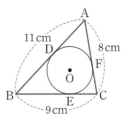

① 6 cm   ② 6.5 cm   ③ 7 cm

④ 7.5 cm   ⑤ 8 cm

54 ●●●

오른쪽 그림에서 원 O는 △ABC의 내접원이고 세 점 D, E, F는 그 접점이다. $\overline{BD}=9$ cm, $\overline{CF}=5$ cm이고 △ABC의 둘레의 길이가 36 cm일 때, $\overline{AF}$의 길이를 구하시오.

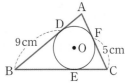

55 ●●●

오른쪽 그림에서 원 O는 △ABC의 내접원이고 세 점 D, E, F는 그 접점이다. 점 G를 접점으로 하는 직선이 $\overline{AC}$, $\overline{BC}$와 만나는 점을 각각 P, Q라 하자. $\overline{AB}=6$ cm, $\overline{BC}=9$ cm, $\overline{CA}=7$ cm일 때, △PQC의 둘레의 길이를 구하시오.

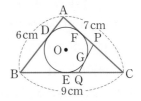

유형 14 직각삼각형의 내접원 최다 빈출

56

오른쪽 그림에서 원 O는 ∠C=90°
인 직각삼각형 ABC의 내접원이고
세 점 D, E, F는 그 접점이다.
$\overline{AB}$=5 cm, $\overline{AC}$=4 cm일 때, 원
O의 반지름의 길이는?

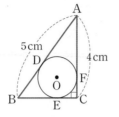

① $\frac{2}{3}$ cm ② 1 cm ③ $\frac{4}{3}$ cm

④ $\frac{5}{3}$ cm ⑤ 2 cm

57

오른쪽 그림에서 원 O는
∠A=90°인 직각삼각형 ABC
의 내접원이고 세 점 D, E, F는
그 접점이다. $\overline{BE}$=4 cm,
$\overline{CE}$=6 cm일 때, 원 O의 넓이는?

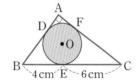

① π cm² ② 2π cm² ③ 4π cm²

④ $\frac{25}{4}\pi$ cm² ⑤ 9π cm²

58

오른쪽 그림에서 원 O는
∠B=90°인 직각삼각형 ABC
의 내접원이고 세 점 D, E, F는
그 접점이다. $\overline{AF}$=5 cm,
$\overline{CF}$=12 cm일 때, △ABC의 둘레의 길이는?

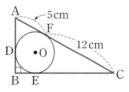

① 32 cm ② 34 cm ③ 36 cm

④ 38 cm ⑤ 40 cm

유형 15 외접사각형의 성질 (1) 최다 빈출

59

오른쪽 그림에서 □ABCD는 원
O에 외접하고 네 점 E, F, G, H
는 그 접점이다. $\overline{AE}$=3 cm,
$\overline{BC}$=12 cm, $\overline{CD}$=9 cm,
$\overline{AD}$=7 cm일 때, $\overline{BE}$의 길이를
구하시오.

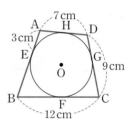

60

오른쪽 그림에서 □ABCD는 원에
외접하고 네 점 E, F, G, H는 그 접
점이다. $\overline{AE}$=7 cm, $\overline{BC}$=13 cm,
$\overline{DH}$=5 cm일 때, □ABCD의 둘
레의 길이를 구하시오.

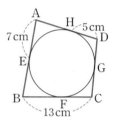

61

오른쪽 그림과 같이 원 O에 외접하
는 □ABCD에서 $\overline{AD}$=3 cm이고
□ABCD의 둘레의 길이가 16 cm
일 때, $\overline{BC}$의 길이를 구하시오.

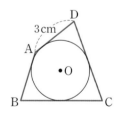

62

오른쪽 그림에서 □ABCD는 원 O
에 외접하는 등변사다리꼴이다.
$\overline{AD}$=6 cm, $\overline{BC}$=10 cm일 때, 원
O의 반지름의 길이를 구하시오.

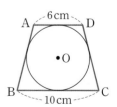

유형16 외접사각형의 성질 (2)

63 •••

오른쪽 그림과 같이 ∠B=90°
인 □ABCD가 원에 외접한다.
$\overline{AB}$=6 cm, $\overline{AC}$=10 cm,
$\overline{AD}$=5 cm일 때, $\overline{DC}$의 길이를
구하시오.

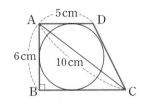

64 •••

오른쪽 그림과 같이 원 O에 외접하는
□ABCD에서 ∠A=∠B=90°이
고 $\overline{AD}$=6 cm, $\overline{DC}$=10 cm,
$\overline{AB}:\overline{BC}$=2:3일 때, $\overline{CE}$의 길이
를 구하시오. (단, 점 E는 접점이다.)

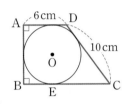

65 •••

오른쪽 그림에서 반지름의 길이가
4 cm인 원 O는 ∠C=∠D=90°
인 사다리꼴 ABCD에 내접한다.
$\overline{AB}$=12 cm일 때, □ABCD의
넓이를 구하시오.

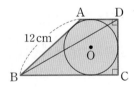

유형17 외접사각형의 성질의 활용

66 •••

오른쪽 그림과 같이 원 O는 가로,
세로의 길이가 각각 5 cm, 4 cm
인 직사각형 ABCD의 세 변에
접한다. $\overline{BE}$가 원 O의 접선일 때,
$\overline{BE}$의 길이를 구하시오.

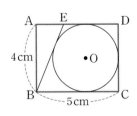

67 •••

오른쪽 그림과 같이 원 O는 직
사각형 ABCD의 세 변과 $\overline{DE}$
에 접한다. $\overline{AB}$=6 cm,
$\overline{BC}$=9 cm일 때, △DEC의 넓
이는?

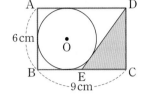

① $\dfrac{25}{2}$ cm²   ② 13 cm²   ③ $\dfrac{27}{2}$ cm²

④ 14 cm²   ⑤ $\dfrac{29}{2}$ cm²

up 유형18 접하는 원에서의 활용

68 •••

오른쪽 그림과 같이 반원 P와 원 Q는
서로 외접하면서 반원 O의 내부에 접
한다. 원 Q의 지름의 길이가 12 cm일
때, 반원 P의 반지름의 길이는?

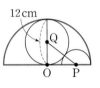

① 4 cm   ② $\dfrac{9}{2}$ cm   ③ 5 cm

④ $\dfrac{11}{2}$ cm   ⑤ 6 cm

69 •••

오른쪽 그림과 같이 원 O는 $\overline{AB}$=8,
$\overline{AD}$=10인 직사각형 ABCD의 세
변에 접하고, 원 O′은 원 O와 직사
각형 ABCD의 두 변에 접한다. 이
때 원 O′의 반지름의 길이는?

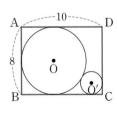

① $8-2\sqrt{10}$ ② $9-4\sqrt{3}$ ③ $10-4\sqrt{6}$
④ $14-4\sqrt{10}$ ⑤ $16-4\sqrt{3}$

기출에서 바로 뽑아온

서술형

전국 1000여 개 학교 시험 문제를 분석하여 출제율 높은 서술형 문제만 선별했어요!

01

오른쪽 그림과 같은 원 O에서 $\overline{OC} \perp \overline{AB}$이고 $\overline{MB}=3$ cm, $\overline{MC}=1$ cm일 때, 다음 물음에 답하시오. [4점]

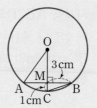

(1) $\overline{AM}$의 길이를 구하시오. [1점]

(2) 원 O의 반지름의 길이를 구하시오. [3점]

(1) **채점 기준 1** $\overline{AM}$의 길이 구하기 … 1점

$\overline{OC} \perp \overline{AB}$이므로

$\overline{AM}=$＿＿＿$=$＿＿ cm

(2) **채점 기준 2** $\overline{OM}$의 길이를 반지름의 길이를 사용하여 나타내기 … 1점

$\overline{OA}=r$ cm라 하면

$\overline{OM}=\overline{OC}-\overline{MC}=$＿＿＿ (cm)

채점 기준 3 원 O의 반지름의 길이 구하기 … 2점

△OAM에서 ＿＿＿＿＿＿＿＿＿ ∴ $r=$＿＿

따라서 원 O의 반지름의 길이는 ＿＿＿＿이다.

01-1

조건 바꾸기

오른쪽 그림과 같은 원 O에서 $\overline{OC} \perp \overline{AB}$이고 $\overline{OM}=\overline{CM}$, $\overline{MB}=2\sqrt{3}$ cm일 때, 다음 물음에 답하시오. [4점]

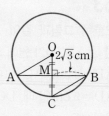

(1) $\overline{AM}$의 길이를 구하시오. [1점]

(2) 원 O의 반지름의 길이를 구하시오. [3점]

(1) **채점 기준 1** $\overline{AM}$의 길이 구하기 … 1점

(2) **채점 기준 2** $\overline{OM}$의 길이를 반지름의 길이를 사용하여 나타내기 … 1점

채점 기준 3 원 O의 반지름의 길이 구하기 … 2점

02

오른쪽 그림에서 원 O는 △ABC의 내접원이고, 세 점 D, E, F는 그 접점이다. $\overline{AB}=10$ cm, $\overline{AC}=9$ cm, $\overline{AD}=4$ cm일 때, $\overline{BC}$의 길이를 구하시오. [6점]

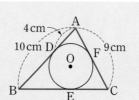

채점 기준 1 $\overline{BE}$의 길이 구하기 … 2점

$\overline{BE}=$＿＿＿＿

$=\overline{AB}-\overline{AD}=10-$＿＿$=$＿＿ (cm)

채점 기준 2 $\overline{CE}$의 길이 구하기 … 2점

$\overline{AF}=$＿＿＿$=$＿＿ cm이므로

$\overline{CE}=$＿＿＿

$=\overline{AC}-\overline{AF}=9-$＿＿$=$＿＿ (cm)

채점 기준 3 $\overline{BC}$의 길이 구하기 … 2점

∴ $\overline{BC}=\overline{BE}+\overline{CE}=$＿＿$+$＿＿$=$＿＿ (cm)

02-1

숫자 바꾸기

오른쪽 그림에서 원 O는 △ABC의 내접원이고 세 점 D, E, F는 그 접점이다. $\overline{BC}=14$ cm, $\overline{AC}=11$ cm, $\overline{CF}=6$ cm일 때, $\overline{AB}$의 길이를 구하시오. [6점]

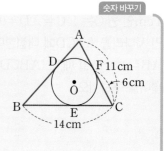

채점 기준 1 $\overline{AD}$의 길이 구하기 … 2점

채점 기준 2 $\overline{BD}$의 길이 구하기 … 2점

채점 기준 3 $\overline{AB}$의 길이 구하기 … 2점

03

오른쪽 그림과 같은 원 O에서
$\overline{OM} \perp \overline{AB}$, $\overline{ON} \perp \overline{CD}$이고
$\overline{AB}=10$ cm, $\overline{OM}=3$ cm,
$\overline{ON}=4$ cm일 때, $\overline{CD}$의 길이를 구
하시오. [4점]

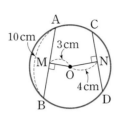

04

오른쪽 그림에서 $\overline{AB}=\overline{AC}$인 이등변
삼각형 ABC는 원 O에 내접한다. 원 O
의 반지름의 길이가 10 cm일 때, $\overline{AB}$
의 길이를 구하시오. [4점]

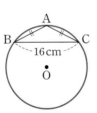

05

오른쪽 그림에서 $\overrightarrow{PA}$, $\overrightarrow{PB}$는 원 O
의 접선이고 두 점 A, B는 그 접점
이다. $\overline{PA}=8$ cm, $\overline{AO}=6$ cm일
때, $\overline{AB}$의 길이를 구하시오. [7점]

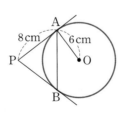

06

오른쪽 그림에서 $\overline{AB}$는 반원
O의 지름이고 $\overline{AC}$, $\overline{BD}$, $\overline{CD}$
는 접선이다. $\overline{AC}=4$ cm,
$\overline{BD}=9$ cm일 때, $\triangle COD$의
넓이를 구하시오. (단, 점 E는
접점이다.) [6점]

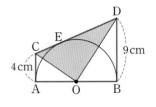

07

오른쪽 그림에서 원 O는
$\angle A=90°$인 직각삼각형
ABC의 내접원이고 세 점 D,
E, F는 그 접점이다.
$\overline{BE}=9$ cm, $\overline{CE}=6$ cm일 때, $\triangle ABC$의 넓이를 구하시
오. [6점]

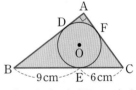

08

오른쪽 그림과 같이 반지름의 길이가
4 cm인 원에 사각형 ABCD가 외접
한다. $\overline{AD}=8$ cm, $\overline{BC}=10$ cm일
때, 색칠한 부분의 넓이를 구하시오.
[7점]

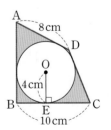

01

오른쪽 그림과 같은 원 O에서 $\overline{OM} \perp \overline{AB}$이고 $\overline{AB}=8$ cm, $\overline{OM}=3$ cm일 때, 원 O의 반지름의 길이는? [3점]

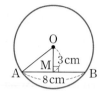

① 5 cm ② $5\sqrt{2}$ cm ③ $5\sqrt{3}$ cm
④ 6 cm ⑤ $6\sqrt{2}$ cm

02

오른쪽 그림은 반지름의 길이가 10 cm인 원의 일부분이다. $\overline{CM} \perp \overline{AB}$, $\overline{AM}=\overline{BM}$이고 $\overline{AB}=12$ cm일 때, $\overline{CM}$의 길이는? [4점]

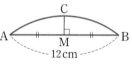

① 2 cm ② $\dfrac{5}{2}$ cm ③ 3 cm
④ $\dfrac{7}{2}$ cm ⑤ 4 cm

03

오른쪽 그림은 반지름의 길이가 6 cm인 원 모양의 종이를 원 위의 한 점이 원의 중심 O에 오도록 $\overline{AB}$를 접는 선으로 하여 접은 것이다. 이때 $\overline{AB}$의 길이는? [4점]

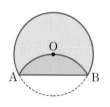

① 4 cm ② $4\sqrt{2}$ cm ③ $4\sqrt{3}$ cm
④ $6\sqrt{2}$ cm ⑤ $6\sqrt{3}$ cm

04

오른쪽 그림과 같이 중심이 같은 두 원에서 큰 원의 현 AB가 작은 원과 만나는 두 점을 각각 C, D라 하고 점 O에서 $\overline{AB}$에 내린 수선의 발을 H라 하자. $\overline{AB}=12$ cm, $\overline{CD}=8$ cm, $\overline{OH}=3$ cm일 때, 색칠한 부분의 넓이는? [4점]

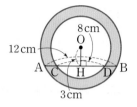

① 16π cm^2 ② 20π cm^2 ③ 24π cm^2
④ 28π cm^2 ⑤ 32π cm^2

05

오른쪽 그림과 같이 중심이 같은 두 원에서 큰 원의 현 AB는 작은 원의 접선이다. 두 원의 반지름의 길이가 각각 6 cm, 4 cm일 때, $\overline{AB}$의 길이는? [4점]

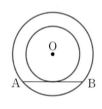

① 4 cm ② $4\sqrt{2}$ cm ③ $4\sqrt{3}$ cm
④ 8 cm ⑤ $4\sqrt{5}$ cm

06

오른쪽 그림의 원 O에서 $\overline{OM} \perp \overline{AB}$, $\overline{ON} \perp \overline{CD}$이고 $\overline{OM}=\overline{ON}=4$ cm, $\overline{OA}=4\sqrt{2}$ cm일 때, $\overline{CD}$의 길이는? [3점]

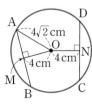

① 6 cm ② $6\sqrt{2}$ cm ③ 7 cm
④ 8 cm ⑤ $8\sqrt{2}$ cm

07

오른쪽 그림과 같이 원 O에 △ABC가 내접하고 있다. $\overline{OM} \perp \overline{AB}$, $\overline{ON} \perp \overline{AC}$이고 $\overline{OM} = \overline{ON}$, ∠BAC=70°일 때, ∠$x$의 크기는? [3점]

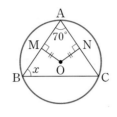

① 40°   ② 45°   ③ 50°
④ 55°   ⑤ 60°

08

오른쪽 그림에서 $\overrightarrow{PA}$는 원 O의 접선이고 점 A는 그 접점이다. $\overline{PO}$와 원 O의 교점 B에 대하여 $\overline{PA}=8$ cm, $\overline{PB}=4$ cm일 때, 원 O의 반지름의 길이는? [4점]

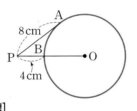

① 5 cm   ② $\dfrac{11}{2}$ cm   ③ 6 cm
④ $\dfrac{13}{2}$ cm   ⑤ 7 cm

09

오른쪽 그림에서 $\overrightarrow{PA}$, $\overrightarrow{PB}$는 원 O의 접선이고 두 점 A, B는 그 접점이다. ∠P=36°일 때, ∠PAB의 크기는? [3점]

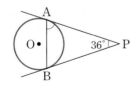

① 70°   ② 71°   ③ 72°
④ 73°   ⑤ 74°

10

오른쪽 그림에서 $\overline{PA}$, $\overline{PB}$는 원 O의 접선이고 두 점 A, B는 각각 그 접점이다. ∠P=60°, $\overline{PB}=6$ cm일 때, △OAB의 넓이는? [4점]

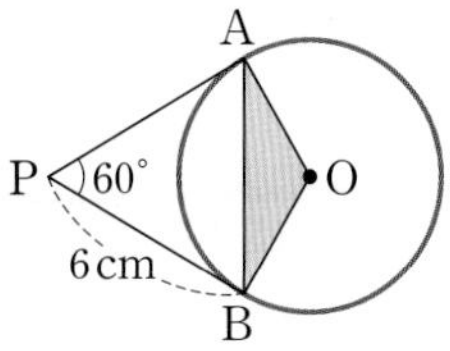

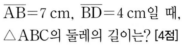

① $3\sqrt{3}$ cm^2 ② 9 cm^2 ③ $6\sqrt{3}$ cm^2
④ 15 cm^2 ⑤ $9\sqrt{3}$ cm^2

11

오른쪽 그림에서 $\overline{AD}$, $\overline{AE}$, $\overline{BC}$는 원 O의 접선이고 세 점 D, E, F는 각각 그 접점이다. $\overline{AB}=7$ cm, $\overline{BD}=4$ cm일 때, △ABC의 둘레의 길이는? [4점]

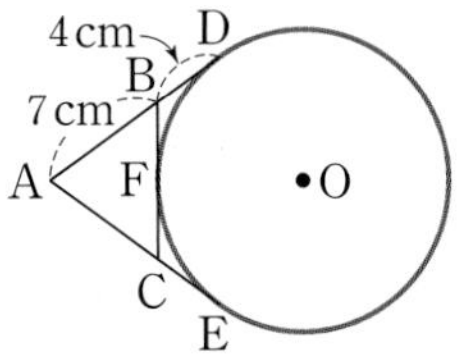

① 18 cm   ② 19 cm   ③ 20 cm
④ 21 cm   ⑤ 22 cm

12

오른쪽 그림에서 $\overline{AB}$는 반원 O의 지름이고 $\overline{AC}$, $\overline{BD}$, $\overline{CD}$는 접선이다. $\overline{AC}=6$ cm, $\overline{BD}=4$ cm일 때, $\overline{AB}$의 길이는? (단, 점 E는 접점이다.) [4점]

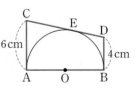

① $4\sqrt{3}$ cm   ② 8 cm   ③ $4\sqrt{5}$ cm
④ $4\sqrt{6}$ cm   ⑤ 10 cm

13

오른쪽 그림에서 원 O는 △ABC의 내접원이고 세 점 D, E, F는 그 접점이다. $\overline{AB}=12$ cm, $\overline{BC}=14$ cm, $\overline{AC}=10$ cm일 때, $\overline{AF}$의 길이는? [4점]

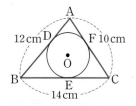

① 3 cm
② $\dfrac{7}{2}$ cm
③ 4 cm
④ $\dfrac{9}{2}$ cm
⑤ 5 cm

14

오른쪽 그림에서 원 O는 ∠B=90°인 직각삼각형 ABC의 내접원이고 세 점 D, E, F는 그 접점이다. $\overline{AD}=3$ cm이고 원 O의 반지름의 길이가 2 cm일 때, △ABC의 둘레의 길이는? [4점]

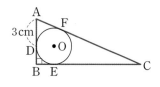

① 24 cm
② 25 cm
③ 28 cm
④ 30 cm
⑤ 32 cm

15

오른쪽 그림에서 □ABCD는 원 O에 외접하고 네 점 E, F, G, H는 그 접점이다. $\overline{AE}=2$ cm, $\overline{BC}=10$ cm, $\overline{CD}=7$ cm, $\overline{AD}=5$ cm일 때, $\overline{BE}$의 길이는? [3점]

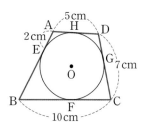

① 3 cm
② 4 cm
③ 5 cm
④ 6 cm
⑤ 7 cm

16

오른쪽 그림과 같이 원 O에 외접하는 □ABCD에서 ∠C=∠D=90°이고 $\overline{AD}=3$ cm, $\overline{BC}=6$ cm일 때, 색칠한 부분의 넓이는? [5점]

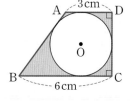

① $(18-4\pi)$ cm²
② $(18-2\pi)$ cm²
③ $(18-\pi)$ cm²
④ $(36-4\pi)$ cm²
⑤ $(36-\pi)$ cm²

17

오른쪽 그림에서 원 O는 직사각형 ABCD의 세 변과 $\overline{DE}$에 접하고 네 점 P, Q, R, S는 그 접점이다. $\overline{AD}=12$ cm, $\overline{DC}=8$ cm일 때, △DEC의 둘레의 길이는? [5점]

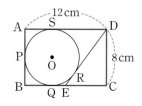

① 20 cm
② 24 cm
③ 28 cm
④ 30 cm
⑤ 32 cm

18

오른쪽 그림과 같이 두 원 P와 Q는 서로 외접하면서 지름의 길이가 12 cm인 반원 O의 내부에 접한다. 이때 원 Q의 반지름의 길이는? [5점]

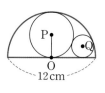

① 1 cm
② $\dfrac{3}{2}$ cm
③ 2 cm
④ $\dfrac{5}{2}$ cm
⑤ 3 cm

19

오른쪽 그림에서 $\overline{AB}$는 원 O의 지름이다. $\overline{OM}\perp\overline{CD}$이고 $\overline{AB}=8$ cm, $\overline{CD}=6$ cm일 때, $\overline{OM}$의 길이를 구하시오. [4점]

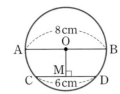

20

오른쪽 그림과 같이 반지름의 길이가 $3\sqrt{5}$ cm인 원 O에서 $\overline{OM}\perp\overline{AB}$, $\overline{AB}=\overline{CD}$이고 $\overline{OM}=3$ cm일 때, $\triangle DOC$의 넓이를 구하시오. [6점]

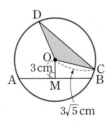

21

오른쪽 그림과 같이 원 O의 외부에 있는 한 점 P에서 원 O에 그은 두 접선의 접점을 각각 A, B라 하자. $\angle APO=30°$이고, $\triangle APB$의 둘레의 길이가 $15\sqrt{3}$ cm일 때, 원 O의 반지름의 길이를 구하시오. [6점]

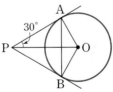

22

오른쪽 그림에서 원 O는 $\triangle ABC$의 내접원이고 세 점 D, E, F는 그 접점이다. $\overline{AB}=8$ cm, $\overline{BC}=10$ cm, $\overline{CA}=9$ cm일 때, $\overline{AF}$의 길이를 구하시오. [7점]

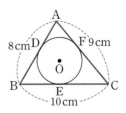

23

다음 그림에서 원 O는 $\angle A=90°$인 직각삼각형 ABC의 내접원이고 세 점 D, E, F는 그 접점이다. $\overline{BD}=6$ cm, $\overline{AC}=6$ cm일 때, 다음 물음에 답하시오.

[7점]

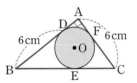

(1) $\overline{BC}$의 길이를 구하시오. [4점]

(2) 원 O의 넓이를 구하시오. [3점]

실전! 중단원 학교 시험 2회

학교 선생님들이 출제하신 진짜 학교 시험 문제예요!

01

오른쪽 그림과 같은 원 O에서 $\overline{OM}\perp\overline{AB}$이고 $\overline{OA}=13\text{ cm}$, $\overline{OM}=5\text{ cm}$일 때, 현 AB의 길이는? [3점]

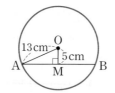

① 16 cm ② 18 cm ③ 20 cm
④ 22 cm ⑤ 24 cm

02

오른쪽 그림은 원의 일부분이다. $\overline{AB}=\overline{AC}=5\text{ cm}$, $\overline{BC}=8\text{ cm}$일 때, 이 원의 반지름의 길이는? [4점]

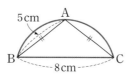

① $\frac{11}{3}$ cm ② $\frac{25}{6}$ cm ③ $\frac{9}{2}$ cm
④ 5 cm ⑤ 6 cm

03

오른쪽 그림은 원 모양의 종이를 원 위의 한 점이 원의 중심 O에 오도록 $\overline{AB}$를 접는 선으로 하여 접은 것이다. $\overline{AB}=6\text{ cm}$일 때, 원 O의 반지름의 길이는? [4점]

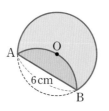

① $2\sqrt{2}$ cm ② $2\sqrt{3}$ cm ③ $\sqrt{15}$ cm
④ 4 cm ⑤ $3\sqrt{2}$ cm

04

오른쪽 그림과 같이 중심이 같은 두 원에서 큰 원의 현 AB가 작은 원과 만나는 두 점을 각각 C, D라 하고 원의 중심 O에서 현 AB에 내린 수선의 발을 H라 하자. $\overline{AC}=\overline{CH}$이고 $\overline{OA}=2\sqrt{13}\text{ cm}$, $\overline{OH}=4\text{ cm}$일 때, 작은 원의 반지름의 길이는? [4점]

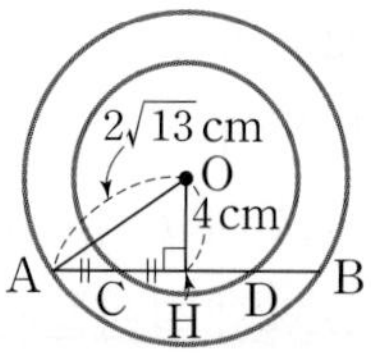

① $\sqrt{17}$ cm ② $3\sqrt{2}$ cm ③ $2\sqrt{5}$ cm
④ $2\sqrt{6}$ cm ⑤ 5 cm

05

오른쪽 그림과 같이 점 O를 중심으로 하는 두 원에서 큰 원의 현 AB는 작은 원의 접선이다. $\overline{AB}=8\text{ cm}$일 때, 색칠한 부분의 넓이는? [4점]

① $4\pi\text{ cm}^2$ ② $8\pi\text{ cm}^2$ ③ $12\pi\text{ cm}^2$
④ $16\pi\text{ cm}^2$ ⑤ $20\pi\text{ cm}^2$

06

오른쪽 그림과 같은 원 O에서 $\overline{OM}\perp\overline{AB}$, $\overline{ON}\perp\overline{CD}$이고 $\overline{AB}=4\text{ cm}$, $\overline{OD}=3\text{ cm}$, $\overline{DN}=2\text{ cm}$일 때, $\overline{OM}$의 길이는? [3점]

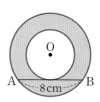

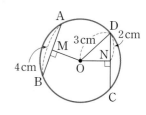

① 2 cm ② $\sqrt{5}$ cm ③ $\sqrt{6}$ cm
④ $\sqrt{7}$ cm ⑤ $2\sqrt{2}$ cm

07

오른쪽 그림과 같은 원 O에서
$\overline{OM} \perp \overline{AB}$, $\overline{ON} \perp \overline{AC}$이고
$\overline{OM} = \overline{ON}$, $\angle ACB = 53°$일 때,
$\angle MON$의 크기는? [3점]

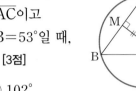

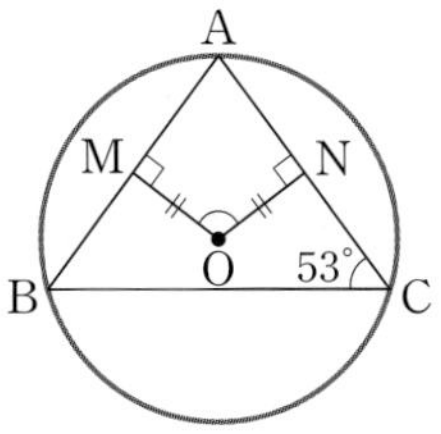

① 98°   ② 102°
③ 106°   ④ 110°
⑤ 114°

08

오른쪽 그림에서 $\overrightarrow{PA}$, $\overrightarrow{PB}$는 원
O의 접선이고 두 점 A, B는 그
접점이다. $\overline{PA} = 8$ cm,
$\overline{OB} = 5$ cm일 때, $\overline{PO}$의 길이는?

[3점]

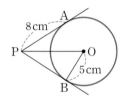

① $\sqrt{85}$ cm   ② $\sqrt{89}$ cm   ③ $3\sqrt{10}$ cm
④ $3\sqrt{11}$ cm   ⑤ $3\sqrt{13}$ cm

09

오른쪽 그림에서 $\overline{PA}$, $\overline{PB}$는 원
O의 접선이고 두 점 A, B는 그
접점이다. $\overline{PA} = 6$ cm,
$\angle OAB = 30°$일 때, $\triangle PAB$의
둘레의 길이는? [4점]

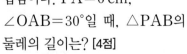

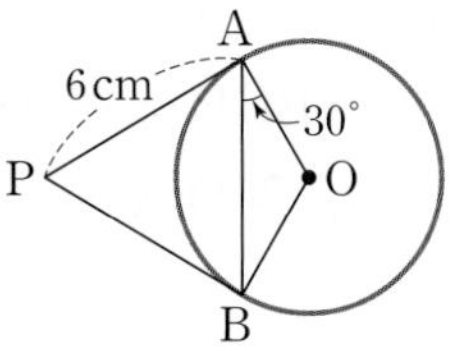

① 12 cm   ② 14 cm   ③ 16 cm
④ 18 cm   ⑤ 20 cm

10

오른쪽 그림에서 $\overline{PA}$, $\overline{PB}$는 원
O의 접선이고 두 점 A, B는 그
접점이다. 원 O의 반지름의 길이
가 5 cm이고 $\overline{PO} = 10$ cm일 때,
□PBOA의 넓이는? [4점]

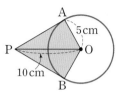

① $20\sqrt{3}$ cm^2 ② 25 cm^2 ③ $25\sqrt{3}$ cm^2
④ 50 cm^2 ⑤ $50\sqrt{3}$ cm^2

11

오른쪽 그림에서 $\overline{AD}$, $\overline{AE}$, $\overline{BC}$
는 원 O의 접선이고 세 점 D, E,
F는 그 접점이다. $\overline{DA} = 9$ cm,
$\overline{BA} = 5$ cm, $\overline{CA} = 7$ cm일 때,
$\overline{BC}$의 길이는? [4점]

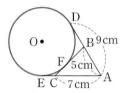

① 5 cm   ② $\dfrac{11}{2}$ cm   ③ 6 cm
④ $\dfrac{13}{2}$ cm   ⑤ 7 cm

12

오른쪽 그림에서 $\overline{AD}$, $\overline{BC}$, $\overline{CD}$
는 $\overline{AB}$를 지름으로 하는 반원 O
의 접선이고 세 점 A, B, E는 그
접점이다. $\overline{OA} = 2$ cm,
$\overline{DC} = 5$ cm일 때, 다음 보기에서
옳은 것을 모두 고른 것은? (단, $\overline{AD} < \overline{BC}$) [4점]

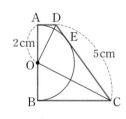

보기

ㄱ. $\overline{AD} + \overline{BC} = 9$ cm   ㄴ. $\angle DOC = 90°$
ㄷ. □ABCD = 10 cm^2 ㄹ. $\overline{OC} = \sqrt{29}$ cm

① ㄱ   ② ㄴ   ③ ㄱ, ㄴ
④ ㄱ, ㄹ   ⑤ ㄴ, ㄷ

13

오른쪽 그림에서 원 O는 △ABC의 내접원이고 세 점 D, E, F는 그 접점이다. ∠A=35°, ∠B=75°일 때, ∠x의 크기는? [3점]

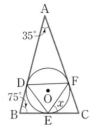

① 50°　　　② 55°

③ 60°　　　④ 65°

⑤ 70°

14

오른쪽 그림에서 원 O는 ∠C=90°인 직각삼각형 ABC의 내접원이고 세 점 D, E, F는 그 접점이다. $\overline{AB}$=15 cm, $\overline{AC}$=9 cm일 때, 원 O의 반지름의 길이는? [4점]

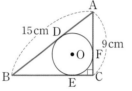

① 2 cm　　　② $\dfrac{9}{4}$ cm　　　③ $\dfrac{5}{2}$ cm

④ $\dfrac{11}{4}$ cm　　　⑤ 3 cm

15

오른쪽 그림과 같이 원 O에 외접하는 □ABCD에서 $\overline{AB}$=15 cm, $\overline{CD}$=13 cm 이고 $\overline{AD}$: $\overline{BC}$=3 : 4일 때, $\overline{AD}$의 길이는? [4점]

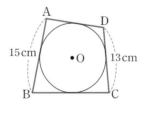

① 10 cm　　　② 11 cm　　　③ 12 cm

④ 13 cm　　　⑤ 14 cm

16

오른쪽 그림과 같이 ∠A=∠B=90°인 사다리꼴 ABCD가 원 O에 외접한다. $\overline{AB}$=6 cm, $\overline{BC}$=12 cm일 때, □ABCD의 둘레의 길이는? [5점]

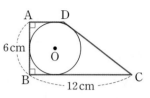

① 28 cm　　　② 30 cm　　　③ 32 cm

④ 34 cm　　　⑤ 36 cm

17

오른쪽 그림과 같이 가로, 세로의 길이가 각각 10 cm, 8 cm인 직사각형 ABCD가 있다. 점 B를 중심으로 하고 $\overline{BA}$를 반지름으로 하는 사분원을 그린 뒤, 점 C에서 이 원에 그은 접선을 $\overline{CE}$, 그 접점을 F라 하자. 이때 $\overline{AE}$의 길이는? [5점]

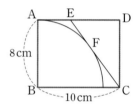

① 2 cm　　　② $\dfrac{5}{2}$ cm　　　③ 3 cm

④ $\dfrac{7}{2}$ cm　　　⑤ 4 cm

18

오른쪽 그림과 같이 원 O는 $\overline{AB}$=18 cm, $\overline{AD}$=25 cm인 직사각형 ABCD의 세 변에 접하고 원 O′은 직사각형 ABCD의 두 변에 접한다. 두 원 O, O′이 외접할 때, 원 O′의 반지름의 길이는? [5점]

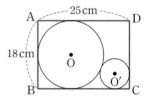

① 3 cm　　　② $\dfrac{10}{3}$ cm　　　③ $\dfrac{11}{3}$ cm

④ 4 cm　　　⑤ $\dfrac{13}{3}$ cm

● 정답 및 풀이 46쪽

19

오른쪽 그림의 원 O에서 $\overline{CD}$는 원의 지름이고 $\overline{AB} \perp \overline{CD}$이다. $\overline{AB}$와 $\overline{CD}$의 교점 M에 대하여 $\overline{CM}=4$ cm, $\overline{MD}=8$ cm일 때, 현 AB의 길이를 구하시오. [4점]

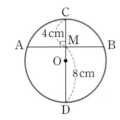

20

오른쪽 그림과 같이 중심이 같은 두 원에서 큰 원의 현 AB와 현 AC는 작은 원의 접선이고 두 점 P, Q는 그 접점이다. $\overline{AQ}=12$ cm, $\overline{BD}=6$ cm일 때, 작은 원의 반지름의 길이를 구하시오. [6점]

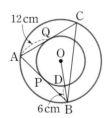

21

오른쪽 그림과 같이 △ABC의 외접원의 중심 O에서 세 변 AB, BC, CA에 내린 수선의 발을 각각 D, E, F라 하자. $\overline{OD}=\overline{OE}=\overline{OF}$이고 $\overline{AB}=10$ cm일 때, △ABC의 넓이를 구하시오. [6점]

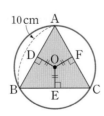

22

다음 그림에서 원 O는 ∠B=90°인 직각삼각형 ABC의 세 변과 $\overline{PQ}$에 접하고 네 점 D, E, F, G는 그 접점이다. $\overline{AB}=5$ cm, $\overline{AC}=13$ cm일 때, 다음 물음에 답하시오. [7점]

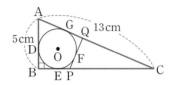

(1) 원 O의 반지름의 길이를 구하시오. [3점]

(2) △QPC의 둘레의 길이를 구하시오. [4점]

23

다음 그림에서 원 O는 직사각형 ABCD의 세 변과 $\overline{DE}$에 접한다. $\overline{DE}=17$ cm, $\overline{DC}=15$ cm일 때, $\overline{BE}$의 길이를 구하시오. [7점]

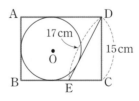

중학교 수학 교과서 10종을 분석한 교과서별 출제 예상 문제예요!

01

천재 변형

오른쪽 그림과 같은 원 O에서 두
현 AB, CD는 점 H에서 수직으
로 만난다. $\overline{AH}=12$, $\overline{BH}=2$,
$\overline{CH}=4$, $\overline{DH}=6$일 때, 원 O의
넓이를 구하시오.

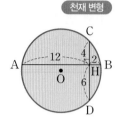

02

비상 변형

오른쪽 그림과 같이 반지름의 길이가
22 cm인 원 모양의 석쇠가 있다. 이
석쇠에서 평행한 두 개의 굵은 철사
의 길이는 같고, 그 사이의 간격은
12 cm라 한다. 이때 평행한 두 굵은
철사의 길이의 합을 구하시오.

(단, 철사의 굵기는 생각하지 않는다.)

03

신사고 변형

오른쪽 그림과 같이 반지름의 길이
가 6 cm인 원 O에서 현 AB의 길
이는 $6\sqrt{2}$ cm이다. 원 O 위를 움직
이는 점 P에 대하여 △PAB의 넓
이가 최대일 때, △PAB의 넓이를
구하시오.

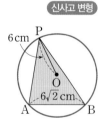

04

동아 변형

다음 그림과 같이 반지름의 길이가 각각 50 cm, 18 cm
인 바퀴 2개가 벨트로 연결되어 있다. 작은 바퀴 쪽의 벨
트의 연장선이 이루는 각의 크기가 54°일 때, 큰 바퀴에
서 벨트가 닿지 않는 부분이 이루는 호의 길이를 구하시
오. (단, 벨트의 두께는 생각하지 않는다.)

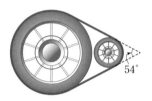

05

천재 변형

오른쪽 그림과 같이 원 O가 육
각형 ABCDEF의 각 변과 접
할 때, 육각형의 둘레의 길이 l
은 $l=2(\overline{BC}+\overline{DE}+\overline{AF})$이
다. 그 이유를 서술하시오.

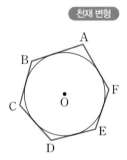

① 원과 직선

② 원주각

단원별로 학습 계획을 세워 실천해 보세요.

학습 날짜	월 일	월 일	월 일	월 일
학습 계획				
학습 실행도	0 100	0 100	0 100	0 100
자기 반성				

2 원주각

① 원주각과 중심각

(1) 원주각

원 O에서 $\overset{\frown}{AB}$ 위에 있지 않은 원 위의 한 점 P에 대하여 $\angle APB$를 $\overset{\frown}{AB}$에 대한 [(1)]이라 한다.

(2) 원주각과 중심각의 크기

한 원에서 한 호에 대한 원주각의 크기는 그 호에 대한 중심각의 크기의 $\frac{1}{2}$이다.

→ $\angle APB=\frac{1}{2}\angle AOB$

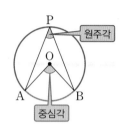

참고 한 호에 대한 중심각은 하나이지만 원주각은 무수히 많다.

② 원주각의 성질

(1) 한 원에서 한 호에 대한 원주각의 크기는 모두 같다.

→ $\angle APB=\angle AQB=\angle ARB$

설명 $\angle APB$, $\angle AQB$, $\angle ARB$는 모두 $\overset{\frown}{AB}$에 대한 원주각이므로

$\angle APB=\angle AQB=\angle ARB=\frac{1}{2}\angle AOB$

(2) 반원에 대한 원주각의 크기는 90°이다.

→ $\overline{AB}$가 원 O의 지름이면 $\angle APB=$ [(2)]

설명 반원에 대한 중심각의 크기는 180°이므로

$\angle APB=\frac{1}{2}\times 180^\circ=90^\circ$

③ 원주각의 크기와 호의 길이

한 원 또는 합동인 두 원에서

(1) 길이가 같은 호에 대한 원주각의 크기는 서로 같다.

→ $\overset{\frown}{AB}=\overset{\frown}{CD}$이면 $\angle APB=\angle CQD$

(2) 크기가 같은 원주각에 대한 호의 길이는 서로 같다.

→ $\angle APB=\angle CQD$이면 $\overset{\frown}{AB}=\overset{\frown}{CD}$

(3) 호의 길이는 그 호에 대한 원주각의 크기에 [(3)]한다.

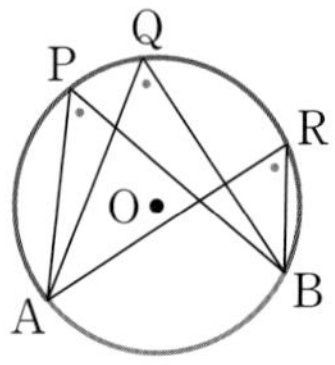

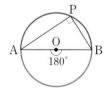

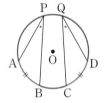

④ 네 점이 한 원 위에 있을 조건

두 점 C, D가 직선 AB에 대하여 같은 쪽에 있을 때, $\angle ACB=\angle ADB$이면 네 점 A, B, C, D는 한 원 위에 있다.

답 (1) 원주각 (2) 90° (3) 정비례

개념 check

1 다음 그림의 원 O에서 $\angle x$의 크기를 구하시오.

(1)

(2)

2 다음 그림의 원 O에서 $\angle x$의 크기를 구하시오.

(1)

(2)

3 다음 그림에서 x의 값을 구하시오.

(1)

(2)

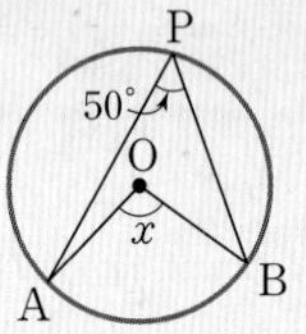

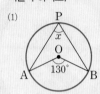

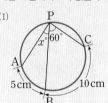

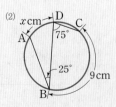

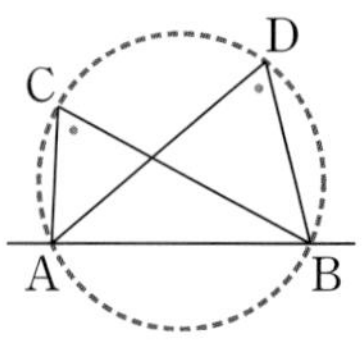

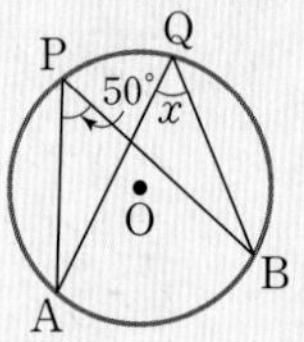

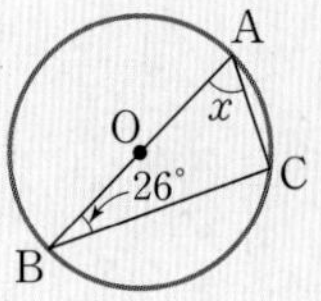

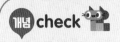

5 원에 내접하는 사각형의 성질

(1) 원에 내접하는 사각형의 한 쌍의 대각의 크기의 합은 180°이다.

→ $\angle A + \angle C = 180°$

$\angle B + \boxed{(4)} = 180°$

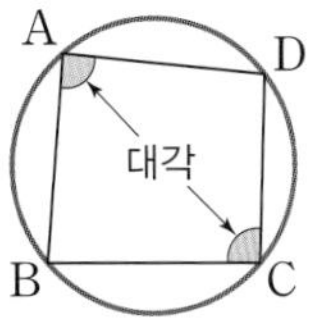

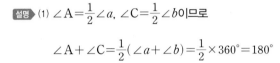

(2) 원에 내접하는 사각형의 한 외각의 크기는 그 외각에 이웃한 내각에 대한 대각의 크기와 같다.

→ $\angle DCE = \boxed{(5)}$

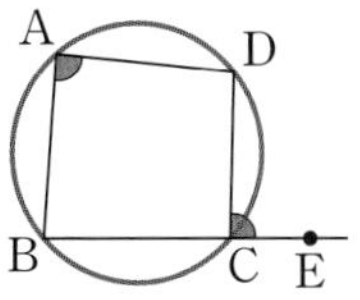

설명 (1) $\angle A = \dfrac{1}{2}\angle a$, $\angle C = \dfrac{1}{2}\angle b$이므로

$\angle A + \angle C = \dfrac{1}{2}(\angle a + \angle b) = \dfrac{1}{2} \times 360° = 180°$

같은 방법으로 $\angle B + \angle D = 180°$

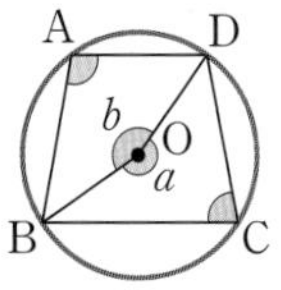

(2) $\angle BCD + \angle DCE = 180°$이고 원에 내접하는 사각형의 한 쌍의 대각의 크기의 합은 180°이므로 $\angle A + \angle BCD = 180°$ ∴ $\angle DCE = \angle A$

6 사각형이 원에 내접하기 위한 조건

(1) 한 쌍의 대각의 크기의 합이 180°인 사각형은 원에 내접한다.

참고 직사각형, 정사각형, 등변사다리꼴은 한 쌍의 대각의 크기의 합이 180°이므로 항상 원에 내접한다.

(2) 한 외각의 크기가 그 외각에 이웃한 내각에 대한 대각의 크기와 같은 사각형은 원에 내접한다.

설명 □ABCD에서 $\angle A = \angle DCE$라 하면

$\angle BCD + \angle DCE = 180°$이므로 $\angle BCD + \angle A = 180°$

즉, 한 쌍의 대각의 크기의 합이 180°이므로 □ABCD는 원에 내접한다.

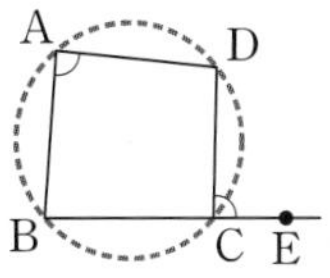

7 접선과 현이 이루는 각

(1) **접선과 현이 이루는 각**

원의 접선과 그 접점을 지나는 현이 이루는 각의 크기는 그 각의 내부에 있는 호에 대한 원주각의 크기와 같다.

→ $\overleftrightarrow{AT}$가 원 O의 접선이면 $\angle BAT = \angle BCA$

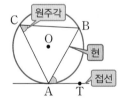

(2) **두 원에서 접선과 현이 이루는 각**

직선 PQ가 두 원의 공통인 접선이고 점 T가 접점일 때, 다음 각 경우에 대하여 $\overline{AB} /\!/ \overline{DC}$가 성립한다.

① → $\angle BAT = \angle BTQ$
= $\angle DTP$
= $\angle DCT$

엇각의 크기가 서로 같으므로 $\overline{AB} /\!/ \overline{DC}$

② → $\angle BAT = \angle BTQ$
= $\angle CDT$

동위각의 크기가 서로 같으므로 $\overline{AB} /\!/ \overline{DC}$

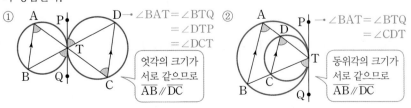

개념 check

4 다음 그림에서 □ABCD가 원 O에 내접할 때, $\angle x$, $\angle y$의 크기를 각각 구하시오.

(1)

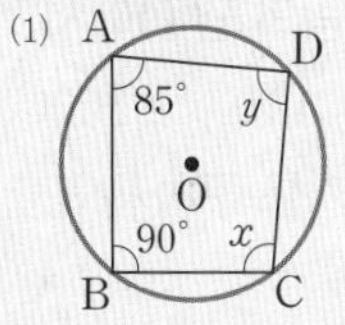

(2)

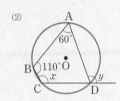

5 다음 그림의 □ABCD가 원에 내접하면 ○표, 내접하지 않으면 ×표를 하시오.

(1)

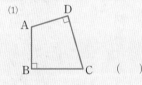

( )

(2)

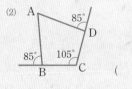

( )

6 다음 그림에서 $\overleftrightarrow{AT}$는 원 O의 접선이고 점 A는 그 접점일 때, $\angle x$의 크기를 구하시오.

(1)

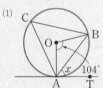

(2)

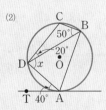

시험에 꼭 나오는
기출 유형

전국 1000여 개 학교 시험 문제를 분석하여 출제율 높은 문제만 선별했어요!

유형 01 원주각과 중심각의 크기 (1) 최다 빈출

01

오른쪽 그림의 원 O에서 $\angle AOC=110°$, $\angle BDC=30°$일 때, $\angle x$의 크기를 구하시오.

02

오른쪽 그림의 원 O에서 $\angle OAC=18°$, $\angle OBC=42°$일 때, $\angle x$의 크기는?

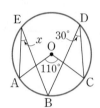

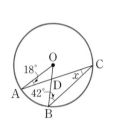

① 20° ② 22°
③ 24° ④ 25°
⑤ 27°

03

오른쪽 그림과 같이 반지름의 길이가 6 cm인 원 O에서 $\angle APB=40°$일 때, 색칠한 부분의 넓이를 구하시오.

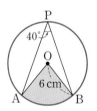

04

오른쪽 그림의 원 O에서 $\angle OBC=43°$일 때, $\angle x$의 크기는?

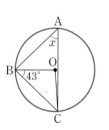

① 43° ② 45°
③ 47° ④ 49°
⑤ 51°

05

오른쪽 그림과 같이 원 O에 내접하는 □ABCD에서 $\angle ABC=68°$일 때, $\angle y-\angle x$의 크기는?

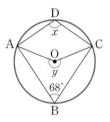

① 100° ② 102°
③ 110° ④ 112°
⑤ 120°

실수 주의

06

오른쪽 그림의 원 O에서 $\angle BCO=70°$, $\angle AOC=90°$일 때, $\angle x$의 크기를 구하시오.

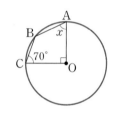

07

오른쪽 그림과 같이 $\overline{AB}=\overline{AC}$인 이등변삼각형 ABC가 원 O에 내접하고 있다. $\angle ABC=25°$일 때, $\angle x$의 크기는?

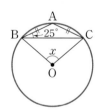

① 100° ② 105°
③ 110° ④ 115°
⑤ 120°

08

오른쪽 그림에서 점 P는 원 O의 두 현 AB와 CD의 연장선의 교점이다. $\angle AOC=36°$, $\angle BOD=86°$일 때, $\angle P$의 크기를 구하시오.

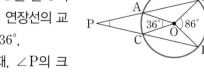

유형 02 원주각과 중심각의 크기 (2)

09 ●●●

오른쪽 그림에서 $\overrightarrow{PA}$, $\overrightarrow{PB}$는 원 O의 접선이고 두 점 A, B는 그 접점이다. ∠P=40°일 때, ∠x의 크기는?

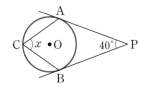

① 60°　　　　② 70°　　　　③ 80°
④ 90°　　　　⑤ 100°

10 ●●●

오른쪽 그림에서 $\overline{PA}$, $\overline{PB}$는 원 O의 접선이고 두 점 A, B는 그 접점이다. ∠P=48°일 때, ∠x의 크기를 구하시오.

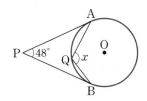

11 ●●●

오른쪽 그림에서 △ABC는 원 O에 내접하고 $\overline{PA}$, $\overline{PB}$는 원 O의 접선이다. ∠APB=58°일 때, 다음 중 옳지 않은 것은?

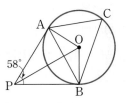

① ∠PAO=90°　　② ∠AOB=122°
③ ∠ACB=61°　　④ ∠OBA=29°
⑤ ∠PAB=63°

유형 03 한 호에 대한 원주각의 크기　　최다 빈출

12 ●●●

오른쪽 그림에서 ∠APB=26°, ∠BQC=24°일 때, ∠x의 크기를 구하시오.

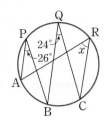

13 ●●●

오른쪽 그림의 원에서 ∠ABD=40°, ∠BPC=70°일 때, ∠x의 크기는?

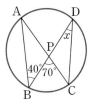

① 20°　　　　② 25°
③ 30°　　　　④ 35°
⑤ 40°

14 ●●●

오른쪽 그림의 원 O에서 ∠AQC=64°, ∠BOC=90°일 때, ∠x의 크기는?

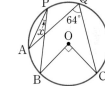

① 18°　　　　② 19°
③ 20°　　　　④ 21°
⑤ 22°

15 ●●●

오른쪽 그림에서 □ABCD가 원에 내접하고 ∠ABD=55°, ∠DAC=30°, ∠APB=80°일 때, ∠y-∠x의 크기를 구하시오.

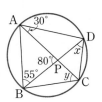

16 ●●●

오른쪽 그림과 같이 두 현 AD, BC의 연장선의 교점을 P라 하자. ∠P=32°, ∠ACB=61°일 때, ∠DBC의 크기를 구하시오.

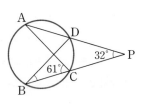

유형 O4 반원에 대한 원주각의 크기

17 ●●●

오른쪽 그림에서 $\overline{BC}$는 원 O의 지름이고 ∠ACB=32°일 때, ∠x의 크기를 구하시오.

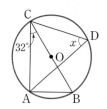

18 ●●●

오른쪽 그림에서 $\overline{AC}$는 원 O의 지름이고 ∠ADB=57°일 때, ∠x의 크기는?

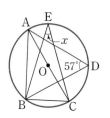

① 29°　　② 31°
③ 33°　　④ 35°
⑤ 37°

19 ●●●

오른쪽 그림에서 $\overline{AC}$는 원 O의 지름이고 ∠APB=31°일 때, ∠x의 크기는?

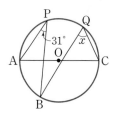

① 51°　　② 53°
③ 57°　　④ 59°
⑤ 61°

20 ●●●

오른쪽 그림의 반원 O에서 ∠DOC=42°일 때, ∠x의 크기를 구하시오.

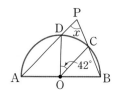

유형 O5 원주각의 성질과 삼각비

21 ●●●

오른쪽 그림과 같이 반지름의 길이가 6 cm인 원 O에 내접하는 △ABC에서 $\overline{BC}$=9 cm일 때, $\cos A$의 값을 구하시오.

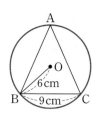

22 ●●●

오른쪽 그림에서 원 O는 △ABC의 외접원이다. ∠BAC=60°, $\overline{BC}$=12 cm일 때, 원 O의 반지름의 길이를 구하시오.

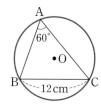

23 ●●●

오른쪽 그림에서 $\overline{AB}$는 원 O의 지름이다. ∠CAB=30°, $\overline{AC}$=$4\sqrt{3}$ cm일 때, 원 O의 넓이는?

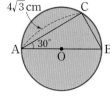

① 4π cm² 　② 8π cm²
③ 12π cm² 　④ 16π cm²
⑤ 20π cm²

⭐New 24 ●●●

오른쪽 그림과 같이 지름이 $\overline{AB}$인 원 O 위에 점 C를 잡고, $\overline{BC}$ 위의 한 점 D에서 $\overline{AB}$에 내린 수선의 발을 E라 하자. $\overline{AB}$=10, $\overline{AC}$=6이고 ∠BDE=∠x라 할 때, $\sin x$의 값을 구하시오.

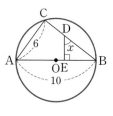

유형 06 원주각의 크기와 호의 길이 (1)

25 ●●●

오른쪽 그림에서 $\widehat{AB}=\widehat{CD}$이고
$\angle DBC=34°$일 때, $\angle x$의 크기를 구하시오.

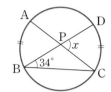

26 ●●●

오른쪽 그림과 같은 원 O에서
$\widehat{BC}=\widehat{CD}$이고 $\angle DAC=20°$일 때,
$\angle x+\angle y$의 크기를 구하시오.

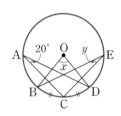

27 ●●●

오른쪽 그림과 같이 $\overline{AB}$를 지름으로
하는 반원 O에서 $\widehat{AP}=\widehat{CP}$이고
$\angle CAB=50°$일 때, $\angle x$의 크기는?

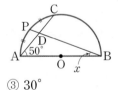

① 20°   ② 25°   ③ 30°
④ 35°   ⑤ 40°

28 ●●●

오른쪽 그림과 같은 원 O에서
$\widehat{BP}=\widehat{BC}$이고 $\angle BOP=100°$,
$\angle ABP=20°$일 때, $\angle x$의 크기는?

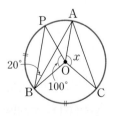

① 100°   ② 110°
③ 120°   ④ 130°
⑤ 140°

유형 07 원주각의 크기와 호의 길이 (2)   최다 빈출

29 ●●●

오른쪽 그림에서 점 P는 두 현 AC,
BD의 교점이다. $\widehat{BC}=8$ cm,
$\angle ACD=30°$, $\angle APB=110°$일
때, $\widehat{AD}$의 길이는?

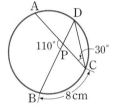

① 4 cm   ② 5 cm
③ 6 cm   ④ 7 cm
⑤ 8 cm

실수주의 30 ●●●

오른쪽 그림의 원 O에서 $\widehat{AB}=9$ cm이
고 $\angle AOC=80°$, $\angle BDC=10°$일 때,
x의 값은?

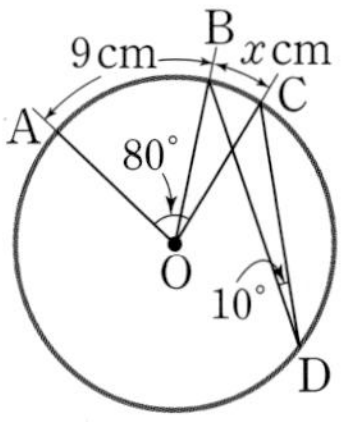

① 1   ② 2
③ 3   ④ 4
⑤ 5

31 ●●●

오른쪽 그림과 같이 두 현 AD,
BC의 연장선의 교점을 P라 하자.
$\widehat{AB}:\widehat{CD}=3:1$이고
$\angle APB=42°$일 때, $\angle x$의 크기
는?

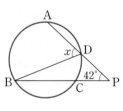

① 47°   ② 53°   ③ 57°
④ 59°   ⑤ 63°

32 ●●●

오른쪽 그림의 원 O에서 $\overline{OM} \perp \overline{AB}$, $\overline{ON} \perp \overline{AC}$이고 $\overline{OM} = \overline{ON}$이다. $\angle ABC = 70°$, $\overparen{AC} = 21\pi$일 때, $\overparen{BC}$의 길이를 구하시오.

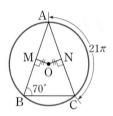

33 ●●●

오른쪽 그림에서 $\overline{AB}$, $\overline{DE}$는 원 O의 지름이다. $\overline{CB} \parallel \overline{DE}$이고 $\angle AED = 20°$, $\overparen{BC} = 10$ cm일 때, $\overparen{AD}$의 길이는?

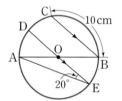

① 3 cm   ② 4 cm
③ 5 cm   ④ 6 cm
⑤ 7 cm

34 ●●●

오른쪽 그림에서 $\overline{AB}$는 원 O의 지름이고 $\overparen{AC} : \overparen{BC} = 3 : 2$, $\overparen{AD} = \overparen{DE} = \overparen{EB}$일 때, $\angle x$의 크기는?

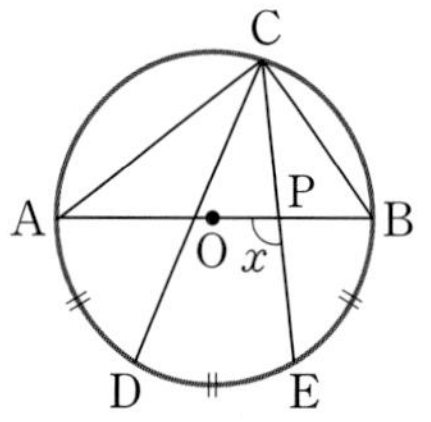

① 80°   ② 84°
③ 88°   ④ 92°
⑤ 96°

35 ●●●

오른쪽 그림에서 △ABC는 원 O에 내접하고 $\overparen{AB} : \overparen{BC} : \overparen{CA} = 3 : 4 : 5$일 때, $\angle A + \angle B - \angle C$의 크기를 구하시오.

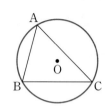

36 ●●●

오른쪽 그림에서 점 P는 두 현 AC와 BD의 교점이다. $\angle BPC = 75°$이고 $\overparen{BC}$의 길이가 원의 둘레의 길이의 $\frac{1}{4}$일 때, $\angle ABP$의 크기를 구하시오.

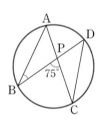

37 ●●●

오른쪽 그림에서 점 P는 두 현 AC, BD의 교점이다. $\angle CPD = 80°$일 때, $\overparen{AB} + \overparen{CD}$의 길이는 이 원의 둘레의 길이의 몇 배인지 구하시오.

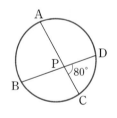

38 ●●●

오른쪽 그림에서 점 P는 두 현 AC, BD의 교점이다. $\overparen{AB}$의 길이가 원의 둘레의 길이의 $\frac{1}{6}$이고 $\overparen{AB} : \overparen{CD} = 2 : 3$일 때, $\angle BPC$의 크기를 구하시오.

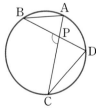

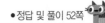

유형 09 네 점이 한 원 위에 있을 조건 `최다 빈출`

39 ●●●

다음 중 네 점 A, B, C, D가 한 원 위에 있지 <u>않은</u> 것은?

①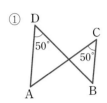
②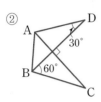
③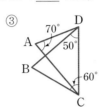

④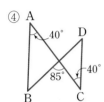
⑤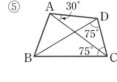

40 ●●●

오른쪽 그림에서 네 점 A, B, C, D 는 한 원 위에 있다. ∠ABD=45°, ∠BDC=65°일 때, ∠x의 크기를 구하시오.

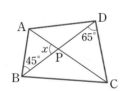

41 ●●●

오른쪽 그림에서 네 점 A, B, C, D 는 한 원 위에 있고 점 P는 $\overline{AD}$, $\overline{BC}$ 의 연장선의 교점이다.
∠ACP=23°, ∠DBC=75°일 때, ∠x의 크기를 구하시오.

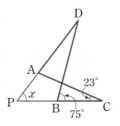

유형 10 원에 내접하는 사각형의 성질 (1)

42 ●●●

오른쪽 그림과 같이 □ABCD가 원 O에 내접할 때, ∠x의 크기를 구하시오.

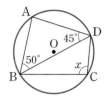

43 ●●●

오른쪽 그림에서 $\overline{AB}$는 원 O의 지름이다. ∠D=110°일 때, ∠x의 크기는?

① 20° ② 25°
③ 30° ④ 35°
⑤ 40°

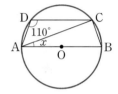

44 ●●●

오른쪽 그림의 원 O에서 ∠C=55°일 때, ∠x+∠y의 크기는?

① 110° ② 125°
③ 140° ④ 155°
⑤ 180°

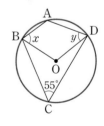

45 ●●●

오른쪽 그림과 같이 $\overline{AB}=\overline{AC}$인 △ABC는 원 O에 내접한다.
∠BAC=52°일 때, ∠APB의 크기를 구하시오.

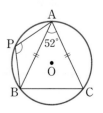

46 ...

오른쪽 그림과 같이 □ABCE와 □ABDE가 원 O에 내접한다. $\overline{AC}$ 가 원 O의 지름이고 ∠ABD=70°, ∠BPE=80°일 때, ∠EAB의 크기는?

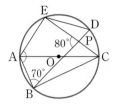

① 108° ② 110° ③ 112°

④ 116° ⑤ 120°

유형 1 원에 내접하는 사각형의 성질 (2)

47 ...

오른쪽 그림과 같이 원 O에 내접하는 □ABCD에서 ∠BOD=120°일 때, ∠x의 크기를 구하시오.

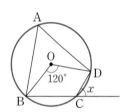

48 ...

오른쪽 그림과 같이 □ABCD가 원에 내접하고 점 P는 두 현 AD, BC의 연장선의 교점이다. ∠P=26°, ∠ABP=76°일 때, ∠y−∠x의 크기는?

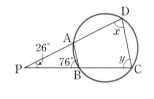

① 2° ② 3° ③ 5°

④ 8° ⑤ 10°

49 ...

오른쪽 그림과 같이 □ABCD가 원에 내접하고 ∠BAD=102°, ∠DBC=52°, ∠ACD=30°일 때, ∠x+∠y의 크기를 구하시오.

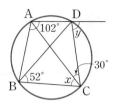

50 ...

오른쪽 그림과 같이 원에 내접하는 □ABCD에서 ∠A=2∠C, ∠D=∠A−15°일 때, ∠ABE의 크기는?

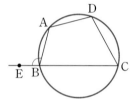

① 100° ② 105°

③ 110° ④ 115°

⑤ 120°

51 ...

오른쪽 그림과 같이 □ABCD가 원에 내접하고 ∠ADB=42°, ∠BAC=63°, ∠BCD=102°일 때, ∠x+∠y의 크기를 구하시오.

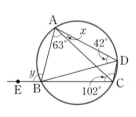

52 ...

오른쪽 그림에서 $\overline{BC}=\overline{CE}$이고 ∠BAE=140°일 때, ∠$y$−∠$x$의 크기를 구하시오.

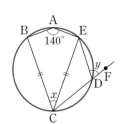

유형 12 원에 내접하는 다각형

53 ●●●

오른쪽 그림과 같이 원 O에 내접하는 오각형 ABCDE에서
∠ABC=110°, ∠COD=46°일 때, ∠AED의 크기를 구하시오.

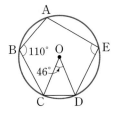

54 ●●●

오른쪽 그림과 같이 원 O에 내접하는 오각형 ABCDE에서 ∠COD=34°일 때, ∠B+∠E의 크기는?

① 187° ② 189°
③ 193° ④ 197°
⑤ 201°

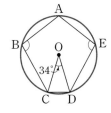

55 ●●●

오른쪽 그림과 같이 원에 내접하는 육각형 ABCDEF에서
∠A+∠C+∠E의 크기는?

① 300° ② 330°
③ 360° ④ 390°
⑤ 420°

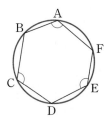

유형 13 원에 내접하는 사각형과 외각의 성질 `최다 빈출`

56 ●●●

오른쪽 그림에서 □ABCD는 원에 내접하고 ∠ADC=130°, ∠Q=35°일 때, ∠x의 크기를 구하시오.

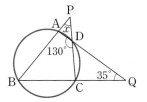

57 ●●●

오른쪽 그림에서 □ABCD는 원에 내접하고 ∠P=52°, ∠ABC=46°일 때, ∠x의 크기를 구하시오.

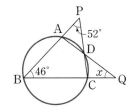

58 ●●●

오른쪽 그림에서 □ABCD는 원에 내접하고 ∠P=34°, ∠Q=22°일 때, ∠x의 크기를 구하시오.

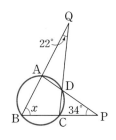

59 ●●●

오른쪽 그림에서 □ABCD는 원 O에 내접하고 ∠P=53°, ∠Q=27°일 때, ∠BAD의 크기는?

① 110° ② 115°
③ 120° ④ 125°
⑤ 130°

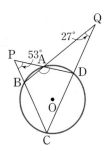

유형 14 두 원에서 내접하는 사각형의 성질의 활용

60 ●●○

오른쪽 그림과 같이 두 원이 두 점
P, Q에서 만나고 □ABCD가 두
점 P, Q를 지난다. ∠A=80°일
때, ∠x의 크기는?

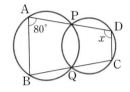

① 80°　　　　② 90°

③ 100°　　　④ 110°

⑤ 120°

61 ●●○

오른쪽 그림과 같이 두 원 O, O′
이 두 점 P, Q에서 만나고
□ABCD가 두 점 P, Q를 지난다.
∠CDP=98°일 때, ∠x의 크기
를 구하시오.

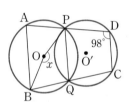

62 ●●●

오른쪽 그림과 같이 두 원 O, O′
이 두 점 E, F에서 만나고
□ABCD가 두 점 E, F를 지
난다. ∠A=80°, ∠B=95°일
때, ∠x−∠y의 크기는?

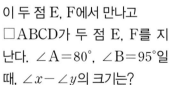

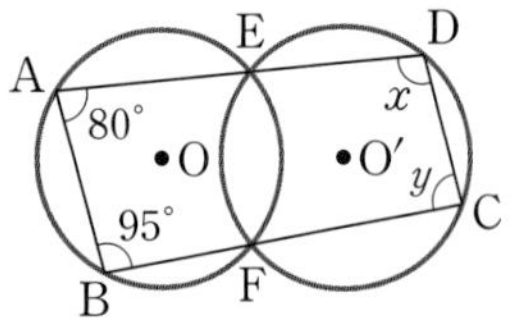

① 5°　　　　② 10°　　　　③ 12°

④ 15°　　　　⑤ 18°

유형 15 사각형이 원에 내접하기 위한 조건

63 ●●○

다음 중 □ABCD가 원에 내접하는 것을 모두 고르면?

(정답 2개)

① 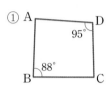　　　②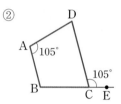

③ 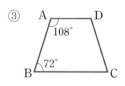　　　④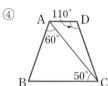

⑤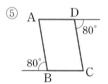

64 ●●●

오른쪽 그림에서 ∠DAC=30°,
∠ADC=115°일 때, □ABCD
가 원에 내접하도록 하는 ∠x의 크
기를 구하시오.

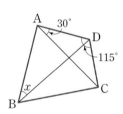

65 ●●○

오른쪽 그림에서
∠ADC=125°, ∠DFC=32°
일 때, □ABCD가 원에 내접하
도록 하는 ∠x의 크기를 구하시
오.

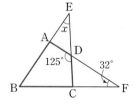

66 ●●

오른쪽 그림에서
∠DAC=55°, ∠ABD=20°,
∠DCE=130°일 때,
□ABCD가 원에 내접하도록
하는 ∠x, ∠y에 대하여 ∠x+∠y의 크기는?

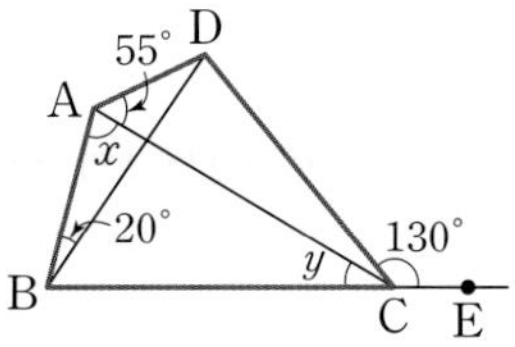

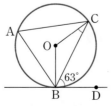

① 95°   ② 97°   ③ 100°

④ 103°   ⑤ 105°

67 ●●

다음 보기에서 항상 원에 내접하는 사각형을 모두 고른 것은?

> **보기**
>
> ㄱ. 사다리꼴   ㄴ. 등변사다리꼴
>
> ㄷ. 평행사변형   ㄹ. 직사각형
>
> ㅁ. 마름모   ㅂ. 정사각형

① ㄱ, ㄴ, ㄷ   ② ㄱ, ㄷ, ㅂ   ③ ㄴ, ㄷ, ㅁ

④ ㄴ, ㄹ, ㅂ   ⑤ ㄱ, ㄴ, ㄹ, ㅁ

유형 16 접선과 현이 이루는 각   **최다 빈출**

68 ●●

오른쪽 그림에서 직선 BD는 원 O의
접선이고 점 B는 그 접점이다.
∠CBD=63°일 때, ∠OCB의 크
기는?

① 18°   ② 20°

③ 23°   ④ 25°

⑤ 27°

69 ●●

오른쪽 그림에서 직선 BT는 원
O의 접선이고 점 B는 그 접점이
다. ∠ATB=32°,
∠ACB=72°일 때, ∠CAB의
크기는?

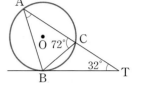

① 40°   ② 42°   ③ 45°

④ 48°   ⑤ 50°

70 ●●

오른쪽 그림과 같이 원 O에 내접하
는 □ABCD에서 직선 CT는 원
O의 접선이고 점 C는 그 접점이다.
∠BAD=95°, ∠BDC=30°일
때, ∠DCT의 크기를 구하시오.

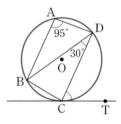

71 ●●

오른쪽 그림에서 직선 PQ는 원 O의
접선이고 점 B는 그 접점이다.
$\overparen{AB}$: $\overparen{BC}$=4 : 5, ∠CAB=60°일
때, ∠ABP+∠CBQ의 크기는?

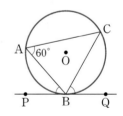

① 108°   ② 112°

③ 114°   ④ 116°

⑤ 118°

72 ●●

오른쪽 그림에서 $\overrightarrow{PT}$는 원
의 접선이고 점 T는 그 접
점이다. ∠CAT=35°,
∠ABT=125°일 때,
∠P의 크기를 구하시오.

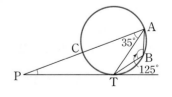

73

오른쪽 그림에서 직선 AT는 원 O의 접선이고 점 A는 그 접점이다. $\overline{AB}=\overline{AD}$이고 $\angle DAT=40°$일 때, $\angle x$의 크기는?

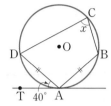

① 80°　② 82°　③ 84°　④ 86°　⑤ 88°

74

New

오른쪽 그림에서 □ABCD는 원에 내접하고 두 직선 l, m은 각각 두 점 B, D에서 원에 접한다. $\angle BCD=82°$일 때, $\angle x+\angle y$의 크기를 구하시오.

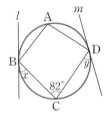

75

오른쪽 그림에서 직선 XY는 두 원의 공통인 접선이고 점 B는 그 접점이다. 큰 원의 현 AC와 작은 원의 접점을 D라 하고 $\angle CAB=60°$, $\angle ACB=28°$일 때, $\angle x$의 크기는?

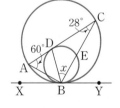

① 40°　② 42°　③ 44°　④ 46°　⑤ 48°

유형 17 접선과 현이 이루는 각의 활용 (1)

76

오른쪽 그림에서 $\overrightarrow{PT}$는 원 O의 접선이고 점 T는 그 접점이다. $\overline{AB}$가 원 O의 지름이고 $\angle BTC=70°$일 때, $\angle BPT$의 크기를 구하시오.

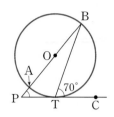

77

오른쪽 그림에서 직선 BT는 원 O의 접선이고 점 B는 그 접점이다. $\overline{AD}$가 원 O의 지름이고 $\angle BCD=112°$일 때, $\angle ABT$의 크기는?

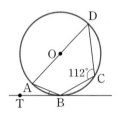

① 20°　② 22°　③ 26°　④ 29°　⑤ 32°

78

오른쪽 그림에서 $\overline{AB}$는 원 O의 지름이고 점 T는 $\overline{AB}$의 연장선 위의 점 P에서 원 O에 그은 접선의 접점이다. $\angle ACT=65°$일 때, $\angle x$의 크기를 구하시오.

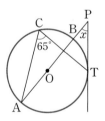

79

오른쪽 그림에서 $\overline{PT}$는 원 O의 접선이고 점 T는 그 접점이다. $\overline{AB}$가 원 O의 지름이고 $\overline{PT}=\overline{TB}=8\text{ cm}$일 때, $\overline{PB}$의 길이를 구하시오.

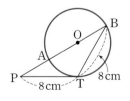

유형 18 접선과 현이 이루는 각의 활용 (2)

80 •••

오른쪽 그림에서 $\overrightarrow{PA}$, $\overrightarrow{PB}$는 원 O 의 접선이고 두 점 A, B는 그 접점이다. $\angle P=58°$, $\angle CAD=74°$일 때, $\angle CBE$의 크기를 구하시오.

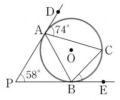

81 •••

오른쪽 그림에서 원 O는 △ABC 의 내접원이면서 △DEF의 외접원이고 세 점 D, E, F는 그 접점이다. $\angle A=60°$, $\angle B=48°$일 때, $\angle x$의 크기는?

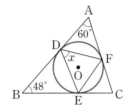

① 51°　　② 52°　　③ 53°
④ 54°　　⑤ 55°

82 •••

다음 그림에서 $\overrightarrow{PA}$, $\overrightarrow{PB}$는 원 O의 접선이고 두 점 A, B는 그 접점이다. $\overset{\frown}{AC}=\overset{\frown}{BC}$이고 $\angle P=24°$일 때, $\angle CBE$의 크기는?

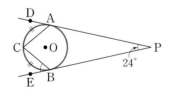

① 50°　　② 51°　　③ 52°
④ 53°　　⑤ 54°

유형 19 두 원에서 접선과 현이 이루는 각

83 •••

다음 중 $\overline{AC} /\!/ \overline{BD}$가 아닌 것은?

① 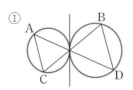　　②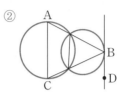

③ 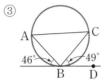　　④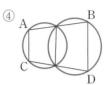

⑤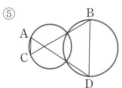

84 •••

오른쪽 그림에서 직선 PQ는 두 원의 공통인 접선이고 점 T는 그 접점이다. $\angle BAT=45°$, $\angle CDT=70°$일 때, $\angle x$의 크기는?

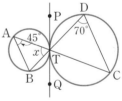

① 45°　　② 50°　　③ 55°
④ 60°　　⑤ 65°

85 •••

오른쪽 그림에서 $\overleftrightarrow{PQ}$는 점 T에서 접하는 두 원의 공통인 접선이다. $\angle ABT=50°$, $\angle ADC=115°$일 때, $\angle x$의 크기를 구하시오.

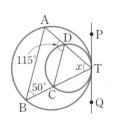

01

오른쪽 그림에서 점 P는 두 현 AC와 BD의 교점이다. $\overarc{AB}$의 길이는 원주의 $\frac{1}{4}$이고, $\overarc{CD}$의 길이는 원주의 $\frac{1}{9}$일 때, $\angle x$의 크기를 구하시오. [6점]

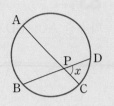

채점 기준 1 $\angle ACB$의 크기 구하기 … 2점

오른쪽 그림과 같이 $\overline{BC}$를 그으면

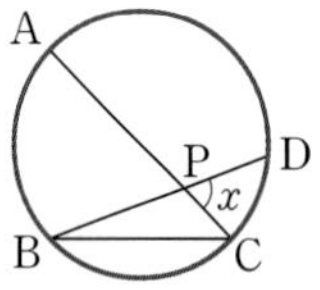

$\overarc{AB}$의 길이는 원주의 $\boxed{}$이므로

$\angle ACB = 180° \times \boxed{} = \underline{}$

채점 기준 2 $\angle DBC$의 크기 구하기 … 2점

$\overarc{CD}$의 길이는 원주의 $\boxed{}$이므로

$\angle DBC = 180° \times \boxed{} = \underline{}$

채점 기준 3 $\angle x$의 크기 구하기 … 2점

$\triangle BCP$에서 $\angle x = \underline{} + \underline{} = \underline{}$

01-1
〔숫자 바꾸기〕

오른쪽 그림에서 점 P는 두 현 AC와 BD의 교점이다. $\overarc{AB}$의 길이는 원의 둘레의 길이의 $\frac{1}{5}$이고 $\overarc{AB} : \overarc{CD} = 3 : 4$일 때, $\angle x$의 크기를 구하시오. [6점]

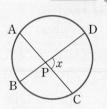

채점 기준 1 $\angle ADB$의 크기 구하기 … 2점

채점 기준 2 $\angle DAC$의 크기 구하기 … 2점

채점 기준 3 $\angle x$의 크기 구하기 … 2점

01-2
〔응용 서술형〕

오른쪽 그림에서 점 P는 두 현 AC와 BD의 교점이다. $\overline{AC}$는 원 O의 지름이고 $\overarc{AB}$의 길이는 원주의 $\frac{1}{6}$이다. $\overline{AB} = 2$ cm일 때, 원 O의 반지름의 길이를 구하시오. [7점]

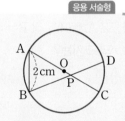

02

오른쪽 그림에서 □ABCD가 원에 내접하고 $\angle B = 50°$, $\angle P = 35°$일 때, $\angle Q$의 크기를 구하시오. [6점]

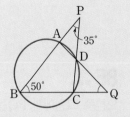

채점 기준 1 $\angle CDQ$의 크기 구하기 … 2점

□ABCD가 원에 내접하므로 $\angle CDQ = \angle\boxed{} = \underline{}$

채점 기준 2 $\angle Q$의 크기 구하기 … 4점

$\triangle PBC$에서 $\angle PCQ = \underline{} + \underline{} = \underline{}$

$\triangle DCQ$에서 $\underline{}$ $\therefore \angle Q = \underline{}$

02-1
〔조건 바꾸기〕

오른쪽 그림에서 □ABCD가 원에 내접하고 $\angle P = 30°$, $\angle ADC = 125°$일 때, $\angle Q$의 크기를 구하시오. [6점]

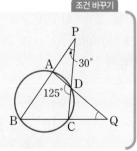

채점 기준 1 $\angle B$의 크기 구하기 … 2점

채점 기준 2 $\angle Q$의 크기 구하기 … 4점

03

다음 그림에서 $\overline{\text{PA}}$, $\overline{\text{PB}}$는 원 O의 접선이고 두 점 A, B는 그 접점이다. $\angle \text{P}=38°$일 때, $\angle x$, $\angle y$의 크기를 각각 구하시오. [4점]

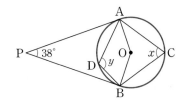

04

오른쪽 그림에서 점 P는 두 현 AB, CD의 교점이다. $\overset{\frown}{\text{AC}}=6$ cm이고 $\angle \text{ADC}=20°$, $\angle \text{DPB}=60°$일 때, $\overset{\frown}{\text{BD}}$의 길이를 구하시오. [4점]

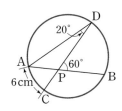

05

오른쪽 그림과 같이 $\overline{\text{AB}}$를 지름으로 하는 반원 O에서 $\angle \text{COD}=50°$일 때, $\angle \text{P}$의 크기를 구하시오. [6점]

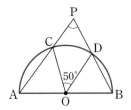

06

오른쪽 그림에서 네 점 A, B, C, D는 한 원 위에 있고 $\angle \text{DAC}=80°$, $\angle \text{D}=30°$일 때, $\angle x$, $\angle y$의 크기를 각각 구하시오. [4점]

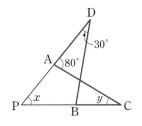

07

오른쪽 그림에서 □ABCD는 원 O에 내접하고 $\overline{\text{AC}}$는 원 O의 지름이다. $\angle \text{BAC}=65°$, $\angle \text{DCE}=115°$일 때, $\angle \text{ABD}$의 크기를 구하시오. [6점]

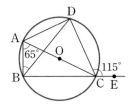

08

아래 그림에서 $\overline{\text{BC}}$는 원 O의 지름이고 $\overline{\text{PA}}$는 점 A를 접점으로 하는 원 O의 접선이다. $\angle \text{PBA}=35°$일 때, 다음 물음에 답하시오. [7점]

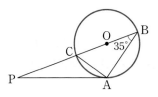

(1) $\angle \text{CAP}$의 크기를 구하시오. [2점]

(2) $\angle \text{BAC}$의 크기를 구하시오. [2점]

(3) $\angle \text{P}$의 크기를 구하시오. [3점]

실전! 중단원 학교 시험 1회

학교 선생님들이 출제하신 진짜 학교 시험 문제예요!

01

오른쪽 그림과 같은 원 O에서 $\angle x + \angle y$의 크기는? [3점]

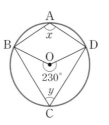

① 160° ② 165°
③ 170° ④ 175°
⑤ 180°

02

다음 그림에서 $\overline{PA}$, $\overline{PB}$는 각각 원 O의 접선이고 두 점 A, B는 그 접점이다. $\angle P = 40°$일 때, $\angle x$의 크기는? [4점]

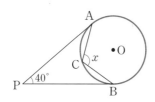

① 100° ② 110° ③ 120°
④ 130° ⑤ 140°

03

다음 그림에서 점 P는 두 현 AD, BC의 연장선의 교점이다. $\angle P = 28°$, $\angle DBC = 58°$일 때, $\angle ACB$의 크기는? [3점]

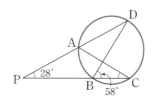

① 24° ② 26° ③ 28°
④ 30° ⑤ 32°

04

오른쪽 그림에서 $\overline{AB}$는 원 O의 지름이고 $\angle ADE = 37°$일 때, $\angle ECB$의 크기는? [3점]

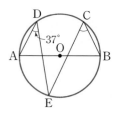

① 45° ② 47°
③ 49° ④ 51°
⑤ 53°

05

오른쪽 그림과 같이 반지름의 길이가 5인 원 O에 내접하는 $\triangle ABC$에서 $\overline{BC} = 6$일 때, $\cos A$의 값은? [4점]

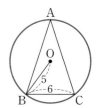

① $\frac{3}{5}$ ② $\frac{2}{3}$
③ $\frac{3}{4}$ ④ $\frac{4}{5}$
⑤ $\frac{5}{6}$

06

오른쪽 그림과 같은 원 O에서 $\widehat{BC} = \widehat{CD} = 4$ cm이고 $\angle COD = 82°$일 때, $\angle x$의 크기는? [3점]

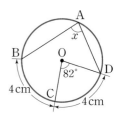

① 82° ② 83°
③ 84° ④ 85°
⑤ 86°

07

오른쪽 그림과 같이 두 현 AB, CD의 연장선의 교점을 P라 하자. $\overset{\frown}{BD}:\overset{\frown}{AC}=1:5$이고 $\angle P=48°$일 때, $\angle x$의 크기는?

[4점]

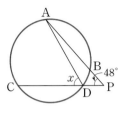

① 48°   ② 52°   ③ 56°
④ 60°   ⑤ 64°

08

오른쪽 그림의 원 O에서 $\overset{\frown}{AB}:\overset{\frown}{BC}:\overset{\frown}{CA}=4:5:6$일 때, $\angle x$의 크기는? [4점]

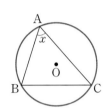

① 45°   ② 50°
③ 55°   ④ 60°
⑤ 65°

09

다음 중 네 점 A, B, C, D가 한 원 위에 있지 <u>않은</u> 것은? [3점]

①
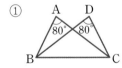

②
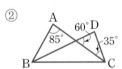

③

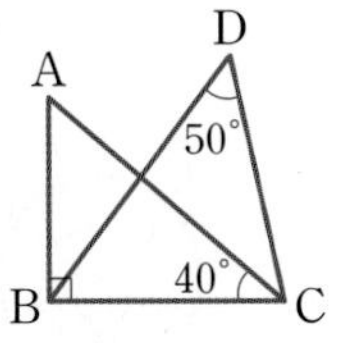

④
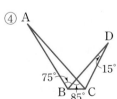

⑤
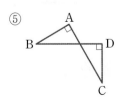

10

오른쪽 그림과 같이 □ABCD가 원에 내접하고 $\overset{\frown}{AE}=\overset{\frown}{ED}$, $\angle BCE=80°$일 때, $\angle APE$의 크기는? [5점]

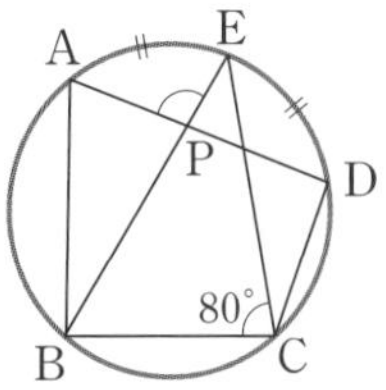

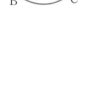

① 90°   ② 95°
③ 100°   ④ 105°
⑤ 110°

11

오른쪽 그림과 같이 □ABCD가 원 O에 내접하고 $\angle OBC=40°$, $\angle DAC=28°$일 때, $\angle x$의 크기는? [4점]

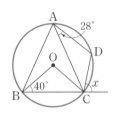

① 68°   ② 73°
③ 78°   ④ 83°
⑤ 88°

12

오른쪽 그림과 같이 원 O에 내접하는 오각형 ABCDE에서 $\angle AOB=84°$, $\angle AED=122°$일 때, $\angle BCD$의 크기는? [4점]

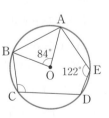

① 100°   ② 101°
③ 102°   ④ 103°
⑤ 104°

13

오른쪽 그림에서 □ABCD가
원에 내접하고 ∠P=32°,
∠Q=38°일 때, ∠x의 크기
는? [5점]

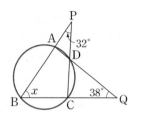

① 48°　　　　② 55°

③ 60°　　　　④ 64°

⑤ 76°

14

다음 그림과 같이 두 원 O, O′이 두 점 P, Q에서 만나
고 ∠ADC=95°일 때, ∠x의 크기는? [4점]

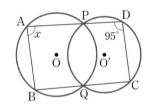

① 75°　　　　② 80°　　　　③ 85°

④ 90°　　　　⑤ 95°

15

오른쪽 그림에서
∠ABD=35°, ∠DAC=30°,
∠DCP=100°일 때,
□ABCD가 원에 내접하도록
하는 ∠x의 크기는? [4점]

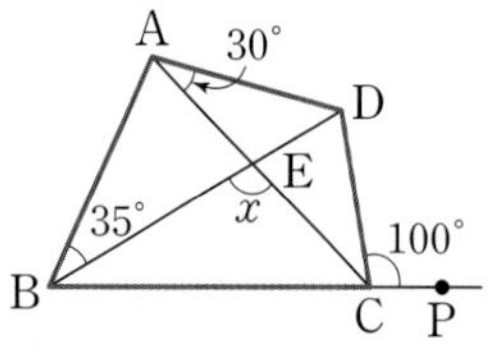

① 100°　　　　② 105°　　　　③ 110°

④ 115°　　　　⑤ 120°

16

오른쪽 그림에서 $\overrightarrow{PQ}$는 $\overline{AB}$를
지름으로 하는 원 O의 접선이고,
점 C는 그 접점이다.
∠BCQ=65°일 때, ∠x의 크기
는? [4점]

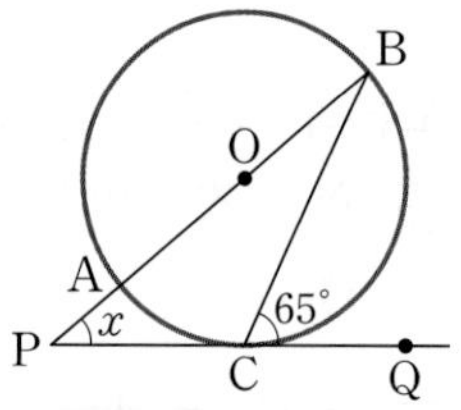

① 40°　　　　② 45°　　　　③ 50°

④ 55°　　　　⑤ 60°

17

오른쪽 그림에서 $\overline{AB}$, $\overline{EB}$는
각각 두 반원 O, O′의 지름이
다. $\overline{AC}$가 반원 O′의 접선이고,
점 D는 그 접점일 때, ∠x의 크기는? [5점]

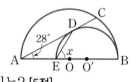

① 56°　　　　② 57°　　　　③ 58°

④ 59°　　　　⑤ 60°

18

오른쪽 그림에서 원 O는
△ABC의 내접원이면서
△DEF의 외접원이고 세 점
D, E, F는 그 접점이다.
∠B=40°, ∠EDF=50°일 때,
∠x의 크기는? [4점]

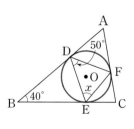

① 50°　　　　② 55°　　　　③ 60°

④ 65°　　　　⑤ 70°

19

오른쪽 그림의 원 O에서 ∠x의 크기를 구하시오. [4점]

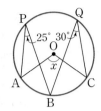

20

아래 그림에서 $\overline{AB}$는 원 O의 지름이고
$\overset{\frown}{AD}=\overset{\frown}{DE}=\overset{\frown}{EB}$, $\overset{\frown}{AC}:\overset{\frown}{BC}=5:4$일 때, 다음 물음에 답하시오. [6점]

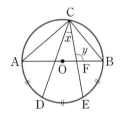

(1) ∠x의 크기를 구하시오. [3점]

(2) ∠y의 크기를 구하시오. [3점]

21

오른쪽 그림과 같이 $\overline{AB}$, $\overline{DE}$가 지름인 원 O에서 $\overline{CB}\,/\!/\,\overline{DE}$이고 ∠AED=25°, $\overset{\frown}{BC}$=8 cm일 때, $\overset{\frown}{AD}$의 길이를 구하시오. [7점]

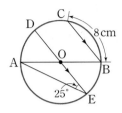

22

다음 그림에서 직선 PQ는 원 O의 접선이고 점 A는 그 접점이다. □ABCD는 원 O에 내접하고 ∠DAP=68°, ∠ADB=42°일 때, ∠x의 크기를 구하시오. [6점]

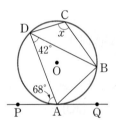

23

다음 그림에서 $\overline{PA}$는 원 O의 접선이고 점 A는 그 접점이다. ∠DCA=40°, ∠CBA=110°일 때, ∠P의 크기를 구하시오. [7점]

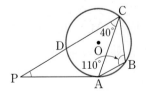

학교 시험 ❷회

학교 선생님들이 출제하신 진짜 학교 시험 문제예요!

01

오른쪽 그림의 원 O에서
∠P=110°일 때, ∠x의 크기는?

[3점]

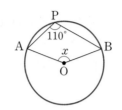

① 130°　　② 140°
③ 150°　　④ 160°
⑤ 170°

02

오른쪽 그림에서 $\overrightarrow{PA}$, $\overrightarrow{PB}$는
원 O의 접선이고 두 점 A,
B는 그 접점이다. ∠P=50°
일 때, ∠x의 크기는? [3점]

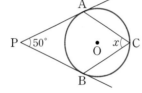

① 50°　　② 55°　　③ 60°
④ 65°　　⑤ 70°

03

오른쪽 그림에서 ∠DAC=45°,
∠APB=100°일 때, ∠x의 크기는?

[3점]

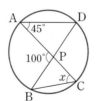

① 45°　　② 50°
③ 55°　　④ 60°
⑤ 65°

04

오른쪽 그림에서 $\overline{AB}$는 반원 O
의 지름이고 ∠DOE=40°일
때, ∠x의 크기는? [3점]

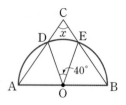

① 60°　　② 65°
③ 70°　　④ 75°
⑤ 80°

05

오른쪽 그림과 같이 원 O에 내접하는
△ABC에서 ∠A=45°이고 $\overline{BC}$=8
일 때, 원 O의 반지름의 길이는? [4점]

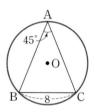

① 4　　　　② $4\sqrt{2}$
③ 6　　　　④ $4\sqrt{3}$
⑤ 8

06

오른쪽 그림에서 점 P는 원
의 두 현 AB와 CD의 연장
선의 교점이다.
$\overset{\frown}{AB}=\overset{\frown}{BC}=\overset{\frown}{CD}$이고
∠P=24°일 때, ∠x의 크기는? [5점]

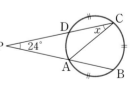

① 23°　　② 24°　　③ 25°
④ 26°　　⑤ 27°

07

오른쪽 그림에서 $\overline{AB}$는 원 O의 지름이고 $\angle DAB=16°$, $\angle CAB=26°$, $\widehat{AC}=12$ cm일 때, $\widehat{BD}$의 길이는? [4점]

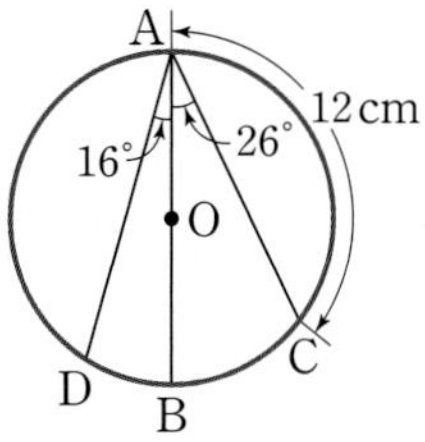

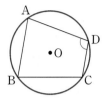

① 2 cm   ② 3 cm
③ 4 cm   ④ 5 cm
⑤ 6 cm

08

오른쪽 그림에서 점 P는 두 현 AB, CD의 교점이다. $\widehat{BD}$의 길이가 원주의 $\dfrac{1}{5}$이고 $\widehat{AC}:\widehat{BD}=7:3$일 때, $\angle x$의 크기는? [4점]

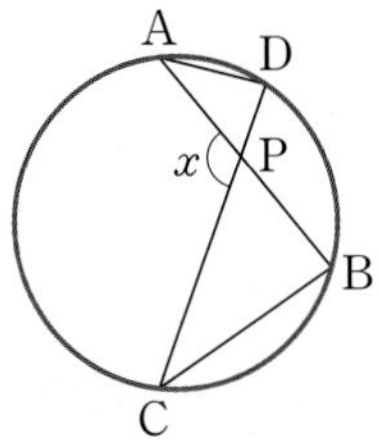

① 96°   ② 104°   ③ 112°
④ 120°   ⑤ 132°

09

다음 그림에서 네 점 A, B, C, D는 한 원 위에 있다. $\angle P=47°$, $\angle B=38°$일 때, $\angle x$의 크기는? [4점]

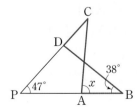

① 72°   ② 75°   ③ 80°
④ 83°   ⑤ 85°

10

오른쪽 그림과 같이 □ABCD가 원 O에 내접하고 $\angle B:\angle D=4:5$일 때, $\angle D$의 크기는? [3점]

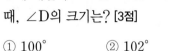

① 100°   ② 102°
③ 105°   ④ 107°
⑤ 110°

11

오른쪽 그림과 같이 원에 내접하는 □ABCD에서 $\angle B=75°$, $\angle E=25°$일 때, $\angle x+\angle y$의 크기는? [4점]

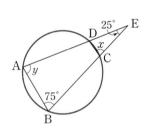

① 130°   ② 140°
③ 150°   ④ 160°
⑤ 170°

12

오른쪽 그림과 같이 원에 내접하는 오각형 ABCDE에서 $\angle A=123°$, $\angle C=82°$일 때, $\angle EOD$의 크기는? [4점]

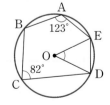

① 48°   ② 50°
③ 52°   ④ 54°
⑤ 56°

13

오른쪽 그림과 같이 육각형 ABCDEF가 원 O에 내접하고 ∠BCD=128°, ∠DEF=112°일 때, ∠FAB의 크기는? [4점]

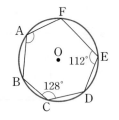

① 118°　　② 120°

③ 122°　　④ 124°

⑤ 126°

14

오른쪽 그림과 같이 두 원 O, O'이 두 점 P, Q에서 만나고 ∠ABQ=100°일 때, ∠x의 크기는? [4점]

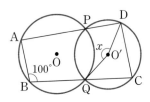

① 150°　　② 155°　　③ 160°

④ 165°　　⑤ 170°

15

다음 중 □ABCD가 원에 내접하는 것을 모두 고르면?

(정답 2개) [4점]

① 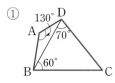　②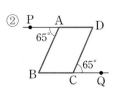

③ 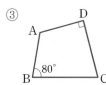　④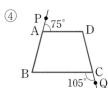

⑤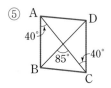

16

오른쪽 그림에서 $\overline{PC}$는 원의 접선이고, 점 C는 그 접점이다. ∠P=38°, $\overline{CP}=\overline{CB}$일 때, ∠x의 크기는? [4점]

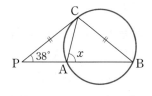

① 70°　　② 72°　　③ 74°

④ 76°　　⑤ 78°

17

오른쪽 그림에서 $\overline{PA}$는 원 O의 접선이고, 점 A는 그 접점이다. $\overline{PE}$는 ∠P의 이등분선이고 ∠BAC=70°일 때, ∠x의 크기는? [5점]

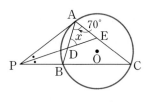

① 50°　　② 55°　　③ 60°

④ 65°　　⑤ 70°

18

오른쪽 그림과 같이 지름이 8 cm인 원 O에서 $\overline{PA}$는 원 O의 접선이고, 점 A는 그 접점이다. ∠B=30°일 때, △BPA의 넓이는? [5점]

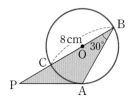

① $12\sqrt{3}$ cm^2　② $14\sqrt{3}$ cm^2　③ $16\sqrt{3}$ cm^2

④ $20\sqrt{3}$ cm^2　⑤ $24\sqrt{3}$ cm^2

서술형

19

오른쪽 그림에서 점 E는 두 현 AC, BD의 교점이다. $\widehat{AD}=5$ cm, $\widehat{BC}=10$ cm이고 $\angle BEC=105°$일 때, $\angle x$의 크기를 구하시오. [4점]

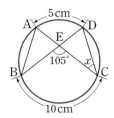

20

오른쪽 그림과 같이 원 O에 내접하는 $\square ABCD$에서 $\overline{BC}$가 원 O의 지름이고 $\widehat{AB}=\widehat{AD}$, $\angle ACB=34°$일 때, $\angle x$의 크기를 구하시오. [6점]

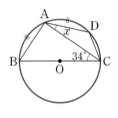

21

오른쪽 그림에서 직선 PQ는 원 O의 접선이고 점 B는 그 접점이다. $\overline{AC}$는 원 O의 지름이고 $\overline{DC} /\!/ \overline{PQ}$, $\angle ABP=25°$일 때, $\angle x$의 크기를 구하시오. [7점]

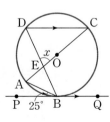

22

다음 그림에서 두 반직선 PA, PB는 원 O의 접선이고 두 점 A, B는 그 접점이다. $\widehat{AC} : \widehat{BC}=2 : 3$, $\angle BAC=75°$일 때, $\angle x$의 크기를 구하시오. [7점]

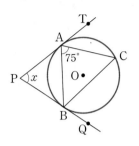

23

오른쪽 그림에서 원 O는 $\triangle ABC$의 내접원이면서 $\triangle DEF$의 외접원이고 세 점 D, E, F는 그 접점이다. $\angle B=34°$, $\angle FDE=45°$일 때, 다음 물음에 답하시오. [6점]

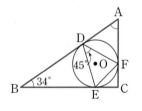

(1) $\angle CEF$, $\angle CFE$의 크기를 각각 구하시오. [4점]

(2) $\angle C$의 크기를 구하시오. [1점]

(3) $\angle A$의 크기를 구하시오. [1점]

01
지학사 변형

오른쪽 그림은 원 위에 임의의 7개의 점을 잡고, 점 A에서부터 2개의 점을 건너뛰어 가면서 두 점을 연결하여 그린 별 모양이다. 그림에 표시된 7개의 각의 크기의 합을 구하시오.

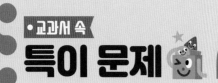

02
신사고 변형

오른쪽 그림과 같이 원 모양의 공연장의 한쪽에 무대가 있다. 이 공연장 가장자리의 한 지점 P에서 무대의 양 끝 지점 A, B를 바라본 각의 크기는 30°이고 $\overline{AB}$는 원의 현이다. $\overline{AB}$=10 m일 때, 무대를 제외한 공연장의 넓이를 구하시오.

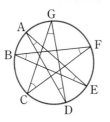

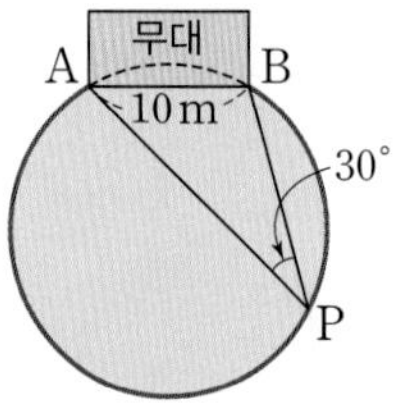

03
동아 변형

오른쪽 그림에서 □ABCD는 원 O에 내접한다. ∠BCD=120°이고, $\widehat{AB}=\widehat{AD}$, $\overline{BD}$=6 cm일 때, △ABD의 넓이를 구하시오.

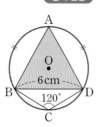

04
금성 변형

다음 그림에서 ∠BAC=∠BDC=90°, ∠APD=140°이고, 점 O가 $\overline{BC}$의 중점일 때, ∠AOD의 크기를 구하시오.

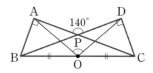

05
신사고 변형

다음 그림과 같이 원에 내접하는 □ABCD에서 대각선 AC의 연장선과 점 D를 접점으로 하는 접선의 교점을 E라 하자. $\overline{AC}=\overline{AD}$이고 ∠AED=33°일 때, ∠B의 크기를 구하시오.

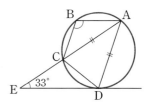

06
천재 변형

오른쪽 그림과 같이 점 A에서 원 O 위의 한 점 C를 지나는 접선에 내린 수선의 발을 P라 하자. $\overline{AB}$는 원 O의 지름이고 $\overline{AB}$=16, $\overline{AP}$=9일 때, $\overline{BC}$의 길이를 구하시오.

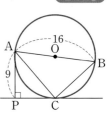

기출에서 pick한

부록

동아출판 홈페이지 (www.bookdonga.com)에서
〈실전 모의고사 5회〉를 다운 받아 사용하세요.

전국 1000여 개 학교 시험 문제를 분석하여 자주 출제되는 고난도 문제를 선별한 만점 대비 문제예요!

 V-1 삼각비

01

∠C=90°인 직각삼각형 ABC에서 $\sqrt{13}\cos B=3$일 때, $\tan(90°-B)$의 값을 구하시오.

02

$\sin A : \cos A = 3 : 1$일 때, $\tan A \div \cos A$의 값을 구하시오. (단, $0° < A < 90°$)

03

오른쪽 그림에서 ∠BEA=∠BDA=90°이고 $\overline{BC}=\overline{CD}=3$이다. ∠CAD=$x$, ∠BAC=$y$라 하면 $\sin x = \dfrac{1}{2}$일 때, $\tan y$의 값을 구하시오.

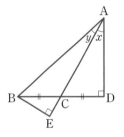

04

오른쪽 그림과 같이 ∠C=90°인 직각 삼각형 ABC에서 $\overline{AB}$의 수직이등분 선이 $\overline{AB}$, $\overline{AC}$와 만나는 점을 각각 D, E라 하고 직각삼각형 ADE에서 $\overline{AE}$ 의 수직이등분선이 $\overline{AE}$, $\overline{AD}$와 만나는 점을 각각 F, G라 하자. $\overline{DE}=6$, $\sin A = \dfrac{3}{5}$일 때, $\overline{CE} \times \overline{FG}$의 값을 구하시오.

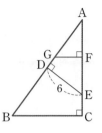

05

오른쪽 그림과 같이 ∠C=90° 인 직각삼각형 ABC에서 ∠B=30°이고 $\overline{BD}=\overline{CD}$, $\overline{AC}=2$ cm이다. ∠BAD=x 라 할 때, $\sin x$의 값을 구하시오.

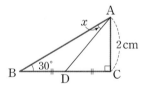

●정답 및 풀이 64쪽

06

오른쪽 그림과 같이 한 모서리의 길이가 6 cm인 정사면체에서 $\overline{BC}$의 삼등분점 중 점 B에 가까운 점을 P라 하자. 실을 점 B에서 출발하여 겉면을 따라 $\overline{AD}$, $\overline{AC}$를 지나 점 P까지 가장 짧게 감았다.
$\angle NPC = x$라 할 때, $\tan x$의 값을 구하시오.

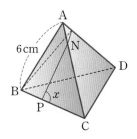

07

오른쪽 그림과 같이 $\angle C = 90°$인 직각삼각형 ABC에서 점 I는 $\triangle ABC$의 내심이다. $\angle B = 30°$, $\overline{AC} = 4$ cm일 때, 내접원 I의 반지름의 길이를 구하시오.

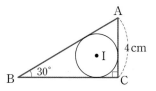

08

오른쪽 그림과 같이 $\overline{AB} = \overline{AC} = 4$인 이등변삼각형 ABC에서 $\angle A = 45°$일 때, $\tan 67.5°$의 값을 구하시오.

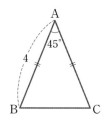

09

오른쪽 그림과 같은 직사각형 ABCD에서 $\overline{BF} = 2\sqrt{6}$이고 $\angle ABE = 45°$, $\angle BEF = 90°$, $\angle BFE = 60°$일 때, $\triangle BCF$의 넓이를 구하시오.

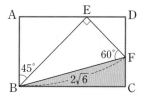

10

일차방정식 $\dfrac{x}{\tan 30°} - \dfrac{y}{\sin 60°} = 2$의 그래프가 x축과 이루는 예각의 크기를 a라 할 때, $\tan a$의 값을 구하시오.

11

$\sqrt{(1-2\sin x)^2} + \sqrt{(\sin x - 1)^2} = \dfrac{3}{5}$일 때, $\tan x$의 값을 구하시오. (단, $30° < x < 90°$)

V-2 삼각비의 활용

12

오른쪽 그림의 삼각형 ABC에서
$\angle B=54°$, $\angle C=73°$이고 $\overline{BC}=8$
일 때, $\overline{AB}$의 길이를 구하시오.
(단, $\sin 53°=0.80$, $\sin 54°=0.81$,
$\sin 73°=0.96$으로 계산한다.)

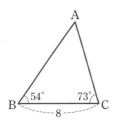

13

직선 거리가 700 m인 두 지점 A, B를 연결하는 도로
A−B를 건설하려 했지만 경사도가 53°로 높아 다음 그림
과 같이 8°의 경사도를 유지하는 우회도로 A−C−B를 건
설하기로 하였다. 각 지점을 연결하는 도로는 모두 직선 도
로일 때, 우회도로는 몇 m인지 구하시오.

(단, $\sin 53°=0.8$, $\sin 8°=0.14$로 계산한다.)

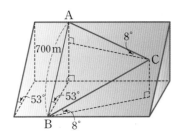

14

오른쪽 그림과 같이 한 모서리의 길
이가 a인 정육면체를 세 꼭짓점 A,
F, C를 지나는 평면으로 잘라서 만
든 삼각뿔의 꼭짓점 B에서 면
AFC에 내린 수선의 발을 I라 하자.
$\angle FBI=x$라 할 때, $\cos x$의 값을
구하시오.

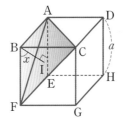

15

오른쪽 그림과 같이 반지름의 길
이가 10 m인 원 모양의 관람차
가 시계 방향으로 2분에 1바퀴를
돈다. 관람차의 중심 O는 지면으
로부터 15 m 위에 있고 현재 도
현이가 P 지점에 탑승해 있을 때,
45초 후에 도현이가 탑승해 있는 지점의 높이와 100초 후에
도현이가 탑승해 있는 지점의 높이의 차를 구하시오.

(단, 관람차의 크기는 무시한다.)

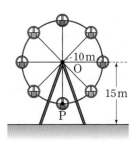

16

다음 그림과 같은 좌표평면에서 점 P는 원점에서 출발하여
직선 $y=\sqrt{3}x$ 위를 1초에 4의 속도로 움직이고, 점 Q는 원
점에서 출발하여 직선 $y=-\sqrt{3}x$ 위를 1초에 3의 속도로
움직인다. 두 점 P, Q가 원점에서 동시에 출발하였을 때, 20
초 후의 점 P와 점 Q 사이의 거리를 구하시오.

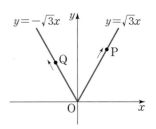

• 정답 및 풀이 65쪽

17

오른쪽 그림과 같은 △ABC에서
$\overline{AH} \perp \overline{BC}$이고 ∠B=60°,
$\overline{BC}=52$, $\cos C=\dfrac{4}{5}$일 때, $\overline{AH}$
의 길이를 구하시오.

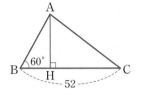

18

오른쪽 그림에서 △ABC는 $\overline{AB}=\overline{AC}$인
이등변삼각형이다. ∠A=30°이고
$\overline{BC}=\overline{BD}=6$일 때, $\overline{CD}$의 길이를 구하시
오.

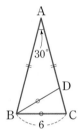

19

오른쪽 그림과 같은 정삼각형
ABC에서 점 D는 $\overline{BC}$의 중점이
고, 점 E는 $\overline{AD}$의 사등분점 중점
D에 가까운 점이다. ∠ABE=x
라 할 때, $\sin x$의 값을 구하시오.

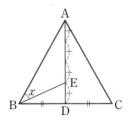

20

오른쪽 그림에서 △ABC는 한 변
의 길이가 7 cm인 정삼각형이다.
$\overline{AD}:\overline{BD}=\overline{BE}:\overline{CE}$
　　　$=\overline{CF}:\overline{AF}$
　　　$=3:4$
일 때, △DEF의 넓이를 구하시오.

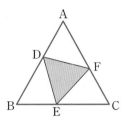

21

오른쪽 그림과 같이
∠B=30°, $\overline{BC}=7\sqrt{3}$인
△ABC의 넓이가 $14\sqrt{3}$일
때, $\overline{AC}$의 길이를 구하시오.

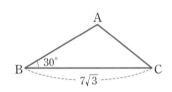

22

오른쪽 그림과 같은 △ABC와
△DFC에서 ∠B=90°,
∠DCF=90°, ∠BAC=60°,
∠DFC=45°이고 $\overline{CD}=10$,
$\overline{BF}=5$일 때, □ABFE의 넓
이를 구하시오.

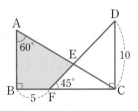

23

오른쪽 그림과 같은 사각형
ABCD에서 $\overline{AB}=8$ cm,
$\overline{BC}=7\sqrt{2}$ cm,
$\overline{CD}=2\sqrt{6}$ cm이고
$\angle ABC=45°$,
$\angle ACD=60°$일 때, $\square ABCD$의 넓이를 구하시오.

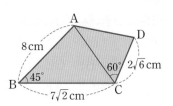

24

다음 그림과 같이 두 대각선이 이루는 각의 크기가 150°인
사각형 ABCD에서 두 대각선의 길이의 합은 30이고
$\overline{OA}=\overline{OD}=5$이다. $\triangle OCD$의 넓이가 $\triangle OAB$의 넓이보
다 $\frac{5}{2}$만큼 넓을 때, $\triangle OBC$의 넓이를 구하시오.

(단, 점 O는 두 대각선의 교점이다.)

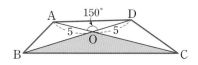

25

오른쪽 그림과 같은 평행사변형
ABCD에서 $\overline{AB}$의 길이는 20 %
늘이고, $\overline{AD}$의 길이는 10 % 줄여
서 새로운 평행사변형 AB′C′D′을
만들 때, 이 평행사변형의 넓이는 $\square ABCD$의 넓이에 비해
얼마나 어떻게 변하였는지 구하시오.

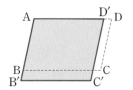

VI-1 원과 직선

26

오른쪽 그림과 같이 반지름의 길이
가 9 cm인 원 O의 지름 AB와 현
CD가 평행하고 $\overline{OP}=4$ cm,
$\overline{PD}=11$ cm일 때, $\overline{PC}$의 길이를
구하시오.

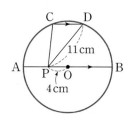

27

오른쪽 그림과 같이 반지름의 길이가
10인 원 O의 원주 위의 한 점이 원의
중심 O에 겹쳐지도록 $\overline{AB}$를 접는 선으
로 하여 접었을 때, 색칠한 부분의 넓이
를 구하시오.

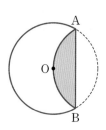

28

오른쪽 그림과 같이 반지름의 길이
가 6인 원 O에서 $\overline{OM}=\overline{ON}=3$,
$\angle NOM=150°$일 때, 색칠한 부분
의 넓이를 구하시오.

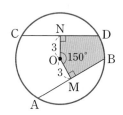

29

오른쪽 그림과 같이 중심이 O로 같고 반지름의 길이가 각각 8 cm, 6 cm인 두 원에서 $\overline{AB}$는 큰 원의 지름이고 점 E는 두 현 AB, CD의 교점이다. $\overline{AB} \perp \overline{CD}$이고 큰 원의 현 AD가 작은 원과 점 F에서 접할 때, $\overline{CD}$의 길이를 구하시오.

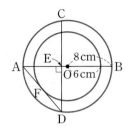

30

다음 그림에서 원 O는 △ABC의 내접원이고 세 점 P, Q, R는 그 접점이다. 또, 반직선 BD, BF는 원 O'의 접선이고 $\overline{AC}$는 원 O'과 점 E에서 접한다. $\overline{AB} = 9$ cm, $\overline{BC} = 12$ cm, $\overline{CA} = 7$ cm일 때, $\overline{RE}$의 길이를 구하시오.

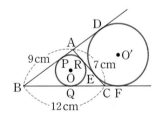

31

다음 그림에서 네 원은 네 삼각형의 내접원이고 $\overline{AC}$, $\overline{AD}$, $\overline{AE}$는 공통인 접선이다. $\overline{AB} = 15$, $\overline{BC} = 12$, $\overline{CD} = 9$, $\overline{DE} = 6$, $\overline{EF} = 3$일 때, $\overline{AF}$의 길이를 구하시오.

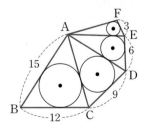

32

오른쪽 그림과 같이 반지름의 길이가 5 cm인 원 O에 외접하는 사각형 ABCD에 대하여 $\overline{AD} = 11$ cm, $\overline{BC} = 9$ cm일 때, 색칠한 부분의 넓이를 구하시오.

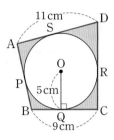

33

오른쪽 그림과 같이 원 O'이 반지름의 길이가 18인 부채꼴 AOB에 내접한다. 부채꼴 AOB의 넓이가 54π일 때, 원 O'의 둘레의 길이를 구하시오.

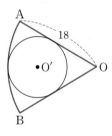

34

오른쪽 그림의 원 O에서 $\overline{AB}$는 지름이고, 두 점 A, B에서 그은 두 접선과 원 위의 한 점 P에서 그은 접선이 만나는 점을 각각 C, D라 하자. $\overline{AD}$와 $\overline{BC}$의 교점을 Q라 하고 $\overline{AC} = 5$, $\overline{BD} = 8$일 때, $\overline{PQ}$의 길이를 구하시오.

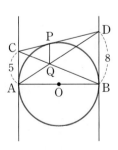

VI-2 원주각

35

오른쪽 그림과 같이 원에 내접하는 삼각형 ABC가 다음 조건을 만족시킬 때, 색칠한 부분의 넓이를 구하시오.

㈎ 선분 AC는 원의 지름이다.
㈏ $\overline{AB}=2\sqrt{3}$, $\angle C=60°$

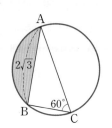

36

오른쪽 그림과 같이 원 O에 내접하는 정오각형 ABCDE에서 $\overline{AF}=1$ cm일 때, $\overline{FC}$의 길이를 구하시오.

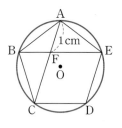

37

오른쪽 그림과 같이 $\overline{AB}$를 지름으로 하는 반원 O에서 $\angle OCE=\angle ODE=15°$, $\angle AOD=38°$일 때, $\angle COE$의 크기를 구하시오.

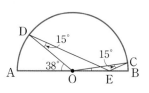

38

오른쪽 그림에서 $\overline{CD}$는 반원 O의 지름이다. $\overline{AB}=\overline{BC}=4$이고 $\overline{CD}=16$일 때, $\overline{AD}$의 길이를 구하시오.

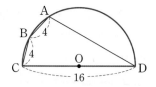

39

오른쪽 그림과 같이 좌표평면의 원점 O를 지나는 원 C가 x축과 점 A에서 만나고 y축과 점 B(0, 3)에서 만난다. 이 원 위의 점 P에 대하여 $\angle OPA=60°$일 때, 색칠한 부분의 넓이를 구하시오.

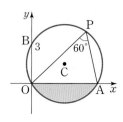

40

오른쪽 그림과 같이 $\overline{AB}$와 $\overline{BC}$를 각각 지름으로 하는 두 반원에서 $\overline{AQ}$는 작은 반원의 접선이고 점 P는 접점이다. $\overline{AC}=2$, $\overline{BC}=8$일 때, $\overline{AQ}$의 길이를 구하시오.

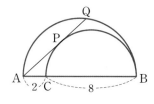

41

오른쪽 그림과 같이 반지름의 길이가 5인 원 O에 내접하는 □ABCD의 두 대각선 AC와 BD가 서로 수직일 때, $\overline{AB}^2 + \overline{CD}^2$의 값을 구하시오.

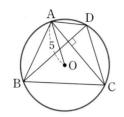

42

오른쪽 그림과 같이 원 O의 지름 AB의 연장선 위의 점 P에서 원 O에 접선 PT를 그어 그 접점을 C라 하자. $\overline{PC} = \overline{BC}$이고 $\overline{PA} = \sqrt{6}$일 때, 원 O의 넓이를 구하시오.

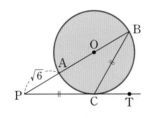

43

오른쪽 그림과 같이 원에 내접하는 오각형 ABCDE에 대하여 $\overline{AB} = \overline{BC} = \overline{AE}$, $\angle AEC = 46°$일 때, $\angle D$의 크기를 구하시오.

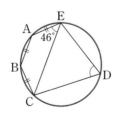

44

오른쪽 그림과 같이 팔각형 ABCDEFGH가 원에 내접할 때, $\angle A + \angle C + \angle E + \angle G$의 크기를 구하시오.

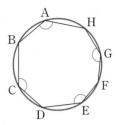

45

다음 그림과 같이 $\overline{AB}$를 지름으로 하고, 점 O를 중심으로 하는 반원 안에 $\overline{AO}$, $\overline{BO}$를 각각 지름으로 하는 반원 P, Q가 있다. 점 A에서 반원 Q에 그은 접선이 두 반원 P, O와 만나는 점을 각각 C, D라 할 때, $\dfrac{\overline{BT}}{\overline{OT}}$의 값을 구하시오.

(단, 점 T는 접점이다.)

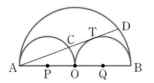

46

오른쪽 그림에서 점 H는 삼각형 ABC의 세 꼭짓점에서 각각의 대변에 내린 수선의 교점이다. 이때 7개의 점 A, B, C, D, E, F, H에서 네 점을 선택하여 만들 수 있는 사각형 중에서 원에 내접하는 사각형은 모두 몇 개인지 구하시오.

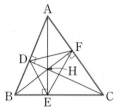

47

오른쪽 그림에서 직선 TT′은 점 A에서 두 원과 접하고 큰 원의 현 BC는 작은 원과 점 D에서 접한다. $\angle CBA=37°$, $\angle BAT'=63°$일 때, $\angle BDA$의 크기를 구하시오.

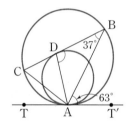

48

오른쪽 그림에서 직선 TP는 반지름의 길이가 6인 원 O의 접선이고 점 P는 그 접점이다. $\angle ACB=81°$, $\angle APT=45°$일 때, 부채꼴 OPB의 넓이를 구하시오.

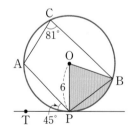

49

오른쪽 그림에서 직선 EC는 네 점 A, B, C, D를 지나는 원 O의 접선이고 $\overline{BD}$는 지름이다. $\overline{AD} \parallel \overline{EC}$이고 $\angle BCE=32°$일 때, $\overline{AC}$와 $\overline{BD}$의 교점 P에 대하여 $\angle DPC$의 크기를 구하시오.

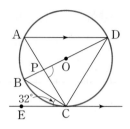

50

다음 그림에서 두 직선 PX, PY는 원 O의 접선이고 두 점 A, B는 그 접점이다. $\angle APB=66°$, $\angle BED=90°$, $\angle CDE=21°$일 때, $\angle x$, $\angle y$, $\angle z$의 크기를 각각 구하시오.

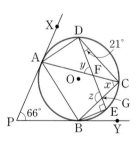

중간고사 대비 실전 모의고사 1회

시간 45분 | 점수 　　점

●정답 및 풀이 70쪽

선택형	18문항 70점	총점 100점
서술형	5문항 30점	

※ 선택형 문제입니다. 문제를 풀고 답을 골라 OMR 답안지에 ■표 하시오.

01

오른쪽 그림과 같은 직각삼각형 ABC에서 $\overline{AB}=6$, $\cos A=\frac{2}{3}$일 때, $\overline{BC}$의 길이는? [3점]

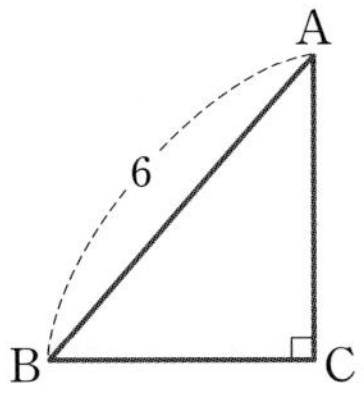

① 4　② $3\sqrt{2}$　③ $2\sqrt{5}$　④ $2\sqrt{6}$　⑤ 5

02

오른쪽 그림과 같이 $\angle A=90°$인 직각삼각형 ABC에서 $\overline{DE}\perp\overline{BC}$이고 $\overline{AB}=6$, $\overline{AC}=3$일 때, $\cos x$의 값은? [4점]

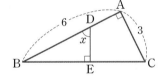

① $\frac{\sqrt{5}}{5}$　② $\frac{1}{2}$　③ $\frac{\sqrt{3}}{3}$　④ $\frac{2\sqrt{5}}{5}$　⑤ $\frac{2\sqrt{3}}{3}$

03

$(\tan 60°-\sin 60°)\times\cos 30°-\tan 45°$의 값은? [3점]

① $-\frac{1}{2}$　② $-\frac{\sqrt{3}}{4}$　③ $-\frac{1}{4}$　④ $\frac{1}{4}$　⑤ $\frac{1}{2}$

04

오른쪽 그림의 △ABC에서 $\overline{AC}=4$, $\angle A=30°$, $\angle B=45°$일 때, $\overline{BC}$의 길이는? [4점]

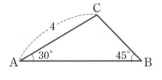

① $\sqrt{2}$　② $\sqrt{3}$　③ $2\sqrt{2}$　④ $2\sqrt{3}$　⑤ $3\sqrt{3}$

05

오른쪽 그림과 같이 반지름의 길이가 1인 사분원에서 $\overline{OA}=0.7431$일 때, $\overline{CD}$의 길이는? [3점]

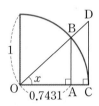

각도	sin	cos	tan
40°	0.6428	0.7660	0.8391
41°	0.6561	0.7547	0.8693
42°	0.6691	0.7431	0.9004

① 0.6691　② 0.7660　③ 0.8391　④ 0.8693　⑤ 0.9004

06

오른쪽 그림과 같이 $\angle BAC=90°$, $\angle ACB=30°$이고 $\overline{BC}=6$, $\overline{BE}=8$인 삼각기둥의 부피는? [4점]

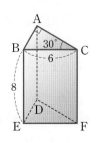

① $28\sqrt{3}$　② 32　③ $32\sqrt{3}$　④ 36　⑤ $36\sqrt{3}$

07

오른쪽 그림과 같이 B 지점에서 20 m 떨어진 지점 A에서 C 지점에 있는 풍선 C를 올려본각의 크기가 60°이고 A 지점에서 풍선 C까지의 거리는 10 m일 때, B 지점에서 풍선 C까지의 거리는? [4점]

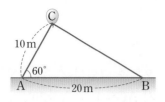

① $8\sqrt{3}$ m ② $8\sqrt{5}$ m ③ $10\sqrt{3}$ m
④ $10\sqrt{5}$ m ⑤ $10\sqrt{7}$ m

08

오른쪽 그림과 같이 60 m 떨어진 두 지점 B와 C에서 이 산의 꼭대기 A 지점을 올려본각의 크기가 각각 45°, 60°일 때, 이 산의 높이는? [4점]

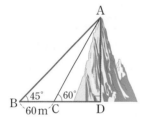

① $(30+15\sqrt{3})$ m ② $(60+30\sqrt{3})$ m
③ $(90+15\sqrt{3})$ m ④ $(90+30\sqrt{3})$ m
⑤ $(90+60\sqrt{3})$ m

09

오른쪽 그림과 같이 한 변의 길이가 8 cm인 정삼각형 ABC를 점 A를 중심으로 시계 반대 방향으로 45°만큼 회전시켜 정삼각형 ADE를 만들었다. 이 때 △FEA의 넓이는? [5점]

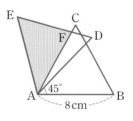

① $(6-2\sqrt{3})$ cm² ② $(12-4\sqrt{3})$ cm²
③ $(24-8\sqrt{3})$ cm² ④ $(36-12\sqrt{3})$ cm²
⑤ $(48-16\sqrt{3})$ cm²

10

오른쪽 그림의 원 O에서 $\overline{OM}\perp\overline{AB}$이고 $\overline{OM}=6$, $\overline{OC}=10$일 때, $\overline{AB}$의 길이는? [3점]

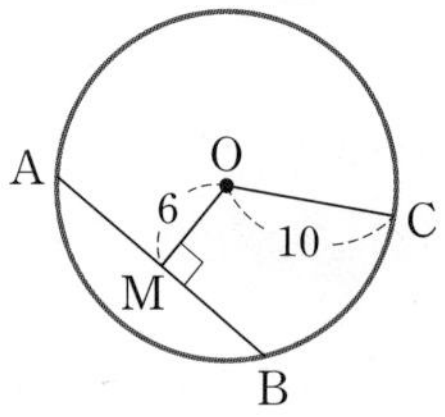

① $2\sqrt{34}$ ② 12
③ $10\sqrt{2}$ ④ 16
⑤ 18

11

다음 그림에서 $\overrightarrow{AD}$, $\overrightarrow{AE}$, $\overrightarrow{BC}$는 원 O의 접선이고 세 점 D, E, F는 그 접점이다. $\overline{AB}=7$ cm, $\overline{BC}=8$ cm, $\overline{AC}=9$ cm일 때, $\overline{AD}$의 길이는? [4점]

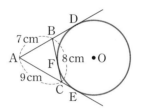

① 8 cm ② 9 cm ③ 10 cm
④ 11 cm ⑤ 12 cm

12

오른쪽 그림에서 □ABCD는 원 O에 외접하고 네 점 P, Q, R, S는 그 접점이다. $\overline{AB}=8$, $\overline{BC}=11$, $\overline{AD}=6$일 때, $\overline{DC}$의 길이는? [4점]

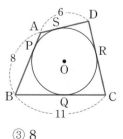

① 6 ② 7 ③ 8
④ 9 ⑤ 10

13

오른쪽 그림의 직사각형 ABCD에서 □ABED는 원 O에 외접하는 사각형이고, △DEC는 원 O′에 외접하는 삼각형이다. $\overline{AD}=12\,cm$, $\overline{BE}=4\,cm$일 때, 원 O의 반지름의 길이와 원 O′의 반지름의 길이의 합은? [5점]

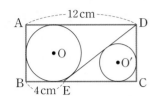

① 4 cm   ② 5 cm   ③ 6 cm

④ 7 cm   ⑤ 8 cm

14

오른쪽 그림의 원 O에서 $\angle BOC=110°$, $\angle OCA=20°$일 때, $\angle x$의 크기는? [3점]

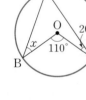

① 20°   ② 25°

③ 30°   ④ 35°

⑤ 40°

15

오른쪽 그림에서 $\overline{AB}$는 반지름의 길이가 3 cm인 원 O의 지름이다. $\overarc{AC}:\overarc{BC}=2:1$일 때, △ABC의 둘레의 길이는? [4점]

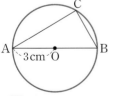

① $(6+3\sqrt{3})\,cm$ ② $(6+6\sqrt{3})\,cm$

③ $(9+3\sqrt{3})\,cm$ ④ $(9+6\sqrt{3})\,cm$

⑤ $(9+9\sqrt{3})\,cm$

16

오른쪽 그림과 같이 원 O에 내접하는 오각형 ABCDE에서 $\angle ABC=125°$, $\angle AED=105°$일 때, $\angle x$의 크기는? [4점]

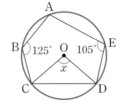

① 95°   ② 100°

③ 105°   ④ 110°

⑤ 115°

17

오른쪽 그림에서 □ABCD는 원에 내접하고 $\angle P=44°$, $\angle Q=36°$일 때, $\angle x$의 크기는? [5점]

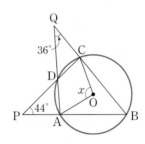

① 80°   ② 88°

③ 96°   ④ 100°

⑤ 108°

18

오른쪽 그림에서 직선 PT는 반지름의 길이가 5인 원 O의 접선이고 점 T는 그 접점이다. $\overline{AT}=8$일 때, $\tan x$의 값은? [4점]

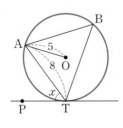

① $\dfrac{3}{4}$ ② $\dfrac{4}{5}$ ③ $\dfrac{5}{4}$

④ $\dfrac{4}{3}$ ⑤ $\dfrac{8}{5}$

서술형

19

오른쪽 그림과 같이 반지름의 길이가 1인 원 위의 점 P$(1, \sqrt{3})$에 대하여 $\overline{\text{OP}}$와 x축이 이루는 각의 크기를 a라 할 때,

$\sin\dfrac{a}{2} \times \cos(90° - a)$의 값을 구하시오. [4점]

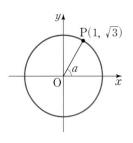

20

오른쪽 그림의 삼각뿔에서 $\overline{\text{OA}}$, $\overline{\text{OB}}$, $\overline{\text{OC}}$가 서로 직교하고 $\angle\text{ACO} = 45°$, $\angle\text{CBO} = 60°$, $\overline{\text{OA}} = 6$ cm일 때, 이 삼각뿔의 부피를 구하시오. [7점]

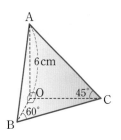

21

오른쪽 그림에서 $\overline{\text{AD}}$, $\overline{\text{BC}}$, $\overline{\text{CD}}$는 $\overline{\text{AB}}$를 지름으로 하는 반원 O의 접선이고, 세 점 A, B, E는 그 접점이다. $\overline{\text{AD}} = 4$ cm, $\overline{\text{BC}} = 6$ cm일 때, $\overline{\text{BD}}$의 길이를 구하시오. [6점]

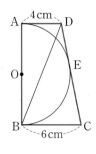

22

오른쪽 그림에서 점 P는 두 현 AB, CD의 연장선의 교점이고, $\overline{\text{AD}}$는 원 O의 지름이다. $\angle\text{AOC} = 30°$, $\angle\text{BOD} = 100°$일 때, $\angle\text{P}$의 크기를 구하시오. [6점]

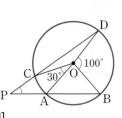

23

오른쪽 그림에서 원 O는 $\triangle\text{ABC}$의 내접원이고 세 점 D, E, F는 그 접점이다. $\triangle\text{DEF}$, $\triangle\text{ABC}$가 각각 원 O, 원 O′에 내접하고 $\overset{\frown}{\text{AB}} : \overset{\frown}{\text{BC}} : \overset{\frown}{\text{CA}} = 4 : 3 : 2$일 때, $\angle x$의 크기를 구하시오. [7점]

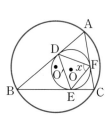

중간고사 대비 실전 모의고사 2회

시간 45분 | 점수 　　점

●정답 및 풀이 72쪽

선택형	18문항 70점	총점 100점
서술형	5문항 30점	

※ 선택형 문제입니다. 문제를 풀고 답을 골라 OMR 답안지에 표기 하시오.

01

오른쪽 그림과 같은 직각삼각형 ABC에서 $\overline{AB}=8$, $\overline{BC}=6$일 때, 다음 중 옳지 않은 것은? [3점]

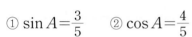

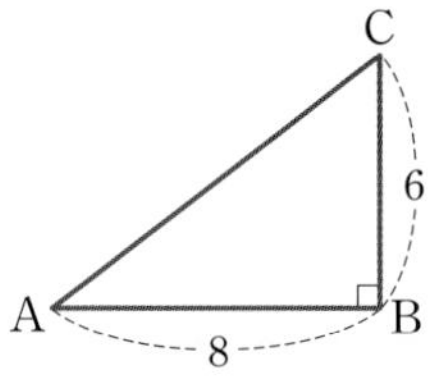

① $\sin A=\frac{3}{5}$　② $\cos A=\frac{4}{5}$

③ $\sin C=\frac{4}{5}$　④ $\cos C=\frac{3}{5}$

⑤ $\tan C=\frac{3}{4}$

02

오른쪽 그림과 같이 중심이 O이고 반지름의 길이가 6 cm인 구에 원뿔이 내접하고 있다. 꼭짓점 A에서 원뿔의 밑면에 내린 수선의 발을 H라 할 때, $\overline{AH}=8$ cm이다. $\angle OBH=x$일 때, $\cos x$의 값은? [3점]

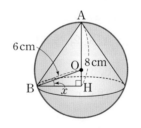

① $\frac{1}{3}$　② $\frac{\sqrt{2}}{2}$　③ $\frac{3}{4}$

④ $\frac{2\sqrt{2}}{3}$　⑤ $\frac{3\sqrt{2}}{4}$

03

다음 중 옳은 것은? [3점]

① $\cos 0°=0$　② $\tan 45°<\tan 30°$

③ $\sin 45°+\cos 45°=1$　④ $\tan 60°-\sin 60°=\frac{\sqrt{3}}{2}$

⑤ $\sin 90°-\cos 60°=-\frac{1}{2}$

04

직선 $y=\frac{12}{5}x-3$이 x축과 이루는 예각의 크기를 a라 할 때, $\sin a+\cos a$의 값은? [4점]

① $\frac{14}{13}$　② $\frac{5}{4}$　③ $\frac{17}{13}$

④ $\frac{9}{5}$　⑤ $\frac{12}{5}$

05

오른쪽 그림에서 $\angle BAC=\angle ADC=90°$이고 $\angle ABC=45°$, $\angle ACD=30°$, $\overline{BC}=4\sqrt{2}$ cm일 때, $\overline{AD}$의 길이는? [4점]

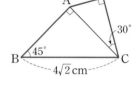

① 2 cm　② $2\sqrt{2}$ cm　③ $2\sqrt{3}$ cm

④ 4 cm　⑤ $2\sqrt{6}$ cm

06

오른쪽 그림과 같은 직사각형 ABCD의 내부에 직각삼각형 DEF가 접하고 있다. $\angle ADE=45°$, $\angle EFD=60°$, $\overline{DF}=2\sqrt{2}$일 때, $\tan 75°$의 값은? [5점]

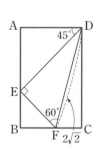

① $2-\sqrt{3}$　② $\sqrt{3}-\sqrt{2}$

③ $1+\sqrt{3}$　④ $2+\sqrt{3}$

⑤ $2\sqrt{3}+\sqrt{2}$

07

다음 그림과 같이 경사각의 크기가 20°인 에스컬레이터에서 $\overline{AC}=10$ m일 때, $\overline{BC}$의 길이는?
(단, $\sin 20°=0.3420$, $\cos 20°=0.9397$, $\tan 20°=0.3640$으로 계산한다.) [3점]

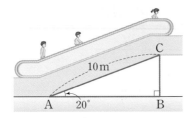

① 3.42 m ② 3.53 m ③ 3.64 m
④ 4.6895 m ⑤ 9.397 m

08

오른쪽 그림의 △ABC에서 $\overline{CH}\perp\overline{AB}$이고 ∠A=45°, ∠B=60°, $\overline{AB}=100$ m일 때, $\overline{CH}$의 길이는? [4점]

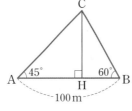

① $50(3-\sqrt{3})$ m ② $50(1+\sqrt{3})$ m
③ $50(4-\sqrt{3})$ m ④ $150-\sqrt{3}$ m
⑤ $100(1+\sqrt{3})$ m

09

오른쪽 그림과 같이 한 변의 길이가 6인 정사각형 ABCD에서 $\overline{AE}=\overline{DE}$이고 $\overline{DF}=2\overline{CF}$이다. ∠EBF=$x$라 할 때, $\sin x$의 값은? [5점]

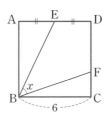

① $\dfrac{\sqrt{2}}{3}$ ② $\dfrac{\sqrt{3}}{3}$ ③ $\dfrac{1}{2}$
④ $\dfrac{\sqrt{2}}{2}$ ⑤ $\dfrac{\sqrt{3}}{2}$

10

다음 그림은 원 모양 접시의 일부이다. $\overline{AB}\perp\overline{CM}$이고 $\overline{CM}=2$ cm, $\overline{AM}=\overline{BM}=6$ cm일 때, 이 접시의 반지름의 길이는? [4점]

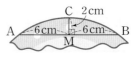

① 8 cm ② 9 cm ③ 10 cm
④ 11 cm ⑤ 12 cm

11

오른쪽 그림과 같이 △ABC의 외접원의 중심 O에서 세 변 AB, BC, CA에 내린 수선의 발을 각각 D, E, F라 하자. $\overline{OD}=\overline{OE}=\overline{OF}=\sqrt{3}$ cm일 때, △ABC의 둘레의 길이는? [4점]

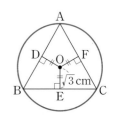

① $6\sqrt{3}$ cm ② 12 cm ③ 15 cm
④ 18 cm ⑤ $12\sqrt{3}$ cm

12

오른쪽 그림과 같은 원 모양의 시계에서 시계의 테두리 부분을 제외한 안쪽 부분의 접선이 시계의 테두리와 만나는 두 점을 각각 A, B라 하자. $\overline{AB}=20$ cm일 때, 시계의 테두리 부분의 넓이는? [4점]

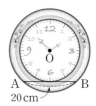

① 81π cm² ② 100π cm² ③ 144π cm²
④ $100\sqrt{3}\pi$ cm² ⑤ $100\sqrt{6}\pi$ cm²

13

오른쪽 그림과 같이 반지름의 길이가 12 cm인 부채꼴 OAB에 원 O′이 내접하고 ∠AOB=60°일 때, 원 O′의 넓이는? [5점]

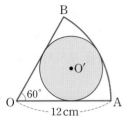

① $9\pi \text{ cm}^2$ ② $12\pi \text{ cm}^2$ ③ $16\pi \text{ cm}^2$

④ $20\pi \text{ cm}^2$ ⑤ $25\pi \text{ cm}^2$

14

오른쪽 그림에서 $\overline{AC}$는 원 O의 지름이고 ∠D=40°일 때, ∠x의 크기는? [3점]

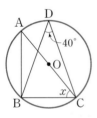

① 40° ② 45°
③ 50° ④ 55°
⑤ 60°

15

오른쪽 그림에서 $\overarc{AB} : \overarc{CD} = 4 : 1$이고 ∠P=45°일 때, ∠$x$의 크기는? [4점]

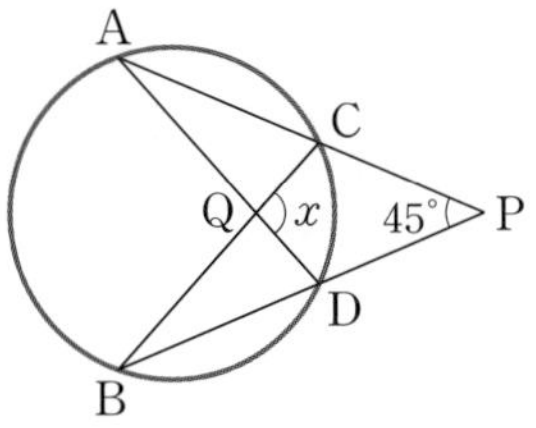

① 55° ② 60°
③ 65° ④ 70°
⑤ 75°

16

오른쪽 그림에서 ∠DAC=20°, ∠EDC=85°이다. □ABCD가 원에 내접할 때, ∠x의 크기는? [4점]

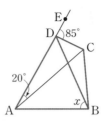

① 65° ② 70°
③ 75° ④ 80°
⑤ 85°

17

다음 그림에서 $\overrightarrow{PA}$는 원 O의 접선이고, 점 A는 그 접점이다. 원 O 위의 점 A, B, C, D, E에 대하여 $\overarc{AB}=\overarc{BC}=\overarc{CD}=\overarc{DE}=\overarc{EA}$일 때, ∠$x$의 크기는? [4점]

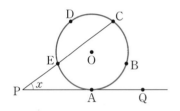

① 24° ② 30° ③ 36°
④ 42° ⑤ 48°

18

다음 그림에서 직선 PQ는 원 O의 접선이고, 점 A는 그 접점이다. 두 원 O, O′이 두 점 B, E에서 만날 때, ∠x의 크기는? [4점]

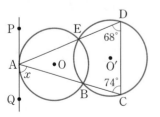

① 68° ② 70° ③ 72°
④ 74° ⑤ 76°

서술형

19

$\sqrt{(1-2\cos x)^2}+\sqrt{(\cos x+1)^2}=2$일 때, $\sin x$의 값을 구하시오. (단, $0°<x<60°$) [6점]

20

오른쪽 그림과 같은 직각삼각형 ABC를 직선 l을 축으로 하여 1회전 시킬 때 생기는 입체도형의 부피를 구하시오. [4점]

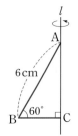

21

다음 그림에서 원 O는 $\angle A=90°$인 $\triangle ABC$의 내접원이고 세 점 D, E, F는 그 접점이다. $\overline{BE}=4$ cm, $\overline{EC}=6$ cm일 때, 원 O의 반지름의 길이를 구하시오.

[7점]

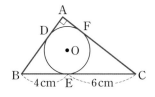

22

다음 그림에서 직선 PQ는 원 O의 접선이고 점 C는 그 접점이다. $\angle BCP=68°$, $\angle DOC=144°$일 때, $\angle x$의 크기를 구하시오. [6점]

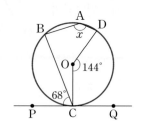

23

다음 그림의 반원 O에서 $\overset{\frown}{AD}:\overset{\frown}{DC}=4:3$, $\angle E=72°$일 때, $\angle x$의 크기를 구하시오. [7점]

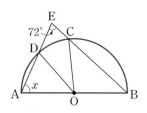

선택형	18문항 70점	총점
서술형	5문항 30점	100점

※ 선택형 문제입니다. 문제를 풀고 답을 골라 OMR 답안지에 ■표 하시오.

01

오른쪽 그림과 같은 직각삼각형 ABC에서 $\overline{BC}=3$, $\overline{AC}=\sqrt{7}$일 때, 다음 중 옳지 <u>않은</u> 것은? [3점]

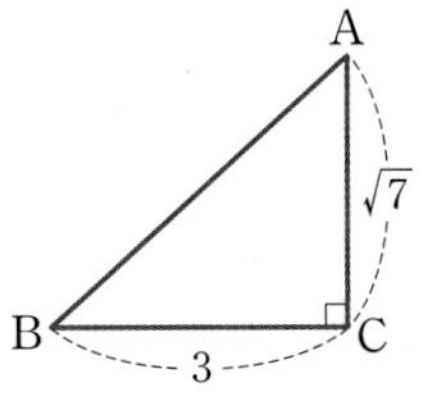

① $\sin A=\dfrac{3}{4}$　② $\cos A=\dfrac{\sqrt{7}}{4}$

③ $\tan A=\dfrac{\sqrt{7}}{3}$　④ $\sin B=\dfrac{\sqrt{7}}{4}$

⑤ $\cos B=\dfrac{3}{4}$

02

오른쪽 그림과 같이 $\angle ABC=90°$인 직각삼각형 ABC에서 $\overline{BD}\perp\overline{AC}$이고 $\overline{BC}=6$, $\cos x=\dfrac{2}{3}$일 때, $\overline{AB}$의 길이는? [4점]

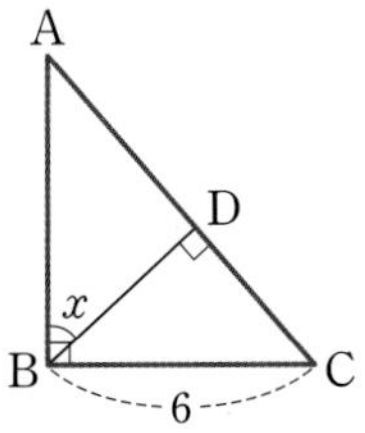

① 6　　② $3\sqrt{5}$　　③ $3\sqrt{6}$

④ $3\sqrt{7}$　　⑤ $6\sqrt{2}$

03

오른쪽 그림과 같은 직육면체에서 $\angle DFH=x$, $\angle DFG=y$라 할 때, $\sin x+\cos y$의 값은? [4점]

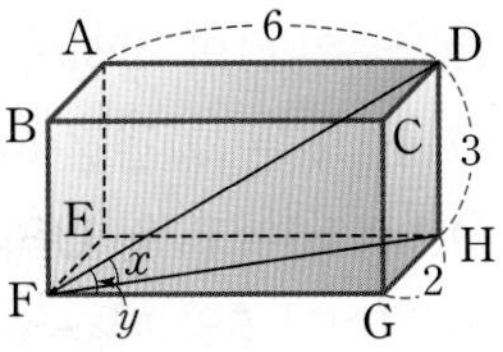

① $\dfrac{5}{7}$　　② $\dfrac{6}{7}$　　③ 1

④ $\dfrac{8}{7}$　　⑤ $\dfrac{9}{7}$

04

$45°<x<90°$일 때, $\sqrt{(\sin x-\cos x)^2}+\sqrt{(\sin x-1)^2}$ 을 간단히 하면? [4점]

① $2\sin x-\cos x-1$　② $1-\cos x$

③ $\cos x-1$　　④ $1+\cos x-2\sin x$

⑤ $\cos x+1$

05

오른쪽 그림과 같은 $\triangle ABC$에서 $\overline{AB}=10$, $\angle B=37°$, $\angle C=24°$일 때, $\overline{AC}$의 길이는?

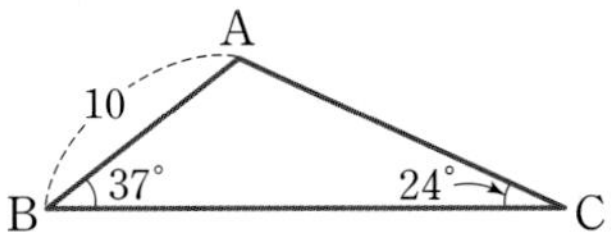

(단, $\sin 37°=0.6$, $\sin 24°=0.4$로 계산한다.) [3점]

① 12　　② 13　　③ 14

④ 15　　⑤ 16

06

오른쪽 그림과 같은 $\triangle ABC$에서 $\overline{AB}=8\sqrt{2}$, $\overline{BC}=6\sqrt{6}$이고 $\angle B=30°$일 때, $\overline{AC}$의 길이는? [4점]

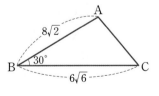

① $2\sqrt{14}$　　② $2\sqrt{15}$　　③ 8

④ $2\sqrt{17}$　　⑤ $6\sqrt{2}$

07

오른쪽 그림에서
$\angle ABC = \angle BDC = 90°$이고
$\angle A = 60°$, $\angle DBC = 45°$,
$\overline{AB} = 4$이다. $\triangle EBC$의 넓이
가 $a + b\sqrt{3}$일 때, $a + b$의 값은? (단, a, b는 유리수) [5점]

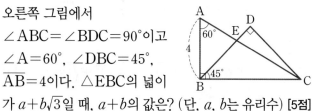

① 0   ② 2   ③ 4

④ 6   ⑤ 8

08

오른쪽 그림과 같은 삼각형
ABC에서 $\overline{AD}$는 $\angle A$의
이등분선이다.
$\angle BAC = 120°$, $\overline{AB} = 6\,\text{cm}$, $\overline{AC} = 4\,\text{cm}$일 때, $\overline{AD}$
의 길이는? [5점]

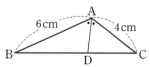

① $2\,\text{cm}$ ② $\dfrac{11}{5}\,\text{cm}$ ③ $\dfrac{12}{5}\,\text{cm}$

④ $\dfrac{14}{5}\,\text{cm}$ ⑤ $3\,\text{cm}$

09

오른쪽 그림의 원 O에서
$\overline{OM} \perp \overline{AB}$, $\overline{ON} \perp \overline{AC}$이고
$\overline{OM} = 6$, $\overline{ON} = 4$, $\overline{AB} = 10$일 때,
$\overline{AC}$의 길이는? [4점]

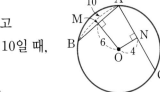

① $6\sqrt{5}$ ② $8\sqrt{3}$

③ $2\sqrt{51}$ ④ $6\sqrt{6}$

⑤ $2\sqrt{57}$

10

오른쪽 그림은 반지름의 길이가 9
인 원 모양의 종이를 $\overline{AB}$를 접는
선으로 하여 점 D가 원의 지름
CD 위의 점 D′에 놓이도록 접은
것이다. $\overline{CD'} = \overline{D'M}$일 때, $\overline{AB}$의
길이는? [5점]

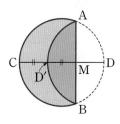

① $6\sqrt{2}$ ② $8\sqrt{2}$ ③ $10\sqrt{2}$

④ $12\sqrt{2}$ ⑤ $14\sqrt{2}$

11

오른쪽 그림에서 $\overrightarrow{PT}$는 원 O의
접선이고 점 T는 그 접점이다.
$\overline{OP}$와 원 O의 교점 A에 대하여
$\overline{PT} = 21\,\text{cm}$, $\overline{PA} = 9\,\text{cm}$일 때,
원 O의 반지름의 길이는? [3점]

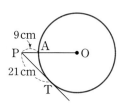

① $16\,\text{cm}$ ② $17\,\text{cm}$ ③ $18\,\text{cm}$

④ $19\,\text{cm}$ ⑤ $20\,\text{cm}$

12

오른쪽 그림에서 $\overrightarrow{AD}$, $\overrightarrow{AE}$,
$\overline{BC}$는 원 O의 접선이고 세 점
D, E, F는 그 접점이다.
$\overline{OA} = 10$이고 원 O의 반지름
의 길이가 5일 때, $\triangle ABC$의
둘레의 길이는? [4점]

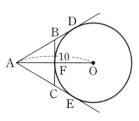

① $10\sqrt{2}$ ② $10\sqrt{3}$ ③ 20

④ $10\sqrt{5}$ ⑤ $10\sqrt{6}$

13

오른쪽 그림과 같이
$\angle A = \angle B = 90°$인 사다리
꼴 ABCD가 반지름의 길이
가 4인 원 O에 외접한다.
$\overline{CD} = 10$일 때, □ABCD의 넓이는? [4점]

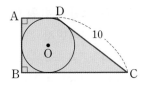

① 68 ② 72 ③ 76
④ 80 ⑤ 84

14

오른쪽 그림에서
$\angle BAC = 28°$, $\angle CED = 37°$
일 때, $\angle BFD$의 크기는? [3점]

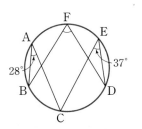

① 56° ② 60°
③ 65° ④ 70°
⑤ 74°

15

오른쪽 그림에서 점 E는 $\overline{AC}$, $\overline{BD}$의
교점이다. $\overset{\frown}{AB} = \overset{\frown}{BC}$일 때, 다음 중
옳지 <u>않은</u> 것은? [4점]

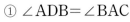
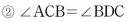

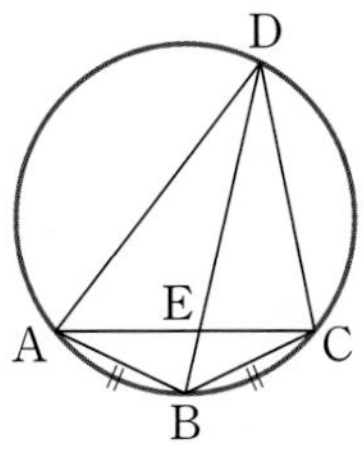

① $\angle ADB = \angle BAC$
② $\angle ACB = \angle BDC$
③ $\angle ABD = \angle CBD$
④ $\triangle AEB \backsim \triangle DAB$
⑤ $\triangle ADE \backsim \triangle BCE$

16

오른쪽 그림과 같이 오각형
ABCDE가 원 O에 내접하고
$\angle ABC = 116°$, $\angle AED = 84°$
일 때, $\angle COD$의 크기는? [4점]

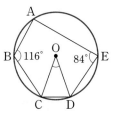

① 28° ② 32°
③ 36° ④ 40°
⑤ 44°

17

오른쪽 그림에서 □ABCD
는 원 O에 내접하고
$\angle DPC = 32°$,
$\angle BQC = 24°$일 때,
$\angle BAD$의 크기는? [4점]

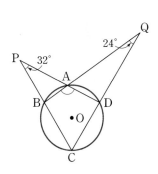

① 118° ② 120°
③ 122° ④ 124°
⑤ 126°

18

다음 보기에서 항상 원에 내접하는 사각형은 모두 몇 개
인가? [3점]

> **보기**
>
> 사다리꼴, 등변사다리꼴, 평행사변형
> 마름모, 직사각형, 정사각형

① 2개 ② 3개 ③ 4개
④ 5개 ⑤ 6개

서술형

19

오른쪽 그림과 같이 반지름의 길이가 10인 사분원에서 $\overline{AB}\perp\overline{OD}$, $\overline{CD}\perp\overline{OD}$이고 $\angle AOB=37°$일 때, $\square ABDC$의 넓이를 구하시오. (단, $\sin 37°=0.6$, $\cos 37°=0.8$, $\tan 37°=0.75$로 계산한다.) [4점]

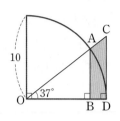

20

오른쪽 그림과 같이 $\overline{AD}=3\sqrt{3}$, $\overline{CD}=6$이고 $\angle B=90°$, $\angle D=150°$인 $\square ABCD$에서 $\overline{AB}:\overline{BC}=3:2$일 때, $\square ABCD$의 넓이를 구하시오. [7점]

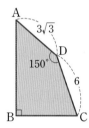

21

오른쪽 그림에서 $\overleftrightarrow{HT}$는 $\overline{AB}$를 지름으로 하는 원 O의 접선이고 점 T는 그 접점이다. $\overline{AH}\perp\overleftrightarrow{HT}$이고 $\overline{AB}=10$, $\overline{AH}=3$일 때, $\overline{BT}$의 길이를 구하시오. [6점]

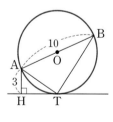

22

오른쪽 그림에서 원 O는 $\triangle ABC$의 내접원이면서 $\triangle DEF$의 외접원이다. $\angle A=42°$, $\angle EDF=53°$일 때, $\angle B$의 크기를 구하시오. [6점]

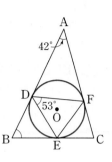

23

오른쪽 그림에서 $\overline{AB}$는 원 O의 지름이다. $\overline{AC}$의 연장선과 $\overline{BD}$의 연장선의 교점을 E, $\overline{AD}$와 $\overline{BC}$의 교점을 F라 하고 $\angle AEB=56°$일 때, 다음 물음에 답하시오. [7점]

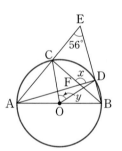

(1) $\angle x$의 크기를 구하시오. [3점]

(2) $\angle y$의 크기를 구하시오. [3점]

(3) $\angle x+\angle y$의 크기를 구하시오. [1점]

중간고사 대비 실전 모의고사 4회

시간 45분 | 점수 점

● 정답 및 풀이 76쪽

선택형	18문항 70점	총점 100점
서술형	5문항 30점	

※ 선택형 문제입니다. 문제를 풀고 답을 골라 OMR 답안지에 ■표 하시오.

01

오른쪽 그림과 같은 직각삼각형 ABC에서 $\overline{AB}=6$, $\sin C=\frac{2}{3}$일 때, $\overline{BC}$의 길이는? [3점]

① $\sqrt{35}$ ② $2\sqrt{10}$
③ $3\sqrt{5}$ ④ $5\sqrt{2}$
⑤ $\sqrt{55}$

02

오른쪽 그림과 같은 직각삼각형 ABC에서 $\angle AED=\angle B$이고 $\overline{AD}=7$, $\overline{DE}=9$일 때, $\cos B\times\sin C$의 값은? [4점]

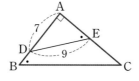

① $\frac{28}{81}$ ② $\frac{32}{81}$ ③ $\frac{4}{9}$
④ $\frac{40}{81}$ ⑤ $\frac{44}{81}$

03

$(\cos 30^\circ-\sin 45^\circ)(\sin 60^\circ+\cos 45^\circ)$의 값은? [3점]

① $\frac{1}{4}$ ② $\frac{\sqrt{2}}{4}$ ③ $\frac{\sqrt{3}}{4}$
④ $\frac{1}{2}$ ⑤ $\frac{\sqrt{6}}{4}$

04

다음 중 옳은 것은? [3점]

① $\sin 0^\circ=\cos 0^\circ=\tan 0^\circ$
② $\sin 90^\circ=\cos 90^\circ=\tan 90^\circ$
③ $\sin 0^\circ=\cos 45^\circ=\tan 90^\circ$
④ $\sin 90^\circ=\cos 0^\circ=\tan 45^\circ$
⑤ $\sin 45^\circ=\cos 90^\circ=\tan 0^\circ$

05

$\sin x=0.6428$, $\cos y=0.7314$, $\tan z=0.8693$일 때, 다음 삼각비의 표를 이용하여 $\sin(x+y-z)$의 값을 구하면? [3점]

각도	sin	cos	tan
39°	0.6293	0.7771	0.8098
40°	0.6428	0.7660	0.8391
41°	0.6561	0.7547	0.8693
42°	0.6691	0.7431	0.9004
43°	0.6820	0.7314	0.9325

① 0.6293 ② 0.6428 ③ 0.6561
④ 0.6691 ⑤ 0.6820

06

오른쪽 그림의 △ABC에서 $\angle B=75^\circ$, $\angle C=60^\circ$, $\overline{AB}=3\sqrt{2}$일 때, $\overline{AC}$의 길이는? [4점]

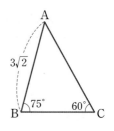

① $3-\sqrt{3}$ ② $3+\sqrt{3}$
③ $3+\sqrt{6}$ ④ $3\sqrt{3}-3$
⑤ $3\sqrt{3}+3$

07

오른쪽 그림과 같이 10 m 떨어진 두 지점 A, B에서 건물의 꼭대기를 올려본각의 크기가 각각 45°, 60°일 때, 건물의 높이는? [4점]

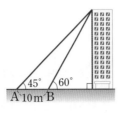

① $5(\sqrt{3}-1)$ m
② $5(\sqrt{3}+1)$ m
③ $5(3+\sqrt{3})$ m
④ $10(\sqrt{3}+1)$ m
⑤ $10(3+\sqrt{3})$ m

08

오른쪽 그림과 같은 평행사변형 ABCD에서 ∠B=60°, $\overline{AB}=10$, $\overline{AD}=15$이고 $\overline{BM}:\overline{MC}=1:1$, $\overline{CN}:\overline{DN}=1:2$일 때, △AMN의 넓이는? [5점]

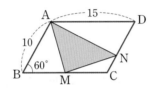

① $15\sqrt{3}$
② $20\sqrt{3}$
③ $25\sqrt{3}$
④ $30\sqrt{3}$
⑤ $35\sqrt{3}$

09

오른쪽 그림과 같이 반지름의 길이가 10인 원 O에서 $\overline{AB}\perp\overline{OC}$이고 $\overline{AB}=16$일 때, $\overline{AC}$의 길이는? [3점]

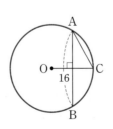

① 4
② $4\sqrt{2}$
③ $4\sqrt{3}$
④ 8
⑤ $4\sqrt{5}$

10

오른쪽 그림의 원 O에서 $\overline{AB}\perp\overline{OM}$이고 $\overline{AB}=\overline{CD}$이다. $\overline{OD}=9$, $\overline{OM}=7$일 때, △OCD의 넓이는? [4점]

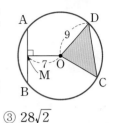

① $21\sqrt{2}$
② $21\sqrt{5}$
③ $28\sqrt{2}$
④ $28\sqrt{5}$
⑤ $35\sqrt{2}$

11

오른쪽 그림에서 두 점 A, B는 원 밖의 점 P에서 원 O에 그은 두 접선의 접점이다. 원 위의 한 점 C에 대하여 $\widehat{AC}=\widehat{BC}$이고 ∠ACB=122°, ∠PBC=29°일 때, ∠APB의 크기는? [4점]

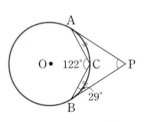

① 62°
② 64°
③ 66°
④ 68°
⑤ 70°

12

오른쪽 그림에서 $\overline{AB}$는 반원 O의 지름이고 $\overline{AD}$, $\overline{BC}$, $\overline{CD}$는 반원 O의 접선이다. 점 E는 반원 O와 $\overline{CD}$의 접점이고 $\overline{AD}=5$, $\overline{BC}=9$일 때, □ABCD의 넓이는? [4점]

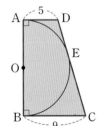

① $36\sqrt{5}$
② $38\sqrt{5}$
③ $40\sqrt{5}$
④ $42\sqrt{5}$
⑤ $44\sqrt{5}$

13

오른쪽 그림과 같이 가로, 세로의 길이가 각각 13, 12인 직사각형 ABCD가 있다. 점 B를 중심으로 하고 $\overline{\text{BA}}$를 반지름으로 하는 사분원을 그린 후 점 C에서 이 원에 그은 접선을 $\overline{\text{CE}}$, 그 접점을 F라 하자. 이때 $\overline{\text{AE}}$의 길이는? [5점]

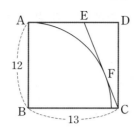

① 4   ② 5   ③ 6
④ 7   ⑤ 8

14

오른쪽 그림에서 $\overline{\text{PA}}$, $\overline{\text{PB}}$는 원 O의 접선이고 두 점 A, B는 그 접점이다. $\angle\text{APB}=64°$일 때, $\angle x + \angle y$의 크기는?

[4점]

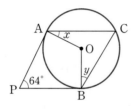

① 56°   ② 58°   ③ 60°
④ 62°   ⑤ 64°

15

오른쪽 그림에서 점 P는 $\overline{\text{AC}}$, $\overline{\text{BD}}$의 교점이다. $\overparen{\text{AB}} : \overparen{\text{CD}} = 3 : 4$, $\angle\text{CPD}=105°$일 때, $\angle\text{ADP}$의 크기는? [4점]

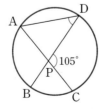

① 30°   ② 35°
③ 40°   ④ 45°
⑤ 50°

16

다음 그림에서 두 점 P, Q는 두 원 O_1, O_2의 교점이고, 두 점 R, S는 두 원 O_2, O_3의 교점이다. $\angle\text{CDR}=95°$, $\angle\text{DCS}=80°$일 때, $\angle x - \angle y$의 크기는? [5점]

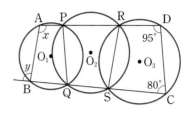

① 5°   ② 10°   ③ 15°
④ 20°   ⑤ 25°

17

오른쪽 그림과 같이 원 O에 내접하는 오각형 ABCDE에서 $\angle\text{B}=117°$, $\angle\text{E}=87°$이다. 직선 DT가 원 O의 접선이고 점 D는 그 접점일 때, $\angle\text{CDT}$의 크기는? [4점]

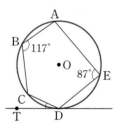

① 22°   ② 24°   ③ 26°
④ 28°   ⑤ 30°

18

오른쪽 그림에서 직선 PQ는 점 T에서 접하는 두 원의 공통인 접선이다. 점 T를 지나는 두 직선이 두 원과 만나는 점을 각각 A, B, C, D라 하고 $\angle\text{BAT}=71°$, $\angle\text{TDC}=58°$일 때, $\angle\text{DTC}$의 크기는? [4점]

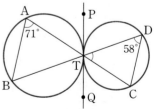

① 43°   ② 47°   ③ 51°
④ 55°   ⑤ 59°

19

오른쪽 그림과 같은 반원 O에
서 $\overline{OC}=1$이고 $\angle AOC=45°$,
$\angle ACB=90°$일 때, $\tan x$의
값을 구하시오. [4점]

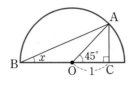

20

다음 그림과 같은 오각형 ABCDE에서
$\angle BAC=\angle CAD=\angle DAE=45°$이고 $\overline{AB}=8$,
$\overline{AE}=10$이다. $\triangle ABC$의 넓이가 $8\sqrt{2}$, $\triangle ADE$의 넓
이가 $15\sqrt{2}$일 때, $\triangle ACD$의 넓이를 구하시오. [6점]

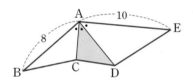

21

오른쪽 그림에서 원 O는
$\angle B=90°$인 직각삼각형 ABC
의 내접원이고 세 점 D, E, F
는 그 접점이다. $\overline{AF}=4$,
$\overline{CF}=6$일 때, 색칠한 부분의
넓이를 구하시오. [6점]

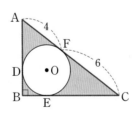

22

오른쪽 그림과 같이 $\overline{AB}$를 지
름으로 하는 반원 O 위의 점
C에서 $\overline{AB}$에 내린 수선의 발
을 D라 하자. $\overline{AB}=10$,
$\overline{AC}=4\sqrt{5}$이고 $\angle ACD=x$라 할 때, $\sin x \times \cos x$의
값을 구하시오. [7점]

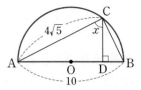

23

오른쪽 그림에서 □ABCD는 원
O에 내접하고 $\overline{AD}$는 원 O의 지
름이다. $\angle DCE=68°$,
$\angle CAD=40°$일 때, 다음 물음에
답하시오. [7점]

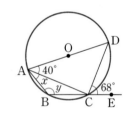

(1) $\angle x$의 크기를 구하시오. [3점]

(2) $\angle y$의 크기를 구하시오. [3점]

(3) $\angle x + \angle y$의 크기를 구하시오. [1점]

중간고사 대비 실전 모의고사 5회

시간 45분 | 점수 점

• 정답 및 풀이 78쪽

선택형	18문항 70점	총점 100점
서술형	5문항 30점	

※ 선택형 문제입니다. 문제를 풀고 답을 골라 OMR 답안지에 ■표 하시오.

01

$\cos A=\frac{5}{6}$일 때, $30\sin A\times\tan A$의 값은?

(단, $0°<A<90°$) [3점]

① 11 ② 13 ③ 15
④ 17 ⑤ 19

02

$\sin(x-15°)=\frac{\sqrt{2}}{2}$일 때, $\cos\frac{x}{2}\div\tan x$의 값은?

(단, $15°<x<90°$) [3점]

① $\frac{1}{3}$ ② $\frac{1}{2}$ ③ 1
④ $\frac{3}{2}$ ⑤ $\frac{4}{3}$

03

오른쪽 그림과 같이 x절편이 3이고 x축의 양의 방향과 이루는 각의 크기가 30°인 직선의 방정식은? [4점]

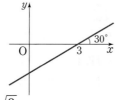

① $y=\frac{\sqrt{3}}{3}x-3$ ② $y=\frac{\sqrt{3}}{3}x+3$
③ $y=\sqrt{3}x-3\sqrt{3}$ ④ $y=\sqrt{3}x+3\sqrt{3}$
⑤ $y=\frac{\sqrt{3}}{3}x-\sqrt{3}$

04

다음 중 $\sin 50°$, $\cos 50°$, $\tan 50°$의 대소 관계로 옳은 것은? [3점]

① $\sin 50°<\cos 50°<\tan 50°$
② $\sin 50°<\tan 50°<\cos 50°$
③ $\cos 50°<\sin 50°<\tan 50°$
④ $\cos 50°<\tan 50°<\sin 50°$
⑤ $\tan 50°<\sin 50°<\cos 50°$

05

오른쪽 그림과 같이 직각삼각형 모양의 종이 ABCD를 $\overline{PQ}$를 접는 선으로 하여 접었다. $\overline{AB}=\sqrt{5}$, $\overline{PQ}=3$일 때, $\tan x$의 값은? [5점]

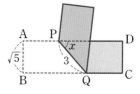

① $\frac{\sqrt{5}}{3}$ ② $\frac{\sqrt{5}}{2}$ ③ $\sqrt{5}$
④ $2\sqrt{5}$ ⑤ $\frac{5\sqrt{5}}{2}$

06

다음 그림과 같이 지면으로부터 3500 m 상공에서 날고 있는 비행기가 A 지점에서 수평면과 8°의 각도를 유지하면서 초속 250 m로 움직여 C 지점에 착륙하려고 한다. 비행기가 직선으로 움직인다고 할 때, 착륙하는 데 걸리는 시간은? (단, $\sin 8°=0.14$로 계산한다.) [4점]

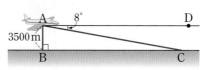

① 20초 ② 40초 ③ 60초
④ 80초 ⑤ 100초

07

오른쪽 그림과 같은 △ABC에서 $\overline{AH} \perp \overline{BC}$이고 $\overline{BC}=6$, ∠B=40°, ∠C=75°일 때, 다음 중 $\overline{AH}$의 길이를 나타내는 식은? [4점]

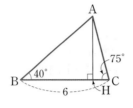

① $\dfrac{6}{\tan 75° + \tan 40°}$
② $\dfrac{6}{\tan 75° - \tan 40°}$

③ $\dfrac{6}{\tan 50° + \tan 15°}$
④ $\dfrac{6}{\tan 50° - \tan 15°}$

⑤ $\dfrac{6}{\tan 50° + \tan 40°}$

08

오른쪽 그림에서 □BDEC는 한 변의 길이가 10인 정사각형이다. ∠ABC=30°일 때, △AEC의 넓이는? [3점]

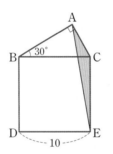

① $\dfrac{25}{4}$
② $\dfrac{25}{2}$

③ 25
④ $\dfrac{75}{2}$

⑤ 50

09

오른쪽 그림과 같은 □ABCD의 넓이는? [4점]

① $36\sqrt{3} \text{ cm}^2$
② $37\sqrt{3} \text{ cm}^2$
③ $38\sqrt{3} \text{ cm}^2$
④ $39\sqrt{3} \text{ cm}^2$
⑤ $40\sqrt{3} \text{ cm}^2$

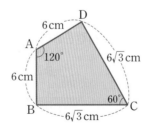

10

오른쪽 그림은 원을 현 AB를 따라 자르고 남은 도형이다. 원 위의 한 점 P에서 $\overline{AB}$에 내린 수선의 발을 H라 하면 $\overline{AH}=\overline{BH}=4$이다. $\overline{PH}=12$일 때, 이 원의 반지름의 길이는? [4점]

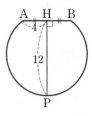

① $\dfrac{17}{3}$
② 6
③ $\dfrac{19}{3}$

④ $\dfrac{20}{3}$
⑤ 7

11

오른쪽 그림과 같이 원 O에 △ABC가 내접하고 있다. $\overline{OM} \perp \overline{AB}$, $\overline{ON} \perp \overline{AC}$, $\overline{OM}=\overline{ON}$이고 $\overline{AB}=18$, ∠BAC=60°일 때, 다음 중 옳지 <u>않은</u> 것은? [4점]

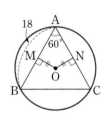

① $\overline{BC}=18$
② $\overline{CN}=9$
③ $\overline{OB}=6\sqrt{3}$
④ $\overline{OM}=2\sqrt{3}$
⑤ △ABC=$81\sqrt{3}$

12

오른쪽 그림과 같이 육각형 ABCDEF가 원에 외접하고 $\overline{AB}=4$, $\overline{BC}=5$, $\overline{CD}=6$, $\overline{DE}=7$, $\overline{EF}=8$일 때, $\overline{AF}$의 길이는? [5점]

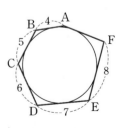

① 6
② 7
③ 8
④ 9
⑤ 10

13

오른쪽 그림과 같이 △ABC는 원 O 에 내접한다. ∠A=x, $\overline{BC}$=5일 때, 원 O의 반지름의 길이는? [3점]

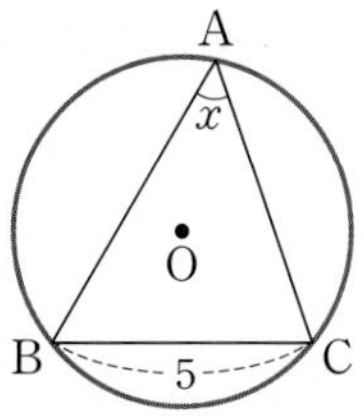

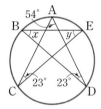

① $\dfrac{2}{\sin A}$ ② $\dfrac{5}{2\sin A}$

③ $\dfrac{3}{\sin A}$ ④ $\dfrac{5}{2\cos A}$

⑤ $\dfrac{2}{\cos A}$

14

오른쪽 그림에서 ∠ACE=∠ADB=23°, ∠CAD=54°일 때, ∠x+∠y의 크기는? [4점]

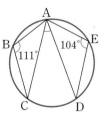

① 72° ② 76°

③ 80° ④ 84°

⑤ 88°

15

오른쪽 그림에서 점 A, B, C, D, E 는 한 원 위에 있고 ∠ABC=111°, ∠AED=104°일 때, ∠CAD의 크기는? [4점]

① 35° ② 37°

③ 39° ④ 41°

⑤ 43°

16

오른쪽 그림에서 ∠ADB=24°, ∠DPC=38° 이고 네 점 A, B, C, D가 한 원 위에 있을 때, ∠CQD의 크기는? [4점]

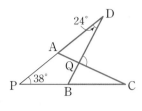

① 74° ② 78° ③ 82°

④ 86° ⑤ 90°

17

오른쪽 그림에서 $\overrightarrow{PA}$, $\overrightarrow{PB}$ 는 원의 접선이고 두 점 A, B는 그 접점이다. ∠APB=44°이고 $\overparen{AQ}$: $\overparen{BQ}$=5 : 3일 때, ∠x의 크기는? [4점]

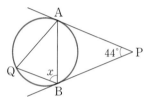

① 60° ② 65° ③ 70°

④ 75° ⑤ 80°

18

다음 그림에서 두 원은 두 점 C, D에서 만난다. 한 원의 두 현 AD, BC의 연장선의 교점을 P, 연장선이 다른 원과 만나는 점을 각각 E, F라 하면 ∠ABC=87°, ∠DEF=118°일 때, ∠P의 크기는? [5점]

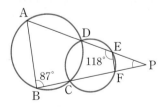

① 30° ② 31° ③ 32°

④ 33° ⑤ 34°

19

오른쪽 그림과 같이 반지름의 길이가 1인 사분원에서 $\overline{AB}=0.7431$일 때, 아래 삼각비의 표를 이용하여 $\overline{OB}+\overline{CD}$의 길이를 구하시오. [4점]

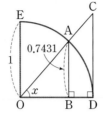

각도	sin	cos	tan
46°	0.7193	0.6947	1.0355
47°	0.7314	0.6820	1.0724
48°	0.7431	0.6691	1.1106
49°	0.7547	0.6561	1.1504

20

오른쪽 그림과 같이 지름의 길이가 12 cm인 반원 O에서 $\angle PAB=15°$일 때, 다음 물음에 답하시오. [7점]

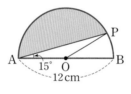

(1) $\angle AOP$의 크기를 구하시오. [1점]

(2) 부채꼴 AOP의 넓이를 구하시오. [2점]

(3) $\triangle AOP$의 넓이를 구하시오. [2점]

(4) 색칠한 부분의 넓이를 구하시오. [2점]

21

오른쪽 그림에서 $\overline{PA}$, $\overline{PB}$는 반지름의 길이가 3인 원 O의 접선이고 두 점 A, B는 그 접점이다. $\overline{OP}=5$일 때, $\triangle PAB$의 넓이를 구하시오. [7점]

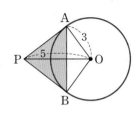

22

오른쪽 그림에서 세 점 D, E, F는 각각 $\overparen{AB}$, $\overparen{BC}$, $\overparen{CA}$의 중점이다. $\angle DEF=61°$일 때, $\angle BAC$의 크기를 구하시오. [6점]

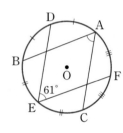

23

오른쪽 그림에서 직선 BE는 원 O의 접선이고 점 B는 그 접점이다. $\angle ABE=33°$, $\angle AOC=118°$일 때, $\angle BDC$의 크기를 구하시오. [6점]

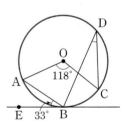

각도	sin	cos	tan
0°	0.0000	1.0000	0.0000
1°	0.0175	0.9998	0.0175
2°	0.0349	0.9994	0.0349
3°	0.0523	0.9986	0.0524
4°	0.0698	0.9976	0.0699
5°	0.0872	0.9962	0.0875
6°	0.1045	0.9945	0.1051
7°	0.1219	0.9925	0.1228
8°	0.1392	0.9903	0.1405
9°	0.1564	0.9877	0.1584
10°	0.1736	0.9848	0.1763
11°	0.1908	0.9816	0.1944
12°	0.2079	0.9781	0.2126
13°	0.2250	0.9744	0.2309
14°	0.2419	0.9703	0.2493
15°	0.2588	0.9659	0.2679
16°	0.2756	0.9613	0.2867
17°	0.2924	0.9563	0.3057
18°	0.3090	0.9511	0.3249
19°	0.3256	0.9455	0.3443
20°	0.3420	0.9397	0.3640
21°	0.3584	0.9336	0.3839
22°	0.3746	0.9272	0.4040
23°	0.3907	0.9205	0.4245
24°	0.4067	0.9135	0.4452
25°	0.4226	0.9063	0.4663
26°	0.4384	0.8988	0.4877
27°	0.4540	0.8910	0.5095
28°	0.4695	0.8829	0.5317
29°	0.4848	0.8746	0.5543
30°	0.5000	0.8660	0.5774
31°	0.5150	0.8572	0.6009
32°	0.5299	0.8480	0.6249
33°	0.5446	0.8387	0.6494
34°	0.5592	0.8290	0.6745
35°	0.5736	0.8192	0.7002
36°	0.5878	0.8090	0.7265
37°	0.6018	0.7986	0.7536
38°	0.6157	0.7880	0.7813
39°	0.6293	0.7771	0.8098
40°	0.6428	0.7660	0.8391
41°	0.6561	0.7547	0.8693
42°	0.6691	0.7431	0.9004
43°	0.6820	0.7314	0.9325
44°	0.6947	0.7193	0.9657
45°	0.7071	0.7071	1.0000

각도	sin	cos	tan
45°	0.7071	0.7071	1.0000
46°	0.7193	0.6947	1.0355
47°	0.7314	0.6820	1.0724
48°	0.7431	0.6691	1.1106
49°	0.7547	0.6561	1.1504
50°	0.7660	0.6428	1.1918
51°	0.7771	0.6293	1.2349
52°	0.7880	0.6157	1.2799
53°	0.7986	0.6018	1.3270
54°	0.8090	0.5878	1.3764
55°	0.8192	0.5736	1.4281
56°	0.8290	0.5592	1.4826
57°	0.8387	0.5446	1.5399
58°	0.8480	0.5299	1.6003
59°	0.8572	0.5150	1.6643
60°	0.8660	0.5000	1.7321
61°	0.8746	0.4848	1.8040
62°	0.8829	0.4695	1.8807
63°	0.8910	0.4540	1.9626
64°	0.8988	0.4384	2.0503
65°	0.9063	0.4226	2.1445
66°	0.9135	0.4067	2.2460
67°	0.9205	0.3907	2.3559
68°	0.9272	0.3746	2.4751
69°	0.9336	0.3584	2.6051
70°	0.9397	0.3420	2.7475
71°	0.9455	0.3256	2.9042
72°	0.9511	0.3090	3.0777
73°	0.9563	0.2924	3.2709
74°	0.9613	0.2756	3.4874
75°	0.9659	0.2588	3.7321
76°	0.9703	0.2419	4.0108
77°	0.9744	0.2250	4.3315
78°	0.9781	0.2079	4.7046
79°	0.9816	0.1908	5.1446
80°	0.9848	0.1736	5.6713
81°	0.9877	0.1564	6.3138
82°	0.9903	0.1392	7.1154
83°	0.9925	0.1219	8.1443
84°	0.9945	0.1045	9.5144
85°	0.9962	0.0872	11.4301
86°	0.9976	0.0698	14.3007
87°	0.9986	0.0523	19.0811
88°	0.9994	0.0349	28.6363
89°	0.9998	0.0175	57.2900
90°	1.0000	0.0000	

나의 오답 Note

틀린 문제를 다시 한 번 풀어 보고 실력을 완성해 보세요.

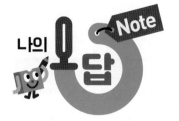

단원명	주요 개념	처음 푼 날	복습한 날

문제

풀이

개념

왜 틀렸을까?

☐ 문제를 잘못 이해해서

☐ 계산 방법을 몰라서

☐ 계산 실수

☐ 기타:

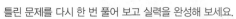
틀린 문제를 다시 한 번 풀어 보고 실력을 완성해 보세요.

단원명	주요 개념	처음 푼 날	복습한 날

문제

풀이

개념

왜 틀렸을까?

☐ 문제를 잘못 이해해서

☐ 계산 방법을 몰라서

☐ 계산 실수

☐ 기타:

나의 오답 Note

단원명	주요 개념	처음 푼 날	복습한 날

문제

풀이

개념

왜 틀렸을까?

☐ 문제를 잘못 이해해서

☐ 계산 방법을 몰라서

☐ 계산 실수

☐ 기타:

과학 고수들의 필독서

HIGH TOP

#2015 개정 교육과정
#믿고 보는 과학 개념서
#통합과학
#물리학 #화학 #생명과학 #지구과학
#과학 #잘하고싶다 #중요 #개념 #열공
#포기하지마 #엄지척 #화이팅

01

기초부터 심화까지
자세하고 빈틈 없는 개념 설명

02

풍부한 그림 자료,
수준 높은 문제 수록

03

새 교육과정을 완벽 반영한
깊이 있는 내용

중학교 1~3학년 / 고등학교 통합과학 / 물리학 Ⅰ, Ⅱ / 화학 Ⅰ, Ⅱ / 생명과학 Ⅰ, Ⅱ / 지구과학 Ⅰ, Ⅱ

동아출판이 만든 진짜 기출예상문제집

특급기출

중간고사

중학 수학 3-2

정답 및 풀이

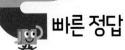

V. 삼각비

1 삼각비

개념 check 8쪽~9쪽

1 $\sin A=\dfrac{5}{13}$, $\cos A=\dfrac{12}{13}$, $\tan A=\dfrac{5}{12}$,

　$\sin C=\dfrac{12}{13}$, $\cos C=\dfrac{5}{13}$, $\tan C=\dfrac{12}{5}$

2 (1) $\overline{AC}$, $\overline{BD}$, $\overline{BC}$　(2) $\overline{AB}$, $\overline{AB}$, $\overline{BD}$　(3) $\overline{AB}$, $\overline{BD}$, $\overline{BD}$

3 (1) $x=2\sqrt{2}$, $y=4$　(2) $x=4\sqrt{3}$, $y=8\sqrt{3}$

4 (1) 0.6428　(2) 0.7660　(3) 0.8391

5 (1) 0　(2) 1

6 (1) 0.3584　(2) 0.9205　(3) 0.4663

7 (1) 20°　(2) 24°　(3) 23°

기출 유형 10쪽~19쪽

01 ④　　02 ②　　03 $\dfrac{\sqrt{5}}{5}$　　04 $\dfrac{5}{12}$

05 $2\sqrt{7}$　06 24　　07 $\dfrac{5}{6}$　　08 $\dfrac{\sqrt{5}}{3}$

09 $\dfrac{7}{17}$　10 ④　　11 ②　　12 $\dfrac{4}{5}$

13 ⑤　　14 $\dfrac{3\sqrt{5}}{5}$　15 $\dfrac{1}{20}$　16 ③

17 ②　　18 $\dfrac{3}{5}$　　19 $\dfrac{3}{5}$　　20 $\dfrac{1+\sqrt{3}}{2}$

21 $3\sqrt{2}$　22 ④　　23 $\dfrac{\sqrt{6}}{3}$　24 ③

25 $\dfrac{5\sqrt{2}}{6}$　26 $\dfrac{4\sqrt{2}}{3}$　27 ④　　28 ②

29 ④　　30 $3\sqrt{3}$　31 ②　　32 1

33 $\dfrac{\sqrt{3}}{3}$　34 ③　　35 ⑤　　36 ②

37 ④　　38 $6\sqrt{3}$　39 $2\sqrt{6}$ cm　40 $\dfrac{3\sqrt{3}}{2}$ cm²

41 ④　　42 ①　　43 ③　　44 ④

45 ②　　46 $y=\dfrac{\sqrt{3}}{3}x+3$　　47 ③

48 $y=x+4$　49 ①　　50 ④　　51 ⑤

52 ④　　53 ⑤　　54 0.29　55 $\dfrac{7\sqrt{7}}{6}$

56 ⑤　　57 1　　58 ④　　59 $\dfrac{\sqrt{3}}{2}+3$

60 ⑤　　61 ③　　62 ②, ⑤　63 ㄹ

64 ①　　65 ④　　66 $\dfrac{11\sqrt{5}}{15}$　67 ③

68 0.6893　69 0.5299　70 50°　71 14.037

72 ②　　73 ③

서술형 20쪽~21쪽

01 $\dfrac{8}{17}$　01-1 $\dfrac{\sqrt{13}}{13}$　01-2 $\dfrac{3}{2}$　02 $\dfrac{8\sqrt{3}}{3}$

02-1 $10\sqrt{3}$　03 21　04 $4\sqrt{2}$

05 (1) 30°　(2) 1　　　　06 $-\dfrac{1}{2}$

07 $y=\dfrac{12}{5}x-5$

08 (1) $\sin 49°=0.75$, $\cos 49°=0.66$, $\tan 49°=1.15$

　　(2) $\sin 41°=0.66$, $\cos 41°=0.75$

실전 중단원 학교 시험 1회 22쪽~25쪽

01 ④　02 ①　03 ②　04 ①　05 ⑤

06 ①　07 ⑤　08 ④　09 ①　10 ①

11 ④　12 ①　13 ③　14 ⑤　15 ③

16 ④　17 ③　18 ④　19 24

20 $9+3\sqrt{5}$　21 $18\sqrt{3}$　22 $\dfrac{12}{5}$　23 0.9635

실전 중단원 학교 시험 2회 26쪽~29쪽

01 ①　02 ③　03 ④　04 ④　05 ①

06 ⑤　07 ②　08 ④　09 ⑤　10 ②

11 ④　12 ④　13 ②　14 ③　15 ②

16 ③　17 ⑤　18 ②　19 (1) 60°　(2) $\sqrt{3}$

20 $\dfrac{3\sqrt{5}}{5}$　21 2　22 $3\sqrt{7}$　23 1.3970

교과서 속 특이 문제 30쪽

01 $\dfrac{20}{3}$　　02 $a=\dfrac{1}{2}$, $b=\sqrt{5}$　　03 $4\sqrt{3}$ cm

04 ④　　05 (1) 31°　(2) $\overline{DE}=52$ m, $\overline{DF}=86$ m

2 삼각비의 활용

개념 check 32쪽~33쪽

1 $x=2.24,\ y=3.32$　　2 (1) $3\sqrt{3}$　(2) 3　(3) 6　(4) $3\sqrt{7}$

3 (1) 5　(2) $5\sqrt{2}$　　4 (1) $3(\sqrt{3}-1)$　(2) $5\sqrt{3}$

5 (1) 14　(2) $5\sqrt{2}$　(3) $27\sqrt{3}$　　6 (1) $24\sqrt{2}$　(2) $45\sqrt{3}$

7 (1) $30\sqrt{3}$　(2) $5\sqrt{2}$

기출 유형 34쪽~41쪽

01 4.4　　02 ③, ④　　03 ④　　04 $160\sqrt{3}\ \text{cm}^3$

05 $(64+24\sqrt{2})\ \text{cm}^2$　　06 $3\pi\ \text{cm}^3$　　07 $18\ \text{cm}^3$

08 $2.86\ \text{m}$　　09 ③　　10 ③

11 $(60+20\sqrt{3})\ \text{m}$　　12 $14\sqrt{3}\ \text{m}$　　13 ③

14 ④　　15 $2\sqrt{3}\ \text{m}$　　16 $150\sqrt{3}\ \text{m}$　　17 10

18 $10\sqrt{7}\ \text{m}$　　19 $2\sqrt{37}$　　20 $\sqrt{21}\ \text{cm}$　　21 ③

22 ⑤　　23 $8\sqrt{2}\ \text{cm}$　　24 $300\sqrt{6}\ \text{m}$　　25 ④

26 ⑤　　27 ⑤　　28 ④　　29 ②

30 $6(\sqrt{3}+1)\ \text{cm}$　　31 $9(3+\sqrt{3})\ \text{m}$

32 $10\ \text{m}$　　33 $4\sqrt{3}$　　34 ③　　35 ④

36 ③　　37 $21\ \text{cm}^2$　　38 $22\sqrt{2}\ \text{cm}^2$　　39 $\dfrac{60\sqrt{3}}{11}\ \text{cm}$

40 $\dfrac{3}{5}$　　41 ④　　42 $120°$　　43 $\dfrac{9}{2}\ \text{cm}^2$

44 $2(3\pi-2\sqrt{2})\ \text{cm}^2$　　45 $13\sqrt{3}\ \text{cm}^2$　　46 ②

47 $6\sqrt{3}\ \text{cm}^2$　　48 ④　　49 $4\ \text{cm}^2$　　50 ③

51 $42\ \text{cm}$　　52 $48\sqrt{2}\ \text{cm}^2$　　53 ⑤　　54 $10\ \text{cm}$

55 $45°$　　56 $48\ \text{cm}^2$

서술형 42쪽~43쪽

01 (1) 3　(2) $\sqrt{13}$　　01-1 (1) 3　(2) $2\sqrt{3}$

02 $24\sqrt{3}\ \text{cm}^2$　　02-1 $72\sqrt{2}\ \text{cm}^2$

02-2 $3a^2$　　03 $11.5\ \text{m}$　　04 50초　　05 $12\sqrt{3}$

06 (1) $2\sqrt{19}\ \text{cm}$　(2) $14\ \text{cm}$　　07 $14\ \text{cm}$　　08 $10\sqrt{2}$

실전 중단원 학교 시험 1회 44쪽~47쪽

01 ③　02 ②　03 ④　04 ①　05 ①

06 ②　07 ④　08 ⑤　09 ③　10 ①

11 ①　12 ①　13 ②　14 ②　15 ④

16 ④　17 ③　18 ②　19 $120\ \text{cm}^3$

20 $(20+20\sqrt{3})\ \text{m}$　21 $2\ \text{m}$　22 $4(3-\sqrt{3})$

23 $4\ \text{cm}$

실전 중단원 학교 시험 2회 48쪽~51쪽

01 ⑤　02 ③　03 ③　04 ②　05 ①

06 ②　07 ③　08 ②　09 ②　10 ⑤

11 ②　12 ④　13 ③　14 ②　15 ④

16 ③　17 ①　18 ③　19 $2\sqrt{2}\ \text{cm}$　20 $108\ \text{cm}^3$

21 $10.4\ \text{m}$　22 $12\ \text{cm}^2$　23 $14\ \text{cm}$

교과서 속 특이 문제 52쪽

01 $3\sqrt{15}\ \text{cm}^2$　02 $6\sqrt{3}$　03 $10\ \%$ 감소하였다.

04 $9:26$　05 $(4\pi-3\sqrt{3})\ \text{cm}^2$

VI. 원의 성질

1 원과 직선

개념 check 54쪽~55쪽

1 (1) 3　(2) 5　　2 (1) 12　(2) 5

3 (1) 12　(2) 3　　4 $15°$

5 (1) 8　(2) 10　　6 (1) $70°$　(2) $130°$

7 10　　8 8

기출 유형 56쪽~65쪽

01 ④　　02 $6\sqrt{3}\ \text{cm}$　　03 $4\sqrt{5}\ \text{cm}$　　04 $3\ \text{cm}$

05 ⑤　　06 ③　　07 ②　　08 ②

09 ③　　10 $\dfrac{9}{2}\ \text{cm}$　　11 $4\sqrt{3}\ \text{cm}$　　12 $6\sqrt{3}\ \text{cm}$

13 $25\sqrt{3}\ \text{cm}^2$　　14 $4\pi\ \text{cm}$　　15 $7\ \text{cm}$　　16 $72\pi\ \text{cm}^2$

17 $8\sqrt{3}\ \text{cm}$　　18 $24\ \text{cm}$　　19 ⑤　　20 ④

21 9　　22 $6\sqrt{5}\ \text{cm}$　　23 $5\ \text{cm}$　　24 ④

25 $16\ \text{cm}$　　26 ③　　27 ④　　28 ②

29 ①　　30 $12\pi\ \text{cm}^2$　　31 $8\ \text{cm}$　　32 $3\ \text{cm}$

33 $144\pi\ \text{cm}^2$　　34 ⑤　　35 $134°$　　36 ③

37 ④　　38 ②　　39 $32°$　　40 $\dfrac{56}{3}\pi\ \text{cm}^2$

41 $44°$　　42 ②　　43 ②　　44 ①

45 $5\ \text{cm}$　　46 ㄱ, ㄷ, ㄹ　　47 $4\ \text{cm}$　　48 $10\sqrt{3}\ \text{cm}$

49 $6\ \text{cm}$　　50 $48\sqrt{2}\ \text{cm}^2$　　51 ④　　52 $18\ \text{cm}$

53 ①　　54 $4\ \text{cm}$　　55 $10\ \text{cm}$　　56 ②

57 ③　　58 ⑤　　59 $7\ \text{cm}$　　60 $50\ \text{cm}$

61 $5\ \text{cm}$　　62 $\sqrt{15}\ \text{cm}$　　63 $7\ \text{cm}$　　64 $8\ \text{cm}$

65 $80\ \text{cm}^2$　　66 $\dfrac{13}{3}\ \text{cm}$　　67 ③　　68 ①

69 ④

서술형 ▪66쪽~67쪽

01 (1) 3 cm (2) 5 cm   01-1 (1) $2\sqrt{3}$ cm (2) 4 cm
02 11 cm   02-1 13 cm
03 $6\sqrt{2}$ cm   04 $4\sqrt{5}$ cm   05 $\dfrac{48}{5}$ cm   06 39 cm²
07 54 cm²   08 $(72-16\pi)$ cm²

실전 중단원 학교 시험 ❶회   68쪽~71쪽

01 ①   02 ①   03 ⑤   04 ②   05 ⑤
06 ④   07 ④   08 ③   09 ③   10 ①
11 ⑤   12 ④   13 ③   14 ④   15 ④
16 ①   17 ②   18 ②   19 $\sqrt{7}$ cm   20 18 cm²
21 5 cm   22 $\dfrac{7}{2}$ cm   23 (1) 10 cm (2) 4π cm²

실전 중단원 학교 시험 ❷회   72쪽~75쪽

01 ⑤   02 ②   03 ②   04 ⑤   05 ④
06 ②   07 ③   08 ②   09 ④   10 ③
11 ③   12 ⑤   13 ②   14 ⑤   15 ③
16 ③   17 ⑤   18 ④   19 $8\sqrt{2}$ cm   20 9 cm
21 $25\sqrt{3}$ cm²   22 (1) 2 cm (2) 20 cm   23 12 cm

교과서 속 특이 문제 ▪76쪽

01 50π 02 $32\sqrt{7}$ cm
03 $(18+18\sqrt{2})$ cm²   04 35π cm
05 풀이 참조

2 원주각

개념 check   78쪽~79쪽

1 (1) 65° (2) 100°   2 (1) 50° (2) 64°
3 (1) 30 (2) 3
4 (1) $\angle x=95°$, $\angle y=90°$ (2) $\angle x=120°$, $\angle y=110°$
5 (1) ○ (2) ×   6 (1) 52° (2) 70°

기출 유형 ▪80쪽~91쪽

01 25°   02 ③   03 8π cm²   04 ③
05 ④   06 65°   07 ①   08 25°
09 ②   10 114°   11 ⑤   12 50°
13 ③   14 ②   15 5°   16 29°
17 58°   18 ③   19 ④   20 69°
21 $\dfrac{\sqrt{7}}{4}$ 22 $4\sqrt{3}$ cm   23 ④   24 $\dfrac{4}{5}$
25 68°   26 100°   27 ①   28 ③
29 ③   30 ③   31 ⑤   32 12π
33 ②   34 ⑤   35 90°   36 30°
37 $\dfrac{4}{9}$배   38 105°   39 ④   40 70°
41 52°   42 95°   43 ①   44 ②
45 116°   46 ⑤   47 60°   48 ①
49 130°   50 ②   51 120°   52 30°
53 93°   54 ④   55 ③   56 45°
57 36°   58 62°   59 ⑤   60 ③
61 164°   62 ④   63 ②, ④   64 35°
65 38°   66 ⑤   67 ④   68 ⑤
69 ①   70 65°   71 ①   72 20°
73 ①   74 98°   75 ④   76 50°
77 ②   78 40°   79 $8\sqrt{3}$ cm   80 45°
81 ④   82 ②   83 ③   84 ⑤
85 65°

서술형 ▪92쪽~93쪽

01 65°   01-1 84°   01-2 2 cm   02 45°
02-1 40°   03 $\angle x=71°$, $\angle y=109°$ 04 12 cm
05 65°   06 $\angle x=50°$, $\angle y=30°$ 07 40°
08 (1) 35° (2) 90° (3) 20°

실전 중단원 학교 시험 ❶회   94쪽~97쪽

01 ⑤   02 ②   03 ④   04 ⑤   05 ④
06 ①   07 ④   08 ④   09 ④   10 ③
11 ③   12 ①   13 ②   14 ③   15 ②
16 ①   17 ④   18 ③   19 110°
20 (1) 30° (2) 100°   21 5 cm   22 110°   23 30°

실전 중단원 학교 시험 2회
98쪽~101쪽

01 ②	02 ④	03 ③	04 ③	05 ②
06 ⑤	07 ②	08 ④	09 ⑤	10 ①
11 ④	12 ②	13 ②	14 ③	15 ①, ④
16 ④	17 ②	18 ①	19 35°	20 22°
21 75°	22 70°			
23 (1) $\angle CEF=45°$, $\angle CFE=45°$ (2) 90° (3) 56°				

교과서 속 특이 문제
102쪽

01 180°	02 $\left(25\sqrt{3}+\dfrac{250}{3}\pi\right) \text{m}^2$	03 $9\sqrt{3} \text{ cm}^2$
04 100°	05 109°	06 $4\sqrt{7}$

부록

고난도 50
104쪽~112쪽

01 $\dfrac{3}{2}$	02 $3\sqrt{10}$	03 $\dfrac{\sqrt{3}}{5}$	04 $\dfrac{21}{2}$
05 $\dfrac{\sqrt{21}}{14}$	06 $\dfrac{3\sqrt{3}}{2}$	07 $(2\sqrt{3}-2) \text{ cm}$	
08 $\sqrt{2}+1$	09 3	10 $\dfrac{3}{2}$	11 $\dfrac{3}{4}$
12 9.6	13 4000 m	14 $\dfrac{\sqrt{3}}{3}$	
15 $(5+5\sqrt{2}) \text{ m}$		16 $20\sqrt{13}$	17 $12(4-\sqrt{3})$
18 $3\sqrt{6}-3\sqrt{2}$	19 $\dfrac{3\sqrt{57}}{38}$	20 $\dfrac{13\sqrt{3}}{4} \text{ cm}^2$	
21 $\sqrt{43}$	22 $25+\dfrac{25\sqrt{3}}{2}$		23 43 cm^2
24 $\dfrac{99}{4}$	25 8 % 증가하였다.		26 $\sqrt{73} \text{ cm}$
27 $\dfrac{100}{3}\pi-25\sqrt{3}$		28 $9\sqrt{3}+3\pi$	29 $6\sqrt{7} \text{ cm}$
30 3 cm	31 9	32 $(100-25\pi) \text{ cm}^2$	
33 12π	34 $\dfrac{40}{13}$	35 $\dfrac{4}{3}\pi-\sqrt{3}$	
36 $\dfrac{1+\sqrt{5}}{2} \text{ cm}$	37 8°	38 14	
39 $3\pi-\dfrac{9\sqrt{3}}{4}$	40 $\dfrac{10\sqrt{5}}{3}$	41 100	42 6π
43 69°	44 540°	45 $\sqrt{2}$	46 6개
47 103°	48 $\dfrac{36}{5}\pi$	49 84°	
50 $\angle x=57°$, $\angle y=54°$, $\angle z=111°$			

중간고사 대비 실전 모의고사 1회
113쪽~116쪽

01 ③	02 ①	03 ③	04 ③	05 ⑤
06 ⑤	07 ⑤	08 ④	09 ⑤	10 ④
11 ⑤	12 ④	13 ②	14 ③	15 ③
16 ②	17 ④	18 ④	19 $\dfrac{\sqrt{3}}{4}$	
20 $12\sqrt{3} \text{ cm}^3$		21 $4\sqrt{7} \text{ cm}$	22 35°	23 70°

중간고사 대비 실전 모의고사 2회
117쪽~120쪽

01 ⑤	02 ④	03 ④	04 ③	05 ①
06 ④	07 ①	08 ①	09 ④	10 ③
11 ④	12 ②	13 ④	14 ③	15 ⑤
16 ①	17 ③	18 ④	19 $\dfrac{\sqrt{5}}{3}$	
20 $9\sqrt{3}\pi \text{ cm}^3$		21 2 cm	22 140°	23 66°

중간고사 대비 실전 모의고사 3회
121쪽~124쪽

01 ③	02 ②	03 ⑤	04 ②	05 ④
06 ①	07 ①	08 ③	09 ①	10 ④
11 ⑤	12 ④	13 ④	14 ③	15 ③
16 ④	17 ①	18 ②	19 $\dfrac{27}{2}$	
20 $27+\dfrac{9\sqrt{3}}{2}$		21 $\sqrt{70}$	22 64°	
23 (1) 124° (2) 68° (3) 192°				

중간고사 대비 실전 모의고사 4회
125쪽~128쪽

01 ③	02 ②	03 ①	04 ④	05 ④
06 ②	07 ③	08 ⑤	09 ⑤	10 ③
11 ④	12 ④	13 ⑤	14 ②	15 ④
16 ①	17 ②	18 ③	19 $\sqrt{2}-1$	20 $6\sqrt{2}$
21 $24-4\pi$	22 $\dfrac{2}{5}$	23 (1) 28° (2) 130° (3) 158°		

중간고사 대비 실전 모의고사 5회
129쪽~132쪽

01 ①	02 ②	03 ⑤	04 ③	05 ②
06 ⑤	07 ③	08 ②	09 ①	10 ④
11 ④	12 ①	13 ②	14 ③	15 ①
16 ④	17 ③	18 ②	19 1.7797	
20 (1) 150° (2) $15\pi \text{ cm}^2$ (3) 9 cm^2 (4) $(15\pi-9) \text{ cm}^2$				
21 $\dfrac{192}{25}$	22 58°	23 26°		

1 삼각비

V. 삼각비

8쪽~9쪽

개념 check

1 답 $\sin A = \dfrac{5}{13}$, $\cos A = \dfrac{12}{13}$, $\tan A = \dfrac{5}{12}$,

$\sin C = \dfrac{12}{13}$, $\cos C = \dfrac{5}{13}$, $\tan C = \dfrac{12}{5}$

$\overline{AC} = 13$, $\overline{BC} = 5$이므로

$\overline{AB} = \sqrt{13^2 - 5^2} = \sqrt{144} = 12$

$\therefore \sin A = \dfrac{\overline{BC}}{\overline{AC}} = \dfrac{5}{13}$

$\cos A = \dfrac{\overline{AB}}{\overline{AC}} = \dfrac{12}{13}$

$\tan A = \dfrac{\overline{BC}}{\overline{AB}} = \dfrac{5}{12}$

$\sin C = \dfrac{\overline{AB}}{\overline{AC}} = \dfrac{12}{13}$

$\cos C = \dfrac{\overline{BC}}{\overline{AC}} = \dfrac{5}{13}$

$\tan C = \dfrac{\overline{AB}}{\overline{BC}} = \dfrac{12}{5}$

2 답 (1) $\overline{AC}$, $\overline{BD}$, $\overline{BC}$ (2) $\overline{AB}$, $\overline{AB}$, $\overline{BD}$ (3) $\overline{AB}$, $\overline{BD}$, $\overline{BD}$

$\triangle ABC \circlearrowright \triangle ADB \circlearrowright \triangle BDC$ (AA 닮음)

(1) $\sin A = \dfrac{\overline{BC}}{\overline{AC}} = \dfrac{\overline{BD}}{\overline{AB}} = \dfrac{\overline{CD}}{\overline{BC}}$

(2) $\cos A = \dfrac{\overline{AB}}{\overline{AC}} = \dfrac{\overline{AD}}{\overline{AB}} = \dfrac{\overline{BD}}{\overline{BC}}$

(3) $\tan A = \dfrac{\overline{BC}}{\overline{AB}} = \dfrac{\overline{BD}}{\overline{AD}} = \dfrac{\overline{CD}}{\overline{BD}}$

3 답 (1) $x = 2\sqrt{2}$, $y = 4$ (2) $x = 4\sqrt{3}$, $y = 8\sqrt{3}$

(1) $\tan 45° = \dfrac{2\sqrt{2}}{x} = 1$ $\therefore x = 2\sqrt{2}$

$\sin 45° = \dfrac{2\sqrt{2}}{y} = \dfrac{\sqrt{2}}{2}$, $\sqrt{2}y = 4\sqrt{2}$ $\therefore y = 4$

(2) $\tan 60° = \dfrac{12}{x} = \sqrt{3}$, $\sqrt{3}x = 12$ $\therefore x = 4\sqrt{3}$

$\sin 60° = \dfrac{12}{y} = \dfrac{\sqrt{3}}{2}$, $\sqrt{3}y = 24$ $\therefore y = 8\sqrt{3}$

4 답 (1) 0.6428 (2) 0.7660 (3) 0.8391

(1) $\sin 40°$의 값은 빗변의 길이가 1인 직각삼각형의 높이와 같으므로 $\sin 40° = 0.6428$

(2) $\cos 40°$의 값은 빗변의 길이가 1인 직각삼각형의 밑변의 길이와 같으므로 $\cos 40° = 0.7660$

(3) $\tan 40°$의 값은 밑변의 길이가 1인 직각삼각형의 높이와 같으므로 $\tan 40° = 0.8391$

5 답 (1) 0 (2) 1

(1) $\sin 0° + \cos 90° = 0 + 0 = 0$

(2) $\sin 90° \times \cos 0° - \tan 0° = 1 \times 1 - 0 = 1$

6 답 (1) 0.3584 (2) 0.9205 (3) 0.4663

7 답 (1) $20°$ (2) $24°$ (3) $23°$

기출 유형

○10쪽~19쪽

유형 01 삼각비의 값

10쪽

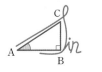

(1) $\sin A = \dfrac{\overline{BC}}{\overline{AC}}$ (2) $\cos A = \dfrac{\overline{AB}}{\overline{AC}}$ (3) $\tan A = \dfrac{\overline{BC}}{\overline{AB}}$

01 답 ④

$\overline{BC} = \sqrt{3^2 - (\sqrt{3})^2} = \sqrt{6}$

④ $\tan A = \dfrac{\overline{BC}}{\overline{AB}} = \dfrac{\sqrt{6}}{\sqrt{3}} = \sqrt{2}$

02 답 ②

$\overline{BC} = \sqrt{4^2 + 6^2} = \sqrt{52} = 2\sqrt{13}$

$\therefore \sin B = \dfrac{\overline{AC}}{\overline{BC}} = \dfrac{6}{2\sqrt{13}} = \dfrac{3\sqrt{13}}{13}$

$\cos B = \dfrac{\overline{AB}}{\overline{BC}} = \dfrac{4}{2\sqrt{13}} = \dfrac{2\sqrt{13}}{13}$

$\therefore \sin B \times \cos B = \dfrac{3\sqrt{13}}{13} \times \dfrac{2\sqrt{13}}{13} = \dfrac{6}{13}$

03 답 $\dfrac{\sqrt{5}}{5}$

$\overline{AB} = 2k$, $\overline{AC} = k\,(k > 0)$라 하면

$\overline{BC} = \sqrt{(2k)^2 + k^2} = \sqrt{5}k$

$\therefore \sin B = \dfrac{\overline{AC}}{\overline{BC}} = \dfrac{k}{\sqrt{5}k} = \dfrac{1}{\sqrt{5}} = \dfrac{\sqrt{5}}{5}$

04 답 $\dfrac{5}{12}$

$\triangle ADC$에서 $\overline{AC} = \sqrt{6^2 - (\sqrt{11})^2} = \sqrt{25} = 5$

$\triangle ABC$에서 $\overline{BC} = \sqrt{13^2 - 5^2} = \sqrt{144} = 12$

$\therefore \tan B = \dfrac{\overline{AC}}{\overline{BC}} = \dfrac{5}{12}$

유형 02 삼각비를 이용하여 삼각형의 변의 길이 구하기

10쪽

❶ 주어진 삼각비의 값을 이용하여 삼각형의 변의 길이를 구한다.

❷ 피타고라스 정리를 이용하여 나머지 한 변의 길이를 구한다.

05 답 $2\sqrt{7}$

$\sin A = \dfrac{\overline{BC}}{8} = \dfrac{3}{4}$이므로 $\overline{BC} = 6$

$\therefore \overline{AC} = \sqrt{8^2 - 6^2} = \sqrt{28} = 2\sqrt{7}$

06 답 24

$\cos B = \dfrac{\overline{BC}}{10} = \dfrac{4}{5}$이므로 $\overline{BC} = 8$

$\therefore \overline{AC} = \sqrt{10^2 - 8^2} = \sqrt{36} = 6$

$\therefore \triangle ABC = \dfrac{1}{2} \times 8 \times 6 = 24$

07 답 $\dfrac{5}{6}$

$\cos A = \dfrac{10}{\overline{AC}} = \dfrac{5}{6}$이므로 $\overline{AC} = 12$

$\therefore \overline{BC} = \sqrt{12^2 - 10^2} = \sqrt{44} = 2\sqrt{11}$

$\cos C = \dfrac{2\sqrt{11}}{12}$, $\tan C = \dfrac{10}{2\sqrt{11}}$이므로

$\cos C \times \tan C = \dfrac{2\sqrt{11}}{12} \times \dfrac{10}{2\sqrt{11}} = \dfrac{5}{6}$

08 답 $\dfrac{\sqrt{5}}{3}$

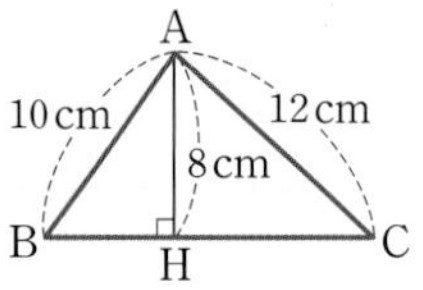

오른쪽 그림과 같이 꼭짓점 A에서 $\overline{BC}$
에 내린 수선의 발을 H라 하면
$\triangle ABH$에서

$\sin B = \dfrac{\overline{AH}}{10} = \dfrac{4}{5}$이므로 $\overline{AH} = 8\,(\mathrm{cm})$

$\triangle AHC$에서 $\overline{CH} = \sqrt{12^2 - 8^2} = \sqrt{80} = 4\sqrt{5}\,(\mathrm{cm})$

$\therefore \cos C = \dfrac{\overline{CH}}{\overline{AC}} = \dfrac{4\sqrt{5}}{12} = \dfrac{\sqrt{5}}{3}$

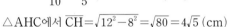

유형 03 한 삼각비의 값을 알 때, 다른 삼각비의 값 구하기 11쪽

❶ 주어진 삼각비의 값을 만족시키는 직각삼각형을 그린다.
❷ 피타고라스 정리를 이용하여 나머지 한 변의 길이를 구한다.
❸ 다른 삼각비의 값을 구한다.

09 답 $\dfrac{7}{17}$

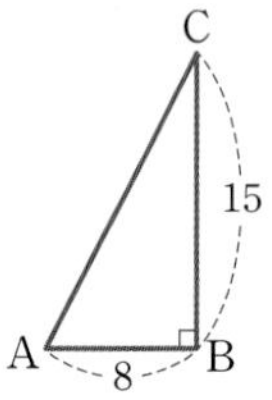

$\tan A = \dfrac{15}{8}$이므로 오른쪽 그림과 같은 직각
삼각형 ABC를 그릴 수 있다.
$\overline{AC} = \sqrt{8^2 + 15^2} = \sqrt{289} = 17$이므로

$\sin A = \dfrac{15}{17}$, $\cos A = \dfrac{8}{17}$

$\therefore \sin A - \cos A = \dfrac{15}{17} - \dfrac{8}{17} = \dfrac{7}{17}$

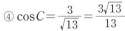

10 답 ④

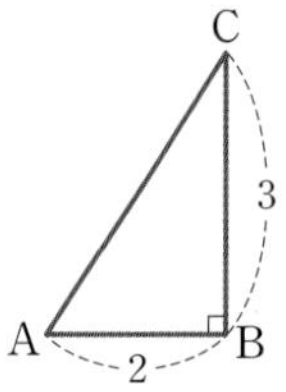

$\tan A = \dfrac{3}{2}$이므로 오른쪽 그림과 같은 직각
삼각형 ABC를 그릴 수 있다.
$\overline{AC} = \sqrt{2^2 + 3^2} = \sqrt{13}$이므로

④ $\cos C = \dfrac{3}{\sqrt{13}} = \dfrac{3\sqrt{13}}{13}$

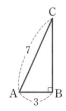

11 답 ②

$7\cos A - 3 = 0$에서 $\cos A = \dfrac{3}{7}$이므로 오른쪽
그림과 같은 직각삼각형 ABC를 그릴 수 있다.
$\overline{BC} = \sqrt{7^2 - 3^2} = \sqrt{40} = 2\sqrt{10}$이므로

$\tan A = \dfrac{2\sqrt{10}}{3}$

12 답 $\dfrac{4}{5}$

$9x^2 - 12x + 4 = 0$에서 $(3x-2)^2 = 0$ $\therefore x = \dfrac{2}{3}$

즉, $\cos A = \dfrac{2}{3}$이므로 오른쪽 그림과 같은
직각삼각형 ABC를 그릴 수 있다.
$\overline{BC} = \sqrt{3^2 - 2^2} = \sqrt{5}$이므로

$\sin A = \dfrac{\sqrt{5}}{3}$, $\tan A = \dfrac{\sqrt{5}}{2}$

$\sin(90° - A) = \sin C = \dfrac{2}{3}$이므로

$\dfrac{\sin(90° - A)}{\sin A \times \tan A} = \dfrac{2}{3} \div \left(\dfrac{\sqrt{5}}{3} \times \dfrac{\sqrt{5}}{2}\right)$

$= \dfrac{2}{3} \div \dfrac{5}{6} = \dfrac{2}{3} \times \dfrac{6}{5} = \dfrac{4}{5}$

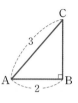

유형 04 직선의 방정식과 삼각비 11쪽

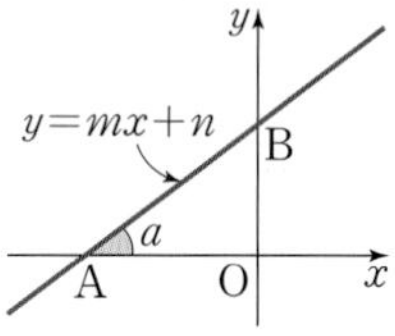

직선 $y = mx + n$과 x축이 이루는 예
각의 크기를 a라 할 때
❶ 직선과 x축, y축과의 교점 A, B의
좌표를 각각 구한다.
❷ 직각삼각형 AOB에서

$\sin a = \dfrac{\overline{BO}}{\overline{AB}}$, $\cos a = \dfrac{\overline{AO}}{\overline{AB}}$, $\tan a = \dfrac{\overline{BO}}{\overline{AO}}$

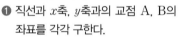

13 답 ⑤

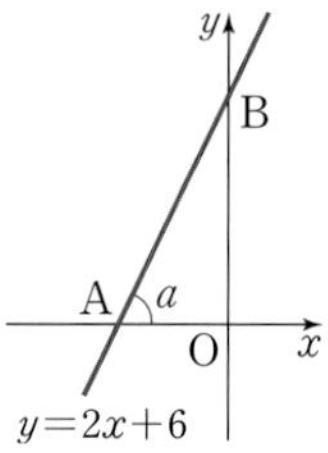

오른쪽 그림과 같이 직선 $y = 2x + 6$이 x축,
y축과 만나는 점을 각각 A, B라 하자.
$y = 2x + 6$에 $y = 0$을 대입하면
$0 = 2x + 6$ $\therefore x = -3$
또, $x = 0$을 대입하면 $y = 6$
따라서 A$(-3,\,0)$, B$(0,\,6)$이므로
$\overline{AO} = 3$, $\overline{BO} = 6$

$\therefore \tan a = \dfrac{\overline{BO}}{\overline{AO}} = \dfrac{6}{3} = 2$

14 답 $\dfrac{3\sqrt{5}}{5}$

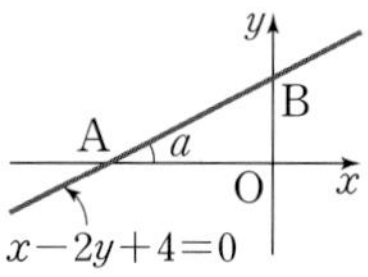

오른쪽 그림과 같이 일차방정식
$x - 2y + 4 = 0$의 그래프가 x축, y축과
만나는 점을 각각 A, B라 하자.
$x - 2y + 4 = 0$에 $y = 0$을 대입하면
$x + 4 = 0$ $\therefore x = -4$
또, $x = 0$을 대입하면 $-2y + 4 = 0$ $\therefore y = 2$
따라서 A$(-4,\,0)$, B$(0,\,2)$이므로 $\overline{AO} = 4$, $\overline{BO} = 2$
$\triangle AOB$에서 $\overline{AB} = \sqrt{4^2 + 2^2} = \sqrt{20} = 2\sqrt{5}$이므로

$\sin a = \dfrac{2}{2\sqrt{5}} = \dfrac{\sqrt{5}}{5}$, $\cos a = \dfrac{4}{2\sqrt{5}} = \dfrac{2\sqrt{5}}{5}$

$\therefore \sin a + \cos a = \dfrac{\sqrt{5}}{5} + \dfrac{2\sqrt{5}}{5} = \dfrac{3\sqrt{5}}{5}$

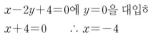

15 답 $\dfrac{1}{20}$

오른쪽 그림과 같이 일차방정식
$3x-4y+12=0$의 그래프와 x축, y축
의 교점을 각각 A, B라 하자.

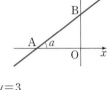

$3x-4y+12=0$에 $y=0$을 대입하면
$3x+12=0$ $\therefore x=-4$
$x=0$을 대입하면 $-4y+12=0$ $\therefore y=3$
따라서 $\overline{OA}=4$, $\overline{OB}=3$이므로 $\overline{AB}=\sqrt{4^2+3^2}=5$
$\therefore \cos a-\tan a=\dfrac{4}{5}-\dfrac{3}{4}=\dfrac{1}{20}$

유형 05 직각삼각형의 닮음과 삼각비 (1)   12쪽

$\angle A=90°$인 직각삼각형 ABC에서
$\overline{AD}\perp\overline{BC}$일 때
$\triangle ABC\backsim\triangle DBA\backsim\triangle DAC$
       (AA 닮음)
→ $\angle ABC=\angle DAC$
   $\angle ACB=\angle DAB$

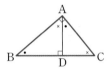

참고 닮음인 두 직각삼각형에서 대응각에 대한 삼각비의 값은 일
정함을 이용하여 삼각비의 값을 구한다.

---

16 답 ③

$\triangle ABC$에서 $\overline{BC}=\sqrt{4^2+3^2}=\sqrt{25}=5$
$\triangle ABC\backsim\triangle DBA$(AA 닮음)이므로 $\angle ACB=x$
또, $\triangle ABC\backsim\triangle DAC$(AA 닮음)이므로 $\angle ABC=y$
따라서 $\sin x=\sin C=\dfrac{4}{5}$, $\sin y=\sin B=\dfrac{3}{5}$이므로
$\sin x-\sin y=\dfrac{4}{5}-\dfrac{3}{5}=\dfrac{1}{5}$

17 답 ②

$\triangle ABC\backsim\triangle ADB$(AA 닮음)이므로 $\angle ACB=x$
따라서 $\tan x=\tan C=\dfrac{\overline{AB}}{3}=\sqrt{2}$이므로 $\overline{AB}=3\sqrt{2}$
$\triangle ABC$에서 $\overline{AC}=\sqrt{(3\sqrt{2})^2+3^2}=\sqrt{27}=3\sqrt{3}$

18 답 $\dfrac{3}{5}$

$\triangle BAD\backsim\triangle BHA$(AA 닮음)이므로 $\angle ADB=x$
$\triangle ABD$에서 $\overline{BD}=\sqrt{12^2+9^2}=\sqrt{225}=15$이므로
$\cos x=\dfrac{12}{15}=\dfrac{4}{5}$, $\tan x=\dfrac{9}{12}=\dfrac{3}{4}$
$\therefore \cos x\times\tan x=\dfrac{4}{5}\times\dfrac{3}{4}=\dfrac{3}{5}$

유형 06 직각삼각형의 닮음과 삼각비 (2)   12쪽

$\angle A=90°$인 직각삼각형 ABC에서
$\overline{DE}\perp\overline{BC}$일 때
$\triangle ABC\backsim\triangle EBD$ (AA 닮음)
→ $\angle ACB=\angle EDB$

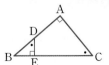

---

19 답 $\dfrac{3}{5}$

$\triangle ABC\backsim\triangle EDC$(AA 닮음)이므로 $\angle EDC=x$
$\triangle DEC$에서 $\overline{DC}=\sqrt{6^2+8^2}=\sqrt{100}=10$
$\therefore \cos x=\dfrac{6}{10}=\dfrac{3}{5}$

20 답 $\dfrac{1+\sqrt{3}}{2}$

$\triangle ABC\backsim\triangle AED$(AA 닮음)이므로 $\angle B=\angle AED$
$\triangle ADE$에서 $\overline{AD}=\sqrt{6^2-3^2}=\sqrt{27}=3\sqrt{3}$이므로
$\cos B=\cos(\angle AED)=\dfrac{3}{6}=\dfrac{1}{2}$
$\cos C=\cos(\angle ADE)=\dfrac{3\sqrt{3}}{6}=\dfrac{\sqrt{3}}{2}$
$\therefore \cos B+\cos C=\dfrac{1}{2}+\dfrac{\sqrt{3}}{2}=\dfrac{1+\sqrt{3}}{2}$

21 답 $3\sqrt{2}$

$\triangle ABC\backsim\triangle AED$(AA 닮음)이므로 $\angle C=\angle ADE$
$\cos C=\cos(\angle ADE)=\dfrac{1}{\overline{AD}}=\dfrac{\sqrt{3}}{3}$이므로 $\overline{AD}=\sqrt{3}$
$\triangle ADE$에서 $\overline{AE}=\sqrt{(\sqrt{3})^2-1^2}=\sqrt{2}$
이때 $\overline{AB}:\overline{AE}=\overline{AC}:\overline{AD}$이므로
$2\sqrt{3}:\sqrt{2}=\overline{AC}:\sqrt{3}$ $\therefore \overline{AC}=3\sqrt{2}$

22 답 ④

$\angle B=90°-\angle BDE=\angle EDA=90°-\angle EAD=\angle DAC$
이므로 $\triangle ABC\backsim\triangle EBD\backsim\triangle DBA\backsim\triangle EDA\backsim\triangle DAC$
$\therefore \sin B=\dfrac{\overline{AC}}{\overline{BC}}=\dfrac{\overline{DE}}{\overline{BD}}=\dfrac{\overline{AD}}{\overline{AB}}=\dfrac{\overline{AE}}{\overline{AD}}=\dfrac{\overline{CD}}{\overline{AC}}$

유형 07 입체도형과 삼각비   13쪽

입체도형의 내부에서 필요한 직각삼각형을 찾아 피타고라스 정
리를 이용하여 변의 길이를 구한다.

참고 직각삼각형 EFG에서
$\overline{EG}=\sqrt{\overline{EF}^2+\overline{FG}^2}$
직각삼각형 AEG에서
$\overline{AG}=\sqrt{\overline{AE}^2+\overline{EG}^2}$
    $=\sqrt{\overline{AE}^2+\overline{EF}^2+\overline{FG}^2}$

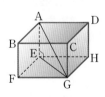

---

23 답 $\dfrac{\sqrt{6}}{3}$

$\triangle BFH$에서
$\overline{FH}=\sqrt{2^2+2^2}=2\sqrt{2}$, $\overline{BH}=\sqrt{2^2+2^2+2^2}=2\sqrt{3}$
$\therefore \cos x=\dfrac{\overline{FH}}{\overline{BH}}=\dfrac{2\sqrt{2}}{2\sqrt{3}}=\dfrac{\sqrt{6}}{3}$

24 답 ③

$\triangle AEG$에서
$\overline{EG}=\sqrt{4^2+3^2}=5$, $\overline{AG}=\sqrt{4^2+3^2+5^2}=5\sqrt{2}$
$\therefore \sin x=\dfrac{\overline{EG}}{\overline{AG}}=\dfrac{5}{5\sqrt{2}}=\dfrac{\sqrt{2}}{2}$

25 답 $\dfrac{5\sqrt{2}}{6}$

△CEG에서

$\overline{EG}=\sqrt{3^2+3^2}=3\sqrt{2}$ (cm), $\overline{CE}=\sqrt{3^2+3^2+3^2}=3\sqrt{3}$ (cm)

$\therefore \sin x=\dfrac{\overline{CG}}{\overline{CE}}=\dfrac{3}{3\sqrt{3}}=\dfrac{\sqrt{3}}{3}$

$\cos x=\dfrac{\overline{EG}}{\overline{CE}}=\dfrac{3\sqrt{2}}{3\sqrt{3}}=\dfrac{\sqrt{6}}{3}$

$\tan x=\dfrac{\overline{CG}}{\overline{EG}}=\dfrac{3}{3\sqrt{2}}=\dfrac{\sqrt{2}}{2}$

$\therefore \sin x \times \cos x+\tan x=\dfrac{\sqrt{3}}{3}\times\dfrac{\sqrt{6}}{3}+\dfrac{\sqrt{2}}{2}=\dfrac{5\sqrt{2}}{6}$

26 답 $\dfrac{4\sqrt{2}}{3}$

두 직각삼각형 ABM, DBM에서

$\overline{AM}=\overline{DM}=\sqrt{6^2-3^2}=\sqrt{27}=3\sqrt{3}$

오른쪽 그림과 같이 꼭짓점 A에서 $\overline{MD}$ 에 내린 수선의 발을 H라 하면 점 H는 △BCD의 무게중심이므로

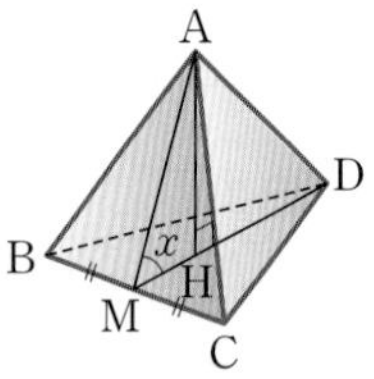

$\overline{MH}=\dfrac{1}{3}\overline{DM}=\dfrac{1}{3}\times3\sqrt{3}=\sqrt{3}$

△AMH에서

$\overline{AH}=\sqrt{(3\sqrt{3})^2-(\sqrt{3})^2}=\sqrt{24}=2\sqrt{6}$

$\therefore \tan x=\dfrac{2\sqrt{6}}{\sqrt{3}}=2\sqrt{2}$, $\sin x=\dfrac{2\sqrt{6}}{3\sqrt{3}}=\dfrac{2\sqrt{2}}{3}$

$\therefore \tan x-\sin x=2\sqrt{2}-\dfrac{2\sqrt{2}}{3}=\dfrac{4\sqrt{2}}{3}$

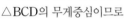
유형 08 특수한 각의 삼각비의 값   13쪽

(1) 45°에 대한 삼각비의 값은 한 내각의 크기가 45°인 직각삼각형의 세 변의 길이의 비 $\sqrt{2}$: 1 : 1로 기억한다.

(2) 30° 또는 60°에 대한 삼각비의 값은 한 내각의 크기가 30°인 직각삼각형의 세 변의 길이의 비 2 : 1 : $\sqrt{3}$으로 기억한다.

27 답 ④

① $\sin 30°+\cos 60°=\dfrac{1}{2}+\dfrac{1}{2}=1$

② $\tan 30°\times\tan 60°=\dfrac{\sqrt{3}}{3}\times\sqrt{3}=1$

③ $\sin 60°\div\cos 30°=\dfrac{\sqrt{3}}{2}\div\dfrac{\sqrt{3}}{2}=1$

④ $\cos 45°\times\sin 45°=\dfrac{\sqrt{2}}{2}\times\dfrac{\sqrt{2}}{2}=\dfrac{1}{2}$

⑤ $(\tan 45°-\sin 30°)\div\cos 60°=\left(1-\dfrac{1}{2}\right)\div\dfrac{1}{2}=1$

28 답 ②

$\sqrt{3}\cos 30°-\dfrac{\sqrt{2}\sin 45°\times\tan 45°}{\tan 30°\times\tan 60°}$

$=\sqrt{3}\times\dfrac{\sqrt{3}}{2}-\dfrac{\sqrt{2}\times\dfrac{\sqrt{2}}{2}\times 1}{\dfrac{\sqrt{3}}{3}\times\sqrt{3}}=\dfrac{3}{2}-1=\dfrac{1}{2}$

29 답 ④

ㄱ. $\sin 45°\div\cos 45°=\dfrac{\sqrt{2}}{2}\div\dfrac{\sqrt{2}}{2}=1=\tan 45°$

ㄴ. $\sin 30°+\cos 60°+\tan 30°\times\tan 60°$

$=\dfrac{1}{2}+\dfrac{1}{2}+\dfrac{\sqrt{3}}{3}\times\sqrt{3}=2$

ㄷ. $\sin 30°\times\tan 60°\div\cos 45°=\dfrac{1}{2}\times\sqrt{3}\div\dfrac{\sqrt{2}}{2}$

$=\dfrac{1}{2}\times\sqrt{3}\times\dfrac{2}{\sqrt{2}}$

$=\dfrac{\sqrt{6}}{2}$

ㄹ. $(\cos 30°+\sin 30°)\times(\sin 60°-\cos 60°)$

$=\left(\dfrac{\sqrt{3}}{2}+\dfrac{1}{2}\right)\times\left(\dfrac{\sqrt{3}}{2}-\dfrac{1}{2}\right)=\dfrac{3}{4}-\dfrac{1}{4}=\dfrac{1}{2}$

따라서 옳은 것은 ㄱ, ㄴ, ㄷ이다.

30 답 $3\sqrt{3}$

$\tan 30°=\dfrac{\sqrt{3}}{3}$이므로 $x=\dfrac{\sqrt{3}}{3}$을 주어진 이차방정식에 대입하면

$6\times\left(\dfrac{\sqrt{3}}{3}\right)^2-\dfrac{\sqrt{3}}{3}a+1=0$, $\dfrac{\sqrt{3}}{3}a=3$

$\therefore a=3\sqrt{3}$

유형 09 특수한 각의 삼각비를 이용하여 각의 크기 구하기   14쪽

어떤 예각에 대한 삼각비의 값이 30°, 45°, 60°의 삼각비의 값으로 주어지면 이를 만족시키는 예각의 크기를 구할 수 있다.

예) $0°<x<90°$일 때

① $\sin x=\dfrac{\sqrt{2}}{2}$이면 $\sin x=\sin 45°$ $\therefore x=45°$

② $\cos x=\dfrac{1}{2}$이면 $\cos x=\cos 60°$ $\therefore x=60°$

③ $\tan x=\dfrac{\sqrt{3}}{3}$이면 $\tan x=\tan 30°$ $\therefore x=30°$

31 답 ②

$\sin 60°=\dfrac{\sqrt{3}}{2}$이므로 $\cos(2x-10°)=\dfrac{\sqrt{3}}{2}$

이때 $0°<2x-10°<90°$이므로

$2x-10°=30°$, $2x=40°$ $\therefore x=20°$

32 답 1

$0°<3x-30°<90°$이므로

$3x-30°=60°$, $3x=90°$ $\therefore x=30°$

$\therefore \sin x+\cos 2x=\sin 30°+\cos 60°=\dfrac{1}{2}+\dfrac{1}{2}=1$

33 답 $\dfrac{\sqrt{3}}{3}$

$4x^2-4x+1=0$에서 $(2x-1)^2=0$ $\therefore x=\dfrac{1}{2}$

즉, $\sin A=\dfrac{1}{2}$이므로 $A=30°$ $\therefore \tan 30°=\dfrac{\sqrt{3}}{3}$

34 답 ③

$\cos A = \dfrac{7\sqrt{3}}{14} = \dfrac{\sqrt{3}}{2}$ 이므로 $\angle A = 30°$

유형 **10** 특수한 각의 삼각비를 이용하여 변의 길이 구하기 14쪽

(1) 특수한 각의 삼각비와 주어진 변의 길이를 이용하여 다른 한 변의 길이를 구한다.

(2) 피타고라스 정리를 이용하여 다른 변의 길이를 구할 수도 있다.

35 답 ⑤

△ABD에서 $\sin 30° = \dfrac{\overline{AD}}{6} = \dfrac{1}{2}$ 이므로 $\overline{AD} = 3$

△ADC에서 $\sin 45° = \dfrac{3}{\overline{AC}} = \dfrac{\sqrt{2}}{2}$ 이므로 $\overline{AC} = 3\sqrt{2}$

36 답 ②

△ABC에서 $\cos 30° = \dfrac{\overline{AC}}{12} = \dfrac{\sqrt{3}}{2}$ 이므로 $\overline{AC} = 6\sqrt{3}$

△DAC에서 $\cos 45° = \dfrac{\overline{AD}}{6\sqrt{3}} = \dfrac{\sqrt{2}}{2}$ 이므로 $\overline{AD} = 3\sqrt{6}$

37 답 ④

△ABC에서 $\tan 60° = \dfrac{\overline{BC}}{4} = \sqrt{3}$ 이므로 $\overline{BC} = 4\sqrt{3}$

△BCD에서 $\sin 45° = \dfrac{4\sqrt{3}}{\overline{BD}} = \dfrac{\sqrt{2}}{2}$ 이므로

$\sqrt{2}\,\overline{BD} = 8\sqrt{3}$ ∴ $\overline{BD} = 4\sqrt{6}$

38 답 $6\sqrt{3}$

$\angle BAD = 60° - 30° = 30°$ 이므로 $\overline{AD} = \overline{BD} = 6$

△ADC에서 $\sin 60° = \dfrac{\overline{AC}}{6} = \dfrac{\sqrt{3}}{2}$ 이므로 $\overline{AC} = 3\sqrt{3}$

△ABC에서 $\sin 30° = \dfrac{3\sqrt{3}}{\overline{AB}} = \dfrac{1}{2}$ 이므로 $\overline{AB} = 6\sqrt{3}$

39 답 $2\sqrt{6}$ cm

△DBC에서 $\tan 60° = \dfrac{\overline{BC}}{4} = \sqrt{3}$ 이므로 $\overline{BC} = 4\sqrt{3}$ cm

△ABC에서 $\cos 45° = \dfrac{\overline{AB}}{4\sqrt{3}} = \dfrac{\sqrt{2}}{2}$ 이므로 $\overline{AB} = 2\sqrt{6}$ cm

40 답 $\dfrac{3\sqrt{3}}{2}$ cm²

△ABC에서 $\sin 30° = \dfrac{\overline{AC}}{8} = \dfrac{1}{2}$ 이므로 $\overline{AC} = 4$ cm

이때 $\angle BAC = 180° - (90° + 30°) = 60°$ 이므로

△ADC에서 $\sin 60° = \dfrac{\overline{DC}}{4} = \dfrac{\sqrt{3}}{2}$ ∴ $\overline{DC} = 2\sqrt{3}$ cm

△ADC에서 $\angle ACD = 180° - (90° + 60°) = 30°$ 이고

$\angle DCE = 90° - 30° = 60°$ 이므로 △DEC에서

$\sin 60° = \dfrac{\overline{DE}}{2\sqrt{3}} = \dfrac{\sqrt{3}}{2}$ ∴ $\overline{DE} = 3$ cm

$\cos 60° = \dfrac{\overline{EC}}{2\sqrt{3}} = \dfrac{1}{2}$ ∴ $\overline{EC} = \sqrt{3}$ cm

∴ △DEC $= \dfrac{1}{2} \times 3 \times \sqrt{3} = \dfrac{3\sqrt{3}}{2}$ (cm²)

41 답 ④

△AEF에서 $\cos 30° = \dfrac{\overline{AE}}{16} = \dfrac{\sqrt{3}}{2}$ 이므로 $\overline{AE} = 8\sqrt{3}$ cm

△ADE에서 $\cos 30° = \dfrac{\overline{AD}}{8\sqrt{3}} = \dfrac{\sqrt{3}}{2}$ 이므로 $\overline{AD} = 12$ cm

△ACD에서 $\cos 30° = \dfrac{\overline{AC}}{12} = \dfrac{\sqrt{3}}{2}$ 이므로 $\overline{AC} = 6\sqrt{3}$ cm

△ABC에서 $\cos 30° = \dfrac{\overline{AB}}{6\sqrt{3}} = \dfrac{\sqrt{3}}{2}$ 이므로 $\overline{AB} = 9$ cm

$\sin 30° = \dfrac{\overline{BC}}{6\sqrt{3}} = \dfrac{1}{2}$ 이므로 $\overline{BC} = 3\sqrt{3}$ cm

∴ △ABC $= \dfrac{1}{2} \times 9 \times 3\sqrt{3} = \dfrac{27\sqrt{3}}{2}$ (cm²)

유형 **11** 특수한 각의 삼각비를 이용하여 다른 삼각비의 값 구하기 15쪽

특수한 각의 삼각비를 이용하여 변의 길이를 구한 후, 다른 삼각비의 값을 구한다.

42 답 ①

△ABD는 $\overline{AD} = \overline{BD}$ 인 이등변삼각형이므로

$\angle B = \angle BAD = \dfrac{1}{2} \times 30° = 15°$

△ADC에서 $\sin 30° = \dfrac{2}{\overline{AD}} = \dfrac{1}{2}$ 이므로 $\overline{AD} = 4$

∴ $\overline{BD} = \overline{AD} = 4$

$\tan 30° = \dfrac{2}{\overline{DC}} = \dfrac{\sqrt{3}}{3}$ 이므로 $\overline{DC} = 2\sqrt{3}$

∴ $\overline{BC} = \overline{BD} + \overline{DC} = 4 + 2\sqrt{3}$

따라서 △ABC에서

$\tan 15° = \dfrac{\overline{AC}}{\overline{BC}} = \dfrac{2}{4 + 2\sqrt{3}} = 2 - \sqrt{3}$

43 답 ③

△AOC에서

$\sin 45° = \dfrac{2}{\overline{OA}} = \dfrac{\sqrt{2}}{2}$ 이므로 $\overline{OA} = 2\sqrt{2}$

$\tan 45° = \dfrac{2}{\overline{OC}} = 1$ 이므로 $\overline{OC} = 2$

$\overline{OB} = \overline{OA} = 2\sqrt{2}$ 이므로 직각삼각형 ABC에서

$\tan x = \dfrac{\overline{AC}}{\overline{BC}} = \dfrac{2}{2 + 2\sqrt{2}} = \sqrt{2} - 1$

44 답 ④

$\angle BDC = 180° - (90° + 60°) = 30°$ 이므로

$\angle A = \angle ABD = 15°$ ∴ $\angle ABC = 60° + 15° = 75°$

△BCD에서

$\cos 60° = \dfrac{4}{\overline{BD}} = \dfrac{1}{2}$ 이므로 $\overline{BD} = 8$ ∴ $\overline{AD} = \overline{BD} = 8$

$\tan 60° = \dfrac{\overline{CD}}{4} = \sqrt{3}$ 이므로 $\overline{CD} = 4\sqrt{3}$

∴ $\tan 75° = \dfrac{\overline{AC}}{\overline{BC}} = \dfrac{8 + 4\sqrt{3}}{4} = 2 + \sqrt{3}$

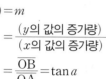 **유형 12** 직선의 기울기와 삼각비 16쪽

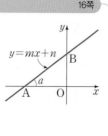

직선 $y=mx+n$이 x축의 양의 방향
과 이루는 각의 크기를 a라 할 때,
(직선의 기울기)$=m$

$$=\frac{(y의\ 값의\ 증가량)}{(x의\ 값의\ 증가량)}$$

$$=\frac{\overline{OB}}{\overline{OA}}=\tan a$$

45 답 ②

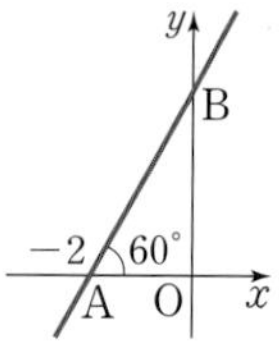

오른쪽 그림과 같이 직선 $y=ax+b$가 x축,
y축과 만나는 점을 각각 A, B라 하면 $\overline{AO}=2$
$\tan 60°=\frac{\overline{BO}}{2}=\sqrt{3}$이므로 $\overline{BO}=2\sqrt{3}$

즉, $a=\frac{2\sqrt{3}}{2}=\sqrt{3}$, $b=2\sqrt{3}$이므로

$b-a=2\sqrt{3}-\sqrt{3}=\sqrt{3}$

46 답 $y=\frac{\sqrt{3}}{3}x+3$

$\sin a=\frac{1}{2}$에서 $a=30°$이므로

(직선의 기울기)$=\tan 30°=\frac{\sqrt{3}}{3}$

그래프에서 y절편이 3이므로 구하는 직선의 방정식은

$y=\frac{\sqrt{3}}{3}x+3$

47 답 ③

$\sqrt{3}x-y+5=0$에서 $y=\sqrt{3}x+5$
$y=\sqrt{3}x+5$의 그래프가 x축의 양의 방향과 이루는 예각의 크기
를 a라 하면 $\tan a=\sqrt{3}$ ∴ $a=60°$

48 답 $y=x+4$

구하는 직선의 방정식을 $y=ax+b$라 하면 $a=\tan 45°=1$
직선 $y=x+b$가 점 $(-1, 3)$을 지나므로
$3=-1+b$ ∴ $b=4$
따라서 구하는 직선의 방정식은 $y=x+4$

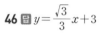 **유형 13** 사분원에서 예각의 삼각비의 값 16쪽

반지름의 길이가 1인 사분원에서

(1) $\sin x=\frac{\overline{AB}}{\overline{OA}}=\frac{\overline{AB}}{1}=\overline{AB}$

$\cos x=\frac{\overline{OB}}{\overline{OA}}=\frac{\overline{OB}}{1}=\overline{OB}$

$\tan x=\frac{\overline{CD}}{\overline{OD}}=\frac{\overline{CD}}{1}=\overline{CD}$

(2) $\overline{AB}/\!/\overline{CD}$이므로 $y=z$ (동위각)

$\sin z=\sin y=\frac{\overline{OB}}{\overline{OA}}=\frac{\overline{OB}}{1}=\overline{OB}$

$\cos z=\cos y=\frac{\overline{AB}}{\overline{OA}}=\frac{\overline{AB}}{1}=\overline{AB}$

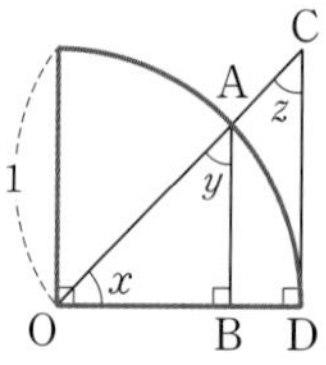

49 답 ①

$\cos 48°=\frac{\overline{OB}}{\overline{OA}}=\overline{OB}=0.6691$

50 답 ④

① $\sin x=\frac{\overline{AB}}{\overline{OA}}=\frac{\overline{AB}}{1}=\overline{AB}$

② $\sin y=\frac{\overline{OB}}{\overline{OA}}=\frac{\overline{OB}}{1}=\overline{OB}$

③ $\cos y=\frac{\overline{AB}}{\overline{OA}}=\frac{\overline{AB}}{1}=\overline{AB}$

④ $\cos z=\cos y=\overline{AB}$

⑤ $\tan x=\frac{\overline{CD}}{\overline{OD}}=\frac{\overline{CD}}{1}=\overline{CD}$

51 답 ⑤

$\angle OAB=90°-50°=40°$

① $\sin 40°=\frac{\overline{OB}}{\overline{OA}}=\overline{OB}=0.6428$

② $\cos 40°=\frac{\overline{AB}}{\overline{OA}}=\overline{AB}=0.7660$

③ $\sin 50°=\frac{\overline{AB}}{\overline{OA}}=\overline{AB}=0.7660$

④ $\cos 50°=\frac{\overline{OB}}{\overline{OA}}=\overline{OB}=0.6428$

⑤ $\tan 50°=\frac{\overline{CD}}{\overline{OD}}=\overline{CD}=1.1918$

52 답 ④

$\cos 70°=\frac{\overline{OH}}{\overline{OA}}=\frac{\overline{OH}}{1}=\overline{OH}$이므로

$\overline{BH}=\overline{OB}-\overline{OH}=1-\cos 70°$

53 답 ⑤

△COD에서 $\cos x=\frac{\overline{OD}}{\overline{OC}}=\frac{1}{\overline{OC}}$ ∴ $\overline{OC}=\frac{1}{\cos x}$

54 답 0.29

$\tan 55°=\overline{CD}=1.43$, $\cos 55°=\overline{OB}=0.57$
△AOB에서 $\angle OAB=180°-(90°+55°)=35°$이므로
$\sin 35°=\overline{OB}=0.57$
∴ $\tan 55°-(\sin 35°+\cos 55°)=1.43-(0.57+0.57)$
$=0.29$

55 답 $\frac{7\sqrt{7}}{6}$

△ABC에서

$\cos x=\frac{\overline{AC}}{\overline{AB}}=\frac{\overline{AC}}{4}=\frac{3}{4}$이므로 $\overline{AC}=3$

∴ $\overline{BC}=\sqrt{4^2-3^2}=\sqrt{7}$

$\tan x=\frac{\overline{BC}}{\overline{AC}}=\frac{\overline{DE}}{\overline{AE}}$이므로

$\frac{\sqrt{7}}{3}=\frac{\overline{DE}}{4}$ ∴ $\overline{DE}=\frac{4\sqrt{7}}{3}$

$\overline{CE}=\overline{AE}-\overline{AC}=4-3=1$

∴ □BCED$=\frac{1}{2}\times\left(\sqrt{7}+\frac{4\sqrt{7}}{3}\right)\times 1=\frac{7\sqrt{7}}{6}$

유형 14 0°, 90°의 삼각비의 값
17쪽

(1) 0°의 삼각비의 값

① $\sin 0°=0$　　② $\cos 0°=1$　　③ $\tan 0°=0$

(2) 90°의 삼각비의 값

① $\sin 90°=1$　　② $\cos 90°=0$

③ $\tan 90°$의 값은 정할 수 없다.

56 답 ⑤

① $\sin 0°+\cos 90°=0+0=0$

② $\sin 90°-\cos 0°=1-1=0$

③ $\cos 0°×(\sin 90°+\tan 45°)=1×(1+1)=2$

④ $\sin 0°-(1-\tan 0°)×(1+\cos 90°)$

　$=0-(1-0)×(1+0)=-1$

⑤ $(\sin 90°+\cos 45°)×(\cos 0°-\sin 45°)$

　$=\left(1+\dfrac{\sqrt{2}}{2}\right)×\left(1-\dfrac{\sqrt{2}}{2}\right)=1-\dfrac{1}{2}=\dfrac{1}{2}$

57 답 1

$2\sin 30°×\cos 0°-\sqrt{3}\tan 30°×\sin 0°$

$=2×\dfrac{1}{2}×1-\sqrt{3}×\dfrac{\sqrt{3}}{3}×0=1$

58 답 ④

ㄷ. $\tan 0°=0$

ㄹ. $\sin 90°+\cos 0°=1+1=2$

ㅁ. $\dfrac{\tan 0°}{\cos 0°}=\dfrac{0}{1}=0$

ㅂ. $\cos 90°-\sin 90°=0-1=-1$

따라서 옳지 않은 것은 ㄷ, ㄹ, ㅁ이다.

59 답 $\dfrac{\sqrt{3}}{2}+3$

$\sin 90°=1$이므로 $x=90°$

$\cos 0°=1$이므로 $y=0°$

$∴\left(\sin\dfrac{x}{3}+\tan\dfrac{2}{3}x\right)\left(2\cos\dfrac{x}{3}-\sin y+\tan y\right)$

$=(\sin 30°+\tan 60°)(2\cos 30°-\sin 0°+\tan 0°)$

$=\left(\dfrac{1}{2}+\sqrt{3}\right)\left(2×\dfrac{\sqrt{3}}{2}-0+0\right)$

$=\left(\dfrac{1}{2}+\sqrt{3}\right)×\sqrt{3}=\dfrac{\sqrt{3}}{2}+3$

유형 15 각의 크기에 따른 삼각비의 값의 대소 관계
18쪽

(1) $0°≤x≤90°$일 때, x의 크기가 증가하면

① $\sin x$의 값은 0에서 1까지 증가한다.

② $\cos x$의 값은 1에서 0까지 감소한다.

③ $\tan x$의 값은 0에서 무한히 증가한다.

(2) $\sin x$, $\cos x$, $\tan x$의 값의 대소 관계는

① $0°≤x<45°$이면 $\sin x<\cos x$

② $x=45°$이면 $\sin x=\cos x<\tan x$

③ $45°<x<90°$이면 $\cos x<\sin x<\tan x$

60 답 ⑤

⑤ $\tan 40°<\tan 55°$

61 답 ③

$45°<A<90°$이므로

$\dfrac{\sqrt{2}}{2}<\sin A<1,\ 0<\cos A<\dfrac{\sqrt{2}}{2},\ 1<\tan A$

$∴\cos A<\sin A<\tan A$

62 답 ②, ⑤

② $0°≤A≤90°$일 때, A의 크기가 커지면 $\cos A$의 값은 작아진다.

⑤ $\tan A$의 가장 작은 값은 $A=0°$일 때 0이고, 가장 큰 값은 정할 수 없다.

63 답 ㄹ

$\sin 45°<\sin 75°$, $\cos 70°<\cos 0°$, $\tan 50°<\tan 75°$

이때 $\cos 45°=\sin 45°$, $\sin 90°=\cos 0°=1$이므로

$\cos 70°<\cos 45°=\sin 45°<\sin 75°<\sin 90°=\cos 0°=1$

또, $\tan 45°=1$이므로

$1=\tan 45°<\tan 50°<\tan 75°$

$∴\cos 70°<\sin 45°<\sin 75°<\cos 0°<\tan 50°<\tan 75°$

따라서 세 번째로 작은 것은 ㄹ. $\sin 75°$이다.

유형 16 삼각비의 값의 대소 관계를 이용한 식의 계산
18쪽

근호 안의 삼각비의 값의 대소를 비교한 후, 제곱근의 성질을 이용하여 주어진 식을 정리한다.

$→\sqrt{a^2}=\begin{cases}a\ \ (a≥0)\\-a\ \ (a<0)\end{cases}$

64 답 ①

$0°<x<90°$일 때, $0<\cos x<1$이므로

$\cos x+1>0$, $\cos x-1<0$

$∴\sqrt{(\cos x+1)^2}+\sqrt{(\cos x-1)^2}$

$=(\cos x+1)-(\cos x-1)=2$

65 답 ④

$0°<A<45°$일 때, $0<\sin A<\cos A$이므로

$\sin A-\cos A<0$, $\sin A>0$

$∴\sqrt{(\sin A-\cos A)^2}+\sqrt{\sin^2 A}$

$=-(\sin A-\cos A)+\sin A$

$=\cos A$

66 답 $\dfrac{11\sqrt{5}}{15}$

$\sin A=\dfrac{2}{3}$이므로 오른쪽 그림과 같은 직각삼각형 ABC를 그릴 수 있다.

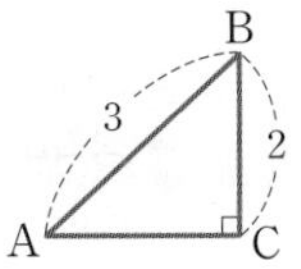

$\overline{AC}=\sqrt{3^2-2^2}=\sqrt{5}$이므로

$\tan A=\dfrac{2}{\sqrt{5}}=\dfrac{2\sqrt{5}}{5}$, $\cos A=\dfrac{\sqrt{5}}{3}$

$0°<A<90°$에서

$1+\tan A>0$, $1-\cos A>0$이므로

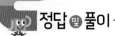

$$\sqrt{(1+\tan A)^2}-\sqrt{(1-\cos A)^2}=(1+\tan A)-(1-\cos A)$$
$$=\tan A+\cos A$$
$$=\frac{2\sqrt{5}}{5}+\frac{\sqrt{5}}{3}=\frac{11\sqrt{5}}{15}$$

67 답 ③

$45°<A<90°$일 때, $0<\cos A<\sin A$이므로

$\sin A-\cos A>0$, $\sin A+\cos A>0$

$$\therefore \sqrt{(\sin A-\cos A)^2}+\sqrt{(\sin A+\cos A)^2}$$
$$=(\sin A-\cos A)+(\sin A+\cos A)$$
$$=2\sin A=\sqrt{3}$$

즉, $\sin A=\dfrac{\sqrt{3}}{2}$이므로 $A=60°$ ($\because 45°<A<90°$)

$$\therefore \tan A=\tan 60°=\sqrt{3}$$

참고 $0°<A<45°$일 때는 $\sin A>0$, $\cos A>0$이고
$\sin A<\cos A$이다.

유형 **7** 삼각비의 표를 이용하여 삼각비의 값, 각의 크기 구하기   19쪽

예 $\cos x=0.7880$일 때, x의 크기는 $x=38°$

각도	sin	cos	tan
36°	0.5878	0.8090	0.7265
37°	0.6018	0.7986	0.7536
38°	0.6157	0.7880	0.7813
39°	0.6293	0.7771	0.8098

68 답 0.6893

$\sin 33°+\cos 35°-\tan 34°=0.5446+0.8192-0.6745$
$\qquad\qquad\qquad\qquad\qquad =0.6893$

69 답 0.5299

$\tan 32°=0.6249$이므로 $x=32°$

$$\therefore \sin x=\sin 32°=0.5299$$

70 답 50°

$\sin 26°=0.4384$이므로 $x=26°$, $\tan 24°=0.4452$이므로 $y=24°$

$$\therefore x+y=26°+24°=50°$$

유형 **8** 삼각비의 표를 이용하여 변의 길이 구하기   19쪽

예 오른쪽 그림의 직각삼각형 ABC에서
x, y의 값을 각각 구하시오.

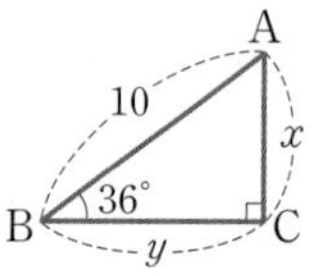

→ 삼각비의 표에서 $\sin 36°=0.5878$,
$\cos 36°=0.8090$임을 이용하면

$\sin 36°=\dfrac{x}{10}=0.5878$ $\therefore x=5.878$

$\cos 36°=\dfrac{y}{10}=0.8090$ $\therefore y=8.090$

---

71 답 14.037

$\angle A=180°-(90°+38°)=52°$이므로

$\cos 52°=\dfrac{\overline{AC}}{10}=0.6157$ $\therefore \overline{AC}=6.157$

$\sin 52°=\dfrac{\overline{BC}}{10}=0.7880$ $\therefore \overline{BC}=7.880$

$$\therefore \overline{AC}+\overline{BC}=6.157+7.880=14.037$$

오답 피하기
$\overline{BC}$의 길이를 구할 때, $\overline{AC}$의 길이와 $\tan 52°$를 이용하면 계산
이 복잡하므로 $\overline{AB}$의 길이와 $\sin 52°$를 이용하여 구하도록 한다.

72 답 ②

$\sin 55°=\dfrac{y}{50}=0.82$ $\therefore y=41$

$\cos 55°=\dfrac{x}{50}=0.57$ $\therefore x=28.5$

$$\therefore y-x=41-28.5=12.5$$

73 답 ③

$\cos x=\overline{OB}=0.59$이므로 $x=54°$

$\overline{AB}=\sin x$이므로 $\overline{AB}=\sin 54°=0.81$

서술형   ■20쪽~21쪽

01 답 $\dfrac{8}{17}$

채점 기준 1 직각삼각형을 그려 $\overline{AB}$의 길이 구하기 ⋯ 1점

$\sin A=\dfrac{8}{17}$이므로 오른쪽 그림과 같은 직각
삼각형 ABC를 그릴 수 있다.

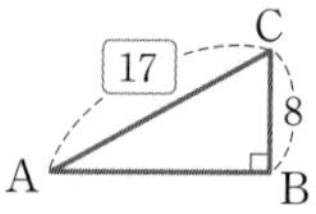

$$\therefore \overline{AB}=\sqrt{\boxed{17}^2-\boxed{8}^2}=\boxed{15}$$

채점 기준 2 $\cos A$, $\tan A$의 값 각각 구하기 ⋯ 2점

$$\cos A=\frac{\overline{AB}}{\overline{AC}}=\boxed{\frac{15}{17}}, \tan A=\frac{\overline{BC}}{\overline{AB}}=\boxed{\frac{8}{15}}$$

채점 기준 3 $\cos A\times\tan A$의 값 구하기 ⋯ 1점

$$\therefore \cos A\times\tan A=\frac{15}{17}\times\frac{8}{15}=\boxed{\frac{8}{17}}$$

01-1 답 $\dfrac{\sqrt{13}}{13}$

채점 기준 1 직각삼각형을 그려 빗변의 길이 구하기 ⋯ 1점

$\tan A=\dfrac{2}{3}$이므로 오른쪽 그림과 같은 직각
삼각형 ABC를 그릴 수 있다.

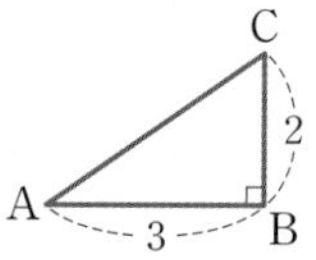

$$\therefore \overline{AC}=\sqrt{3^2+2^2}=\sqrt{13}$$

채점 기준 2 $\cos A$, $\sin A$의 값 각각 구하기 ⋯ 2점

$$\cos A=\frac{\overline{AB}}{\overline{AC}}=\frac{3\sqrt{13}}{13}, \sin A=\frac{\overline{BC}}{\overline{AC}}=\frac{2\sqrt{13}}{13}$$

채점 기준 3 $\cos A-\sin A$의 값 구하기 ⋯ 1점

$$\therefore \cos A-\sin A=\frac{3\sqrt{13}}{13}-\frac{2\sqrt{13}}{13}=\frac{\sqrt{13}}{13}$$

01-2 답 $\dfrac{3}{2}$

$2x^2-5x+3=0$에서 $(x-1)(2x-3)=0$

$\therefore x=1$ 또는 $x=\dfrac{3}{2}$ ...... ❶

즉, $\tan A=1$ 또는 $\tan A=\dfrac{3}{2}$

이때 $0°<A\le45°$이므로 $\tan A=1$

$\therefore A=45°$ ...... ❷

$\therefore \sin^2 A+\sqrt{2}\cos A=(\sin45°)^2+\sqrt{2}\times\cos45°$

$=\left(\dfrac{\sqrt{2}}{2}\right)^2+\sqrt{2}\times\dfrac{\sqrt{2}}{2}=\dfrac{1}{2}+1=\dfrac{3}{2}$ ...... ❸

채점 기준	배점
❶ 이차방정식 $2x^2-5x+3=0$의 해 구하기	1점
❷ A의 크기 구하기	3점
❸ $\sin^2 A+\sqrt{2}\cos A$의 값 구하기	2점

02 답 $\dfrac{8\sqrt{3}}{3}$

채점 기준 1 $\overline{AD}$의 길이 구하기 … 3점

△ABD에서

$\sin45°=\dfrac{\overline{AD}}{\boxed{4\sqrt{2}}}=\boxed{\dfrac{\sqrt{2}}{2}}$이므로 $\overline{AD}=\boxed{4}$

채점 기준 2 $\overline{AC}$의 길이 구하기 … 3점

△ADC에서

$\sin60°=\dfrac{\boxed{4}}{\overline{AC}}=\boxed{\dfrac{\sqrt{3}}{2}}$이므로 $\overline{AC}=\boxed{\dfrac{8\sqrt{3}}{3}}$

02-1 답 $10\sqrt{3}$

채점 기준 1 $\overline{BC}$의 길이 구하기 … 2점

△ABC에서 $\tan30°=\dfrac{15}{\overline{BC}}=\dfrac{\sqrt{3}}{3}$이므로

$\overline{BC}=15\sqrt{3}$

채점 기준 2 $\overline{CD}$의 길이 구하기 … 2점

△ADC에서 $\tan60°=\dfrac{15}{\overline{CD}}=\sqrt{3}$이므로

$\overline{CD}=5\sqrt{3}$

채점 기준 3 $\overline{BD}$의 길이 구하기 … 2점

$\therefore \overline{BD}=\overline{BC}-\overline{CD}=15\sqrt{3}-5\sqrt{3}=10\sqrt{3}$

03 답 21

$\sin B=\dfrac{\overline{AC}}{15}=\dfrac{3}{5}$이므로 $\overline{AC}=9$ ...... ❶

$\therefore \overline{AB}=\sqrt{15^2-9^2}=\sqrt{144}=12$ ...... ❷

$\therefore \overline{AB}+\overline{AC}=12+9=21$ ...... ❸

채점 기준	배점
❶ $\overline{AC}$의 길이 구하기	2점
❷ $\overline{AB}$의 길이 구하기	1점
❸ $\overline{AB}+\overline{AC}$의 길이 구하기	1점

04 답 $4\sqrt{2}$

△ABC∽△CBD(AA 닮음)이므로 $\angle A=x$

△ACD에서 $\cos x=\dfrac{\overline{AD}}{6}=\dfrac{1}{3}$ $\therefore \overline{AD}=2$ ...... ❶

$\therefore \overline{CD}=\sqrt{6^2-2^2}=\sqrt{32}=4\sqrt{2}$ ...... ❷

채점 기준	배점
❶ $\overline{AD}$의 길이 구하기	2점
❷ $\overline{CD}$의 길이 구하기	2점

05 답 (1) $30°$ (2) 1

(1) $\tan30°=\dfrac{\sqrt{3}}{3}$이므로 $A=30°$ ...... ❶

(2) $\sin A=\sin30°=\dfrac{1}{2}$, $\cos2A=\cos60°=\dfrac{1}{2}$

$\therefore \sin A+\cos2A=\dfrac{1}{2}+\dfrac{1}{2}=1$ ...... ❷

채점 기준	배점
❶ A의 크기 구하기	2점
❷ $\sin A+\cos2A$의 값 구하기	2점

06 답 $-\dfrac{1}{2}$

$\sin90°=1$, $\cos45°=\dfrac{\sqrt{2}}{2}$, $\sin45°=\dfrac{\sqrt{2}}{2}$, $\cos0°=1$,

$\tan45°=1$이므로 ...... ❶

$\sin90°+\cos45°\times\sin45°-\cos0°-\tan45°$

$=1+\dfrac{\sqrt{2}}{2}\times\dfrac{\sqrt{2}}{2}-1-1=1+\dfrac{1}{2}-2=-\dfrac{1}{2}$ ...... ❷

채점 기준	배점
❶ 각각의 삼각비의 값 구하기	5점
❷ 주어진 식 바르게 계산하기	1점

07 답 $y=\dfrac{12}{5}x-5$

$\cos a=\dfrac{5}{13}$이므로 오른쪽 그림과 같은 직각삼각형

ABC를 그릴 수 있다.

$\overline{BC}=\sqrt{13^2-5^2}=\sqrt{144}=12$이므로

$\tan a=\dfrac{\overline{BC}}{\overline{AB}}=\dfrac{12}{5}$ ...... ❶

이때 $\tan a=\dfrac{12}{5}$가 직선의 기울기이고 y절편이 -5이므로 구

하는 직선의 방정식은 $y=\dfrac{12}{5}x-5$ ...... ❷

채점 기준	배점
❶ $\tan a$의 값 구하기	3점
❷ 직선의 방정식 구하기	3점

08 답 (1) $\sin49°=0.75$, $\cos49°=0.66$, $\tan49°=1.15$

　　　(2) $\sin41°=0.66$, $\cos41°=0.75$

(1) $\sin49°=\dfrac{\overline{AB}}{\overline{OA}}=\overline{AB}=0.75$, $\cos49°=\dfrac{\overline{OB}}{\overline{OA}}=\overline{OB}=0.66$

$\tan49°=\dfrac{\overline{CD}}{\overline{OD}}=\overline{CD}=1.15$ ...... ❶

(2) $\angle \mathrm{OAB}=180°-(90°+49°)=41°$이므로 ...... ❷

$\sin 41°=\dfrac{\overline{\mathrm{OB}}}{\overline{\mathrm{OA}}}=0.66$

$\cos 41°=\dfrac{\overline{\mathrm{AB}}}{\overline{\mathrm{OA}}}=0.75$ ...... ❸

채점 기준	배점
❶ $\sin 49°$, $\cos 49°$, $\tan 49°$의 값 각각 구하기	3점
❷ $\angle \mathrm{OAB}=41°$임을 알기	1점
❸ $\sin 41°$, $\cos 41°$의 값 각각 구하기	2점

학교 시험 ①회

22쪽~25쪽

01 ④	02 ①	03 ②	04 ①	05 ⑤
06 ①	07 ⑤	08 ④	09 ①	10 ①
11 ④	12 ①	13 ③	14 ⑤	15 ③
16 ④	17 ③	18 ④	19 24	
20 $9+3\sqrt{5}$	21 $18\sqrt{3}$	22 $\dfrac{12}{5}$	23 0.9635	

01 답 ④ 유형 ①

$\overline{\mathrm{AB}}=\sqrt{4^2+3^2}=\sqrt{25}=5$

① $\sin A=\dfrac{4}{5}$ ② $\cos A=\dfrac{3}{5}$ ③ $\sin B=\dfrac{3}{5}$ ⑤ $\tan B=\dfrac{3}{4}$

02 답 ① 유형 ②

$\tan A=\dfrac{\overline{\mathrm{BC}}}{6}=\dfrac{2}{3}$이므로 $\overline{\mathrm{BC}}=4$

$\therefore \overline{\mathrm{AC}}=\sqrt{6^2+4^2}=\sqrt{52}=2\sqrt{13}$

03 답 ② 유형 ③

$\sin A=\dfrac{3}{4}$이므로 오른쪽 그림과 같은 직각

삼각형 ABC를 그릴 수 있다.

$\overline{\mathrm{AB}}=\sqrt{4^2-3^2}=\sqrt{7}$이므로

$\cos A=\dfrac{\sqrt{7}}{4}$, $\tan A=\dfrac{3}{\sqrt{7}}=\dfrac{3\sqrt{7}}{7}$

$\therefore \cos A \times \tan A=\dfrac{\sqrt{7}}{4}\times\dfrac{3\sqrt{7}}{7}=\dfrac{3}{4}$

04 답 ① 유형 ④

오른쪽 그림과 같이 일차방정식

$4x-3y+12=0$의 그래프가 x축, y축

과 만나는 점을 각각 A, B라 하자.

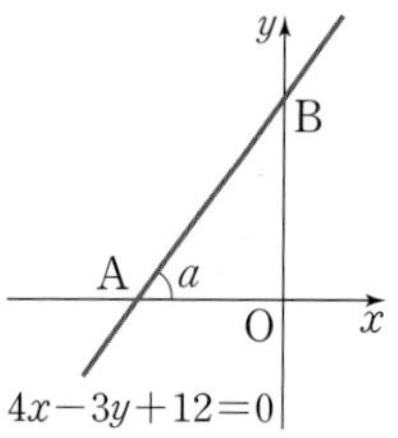

$4x-3y+12=0$에

$y=0$을 대입하면

$4x+12=0$ $\therefore x=-3$

$x=0$을 대입하면 $-3y+12=0$ $\therefore y=4$

따라서 $\overline{\mathrm{OA}}=3$, $\overline{\mathrm{OB}}=4$, $\overline{\mathrm{AB}}=\sqrt{3^2+4^2}=5$이므로

$\sin a=\dfrac{4}{5}$, $\cos a=\dfrac{3}{5}$

$\therefore \sin a-\cos a=\dfrac{4}{5}-\dfrac{3}{5}=\dfrac{1}{5}$

05 답 ⑤ 유형 ①

$\angle \mathrm{FEC}=\angle \mathrm{AEF}=\angle \mathrm{EFC}$이므로 $\overline{\mathrm{EC}}=\overline{\mathrm{FC}}=\overline{\mathrm{EA}}=5$

$\overline{\mathrm{CB'}}=\overline{\mathrm{AB}}=4$이므로 $\triangle \mathrm{FB'C}$에서 $\overline{\mathrm{FB'}}=\sqrt{5^2-4^2}=\sqrt{9}=3$

오른쪽 그림과 같이 점 F에서 $\overline{\mathrm{AD}}$에

내린 수선의 발을 H라 하면

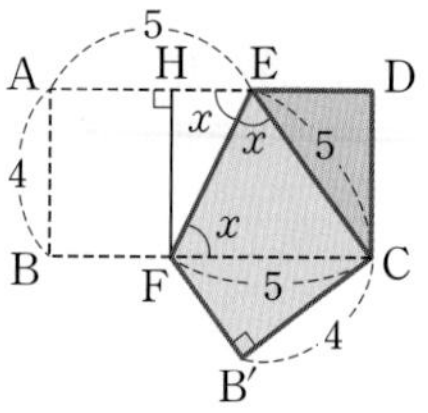

$\overline{\mathrm{AH}}=\overline{\mathrm{BF}}=\overline{\mathrm{FB'}}=3$이므로

$\overline{\mathrm{EH}}=5-3=2$

따라서 $\triangle \mathrm{EHF}$에서

$\tan x=\dfrac{\overline{\mathrm{FH}}}{\overline{\mathrm{EH}}}=\dfrac{4}{2}=2$

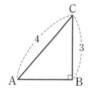

06 답 ① 유형 ⑤

$\triangle \mathrm{ABC}\backsim\triangle \mathrm{DBA}$ (AA 닮음)이므로 $\angle \mathrm{ACB}=x$

$\triangle \mathrm{ABC}\backsim\triangle \mathrm{DAC}$ (AA 닮음)이므로 $\angle \mathrm{ABD}=y$

$\triangle \mathrm{ABC}$에서 $\overline{\mathrm{BC}}=\sqrt{5^2+12^2}=\sqrt{169}=13$이므로

$\sin x=\sin C=\dfrac{5}{13}$, $\cos y=\cos B=\dfrac{5}{13}$

$\therefore \sin x+\cos y=\dfrac{5}{13}+\dfrac{5}{13}=\dfrac{10}{13}$

07 답 ⑤ 유형 ⑥

$\triangle \mathrm{ABC}\backsim\triangle \mathrm{EDC}$ (AA 닮음)이므로 $\angle \mathrm{ABC}=x$

$\triangle \mathrm{ABC}$에서

$\overline{\mathrm{AC}}=\sqrt{17^2-8^2}=\sqrt{225}=15$이므로

$\sin x=\sin B=\dfrac{\overline{\mathrm{AC}}}{\overline{\mathrm{BC}}}=\dfrac{15}{17}$

08 답 ④ 유형 ⑦

$\triangle \mathrm{AEG}$에서 $\overline{\mathrm{EG}}=\sqrt{4^2+4^2}=4\sqrt{2}$ (cm)

$\overline{\mathrm{AG}}=\sqrt{4^2+4^2+4^2}=4\sqrt{3}$ (cm)

$\therefore \cos x=\dfrac{\overline{\mathrm{EG}}}{\overline{\mathrm{AG}}}=\dfrac{4\sqrt{2}}{4\sqrt{3}}=\dfrac{\sqrt{6}}{3}$

09 답 ① 유형 ⑧

$\sin 60° \times \tan 30° - \cos 45° \times \sin 45°$

$=\dfrac{\sqrt{3}}{2}\times\dfrac{\sqrt{3}}{3}-\dfrac{\sqrt{2}}{2}\times\dfrac{\sqrt{2}}{2}=\dfrac{1}{2}-\dfrac{1}{2}=0$

10 답 ① 유형 ⑨

$15°<x+15°<90°$이므로

$x+15°=45°$ $\therefore x=30°$

$\therefore \cos x \times \tan x=\cos 30° \times \tan 30°$

$=\dfrac{\sqrt{3}}{2}\times\dfrac{\sqrt{3}}{3}=\dfrac{1}{2}$

11 답 ④ 유형 ⑩

$\cos 30°=\dfrac{\overline{\mathrm{AC}}}{6}=\dfrac{\sqrt{3}}{2}$이므로 $\overline{\mathrm{AC}}=3\sqrt{3}$

12 답 ① 유형 ⑪

$\angle \mathrm{C}=\angle \mathrm{ABC}=75°$이므로

$\triangle \mathrm{BCD}$에서 $\angle \mathrm{DBC}=180°-(75°+90°)=15°$

$\therefore \angle \mathrm{ABD}=75°-15°=60°$

$\triangle$ABD에서 $\cos 60° = \dfrac{\overline{BD}}{6} = \dfrac{1}{2}$이므로 $\overline{BD} = 3$

$\sin 60° = \dfrac{\overline{AD}}{6} = \dfrac{\sqrt{3}}{2}$이므로 $\overline{AD} = 3\sqrt{3}$

$\therefore \overline{DC} = \overline{AC} - \overline{AD} = 6 - 3\sqrt{3}$

$\triangle$BCD에서 $\tan 15° = \dfrac{\overline{DC}}{\overline{BD}} = \dfrac{6 - 3\sqrt{3}}{3} = 2 - \sqrt{3}$

13 답 ③ 유형 12

구하는 직선의 방정식을 $y = ax + b$라 하면

$a = \tan 30° = \dfrac{\sqrt{3}}{3}$

직선 $y = \dfrac{\sqrt{3}}{3}x + b$가 점 $(-3, 0)$을 지나므로

$0 = -\sqrt{3} + b$ $\therefore b = \sqrt{3}$

따라서 구하는 직선의 방정식은 $y = \dfrac{\sqrt{3}}{3}x + \sqrt{3}$

14 답 ⑤ 유형 13

점 A의 좌표는 $(\cos a, \sin a)$이므로 우영이의 설명은 옳지 않다.
따라서 옳은 설명을 한 학생들은 청아, 성은이다.

15 답 ③ 유형 14

$\sin 0° = \tan 0° = 0$이므로 $x = 90°$
$\sin 90° = \cos 0° = 1$이므로 $y = 45°$
$\therefore x - y = 90° - 45° = 45°$

16 답 ④ 유형 15

④ $45° < x < 90°$일 때, $\cos x < \sin x$

17 답 ③ 유형 16

$0° < x < 45°$일 때, $\sin x < \cos x$이므로
$\sin x - \cos x < 0$, $\cos x - \sin x > 0$
$\therefore \sqrt{(\sin x - \cos x)^2} - \sqrt{(\cos x - \sin x)^2}$
$\quad = -(\sin x - \cos x) - (\cos x - \sin x) = 0$

18 답 ④ 유형 17

$\sin 64° = 0.8988$이므로 $x = 64°$
$\tan 66° = 2.2460$이므로 $y = 66°$
$\therefore x + y = 64° + 66° = 130°$

19 답 24 유형 02

$\sin A = \dfrac{\overline{BC}}{10} = \dfrac{4}{5}$에서 $\overline{BC} = 8$

$\overline{AB} = \sqrt{10^2 - 8^2} = \sqrt{36} = 6$이므로 ......❶

$\triangle$ABC $= \dfrac{1}{2} \times 6 \times 8 = 24$ ......❷

채점 기준	배점
❶ $\overline{AB}$, $\overline{BC}$의 길이 각각 구하기	2점
❷ $\triangle$ABC의 넓이 구하기	2점

20 답 $9 + 3\sqrt{5}$ 유형 05

$\triangle$ABH $\sim$ $\triangle$DBA (AA 닮음)
이므로 $\angle$BAH $= x$ ......❶

$\triangle$ABH에서

$\tan x = \dfrac{3}{\overline{AH}} = \dfrac{1}{2}$이므로 $\overline{AH} = 6$ ......❷

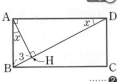

$\therefore \overline{AB} = \sqrt{3^2 + 6^2} = \sqrt{45} = 3\sqrt{5}$ ......❸

$\therefore (\triangle$ABH의 둘레의 길이$) = \overline{AB} + \overline{BH} + \overline{AH}$
$\qquad\qquad\qquad\qquad = 3\sqrt{5} + 3 + 6$
$\qquad\qquad\qquad\qquad = 9 + 3\sqrt{5}$ ......❹

채점 기준	배점
❶ $\angle$BAH $= x$임을 알기	1점
❷ $\overline{AH}$의 길이 구하기	2점
❸ $\overline{AB}$의 길이 구하기	1점
❹ $\triangle$ABH의 둘레의 길이 구하기	2점

21 답 $18\sqrt{3}$ 유형 10

$\triangle$AEF에서 $\cos 30° = \dfrac{\overline{AE}}{32} = \dfrac{\sqrt{3}}{2}$이므로 $\overline{AE} = 16\sqrt{3}$

$\triangle$ADE에서 $\cos 30° = \dfrac{\overline{AD}}{16\sqrt{3}} = \dfrac{\sqrt{3}}{2}$이므로 $\overline{AD} = 24$

$\triangle$ACD에서 $\cos 30° = \dfrac{\overline{AC}}{24} = \dfrac{\sqrt{3}}{2}$이므로 $\overline{AC} = 12\sqrt{3}$ ......❶

$\triangle$ABC에서 $\sin 30° = \dfrac{\overline{BC}}{12\sqrt{3}} = \dfrac{1}{2}$이므로 $\overline{BC} = 6\sqrt{3}$ ......❷

$\therefore \overline{AC} + \overline{BC} = 12\sqrt{3} + 6\sqrt{3} = 18\sqrt{3}$ ......❸

채점 기준	배점
❶ $\overline{AC}$의 길이 구하기	3점
❷ $\overline{BC}$의 길이 구하기	3점
❸ $\overline{AC} + \overline{BC}$의 길이 구하기	1점

22 답 $\dfrac{12}{5}$ 유형 03 + 유형 16

$45° < x < 90°$일 때, $0 < \cos x < \sin x$이므로
$\cos x + \sin x > 0$, $\cos x - \sin x < 0$
$\sqrt{(\cos x + \sin x)^2} + \sqrt{(\cos x - \sin x)^2}$
$= \cos x + \sin x - (\cos x - \sin x)$
$= 2\sin x$ ......❶

$2\sin x = \dfrac{24}{13}$에서 $\sin x = \dfrac{12}{13}$ ......❷

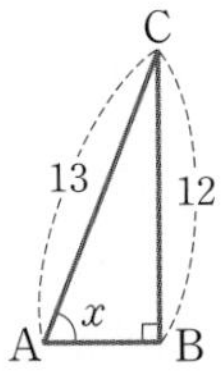

이므로 오른쪽 그림과 같은 직각삼각형 ABC를
그릴 수 있다.

$\overline{AB} = \sqrt{13^2 - 12^2} = \sqrt{25} = 5$이므로

$\tan x = \dfrac{12}{5}$ ......❸

채점 기준	배점
❶ 식을 간단히 정리하기	2점
❷ $\sin x$의 값 구하기	2점
❸ $\tan x$의 값 구하기	3점

23 답 0.9635 유형 13 + 유형 18

$\overline{OA} = \cos x = 0.8910$이므로
$x = 27°$ ......❶

$\overline{AB} = \sin x = \sin 27° = 0.4540$
$\overline{CD} = \tan x = \tan 27° = 0.5095$ ......❷

$\therefore \overline{AB} + \overline{CD} = 0.4540 + 0.5095 = 0.9635$ ......❸

채점 기준	배점
❶ x의 크기 구하기	1점
❷ $\overline{AB}$, $\overline{CD}$의 길이 각각 구하기	4점
❸ $\overline{AB}+\overline{CD}$의 길이 구하기	1점

학교 시험 2회

26쪽~29쪽

01 ①	02 ③	03 ④	04 ④	05 ①
06 ⑤	07 ②	08 ④	09 ⑤	10 ②
11 ④	12 ④	13 ②	14 ③	15 ②
16 ③	17 ⑤	18 ②	19 (1) $60°$	(2) $\sqrt{3}$
20 $\dfrac{3\sqrt{5}}{5}$	21 2	22 $3\sqrt{7}$	23 1.3970	

01 답 ① 유형 01

$\overline{BC}=\sqrt{13^2-5^2}=\sqrt{144}=12$이므로

$\sin A=\dfrac{\overline{BC}}{\overline{AC}}=\dfrac{12}{13}$, $\tan C=\dfrac{\overline{AB}}{\overline{BC}}=\dfrac{5}{12}$

$\therefore \sin A\times\tan C=\dfrac{12}{13}\times\dfrac{5}{12}=\dfrac{5}{13}$

02 답 ③ 유형 02

$\cos C=\dfrac{4}{\overline{BC}}=\dfrac{\sqrt{2}}{4}$이므로 $\overline{BC}=8\sqrt{2}$

03 답 ④ 유형 03

$\tan A=\dfrac{1}{2}$이므로 오른쪽 그림과 같은

직각삼각형 ABC를 그릴 수 있다.

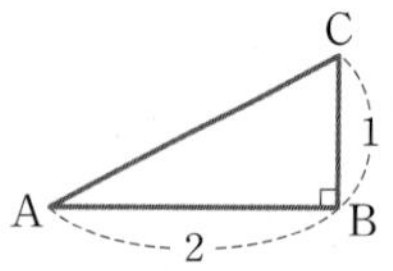

$\overline{AC}=\sqrt{2^2+1^2}=\sqrt{5}$이므로

$\sin A=\dfrac{1}{\sqrt{5}}=\dfrac{\sqrt{5}}{5}$, $\cos A=\dfrac{2}{\sqrt{5}}=\dfrac{2\sqrt{5}}{5}$

$\therefore \sin A+\cos A=\dfrac{\sqrt{5}}{5}+\dfrac{2\sqrt{5}}{5}=\dfrac{3\sqrt{5}}{5}$

04 답 ④ 유형 03

$\tan x=\dfrac{\sqrt{5}}{\overline{BC}}=\dfrac{\sqrt{5}}{5}$이므로 $\overline{BC}=5$

$\overline{AD}=\overline{BD}=a$라 하면

△ADC에서 $a^2=(5-a)^2+(\sqrt{5})^2$

$10a=30$ $\therefore a=3$

따라서 $\overline{BD}=3$이므로 $\overline{DC}=\overline{BC}-\overline{BD}=5-3=2$

$\therefore \tan y=\dfrac{\overline{AC}}{\overline{DC}}=\dfrac{\sqrt{5}}{2}$

05 답 ① 유형 04

오른쪽 그림과 같이 일차방정식

$2x-3y+6=0$과 x축, y축과의 교점을

각각 A, B라 하자.

$2x-3y+6=0$에

$y=0$을 대입하면

$2x+6=0$ $\therefore x=-3$

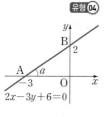

$x=0$을 대입하면 $-3y+6=0$ $\therefore y=2$

따라서 $\overline{OA}=3$, $\overline{OB}=2$, $\overline{AB}=\sqrt{3^2+2^2}=\sqrt{13}$이므로

$\sin a=\dfrac{2}{\sqrt{13}}$, $\cos a=\dfrac{3}{\sqrt{13}}$

$\therefore \sin^2 a-\cos^2 a=\dfrac{4}{13}-\dfrac{9}{13}=-\dfrac{5}{13}$

06 답 ⑤ 유형 06

△ABC에서 $\overline{BC}=\sqrt{5^2+(\sqrt{11})^2}=\sqrt{36}=6$

△ABC∽△EDC (AA 닮음)이므로 $\angle ABC=x$

$\therefore \sin x=\sin B=\dfrac{5}{6}$

$\sin y=\dfrac{\overline{AC}}{\overline{BC}}=\dfrac{5}{6}$이므로

$\sin x+\sin y=\dfrac{5}{6}+\dfrac{5}{6}=\dfrac{5}{3}$

07 답 ② 유형 07

△OAB, △ABC에서

$\overline{OM}=\overline{MC}=\sqrt{6^2-3^2}=\sqrt{27}=3\sqrt{3}$

오른쪽 그림과 같이 꼭짓점 O에서 $\overline{MC}$에

내린 수선의 발을 H라 하면 점 H는

△ABC의 무게중심이므로

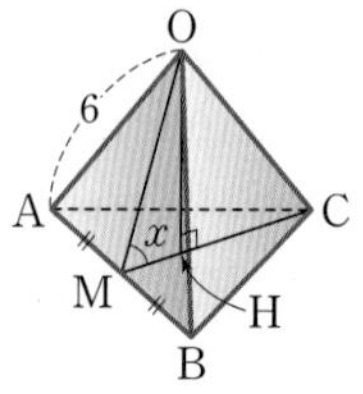

$\overline{MH}=\dfrac{1}{3}\overline{MC}=\dfrac{1}{3}\times3\sqrt{3}=\sqrt{3}$

△OMH에서

$\cos x=\dfrac{\overline{MH}}{\overline{OM}}=\dfrac{\sqrt{3}}{3\sqrt{3}}=\dfrac{1}{3}$

08 답 ④ 유형 08

④ $\cos 30°\times\tan 30°=\dfrac{\sqrt{3}}{2}\times\dfrac{\sqrt{3}}{3}=\dfrac{1}{2}$

09 답 ⑤ 유형 09

$0°<2x-10°<90°$이므로

$2x-10°=60°$, $2x=70°$ $\therefore x=35°$

10 답 ② 유형 10

$\cos 30°=\dfrac{2\sqrt{3}}{x}=\dfrac{\sqrt{3}}{2}$이므로 $x=4$

$\tan 30°=\dfrac{y}{2\sqrt{3}}=\dfrac{\sqrt{3}}{3}$이므로 $y=2$

$\therefore x+y=4+2=6$

11 답 ④ 유형 10

△ABC에서 $\sin 30°=\dfrac{\overline{AC}}{6}=\dfrac{1}{2}$이므로 $\overline{AC}=3$

$\angle DAC=\dfrac{1}{2}\angle A=\dfrac{1}{2}\times60°=30°$이므로

△ADC에서

$\cos 30°=\dfrac{3}{\overline{AD}}=\dfrac{\sqrt{3}}{2}$이므로 $\overline{AD}=2\sqrt{3}$

$\therefore \overline{BD}=\overline{AD}=2\sqrt{3}$

다른 풀이

△ABC에서 $\sin 60°=\dfrac{\overline{BC}}{6}=\dfrac{\sqrt{3}}{2}$이므로 $\overline{BC}=3\sqrt{3}$

$\triangle$ADC에서 $\tan 30° = \dfrac{\overline{CD}}{3} = \dfrac{\sqrt{3}}{3}$이므로 $\overline{CD} = \sqrt{3}$

$\therefore \overline{BD} = \overline{BC} - \overline{CD} = 3\sqrt{3} - \sqrt{3} = 2\sqrt{3}$

12 답 ④ 　　　　유형 ⑪

$\triangle$ABD에서 $\overline{AD} = \sqrt{4^2 + 4^2} = 4\sqrt{2}$

$\angle$ADB $= \angle$EDC $= \angle$DCE $= 45°$이므로

$\triangle$CDE는 직각이등변삼각형이다.

$\sin 45° = \dfrac{\overline{CE}}{4} = \dfrac{\sqrt{2}}{2}$이므로 $\overline{CE} = \overline{DE} = 2\sqrt{2}$

$\triangle$AEC에서

$\tan x = \dfrac{\overline{CE}}{\overline{AE}} = \dfrac{2\sqrt{2}}{4\sqrt{2} + 2\sqrt{2}} = \dfrac{2\sqrt{2}}{6\sqrt{2}} = \dfrac{1}{3}$

13 답 ② 　　　　유형 ⑫

$a = \tan 45° = 1$이므로 $y = x + b$

$y = x + b$의 그래프가 점 $(6, 0)$을 지나므로

$0 = 6 + b$　　$\therefore b = -6$

14 답 ③ 　　　　유형 ⑬

ㄹ. $\tan z = \dfrac{1}{\overline{DE}}$

따라서 옳은 것은 ㄱ, ㄴ, ㄷ이다.

15 답 ② 　　　　유형 ⑭

$(\sin 90° + \tan 0°) \times (\sin 0° - \cos 0°)$

$= (1 + 0) \times (0 - 1) = -1$

16 답 ③ 　　　　유형 ⑮

$\sin 45° < \cos 30° < \cos 0° = \sin 90° < \tan 70°$

따라서 주어진 삼각비의 값 중에서 가장 큰 것은 $\tan 70°$이다.

17 답 ⑤ 　　　　유형 ⑯

$0° < x < 90°$일 때, $0 < \sin x < 1$이므로

$\sin x - 1 < 0$, $\sin x + 1 > 0$

$\therefore \sqrt{(\sin x - 1)^2} + \sqrt{(\sin x + 1)^2}$

$= -(\sin x - 1) + (\sin x + 1) = 2$

18 답 ② 　　　　유형 ⑱

$\cos A = \dfrac{309}{1000} = 0.309 = \cos 72°$이므로

$A = 72°$

19 답 (1) 60° (2) $\sqrt{3}$ 　　　　유형 ⑨

(1) $\tan A = \sqrt{3}$이므로 $A = 60°$ 　……❶

(2) $\sin A + \cos \dfrac{A}{2} = \sin 60° + \cos 30°$

$\qquad = \dfrac{\sqrt{3}}{2} + \dfrac{\sqrt{3}}{2} = \sqrt{3}$ 　……❷

채점 기준	배점
❶ A의 크기 구하기	2점
❷ $\sin A + \cos \dfrac{A}{2}$의 값 구하기	2점

20 답 $\dfrac{3\sqrt{5}}{5}$ 　　　　유형 ⑤

$\triangle$ABC에서 $\overline{BC} = \sqrt{(4\sqrt{5})^2 + (2\sqrt{5})^2} = \sqrt{100} = 10$ 　……❶

$\triangle$ABC∽$\triangle$DBA(AA 닮음)이므로 $\angle$ACB $= x$

또, $\triangle$ABC∽$\triangle$DAC(AA 닮음)이므로 $\angle$ABC $= y$

따라서 $\cos x = \cos C = \dfrac{2\sqrt{5}}{10} = \dfrac{\sqrt{5}}{5}$,

$\cos y = \cos B = \dfrac{4\sqrt{5}}{10} = \dfrac{2\sqrt{5}}{5}$ 　……❷

$\therefore \cos x + \cos y = \dfrac{\sqrt{5}}{5} + \dfrac{2\sqrt{5}}{5} = \dfrac{3\sqrt{5}}{5}$ 　……❸

채점 기준	배점
❶ $\overline{BC}$의 길이 구하기	1점
❷ $\cos x$, $\cos y$의 값 각각 구하기	4점
❸ $\cos x + \cos y$의 값 구하기	2점

21 답 2 　　　　유형 ⑧

$\angle$A $+ \angle$B $+ \angle$C $= 180°$이고

$\angle$A : $\angle$B : $\angle$C $= 1 : 2 : 3$이므로

$\angle$B $= 180° \times \dfrac{2}{1 + 2 + 3} = 60°$ 　……❶

$\therefore \dfrac{1}{\sin B - \cos B} - \dfrac{2}{\tan B + 1}$

$= \dfrac{1}{\sin 60° - \cos 60°} - \dfrac{2}{\tan 60° + 1}$

$= \dfrac{1}{\dfrac{\sqrt{3}}{2} - \dfrac{1}{2}} - \dfrac{2}{\sqrt{3} + 1}$

$= \dfrac{2}{\sqrt{3} - 1} - \dfrac{2}{\sqrt{3} + 1}$

$= (\sqrt{3} + 1) - (\sqrt{3} - 1) = 2$ 　……❷

채점 기준	배점
❶ $\angle$B의 크기 구하기	2점
❷ 주어진 식 계산하기	4점

22 답 $3\sqrt{7}$ 　　　　유형 ⑩

$\triangle$ABC에서

$\sin 30° = \dfrac{\overline{AC}}{12} = \dfrac{1}{2}$이므로 $\overline{AC} = 6$ 　……❶

$\cos 30° = \dfrac{\overline{BC}}{12} = \dfrac{\sqrt{3}}{2}$이므로 $\overline{BC} = 6\sqrt{3}$ 　……❷

$\overline{BD} = \overline{DC} = 3\sqrt{3}$이므로

$\triangle$ADC에서

$\overline{AD} = \sqrt{6^2 + (3\sqrt{3})^2} = \sqrt{63} = 3\sqrt{7}$ 　……❸

채점 기준	배점
❶ $\overline{AC}$의 길이 구하기	3점
❷ $\overline{BC}$의 길이 구하기	2점
❸ $\overline{AD}$의 길이 구하기	2점

23 답 1.3970 　　　　유형 ⑬

$\tan 38° = \overline{CD} = 0.7813$ 　……❶

$\angle$OAB $= 90° - \angle$AOB $= 90° - 38° = 52°$이므로

$\cos 52° = \overline{AB} = 0.6157$ 　……❷

$\therefore \tan 38° + \cos 52° = 0.7813 + 0.6157$

$\qquad\qquad = 1.3970$ 　……❸

채점 기준	배점
❶ $\tan 38°$의 값 구하기	2점
❷ $\cos 52°$의 값 구하기	3점
❸ $\tan 38°+\cos 52°$의 값 구하기	1점

교과서 속 특이 문제

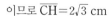 ○ 30쪽

01 답 $\dfrac{20}{3}$

$\triangle ABC$에서 $\cos B=\dfrac{\overline{BC}}{18}=\dfrac{2}{3}$이므로 $\overline{BC}=12$

$\triangle BCD$에서 $\cos B=\dfrac{\overline{BD}}{12}=\dfrac{2}{3}$이므로 $\overline{BD}=8$

$\angle B=\angle ADE$이고 $\overline{AD}=\overline{AB}-\overline{BD}=18-8=10$이므로

$\triangle ADE$에서 $\cos(\angle ADE)=\dfrac{\overline{DE}}{10}=\dfrac{2}{3}$이므로 $\overline{DE}=\dfrac{20}{3}$

02 답 $a=\dfrac{1}{2},\ b=\sqrt{5}$

$\tan A$는 직선 $y=ax+b$의 기울기이므로 $a=\dfrac{1}{2}$

이때 $\angle OAH=\angle BOH$이므로 $\tan(\angle BOH)=\dfrac{\overline{BH}}{\overline{OH}}=\dfrac{1}{2}$

즉, $\overline{BH}=1$이므로 $\triangle OBH$에서

$\overline{OB}=\sqrt{1^2+2^2}=\sqrt{5}$

따라서 점 B의 좌표가 $(0,\sqrt{5})$이므로 $b=\sqrt{5}$

03 답 $4\sqrt{3}$ cm

점 O가 $\triangle ABC$의 외심이므로 $\triangle OBC$는 $\angle BOC=120°$인 이등변삼각형이다.

$\therefore \angle OBC=\angle OCB=30°$

오른쪽 그림과 같이 점 O에서 $\overline{BC}$에 내린 수선의 발을 H라 하면

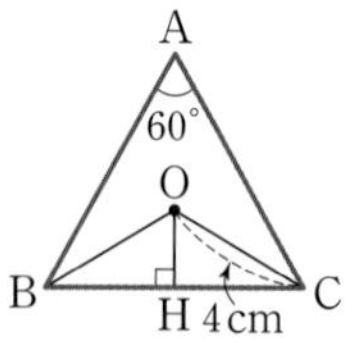

$\triangle OCH$에서 $\cos 30°=\dfrac{\overline{CH}}{4}=\dfrac{\sqrt{3}}{2}$

이므로 $\overline{CH}=2\sqrt{3}$ cm

$\therefore \overline{BC}=2\overline{CH}=2\times2\sqrt{3}=4\sqrt{3}$ (cm)

04 답 ④

$\triangle AOB$에서 $\angle OAB=b$

$\cos a=\dfrac{\overline{OB}}{5},\ \sin b=\dfrac{\overline{OB}}{5}$이므로 $\overline{OB}=5\cos a=5\sin b$

$\sin a=\dfrac{\overline{AB}}{5},\ \cos b=\dfrac{\overline{AB}}{5}$이므로 $\overline{AB}=5\sin a=5\cos b$

따라서 점 A의 좌표를 나타내는 것은 ④ $(5\cos a,\ 5\cos b)$이다.

05 답 (1) $31°$ (2) $\overline{DE}=52$ m, $\overline{DF}=86$ m

(1) $\tan x=\dfrac{\overline{BC}}{\overline{AB}}=\dfrac{6}{10}=0.6$이므로 $x=31°$

(2) $\triangle DEF$에서

$\sin 31°=\dfrac{\overline{DE}}{100}=0.52$이므로 $\overline{DE}=52$ m

$\cos 31°=\dfrac{\overline{DF}}{100}=0.86$이므로 $\overline{DF}=86$ m

2 삼각비의 활용

V. 삼각비

32쪽~33쪽

개념 check

1 답 $x=2.24,\ y=3.32$

$x=4\sin 34°=4\times0.56=2.24$

$y=4\cos 34°=4\times0.83=3.32$

2 답 (1) $3\sqrt{3}$ (2) 3 (3) 6 (4) $3\sqrt{7}$

(1) $\triangle ABH$에서 $\overline{AH}=6\sin 60°=6\times\dfrac{\sqrt{3}}{2}=3\sqrt{3}$

(2) $\triangle ABH$에서 $\overline{BH}=6\cos 60°=6\times\dfrac{1}{2}=3$

(3) $\overline{CH}=\overline{BC}-\overline{BH}=9-3=6$

(4) $\triangle AHC$에서 $\overline{AC}=\sqrt{(3\sqrt{3})^2+6^2}=\sqrt{63}=3\sqrt{7}$

3 답 (1) 5 (2) $5\sqrt{2}$

(1) $\triangle HBC$에서 $\overline{BH}=10\sin 30°=10\times\dfrac{1}{2}=5$

(2) $\triangle ABC$에서 $\angle A=180°-(105°+30°)=45°$이므로

$\triangle ABH$에서 $\overline{AB}=\dfrac{5}{\sin 45°}=5\times\dfrac{2}{\sqrt{2}}=5\sqrt{2}$

4 답 (1) $3(\sqrt{3}-1)$ (2) $5\sqrt{3}$

(1) $\triangle ABH$에서 $\angle BAH=180°-(30°+90°)=60°$이므로

$\overline{BH}=h\tan 60°=h\times\sqrt{3}=\sqrt{3}h$

$\triangle AHC$에서 $\angle CAH=180°-(90°+45°)=45°$이므로

$\overline{CH}=h\tan 45°=h\times1=h$

$\overline{BH}+\overline{CH}=6$이므로 $\sqrt{3}h+h=6$

$\therefore h=\dfrac{6}{\sqrt{3}+1}=3(\sqrt{3}-1)$

(2) $\triangle ABH$에서 $\angle BAH=180°-(30°+90°)=60°$이므로

$\overline{BH}=h\tan 60°=h\times\sqrt{3}=\sqrt{3}h$

$\triangle ACH$에서 $\angle CAH=180°-(60°+90°)=30°$이므로

$\overline{CH}=h\tan 30°=h\times\dfrac{\sqrt{3}}{3}=\dfrac{\sqrt{3}}{3}h$

$\overline{BH}-\overline{CH}=10$이므로

$\sqrt{3}h-\dfrac{\sqrt{3}}{3}h=10,\ \dfrac{2\sqrt{3}}{3}h=10$

$\therefore h=10\times\dfrac{3}{2\sqrt{3}}=5\sqrt{3}$

5 답 (1) 14 (2) $5\sqrt{2}$ (3) $27\sqrt{3}$

(1) $\triangle ABC=\dfrac{1}{2}\times7\times8\times\sin 30°$

$=\dfrac{1}{2}\times7\times8\times\dfrac{1}{2}=14$

(2) $\triangle ABC=\dfrac{1}{2}\times4\times5\times\sin 45°$

$=\dfrac{1}{2}\times4\times5\times\dfrac{\sqrt{2}}{2}=5\sqrt{2}$

(3) $\triangle ABC=\dfrac{1}{2}\times9\times12\times\sin(180°-120°)$

$=\dfrac{1}{2}\times9\times12\times\dfrac{\sqrt{3}}{2}=27\sqrt{3}$

6 답 (1) $24\sqrt{2}$ (2) $45\sqrt{3}$

(1) $\square ABCD = 6 \times 8 \times \sin 45°$

$\qquad = 6 \times 8 \times \dfrac{\sqrt{2}}{2} = 24\sqrt{2}$

(2) $\square ABCD = 9 \times 10 \times \sin(180° - 120°)$

$\qquad = 9 \times 10 \times \dfrac{\sqrt{3}}{2} = 45\sqrt{3}$

7 답 (1) $30\sqrt{3}$ (2) $5\sqrt{2}$

(1) $\square ABCD = \dfrac{1}{2} \times 12 \times 10 \times \sin 60°$

$\qquad = \dfrac{1}{2} \times 12 \times 10 \times \dfrac{\sqrt{3}}{2} = 30\sqrt{3}$

(2) $\square ABCD = \dfrac{1}{2} \times 4 \times 5 \times \sin(180° - 135°)$

$\qquad = \dfrac{1}{2} \times 4 \times 5 \times \dfrac{\sqrt{2}}{2} = 5\sqrt{2}$

기출 유형

○34쪽~41쪽

유형 01 직각삼각형의 변의 길이   34쪽

직각삼각형에서 한 예각의 크기와 한 변의 길이를 알면 삼각비를 이용하여 나머지 두 변의 길이를 구할 수 있다.
기준각에 대하여 주어진 변과 구하려는 변 사이의 관계가
(1) 빗변과 높이의 관계이면 ➜ sin 이용
(2) 빗변과 밑변의 관계이면 ➜ cos 이용
(3) 밑변과 높이의 관계이면 ➜ tan 이용

01 답 4.4

$x = 10 \cos 63° = 10 \times 0.45 = 4.5$

$y = 10 \sin 63° = 10 \times 0.89 = 8.9$

$\therefore y - x = 8.9 - 4.5 = 4.4$

02 답 ③, ④

$\cos 40° = \dfrac{9}{\overline{AB}}$ 에서 $\overline{AB} = \dfrac{9}{\cos 40°}$

또, $\angle B = 180° - (40° + 90°) = 50°$이므로

$\sin 50° = \dfrac{9}{\overline{AB}}$ 에서 $\overline{AB} = \dfrac{9}{\sin 50°}$

03 답 ④

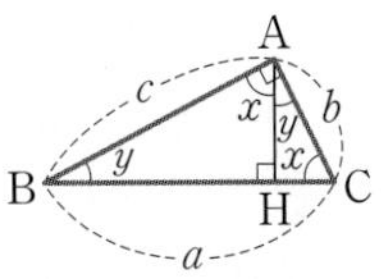

오른쪽 그림에서 $x + y = 90°$이므로

$\angle B = y$, $\angle C = x$

① $\triangle ABH$에서 $\overline{BH} = c \sin x = c \cos y$

② $\triangle AHC$에서 $\overline{AH} = b \cos y = b \sin x$

③ $\triangle AHC$에서 $\overline{CH} = b \sin y = b \cos x$

④ $\triangle ABC$에서 $\overline{AB} = a \sin x = a \cos y$

⑤ $\triangle ABC$에서 $\overline{AC} = c \tan y$

유형 02 입체도형에서 직각삼각형의 변의 길이의 활용   34쪽

❶ 입체도형에서 직각삼각형을 찾는다.
❷ 삼각비, 피타고라스 정리 등을 이용하여 변의 길이를 구한다.

04 답 $160\sqrt{3}$ cm³

$\triangle BCD$에서

$\overline{BC} = 8 \cos 30° = 8 \times \dfrac{\sqrt{3}}{2} = 4\sqrt{3}$ (cm)

$\overline{CD} = 8 \sin 30° = 8 \times \dfrac{1}{2} = 4$ (cm)

따라서 직육면체의 부피는

$4\sqrt{3} \times 4 \times 10 = 160\sqrt{3}$ (cm³)

05 답 $(64 + 24\sqrt{2})$ cm²

$\triangle ABC$에서

$\overline{AB} = 4\sqrt{2} \cos 45° = 4\sqrt{2} \times \dfrac{\sqrt{2}}{2} = 4$ (cm)

$\overline{AC} = 4\sqrt{2} \sin 45° = 4\sqrt{2} \times \dfrac{\sqrt{2}}{2} = 4$ (cm)

따라서 삼각기둥의 겉넓이는

$2 \times \left(\dfrac{1}{2} \times 4 \times 4 \right) + 6 \times (4 + 4 + 4\sqrt{2}) = 64 + 24\sqrt{2}$ (cm²)

06 답 3π cm³

$\triangle ABH$에서

$\overline{AH} = 2\sqrt{3} \sin 60° = 2\sqrt{3} \times \dfrac{\sqrt{3}}{2} = 3$ (cm)

$\overline{BH} = 2\sqrt{3} \cos 60° = 2\sqrt{3} \times \dfrac{1}{2} = \sqrt{3}$ (cm)

따라서 원뿔의 부피는

$\dfrac{1}{3} \times \pi \times (\sqrt{3})^2 \times 3 = 3\pi$ (cm³)

07 답 18 cm³

$\triangle DBC$에서

$\overline{BD} = \sqrt{(3\sqrt{2})^2 + (3\sqrt{2})^2} = \sqrt{36} = 6$ (cm)이므로

$\overline{BH} = \dfrac{1}{2} \overline{BD} = \dfrac{1}{2} \times 6 = 3$ (cm)

$\triangle ABH$에서

$\overline{AH} = 3 \tan 45° = 3 \times 1 = 3$ (cm)

따라서 정사각뿔의 부피는

$\dfrac{1}{3} \times (3\sqrt{2} \times 3\sqrt{2}) \times 3 = 18$ (cm³)

유형 03 실생활에서 직각삼각형의 변의 길이의 활용   35쪽

❶ 주어진 그림에서 질문과 관련된 직각삼각형을 찾는다.
❷ 삼각비를 이용하여 높이나 거리 등을 구한다.

08 답 2.86 m

$\overline{BC} = 2 \tan 55° = 2 \times 1.43 = 2.86$ (m)

따라서 기념탑의 높이는 2.86 m이다.

09 답 ③

$\overline{AB} = 4 \cos 60° = 4 \times \dfrac{1}{2} = 2$ (m)

$\overline{AC} = 4 \sin 60° = 4 \times \dfrac{\sqrt{3}}{2} = 2\sqrt{3}$ (m)

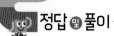
따라서 쓰러지기 전의 전봇대의 높이는
$$\overline{AB}+\overline{AC}=2+2\sqrt{3}\,(m)$$

10 답 ③

△ABC에서
$$\overline{AC}=30\sin 40°=30\times 0.64=19.2\,(m)$$
따라서 지면에서 드론까지의 높이는
$$\overline{AC}+\overline{CH}=19.2+1.4=20.6\,(m)$$

11 답 $(60+20\sqrt{3})$ m

$\overline{AH}=60$ m이므로 △BAH에서
$$\overline{BH}=60\tan 45°=60\times 1=60\,(m)$$
△ACH에서
$$\overline{HC}=60\tan 30°=60\times\frac{\sqrt{3}}{3}=20\sqrt{3}\,(m)$$
따라서 ㈏ 건물의 높이는
$$\overline{BH}+\overline{HC}=60+20\sqrt{3}\,(m)$$

12 답 $14\sqrt{3}$ m

△CDE에서
$$\overline{CD}=4\sqrt{3}\cos 30°=4\sqrt{3}\times\frac{\sqrt{3}}{2}=6\,(m)$$
$$\overline{DE}=4\sqrt{3}\sin 30°=4\sqrt{3}\times\frac{1}{2}=2\sqrt{3}\,(m)$$
즉, $\overline{BD}=10+6=16\,(m)$이므로
△ABD에서 $\overline{AD}=16\tan 60°=16\times\sqrt{3}=16\sqrt{3}\,(m)$
$\therefore\ \overline{AE}=\overline{AD}-\overline{DE}=16\sqrt{3}-2\sqrt{3}=14\sqrt{3}\,(m)$

13 답 ③

△ABH에서 $\overline{AH}=100\sin 60°=100\times\frac{\sqrt{3}}{2}=50\sqrt{3}\,(m)$

△CAH에서 $\overline{CH}=50\sqrt{3}\tan 30°=50\sqrt{3}\times\frac{\sqrt{3}}{3}=50\,(m)$

14 답 ④

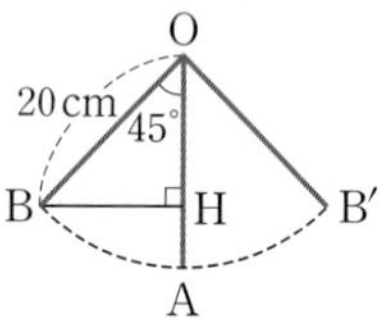

오른쪽 그림과 같이 점 B에서 $\overline{OA}$에 내린 수선의 발을 H라 하면
△OBH에서
$$\overline{OH}=20\cos 45°$$
$$=20\times\frac{\sqrt{2}}{2}=10\sqrt{2}\,(cm)$$
$\therefore\ \overline{HA}=\overline{OA}-\overline{OH}=20-10\sqrt{2}\,(cm)$
따라서 추가 가장 높이 올라갔을 때, 추는 A 지점을 기준으로 $(20-10\sqrt{2})$ cm의 높이에 있다.

15 답 $2\sqrt{3}$ m

△ACB에서 $\angle CAB=90°-30°=60°$이므로
$$\overline{CB}=12\tan 60°=12\times\sqrt{3}=12\sqrt{3}\,(m)$$
△ADB에서 $\angle DAB=90°-60°=30°$이므로
$$\overline{DB}=12\tan 30°=12\times\frac{\sqrt{3}}{3}=4\sqrt{3}\,(m)$$
즉, 4분 동안 배가 이동한 거리는
$\overline{CD}=\overline{CB}-\overline{DB}=12\sqrt{3}-4\sqrt{3}=8\sqrt{3}\,(m)$이므로
배가 1분 동안 이동한 거리는
$$\frac{8\sqrt{3}}{4}=2\sqrt{3}\,(m)$$

16 답 $150\sqrt{3}$ m

헬리콥터가 A 지점에서 B 지점으로 10초 동안 초속 30 m로 움직였으므로 $\overline{AB}=30\times 10=300\,(m)$
$$\angle ACB=60°-30°=30°$$
$\overline{AB}\,/\!/\,\overline{CE}$이므로 $\angle ABC=\angle BCE=30°$ (엇각)
즉, △ACB는 이등변삼각형이므로 $\overline{AC}=\overline{AB}=300$ m
△ACD에서
$$\overline{AD}=300\sin 60°=300\times\frac{\sqrt{3}}{2}=150\sqrt{3}\,(m)$$
따라서 헬리콥터는 지면으로부터 $150\sqrt{3}$ m의 높이에서 날고 있다.

유형 04 삼각형의 변의 길이 구하기
– 두 변의 길이와 그 끼인각의 크기를 알 때   36쪽

△ABC에서 $\overline{AB}$, $\overline{BC}$의 길이와 ∠B의 크기를 알 때
❶ 꼭짓점 A에서 대변에 수선을 그어 두 개의 직각삼각형을 만든다.
❷ 삼각비를 이용하여 $\overline{AH}$, $\overline{BH}$의 길이를 각각 구한다.
❸ $\overline{CH}$의 길이를 구한 후 피타고라스 정리를 이용하여 $\overline{AC}$의 길이를 구한다.

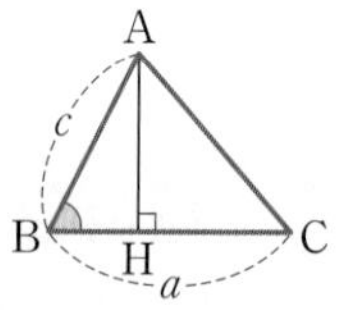

17 답 10

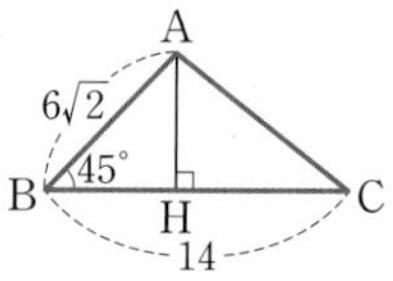

오른쪽 그림과 같이 점 A에서 $\overline{BC}$에 내린 수선의 발을 H라 하면
△ABH에서
$$\overline{AH}=6\sqrt{2}\sin 45°=6\sqrt{2}\times\frac{\sqrt{2}}{2}=6$$
$$\overline{BH}=6\sqrt{2}\cos 45°=6\sqrt{2}\times\frac{\sqrt{2}}{2}=6$$
이때 $\overline{HC}=\overline{BC}-\overline{BH}=14-6=8$이므로
△AHC에서 $\overline{AC}=\sqrt{6^2+8^2}=\sqrt{100}=10$

18 답 $10\sqrt{7}$ m

오른쪽 그림과 같이 점 B에서 $\overline{AC}$에 내린 수선의 발을 H라 하면 △BHC에서
$$\overline{BH}=20\sin 60°$$
$$=20\times\frac{\sqrt{3}}{2}=10\sqrt{3}\,(m)$$
$$\overline{CH}=20\cos 60°=20\times\frac{1}{2}=10\,(m)$$
이때 $\overline{AH}=\overline{AC}-\overline{CH}=30-10=20\,(m)$이므로
△AHB에서
$$\overline{AB}=\sqrt{20^2+(10\sqrt{3})^2}=\sqrt{700}=10\sqrt{7}\,(m)$$
따라서 두 지점 A, B 사이의 거리는 $10\sqrt{7}$ m이다.

19 답 $2\sqrt{37}$

오른쪽 그림과 같이 점 A에서 $\overline{BC}$의 연장선에 내린 수선의 발을 H라 하면
△ACH에서
$\angle ACH=180°-120°=60°$이므로
$$\overline{AH}=6\sin 60°=6\times\frac{\sqrt{3}}{2}=3\sqrt{3}$$

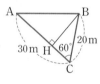

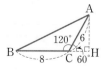

$$\overline{\text{CH}}=6\cos 60°=6\times\frac{1}{2}=3$$

이때 $\overline{\text{BH}}=\overline{\text{BC}}+\overline{\text{CH}}=8+3=11$이므로

$\triangle$ABH에서 $\overline{\text{AB}}=\sqrt{11^2+(3\sqrt{3})^2}=\sqrt{148}=2\sqrt{37}$

20 답 $\sqrt{21}$ cm

오른쪽 그림과 같이 점 A에서 $\overline{\text{BC}}$에
내린 수선의 발을 H라 하면
$\angle$B$=180°-150°=30°$이므로
$\triangle$ABH에서

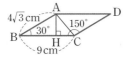

$$\overline{\text{AH}}=4\sqrt{3}\sin 30°=4\sqrt{3}\times\frac{1}{2}=2\sqrt{3}\,(\text{cm})$$

$$\overline{\text{BH}}=4\sqrt{3}\cos 30°=4\sqrt{3}\times\frac{\sqrt{3}}{2}=6\,(\text{cm})$$

이때 $\overline{\text{HC}}=\overline{\text{BC}}-\overline{\text{BH}}=9-6=3\,(\text{cm})$이므로

$\triangle$AHC에서 $\overline{\text{AC}}=\sqrt{(2\sqrt{3})^2+3^2}=\sqrt{21}\,(\text{cm})$

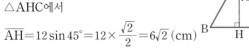

유형 **05** 삼각형의 변의 길이 구하기
– 한 변의 길이와 그 양 끝 각의 크기를 알 때   37쪽

(1) 주어진 두 각 중 한 각이 특수한 각이
아닌 경우 특수한 각이 아닌 한 각을 두
개의 특수한 각으로 나누어 두 개의 직
각삼각형을 만든다.

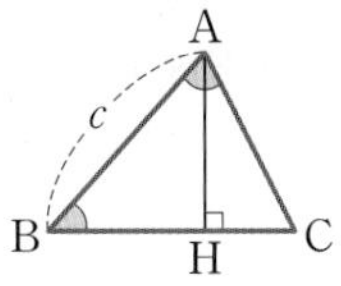

(2) 주어진 두 각이 모두 특수한 각인 경우
나머지 한 꼭짓점에서 대변에 수선을
그어 두 개의 직각삼각형을 만든다.

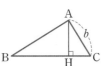
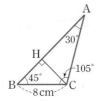

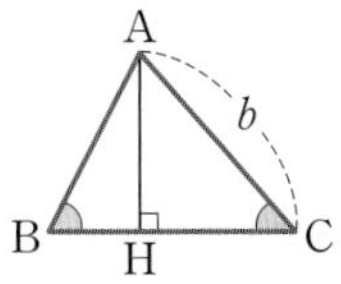

21 답 ③

오른쪽 그림과 같이 점 A에서 $\overline{\text{BC}}$에
내린 수선의 발을 H라 하면 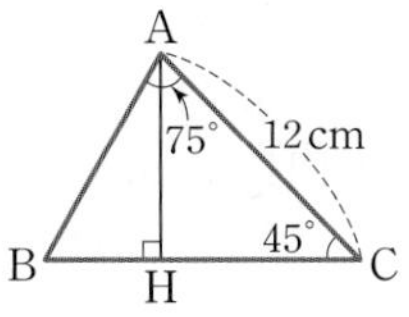
$\triangle$AHC에서

$$\overline{\text{AH}}=12\sin 45°=12\times\frac{\sqrt{2}}{2}=6\sqrt{2}\,(\text{cm})$$

$\triangle$ABC에서 $\angle$B$=180°-(75°+45°)=60°$이므로

$\triangle$ABH에서 $\overline{\text{AB}}=\dfrac{6\sqrt{2}}{\sin 60°}=6\sqrt{2}\times\dfrac{2}{\sqrt{3}}=4\sqrt{6}\,(\text{cm})$

22 답 ⑤

오른쪽 그림과 같이 점 A에서 $\overline{\text{BC}}$에
내린 수선의 발을 H라 하면
$\triangle$AHC에서 $\overline{\text{AH}}=b\sin C$이므로
$\triangle$ABH에서

$$\overline{\text{AB}}=\frac{\overline{\text{AH}}}{\sin B}=\frac{b\sin C}{\sin B}$$

23 답 $8\sqrt{2}$ cm

오른쪽 그림과 같이 점 C에서 $\overline{\text{AB}}$에 내
린 수선의 발을 H라 하면 $\triangle$HBC에서

$$\overline{\text{CH}}=8\sin 45°=8\times\frac{\sqrt{2}}{2}=4\sqrt{2}\,(\text{cm})$$

$\triangle$ABC에서

$\angle$A$=180°-(45°+105°)=30°$이므로

$\triangle$AHC에서

$$\overline{\text{AC}}=\frac{4\sqrt{2}}{\sin 30°}=4\sqrt{2}\times 2=8\sqrt{2}\,(\text{cm})$$

24 답 $300\sqrt{6}$ m

오른쪽 그림과 같이 점 C에서 $\overline{\text{AB}}$에 내린
수선의 발을 H라 하면 $\triangle$HBC에서

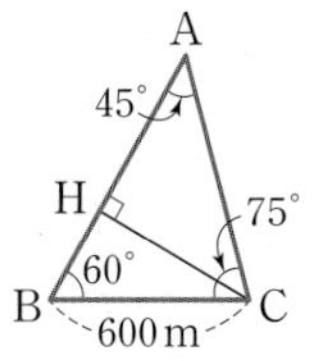

$$\overline{\text{CH}}=600\sin 60°=600\times\frac{\sqrt{3}}{2}=300\sqrt{3}\,(\text{m})$$

$\triangle$ABC에서

$\angle$A$=180°-(60°+75°)=45°$이므로

$\triangle$AHC에서

$$\overline{\text{AC}}=\frac{300\sqrt{3}}{\sin 45°}=300\sqrt{3}\times\frac{2}{\sqrt{2}}=300\sqrt{6}\,(\text{m})$$

따라서 공동 식수대 A에서 텐트 C까지의 거리는 $300\sqrt{6}$ m이다.

25 답 ④

오른쪽 그림과 같이 점 C에서 $\overline{\text{AB}}$에 내린
수선의 발을 H라 하면 $\triangle$HBC에서

$$\overline{\text{CH}}=70\sin 45°=70\times\frac{\sqrt{2}}{2}=35\sqrt{2}\,(\text{m})$$

$$\overline{\text{BH}}=70\cos 45°=70\times\frac{\sqrt{2}}{2}=35\sqrt{2}\,(\text{m})$$

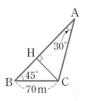

$\triangle$AHC에서 $\overline{\text{AH}}=\dfrac{35\sqrt{2}}{\tan 30°}=35\sqrt{2}\times\dfrac{3}{\sqrt{3}}=35\sqrt{6}\,(\text{m})$

$\therefore \overline{\text{AB}}=\overline{\text{AH}}+\overline{\text{BH}}=35\sqrt{6}+35\sqrt{2}=35(\sqrt{6}+\sqrt{2})\,(\text{m})$

따라서 두 지점 A, B 사이의 거리는 $35(\sqrt{6}+\sqrt{2})$ m이다.

유형 **06** 예각삼각형의 높이 구하기   37쪽

$\triangle$ABC에서 $\overline{\text{BC}}$의 길이 a와 $\angle$B, $\angle$C의 크기를 알 때,
$\triangle$ABH에서 $\overline{\text{BH}}=h\tan x$
$\triangle$AHC에서 $\overline{\text{CH}}=h\tan y$
즉, $a=\overline{\text{BH}}+\overline{\text{CH}}=h(\tan x+\tan y)$

$$\therefore h=\frac{a}{\tan x+\tan y}$$

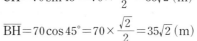
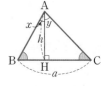

26 답 ⑤

$\triangle$ABH에서 $\angle$BAH$=90°-35°=55°$이므로
$\overline{\text{BH}}=h\tan 55°$
$\triangle$AHC에서 $\angle$CAH$=90°-50°=40°$이므로
$\overline{\text{CH}}=h\tan 40°$
이때 $\overline{\text{BC}}=\overline{\text{BH}}+\overline{\text{CH}}$이므로
$9=h\tan 55°+h\tan 40°$

27 답 ⑤

$\overline{\text{AH}}=h$라 하면
$\triangle$ABH에서 $\angle$BAH$=90°-30°=60°$이므로
$\overline{\text{BH}}=h\tan 60°=\sqrt{3}h$
$\triangle$AHC에서 $\angle$CAH$=90°-45°=45°$이므로
$\overline{\text{CH}}=h\tan 45°=h$
이때 $\overline{\text{BC}}=\overline{\text{BH}}+\overline{\text{CH}}$이므로
$30=\sqrt{3}h+h,\ (\sqrt{3}+1)h=30$

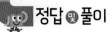

$\therefore h = \dfrac{30}{\sqrt{3}+1} = 15(\sqrt{3}-1)$

따라서 $\overline{AH}$의 길이는 $15(\sqrt{3}-1)$이다.

28 답 ④

$\overline{AH} = h$ m라 하면

$\triangle ABH$에서 $\angle BAH = 90° - 60° = 30°$이므로

$\overline{BH} = h\tan 30° = \dfrac{\sqrt{3}}{3}h$ (m)

$\triangle AHC$에서 $\angle CAH = 90° - 30° = 60°$이므로

$\overline{CH} = h\tan 60° = \sqrt{3}h$ (m)

이때 $\overline{BC} = \overline{BH} + \overline{CH}$이므로

$8 = \dfrac{\sqrt{3}}{3}h + \sqrt{3}h,\ \dfrac{4\sqrt{3}}{3}h = 8 \qquad \therefore h = 2\sqrt{3}$

따라서 $\overline{AH}$의 길이는 $2\sqrt{3}$ m이다.

29 답 ②

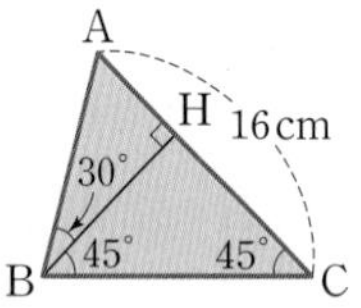

오른쪽 그림과 같이 점 B에서 $\overline{AC}$에 내린 수선의 발을 H라 하고 $\overline{BH} = h$ cm라 하면 $\triangle HBC$에서

$\angle HBC = 90° - 45° = 45°$이므로

$\angle ABH = 75° - 45° = 30°$

$\triangle ABH$에서 $\overline{AH} = h\tan 30° = \dfrac{\sqrt{3}}{3}h$ (cm)

$\triangle HBC$에서 $\overline{CH} = h\tan 45° = h$ (cm)

이때 $\overline{AC} = \overline{AH} + \overline{CH}$이므로

$16 = \dfrac{\sqrt{3}}{3}h + h,\ \dfrac{3+\sqrt{3}}{3}h = 16 \qquad \therefore h = \dfrac{48}{3+\sqrt{3}} = 8(3-\sqrt{3})$

즉, $\overline{BH} = 8(3-\sqrt{3})$ cm이므로

$\triangle ABC = \dfrac{1}{2} \times 16 \times 8(3-\sqrt{3}) = 64(3-\sqrt{3})\ (\text{cm}^2)$

유형 **07** 둔각삼각형의 높이 구하기   38쪽

$\triangle ABC$에서 $\overline{BC}$의 길이 a와 $\angle B$, $\angle C$의 크기를 알 때,

$\triangle ABH$에서 $\overline{BH} = h\tan x$

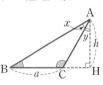

$\triangle ACH$에서 $\overline{CH} = h\tan y$

$a = \overline{BH} - \overline{CH} = h(\tan x - \tan y)$

$\therefore h = \dfrac{a}{\tan x - \tan y}$

30 답 $6(\sqrt{3}+1)$ cm

$\overline{AH} = h$ cm라 하면

$\triangle ABH$에서 $\angle BAH = 90° - 30° = 60°$이므로

$\overline{BH} = h\tan 60° = \sqrt{3}h$ (cm)

$\angle ACH = 180° - 135° = 45°$이고

$\triangle ACH$에서 $\angle CAH = 90° - 45° = 45°$이므로

$\overline{CH} = h\tan 45° = h$ (cm)

이때 $\overline{BC} = \overline{BH} - \overline{CH}$이므로 $12 = \sqrt{3}h - h,\ (\sqrt{3}-1)h = 12$

$\therefore h = \dfrac{12}{\sqrt{3}-1} = 6(\sqrt{3}+1)$

따라서 $\overline{AH}$의 길이는 $6(\sqrt{3}+1)$ cm이다.

31 답 $9(3+\sqrt{3})$ m

$\overline{AH} = h$ m라 하면

$\triangle AHC$에서

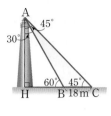

$\angle CAH = 90° - 45° = 45°$이므로

$\overline{HC} = h\tan 45° = h$ (m)

$\triangle AHB$에서

$\angle BAH = 90° - 60° = 30°$이므로

$\overline{HB} = h\tan 30° = \dfrac{\sqrt{3}}{3}h$ (m)

이때 $\overline{BC} = \overline{HC} - \overline{HB}$이므로

$18 = h - \dfrac{\sqrt{3}}{3}h,\ \dfrac{3-\sqrt{3}}{3}h = 18$

$\therefore h = \dfrac{54}{3-\sqrt{3}} = 9(3+\sqrt{3})$

따라서 등대의 높이는 $9(3+\sqrt{3})$ m이다.

32 답 10 m

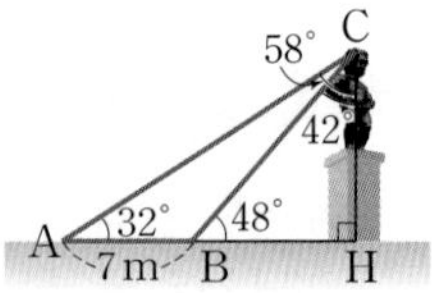

$\overline{CH} = h$ m라 하면 $\triangle CAH$에서

$\angle ACH = 90° - 32° = 58°$이므로

$\overline{AH} = h\tan 58° = 1.6h$ (m)

$\triangle CBH$에서

$\angle BCH = 90° - 48° = 42°$이므로

$\overline{BH} = h\tan 42° = 0.9h$ (m)

이때 $\overline{AB} = \overline{AH} - \overline{BH}$이므로

$7 = 1.6h - 0.9h,\ 0.7h = 7 \qquad \therefore h = 10$

따라서 동상의 높이인 $\overline{CH}$의 길이는 10 m이다.

33 답 $4\sqrt{3}$

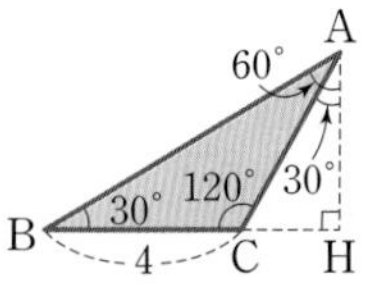

오른쪽 그림과 같이 점 A에서 $\overline{BC}$의 연장선 위에 내린 수선의 발을 H라 하고 $\overline{AH} = h$라 하면 $\triangle ABH$에서

$\angle BAH = 90° - 30° = 60°$이므로

$\overline{BH} = h\tan 60° = \sqrt{3}h$

$\angle ACH = 180° - 120° = 60°$이고

$\triangle ACH$에서 $\angle CAH = 90° - 60° = 30°$이므로

$\overline{CH} = h\tan 30° = \dfrac{\sqrt{3}}{3}h$

이때 $\overline{BC} = \overline{BH} - \overline{CH}$이므로

$4 = \sqrt{3}h - \dfrac{\sqrt{3}}{3}h,\ \dfrac{2\sqrt{3}}{3}h = 4 \qquad \therefore h = 2\sqrt{3}$

$\therefore \triangle ABC = \dfrac{1}{2} \times 4 \times 2\sqrt{3} = 4\sqrt{3}$

유형 **08** 예각삼각형의 넓이   39쪽

$\begin{aligned} \triangle ABC &= \dfrac{1}{2} \times a \times h \\ &= \dfrac{1}{2} \times a \times c\sin B \\ &= \dfrac{1}{2}ac\sin B \end{aligned}$

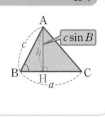

34 답 ③

$$\triangle ABC = \frac{1}{2} \times 8 \times 6 \times \sin 60°$$
$$= \frac{1}{2} \times 8 \times 6 \times \frac{\sqrt{3}}{2} = 12\sqrt{3} \,(\text{cm}^2)$$

35 답 ④

$\overline{AC} = \overline{BC}$이므로 $\angle A = \angle B = 75°$
$\therefore \angle C = 180° - 2 \times 75° = 30°$
$\overline{AC} = x$ cm라 하면
$\triangle ABC = \frac{1}{2} \times \overline{AC} \times \overline{BC} \times \sin 30° = \frac{1}{2} \times x \times x \times \frac{1}{2}$이므로

$\frac{1}{4}x^2 = 36, \ x^2 = 144$

$\therefore x = 12 \ (\because x > 0)$
따라서 $\overline{AC}$의 길이는 12 cm이다.

36 답 ③

$\triangle ABC = \frac{1}{2} \times 4 \times 7 \times \sin C$이므로

$14 \sin C = 7\sqrt{2} \qquad \therefore \sin C = \frac{\sqrt{2}}{2}$

$\therefore \angle C = 45° \ (\because 0° < \angle C < 90°)$

37 답 21 cm²

$$\triangle ABC = \frac{1}{2} \times \overline{AB} \times \overline{AC} \times \sin 30°$$
$$= \frac{1}{2} \times 18 \times 14 \times \frac{1}{2} = 63 \,(\text{cm}^2)$$

이때 점 G는 $\triangle ABC$의 무게중심이므로
$$\triangle GBC = \frac{1}{3}\triangle ABC = \frac{1}{3} \times 63 = 21 \,(\text{cm}^2)$$

38 답 $22\sqrt{2}$ cm²

$\overline{AC} /\!/ \overline{DE}$이므로 $\triangle ACD = \triangle ACE$
$\therefore \square ABCD = \triangle ABC + \triangle ACD$
$\qquad\qquad = \triangle ABC + \triangle ACE$
$\qquad\qquad = \triangle ABE$
$\qquad\qquad = \frac{1}{2} \times \overline{BA} \times \overline{BE} \times \sin 45°$
$\qquad\qquad = \frac{1}{2} \times 8 \times 11 \times \frac{\sqrt{2}}{2} = 22\sqrt{2} \,(\text{cm}^2)$

39 답 $\frac{60\sqrt{3}}{11}$ cm

$\angle BAD = \angle CAD = 30°$이므로 $\overline{AD} = x$ cm라 하면
$\triangle ABD = \frac{1}{2} \times 10 \times x \times \sin 30° = \frac{5}{2}x \,(\text{cm}^2)$
$\triangle ADC = \frac{1}{2} \times x \times 12 \times \sin 30° = 3x \,(\text{cm}^2)$
$\triangle ABC = \frac{1}{2} \times 10 \times 12 \times \sin 60° = 30\sqrt{3} \,(\text{cm}^2)$
이때 $\triangle ABD + \triangle ADC = \triangle ABC$이므로
$\frac{5}{2}x + 3x = 30\sqrt{3}, \ \frac{11}{2}x = 30\sqrt{3} \qquad \therefore x = \frac{60\sqrt{3}}{11}$
따라서 $\overline{AD}$의 길이는 $\frac{60\sqrt{3}}{11}$ cm이다.

40 답 $\frac{3}{5}$

$\overline{AM} = \overline{MD} = \overline{DN} = \overline{NC} = \frac{1}{2}\overline{AB} = \frac{1}{2} \times 8 = 4 \,(\text{cm})$이므로
$\overline{BM} = \overline{BN} = \sqrt{8^2 + 4^2} = \sqrt{80} = 4\sqrt{5} \,(\text{cm})$
$\square ABCD = \triangle ABM + \triangle BCN + \triangle MND + \triangle MBN$에서
$\triangle ABM = \triangle BCN = \frac{1}{2} \times 8 \times 4 = 16 \,(\text{cm}^2)$
$\triangle MND = \frac{1}{2} \times 4 \times 4 = 8 \,(\text{cm}^2)$이므로
$8 \times 8 = 16 + 16 + 8 + \triangle MBN \qquad \therefore \triangle MBN = 24 \,\text{cm}^2$
$\triangle MBN = \frac{1}{2} \times \overline{BM} \times \overline{BN} \times \sin x = \frac{1}{2} \times 4\sqrt{5} \times 4\sqrt{5} \times \sin x$
즉, $40 \sin x = 24$이므로 $\sin x = \frac{3}{5}$

유형 **09** 둔각삼각형의 넓이   40쪽

$$\triangle ABC = \frac{1}{2} \times a \times h$$
$$= \frac{1}{2} \times a \times c\sin(180° - B)$$
$$= \frac{1}{2}ac\sin(180° - B)$$

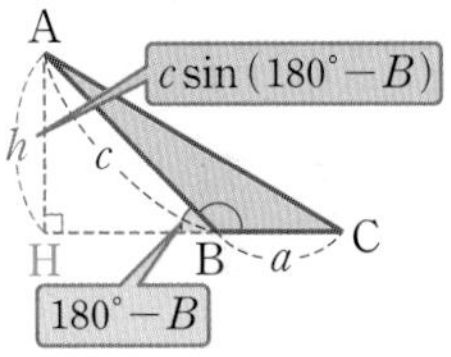

$c\sin(180° - B)$
$180° - B$

41 답 ④

$$\triangle ABC = \frac{1}{2} \times \overline{BA} \times \overline{BC} \times \sin(180° - 135°)$$
$$= \frac{1}{2} \times 5 \times 4 \times \frac{\sqrt{2}}{2} = 5\sqrt{2} \,(\text{cm}^2)$$

42 답 120°

$$\triangle ABC = \frac{1}{2} \times \overline{AB} \times \overline{BC} \times \sin(180° - B)$$
$$= \frac{1}{2} \times 5 \times 8 \times \sin(180° - B)$$

$20 \sin(180° - B) = 10\sqrt{3}$이므로 $\sin(180° - B) = \frac{\sqrt{3}}{2}$
즉, $180° - \angle B = 60° \ (\because 90° < \angle B < 180°)$이므로 $\angle B = 120°$

43 답 $\frac{9}{2}$ cm²

$\triangle ADE$에서 $\overline{AE} = 6\sin 30° = 6 \times \frac{1}{2} = 3 \,(\text{cm})$
또, $\angle EAD = 180° - (90° + 30°) = 60°$이므로
$\angle EAB = \angle EAD + \angle DAB = 60° + 90° = 150°$
$\therefore \triangle ABE = \frac{1}{2} \times \overline{AE} \times \overline{AB} \times \sin(180° - 150°)$
$\qquad\qquad = \frac{1}{2} \times 3 \times 6 \times \frac{1}{2} = \frac{9}{2} \,(\text{cm}^2)$

44 답 $2(3\pi - 2\sqrt{2})$ cm²

오른쪽 그림과 같이 $\overline{OA}$를 그으면
$\angle AOC = 180° - 2 \times 22.5° = 135°$
(부채꼴 AOC의 넓이)
$= \pi \times 4^2 \times \frac{135}{360} = 6\pi \,(\text{cm}^2)$

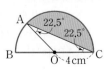

$$\triangle AOC = \frac{1}{2} \times \overline{OA} \times \overline{OC} \times \sin(180° - 135°)$$
$$= \frac{1}{2} \times 4 \times 4 \times \frac{\sqrt{2}}{2} = 4\sqrt{2} \ (\text{cm}^2)$$

∴ (색칠한 부분의 넓이) = (부채꼴 AOC의 넓이) − △AOC
$$= 6\pi - 4\sqrt{2}$$
$$= 2(3\pi - 2\sqrt{2}) \ (\text{cm}^2)$$

유형 10 다각형의 넓이　　40쪽

다각형 내부에 보조선을 그어 넓이를 구할 수 있는 여러 개의 삼각형으로 나눈 후, 삼각형의 넓이의 합을 구한다.

45 답 $13\sqrt{3} \ \text{cm}^2$

△ABC에서 $\overline{AC} = 8\sin 60° = 8 \times \dfrac{\sqrt{3}}{2} = 4\sqrt{3} \ (\text{cm})$이므로

$$\triangle ABC = \frac{1}{2} \times 4 \times 4\sqrt{3} = 8\sqrt{3} \ (\text{cm}^2)$$

$$\triangle ACD = \frac{1}{2} \times \overline{AC} \times \overline{DC} \times \sin 30°$$
$$= \frac{1}{2} \times 4\sqrt{3} \times 5 \times \frac{1}{2} = 5\sqrt{3} \ (\text{cm}^2)$$

∴ □ABCD = △ABC + △ACD
$$= 8\sqrt{3} + 5\sqrt{3} = 13\sqrt{3} \ (\text{cm}^2)$$

46 답 ②

오른쪽 그림과 같이 $\overline{AC}$를 그으면

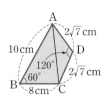

$$\triangle ABC = \frac{1}{2} \times \overline{BA} \times \overline{BC} \times \sin 60°$$
$$= \frac{1}{2} \times 10 \times 8 \times \frac{\sqrt{3}}{2}$$
$$= 20\sqrt{3} \ (\text{cm}^2)$$

$$\triangle ACD = \frac{1}{2} \times \overline{DA} \times \overline{DC} \times \sin(180° - 120°)$$
$$= \frac{1}{2} \times 2\sqrt{7} \times 2\sqrt{7} \times \frac{\sqrt{3}}{2} = 7\sqrt{3} \ (\text{cm}^2)$$

∴ □ABCD = △ABC + △ACD
$$= 20\sqrt{3} + 7\sqrt{3} = 27\sqrt{3} \ (\text{cm}^2)$$

47 답 $6\sqrt{3} \ \text{cm}^2$

정육각형은 오른쪽 그림과 같이 합동인 6개의 정삼각형으로 나눌 수 있다.

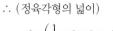

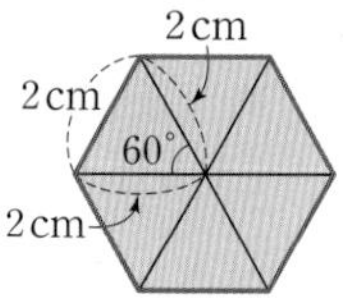

∴ (정육각형의 넓이)
$$= 6 \times \left(\frac{1}{2} \times 2 \times 2 \times \sin 60° \right)$$
$$= 6 \times \left(\frac{1}{2} \times 2 \times 2 \times \frac{\sqrt{3}}{2} \right) = 6\sqrt{3} \ (\text{cm}^2)$$

48 답 ④

오른쪽 그림과 같이 점 A에서 $\overline{BC}$에 내린 수선의 발을 H라 하면 △ABH에서

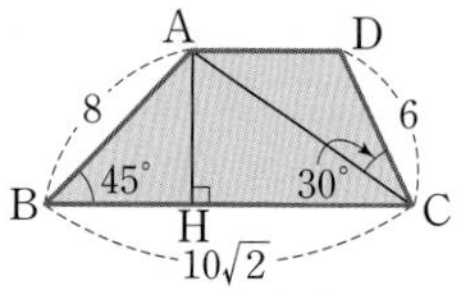

$$\overline{AH} = 8\sin 45° = 8 \times \frac{\sqrt{2}}{2} = 4\sqrt{2}$$

$$\overline{BH} = 8\cos 45° = 8 \times \frac{\sqrt{2}}{2} = 4\sqrt{2}$$

이때 $\overline{CH} = \overline{BC} - \overline{BH} = 10\sqrt{2} - 4\sqrt{2} = 6\sqrt{2}$

즉, △AHC에서
$$\overline{AC} = \sqrt{(4\sqrt{2})^2 + (6\sqrt{2})^2} = \sqrt{104} = 2\sqrt{26}$$

∴ □ABCD = △ABC + △ACD
$$= \frac{1}{2} \times \overline{BC} \times \overline{AH} + \frac{1}{2} \times \overline{AC} \times \overline{CD} \times \sin 30°$$
$$= \frac{1}{2} \times 10\sqrt{2} \times 4\sqrt{2} + \frac{1}{2} \times 2\sqrt{26} \times 6 \times \frac{1}{2}$$
$$= 40 + 3\sqrt{26}$$

유형 11 평행사변형의 넓이　　41쪽

평행사변형 ABCD에서

(1) ∠B가 예각인 경우

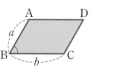

→ □ABCD
$$= ab\sin B$$

(2) ∠B가 둔각인 경우

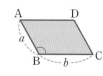

→ □ABCD
$$= ab\sin(180° - B)$$

49 답 $4 \ \text{cm}^2$

∠ABC = 180° − 150° = 30°이므로

$$\square ABCD = 2 \times 4 \times \sin 30° = 2 \times 4 \times \frac{1}{2} = 4 \ (\text{cm}^2)$$

50 답 ③

$$\square ABCD = \overline{AB} \times \overline{BC} \times \sin 60°$$
$$= 3 \times 4 \times \frac{\sqrt{3}}{2} = 6\sqrt{3} \ (\text{cm}^2)$$

∴ (색칠한 부분의 넓이) = △AOD + △COB
$$= \frac{1}{2} \square ABCD$$
$$= \frac{1}{2} \times 6\sqrt{3} = 3\sqrt{3} \ (\text{cm}^2)$$

51 답 $42 \ \text{cm}$

$\overline{AB} : \overline{BC} = 3 : 4$이므로

$\overline{AB} = 3x \ \text{cm}$, $\overline{BC} = 4x \ \text{cm} \ (x > 0)$라 하면

$$\square ABCD = \overline{AB} \times \overline{BC} \times \sin 30° = 3x \times 4x \times \frac{1}{2}$$

$6x^2 = 54$이므로 $x^2 = 9$　∴ $x = 3 \ (\because x > 0)$

즉, $\overline{AB} = 3 \times 3 = 9 \ (\text{cm})$, $\overline{BC} = 4 \times 3 = 12 \ (\text{cm})$

따라서 □ABCD의 둘레의 길이는
$$2 \times (\overline{AB} + \overline{BC}) = 2 \times (9 + 12) = 42 \ (\text{cm})$$

52 답 $48\sqrt{2} \ \text{cm}^2$

오른쪽 그림과 같이 겹쳐진 사각형의 각 꼭짓점을 A, B, C, D라 하고 점 A에서 $\overline{BC}$의 연장선에 내린 수선의 발을 H, 점 C에서 $\overline{AB}$의 연장선에 내린 수선의 발을 H′이라 하면

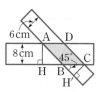

∠ABH=∠CBH′=45°(맞꼭지각)
$\overline{AH}$=8 cm, $\overline{CH'}$=6 cm이므로

△AHB에서 $\overline{AB}=\dfrac{8}{\sin 45°}=8\times\dfrac{2}{\sqrt{2}}=8\sqrt{2}$ (cm)

△BH′C에서 $\overline{BC}=\dfrac{6}{\sin 45°}=6\times\dfrac{2}{\sqrt{2}}=6\sqrt{2}$ (cm)

□ABCD는 평행사변형이므로
$$□ABCD=\overline{AB}\times\overline{BC}\times\sin(180°-135°)$$
$$=8\sqrt{2}\times6\sqrt{2}\times\dfrac{\sqrt{2}}{2}=48\sqrt{2}\ (cm^2)$$

따라서 겹쳐진 부분의 넓이는 $48\sqrt{2}$ cm²이다.

유형 12 사각형의 넓이　　　　41쪽

두 대각선의 길이가 주어진 □ABCD에서

(1) ∠x가 예각인 경우　　　(2) ∠x가 둔각인 경우

　　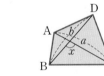

→ □ABCD
$$=\dfrac{1}{2}ab\sin x$$

→ □ABCD
$$=\dfrac{1}{2}ab\sin(180°-x)$$

53 답 ⑤

△OBC에서 ∠BOC=180°-(50°+70°)=60°

∴ $□ABCD=\dfrac{1}{2}\times\overline{AC}\times\overline{BD}\times\sin 60°$
$$=\dfrac{1}{2}\times14\times12\times\dfrac{\sqrt{3}}{2}=42\sqrt{3}$$

54 답 10 cm

□ABCD는 등변사다리꼴이므로 $\overline{AC}=\overline{BD}$
$\overline{AC}=x$ cm라 하면
$$□ABCD=\dfrac{1}{2}\times\overline{AC}\times\overline{BD}\times\sin(180°-120°)$$
$$=\dfrac{1}{2}\times x\times x\times\dfrac{\sqrt{3}}{2}$$

즉, $\dfrac{\sqrt{3}}{4}x^2=25\sqrt{3}$이므로 $x^2=100$　　∴ $x=10\ (\because x>0)$
따라서 $\overline{AC}$의 길이는 10 cm이다.

55 답 45°
$$□ABCD=\dfrac{1}{2}\times\overline{AC}\times\overline{BD}\times\sin x$$
$$=\dfrac{1}{2}\times24\times10\times\sin x$$

즉, $120\sin x=60\sqrt{2}$이므로 $\sin x=\dfrac{\sqrt{2}}{2}$

∴ $x=45°\ (\because 0°<\angle x<90°)$

56 답 48 cm²

∠AOB=$x\ (0°<x\leq90°)$라 하면

$$□ABCD=\dfrac{1}{2}\times\overline{AC}\times\overline{BD}\times\sin x$$
$$=\dfrac{1}{2}\times8\times12\times\sin x=48\sin x\,(cm^2)$$

x=90°일 때, $\sin x$의 최댓값이 1이므로 □ABCD의 넓이의 최댓값은
$$48\sin x=48\times1=48\,(cm^2)$$

서술형　　　　42쪽~43쪽

01 답 (1) 3　(2) $\sqrt{13}$

(1) **채점 기준 1** $\overline{AH}$의 길이 구하기 … 2점
△ABH에서 $\overline{AH}=3\sqrt{2}\times\underline{\sin 45°}=3\sqrt{2}\times\boxed{\dfrac{\sqrt{2}}{2}}=\underline{3}$

(2) **채점 기준 2** $\overline{BH}$, $\overline{CH}$의 길이 각각 구하기 … 2점
$\overline{BH}=3\sqrt{2}\times\underline{\cos 45°}=3\sqrt{2}\times\boxed{\dfrac{\sqrt{2}}{2}}=\underline{3}$이므로
$\overline{CH}=\overline{BC}-\overline{BH}=5-\underline{3}=\boxed{2}$
채점 기준 3 $\overline{AC}$의 길이 구하기 … 2점
△AHC에서 $\overline{AC}=\sqrt{\boxed{3}^2+\boxed{2}^2}=\sqrt{13}$

01-1 답 (1) 3　(2) $2\sqrt{3}$

(1) **채점 기준 1** $\overline{AH}$의 길이 구하기 … 2점
△ABH에서 $\overline{AH}=6\sin 30°=6\times\dfrac{1}{2}=3$

(2) **채점 기준 2** $\overline{BH}$, $\overline{CH}$의 길이 각각 구하기 … 2점
$\overline{BH}=6\cos 30°=6\times\dfrac{\sqrt{3}}{2}=3\sqrt{3}$이므로
$\overline{CH}=\overline{BC}-\overline{BH}=4\sqrt{3}-3\sqrt{3}=\sqrt{3}$
채점 기준 3 $\overline{AC}$의 길이 구하기 … 2점
△AHC에서 $\overline{AC}=\sqrt{3^2+(\sqrt{3})^2}=\sqrt{12}=2\sqrt{3}$

02 답 $24\sqrt{3}$ cm²

채점 기준 1 △OAB의 넓이 구하기 … 4점
$\overline{OA}=\overline{OB}=\dfrac{1}{2}\times8=\underline{4}\,(cm)$이고
∠AOB=$360°\times\boxed{\dfrac{1}{6}}=\underline{60°}$이므로
$△OAB=\dfrac{1}{2}\times\overline{OA}\times\overline{OB}\times\underline{\sin 60°}$
$$=\dfrac{1}{2}\times4\times4\times\dfrac{\sqrt{3}}{2}=\underline{4\sqrt{3}}\,(cm^2)$$
채점 기준 2 정육각형의 넓이 구하기 … 2점
∴ (정육각형의 넓이)$=\boxed{6}\times△OAB$
$$=6\times4\sqrt{3}=\underline{24\sqrt{3}}\,(cm^2)$$

02-1 답 $72\sqrt{2}$ cm²

채점 기준 1 △OAB의 넓이 구하기 … 4점
$\overline{OA}=\overline{OB}=\dfrac{1}{2}\times12=6\,(cm)$이고
∠AOB=$360°\times\dfrac{1}{8}=45°$이므로

$$\triangle \mathrm{OAB} = \frac{1}{2} \times \overline{\mathrm{OA}} \times \overline{\mathrm{OB}} \times \sin 45°$$
$$= \frac{1}{2} \times 6 \times 6 \times \frac{\sqrt{2}}{2} = 9\sqrt{2} \ (\mathrm{cm}^2)$$

채점 기준 2 정팔각형의 넓이 구하기 … 2점

∴ (정팔각형의 넓이) $= 8 \times \triangle \mathrm{OAB}$
$$= 8 \times 9\sqrt{2} = 72\sqrt{2} \ (\mathrm{cm}^2)$$

02-2 답 $3a^2$

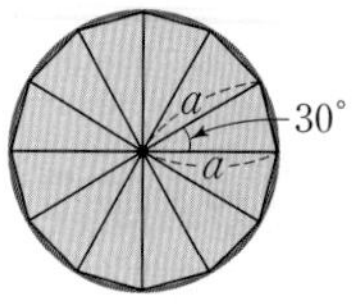

오른쪽 그림과 같이 원의 중심과 정십이
각형의 모든 꼭짓점들을 연결하면 정십이
각형은 두 변의 길이가 a이고, 그 끼인각
의 크기가 $360° \times \frac{1}{12} = 30°$인 이등변삼각

형 12개로 나누어진다. …… ❶

이등변삼각형 한 개의 넓이는

$$\frac{1}{2} \times a \times a \times \sin 30° = \frac{1}{2} \times a \times a \times \frac{1}{2} = \frac{1}{4} a^2 \quad …… ❷$$

따라서 반지름의 길이가 a인 원에 내접하는 정십이각형의 넓이는

$$12 \times \frac{1}{4} a^2 = 3a^2 \quad …… ❸$$

채점 기준	배점
❶ 정십이각형의 넓이를 이등변삼각형으로 나누어 생각하기	3점
❷ 이등변삼각형 한 개의 넓이 구하기	2점
❸ 정십이각형의 넓이를 a를 사용하여 나타내기	2점

03 답 11.5 m

△ABC에서

$$\overline{\mathrm{AC}} = \overline{\mathrm{BC}} \tan 13° = 50 \tan 13° \quad …… ❶$$
$$= 50 \times 0.23 = 11.5 \ (\mathrm{m})$$

따라서 출발 지점 A의 지면으로부터의 높이는 11.5 m이다. …… ❷

채점 기준	배점
❶ $\overline{\mathrm{AC}}$의 길이를 삼각비를 이용하여 나타내기	2점
❷ 출발 지점 A의 지면으로부터의 높이 구하기	2점

04 답 50초

$\overline{\mathrm{AD}} /\!/ \overline{\mathrm{BC}}$이므로 $\angle \mathrm{ACB} = \angle \mathrm{DAC} = 20°$ (엇각) …… ❶

△ABC에서

$$\overline{\mathrm{AC}} = \frac{34}{\sin 20°} = \frac{34}{0.34} = 100 \ (\mathrm{m}) \quad …… ❷$$

따라서 드론이 초속 2 m로 움직이므로 착륙하는 데 걸리는 시간은

$$\frac{100}{2} = 50 \ (초) \quad …… ❸$$

채점 기준	배점
❶ ∠ACB의 크기 구하기	2점
❷ $\overline{\mathrm{AC}}$의 길이 구하기	2점
❸ 착륙하는 데 걸리는 시간 구하기	2점

05 답 $12\sqrt{3}$

∠B = ∠C이므로 □ABCD는 $\overline{\mathrm{AB}} = \overline{\mathrm{DC}}$인 등변사다리꼴이다.

∴ $\overline{\mathrm{DC}} = \overline{\mathrm{AB}} = 4$

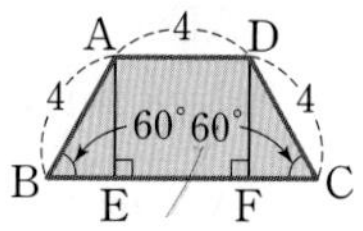

오른쪽 그림과 같이 두 점 A, D에서 $\overline{\mathrm{BC}}$
에 내린 수선의 발을 각각 E, F라 하면
△ABE에서

$$\overline{\mathrm{AE}} = 4\sin 60° = 4 \times \frac{\sqrt{3}}{2} = 2\sqrt{3} \quad …… ❶$$

$$\overline{\mathrm{BE}} = 4\cos 60° = 4 \times \frac{1}{2} = 2$$

이때 △ABE ≡ △DCF (RHA 합동)이므로 $\overline{\mathrm{CF}} = \overline{\mathrm{BE}} = 2$

$\overline{\mathrm{BC}} = \overline{\mathrm{BE}} + \overline{\mathrm{EF}} + \overline{\mathrm{CF}} = 2 + 4 + 2 = 8$ …… ❷

$$\therefore \square \mathrm{ABCD} = \frac{1}{2} \times (4+8) \times 2\sqrt{3} = 12\sqrt{3} \quad …… ❸$$

채점 기준	배점
❶ 사다리꼴의 높이 구하기	2점
❷ $\overline{\mathrm{BC}}$의 길이 구하기	2점
❸ □ABCD의 넓이 구하기	2점

06 답 (1) $2\sqrt{19}$ cm (2) 14 cm

(1) ∠B = $180° - 120° = 60°$

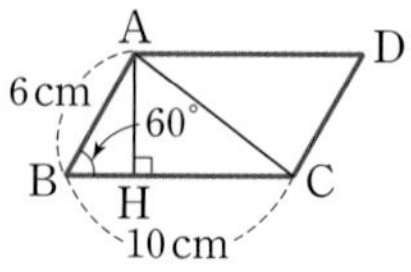

오른쪽 그림과 같이 점 A에서 $\overline{\mathrm{BC}}$에
내린 수선의 발을 H라 하면
△ABH에서

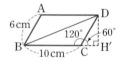

$$\overline{\mathrm{AH}} = 6\sin 60°$$
$$= 6 \times \frac{\sqrt{3}}{2} = 3\sqrt{3} \ (\mathrm{cm})$$

$$\overline{\mathrm{BH}} = 6\cos 60° = 6 \times \frac{1}{2} = 3 \ (\mathrm{cm}) \quad …… ❶$$

이때 $\overline{\mathrm{CH}} = \overline{\mathrm{BC}} - \overline{\mathrm{BH}} = 10 - 3 = 7 \ (\mathrm{cm})$이므로
△AHC에서

$$\overline{\mathrm{AC}} = \sqrt{(3\sqrt{3})^2 + 7^2} = \sqrt{76} = 2\sqrt{19} \ (\mathrm{cm}) \quad …… ❷$$

(2) 오른쪽 그림과 같이 점 D에서 $\overline{\mathrm{BC}}$
의 연장선 위에 내린 수선의 발을
H′이라 하면

$\angle \mathrm{DCH}' = 180° - 120° = 60°$

△DCH′에서

$$\overline{\mathrm{DH}'} = 6\sin 60° = 6 \times \frac{\sqrt{3}}{2} = 3\sqrt{3} \ (\mathrm{cm})$$

$$\overline{\mathrm{CH}'} = 6\cos 60° = 6 \times \frac{1}{2} = 3 \ (\mathrm{cm}) \quad …… ❸$$

이때 $\overline{\mathrm{BH}'} = \overline{\mathrm{BC}} + \overline{\mathrm{CH}'} = 10 + 3 = 13 \ (\mathrm{cm})$이므로
△DBH′에서

$$\overline{\mathrm{BD}} = \sqrt{13^2 + (3\sqrt{3})^2} = \sqrt{196} = 14 \ (\mathrm{cm}) \quad …… ❹$$

채점 기준	배점
❶ $\overline{\mathrm{AH}}$, $\overline{\mathrm{BH}}$의 길이 각각 구하기	2점
❷ $\overline{\mathrm{AC}}$의 길이 구하기	1점
❸ $\overline{\mathrm{DH}'}$, $\overline{\mathrm{CH}'}$의 길이 각각 구하기	2점
❹ $\overline{\mathrm{BD}}$의 길이 구하기	1점

07 답 14 cm

점 G가 △ABC의 무게중심이므로

$\triangle \mathrm{ABC} = 3\triangle \mathrm{GBC} = 3 \times 14\sqrt{3} = 42\sqrt{3} \ (\mathrm{cm}^2)$ …… ❶

$$\triangle ABC = \frac{1}{2} \times \overline{AB} \times \overline{AC} \times \sin 60^\circ$$

$$= \frac{1}{2} \times \overline{AB} \times 12 \times \frac{\sqrt{3}}{2} \qquad \cdots\cdots ❷$$

즉, $3\sqrt{3}\,\overline{AB} = 42\sqrt{3}$이므로

$$\overline{AB} = 14 \text{ cm} \qquad \cdots\cdots ❸$$

채점 기준	배점
❶ △ABC의 넓이 구하기	3점
❷ △ABC의 넓이를 $\overline{AB}$를 사용하여 나타내기	2점
❸ $\overline{AB}$의 길이 구하기	1점

08 답 $10\sqrt{2}$

∠ABC : ∠BCD = 1 : 3이므로

$$\angle ABC = 180^\circ \times \frac{1}{4} = 45^\circ \qquad \cdots\cdots ❶$$

$$\square ABCD = \overline{AB} \times \overline{BC} \times \sin 45^\circ$$

$$= 8 \times 10 \times \frac{\sqrt{2}}{2} = 40\sqrt{2} \qquad \cdots\cdots ❷$$

$$\therefore \triangle OBC = \frac{1}{4}\square ABCD = \frac{1}{4} \times 40\sqrt{2} = 10\sqrt{2} \qquad \cdots\cdots ❸$$

채점 기준	배점
❶ ∠ABC의 크기 구하기	2점
❷ □ABCD의 넓이 구하기	3점
❸ △OBC의 넓이 구하기	2점

실전 중단원 U 학교 시험 **1**회

44쪽~47쪽

01 ③	02 ②	03 ④	04 ①	05 ①
06 ②	07 ④	08 ⑤	09 ③	10 ③
11 ①	12 ①	13 ②	14 ②	15 ④
16 ④	17 ③	18 ②	19 120 cm³	
20 $(20+20\sqrt{3})$ m		21 2 m	22 $4(3-\sqrt{3})$	
23 4 cm				

01 답 ③ 　　　　　　　　　　　　유형 **01**

$\tan 38^\circ = \dfrac{\overline{AC}}{3}$이므로 $\overline{AC} = 3\tan 38^\circ$

02 답 ② 　　　　　　　　　　　　유형 **01**

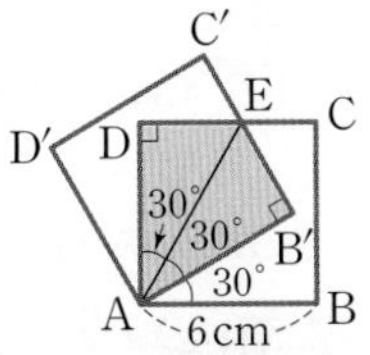

오른쪽 그림과 같이 $\overline{DC}$와 $\overline{B'C'}$의 교점을 E라 하고 $\overline{AE}$를 그으면

△AB′E와 △ADE에서

∠AB′E = ∠ADE = 90°, $\overline{AE}$는 공통,

$\overline{AB'} = \overline{AD}$이므로

△AB′E ≡ △ADE (RHS 합동)

$$\therefore \angle DAE = \angle B'AE = \frac{1}{2} \times (90^\circ - 30^\circ) = 30^\circ$$

△AB′E에서 $\overline{B'E} = 6\tan 30^\circ = 6 \times \dfrac{\sqrt{3}}{3} = 2\sqrt{3}\,(\text{cm})$

$$\therefore \square AB'ED = 2\triangle AB'E$$

$$= 2 \times \left(\frac{1}{2} \times 6 \times 2\sqrt{3}\right) = 12\sqrt{3}\,(\text{cm}^2)$$

03 답 ④ 　　　　　　　　　　　　유형 **02**

$\pi \times \overline{BO}^2 = 4\pi \text{ cm}^2$이므로

$\overline{BO}^2 = 4 \qquad \therefore \overline{BO} = 2 \text{ cm } (\because \overline{BO} > 0)$

△ABO에서

$$\overline{AB} = \frac{2}{\cos 60^\circ} = 2 \times 2 = 4\,(\text{cm})$$

04 답 ① 　　　　　　　　　　　　유형 **03**

$$\overline{AB} = 1000\sin 15^\circ$$

$$= 1000 \times 0.2588 = 258.8\,(\text{m})$$

05 답 ① 　　　　　　　　　　　　유형 **03**

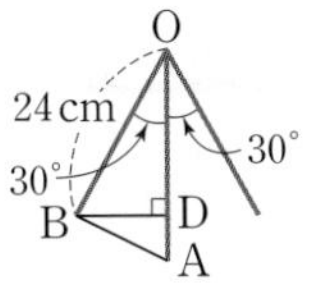

오른쪽 그림과 같이 점 B에서 $\overline{OA}$에 내린 수선의 발을 D라 하면 △OBD에서

$$\overline{OD} = 24\cos 30^\circ = 24 \times \frac{\sqrt{3}}{2} = 12\sqrt{3}\,(\text{cm})$$

$\therefore \overline{DA} = \overline{OA} - \overline{OD} = 24 - 12\sqrt{3}\,(\text{cm})$

따라서 시계추의 최고 높이와 최저 높이의 차는

$(24 - 12\sqrt{3})$ cm이다.

06 답 ② 　　　　　　　　　　　　유형 **04**

△ABH에서

$$\overline{AH} = 4\sin 30^\circ = 4 \times \frac{1}{2} = 2\,(\text{cm})$$

$$\overline{BH} = 4\cos 30^\circ = 4 \times \frac{\sqrt{3}}{2} = 2\sqrt{3}\,(\text{cm})$$

이때 $\overline{HC} = \overline{BC} - \overline{BH} = 3\sqrt{3} - 2\sqrt{3} = \sqrt{3}\,(\text{cm})$이므로

△AHC에서

$$\overline{AC} = \sqrt{2^2 + (\sqrt{3})^2} = \sqrt{7}\,(\text{cm})$$

따라서 △AHC의 둘레의 길이는

$\overline{AH} + \overline{HC} + \overline{AC} = 2 + \sqrt{3} + \sqrt{7}\,(\text{cm})$

07 답 ④ 　　　　　　　　　　　　유형 **04**

오른쪽 그림과 같이 점 D에서 $\overline{BC}$의 연장선에 내린 수선의 발을 H라 하면

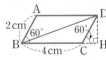

△DCH에서

$\overline{CD} = \overline{AB} = 2 \text{ cm}$

∠DCH = ∠ABC = 60° (동위각)이므로

$$\overline{DH} = 2\sin 60^\circ = 2 \times \frac{\sqrt{3}}{2} = \sqrt{3}\,(\text{cm})$$

$$\overline{CH} = 2\cos 60^\circ = 2 \times \frac{1}{2} = 1\,(\text{cm})$$

이때 $\overline{BH} = \overline{BC} + \overline{CH} = 4 + 1 = 5\,(\text{cm})$이므로

△DBH에서

$$\overline{BD} = \sqrt{5^2 + (\sqrt{3})^2} = \sqrt{28} = 2\sqrt{7}\,(\text{cm})$$

08 답 ⑤ 　　　　　　　　　　　　유형 **04**

오른쪽 그림과 같이 점 A에서 $\overline{BC}$의 연장선에 내린 수선의 발을 D라 하면

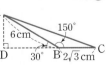

∠ABD = 180° − 150° = 30°

△ADB에서

$\overline{AD}=6\sin 30°=6\times\dfrac{1}{2}=3\,(\text{cm})$

$\overline{DB}=6\cos 30°=6\times\dfrac{\sqrt3}{2}=3\sqrt3\,(\text{cm})$

이때 $\overline{DC}=\overline{DB}+\overline{BC}=3\sqrt3+2\sqrt3=5\sqrt3\,(\text{cm})$이므로

△ADC에서

$\overline{AC}=\sqrt{3^2+(5\sqrt3)^2}=\sqrt{84}=2\sqrt{21}\,(\text{cm})$

09 답 ③ 유형 05

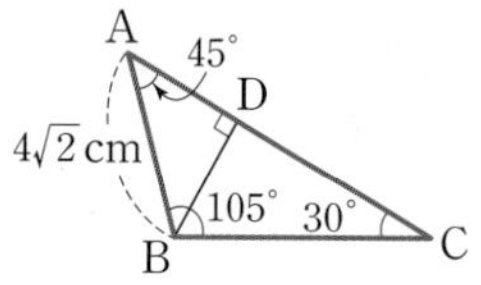

오른쪽 그림과 같이 점 B에서 $\overline{AC}$
에 내린 수선의 발을 D라 하면
△ABC에서

$\angle A=180°-(105°+30°)=45°$

△ABD에서

$\overline{BD}=4\sqrt2\sin 45°=4\sqrt2\times\dfrac{\sqrt2}{2}=4\,(\text{cm})$

△DBC에서 $\overline{BC}=\dfrac{4}{\sin 30°}=4\times2=8\,(\text{cm})$

10 답 ③ 유형 06

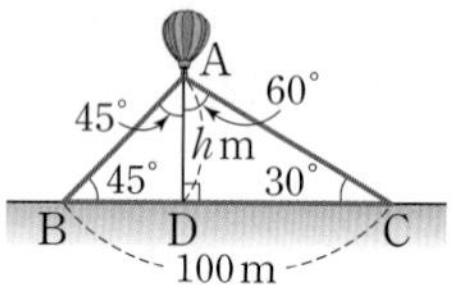

오른쪽 그림과 같이 점 A에서 $\overline{BC}$
에 내린 수선의 발을 D라 하고
$\overline{AD}=h$ m라 하면 △ABD에서

$\angle BAD=90°-45°=45°$이므로

$\overline{BD}=h\tan 45°=h\times1=h\,(\text{m})$

△ADC에서 $\angle DAC=90°-30°=60°$이므로

$\overline{DC}=h\tan 60°=h\times\sqrt3=\sqrt3h\,(\text{m})$

이때 $\overline{BC}=\overline{BD}+\overline{DC}$이므로

$100=h+\sqrt3h$, $(\sqrt3+1)h=100$

$\therefore h=\dfrac{100}{\sqrt3+1}=50(\sqrt3-1)$

따라서 지면으로부터 열기구까지의 높이는 $50(\sqrt3-1)$ m이다.

11 답 ① 유형 07

$\overline{AH}=h$라 하면

△BAH에서 $\angle BAH=90°-30°=60°$이므로

$\overline{BH}=h\tan 60°=h\times\sqrt3=\sqrt3h$

△ACH에서 $\angle CAH=90°-45°=45°$이므로

$\overline{CH}=h\tan 45°=h\times1=h$

이때 $\overline{BC}=\overline{BH}-\overline{CH}$이므로 $2=\sqrt3h-h$, $(\sqrt3-1)h=2$

$\therefore h=\dfrac{2}{\sqrt3-1}=\sqrt3+1$

$\therefore \triangle ABC=\dfrac{1}{2}\times\overline{BC}\times\overline{AH}$

$\qquad\qquad=\dfrac{1}{2}\times2\times(\sqrt3+1)=\sqrt3+1$

12 답 ① 유형 08

△ABC는 이등변삼각형이므로

$\angle A=180°-2\times75°=30°$

$\therefore \triangle ABC=\dfrac{1}{2}\times\overline{AB}\times\overline{AC}\times\sin 30°$

$\qquad\qquad=\dfrac{1}{2}\times4\times4\times\dfrac{1}{2}=4\,(\text{cm}^2)$

13 답 ② 유형 09

$\triangle ABC=\dfrac{1}{2}\times\overline{AB}\times\overline{BC}\times\sin(180°-135°)$

$\qquad\quad=\dfrac{1}{2}\times5\times8\times\dfrac{\sqrt2}{2}=10\sqrt2\,(\text{cm}^2)$

14 답 ② 유형 09

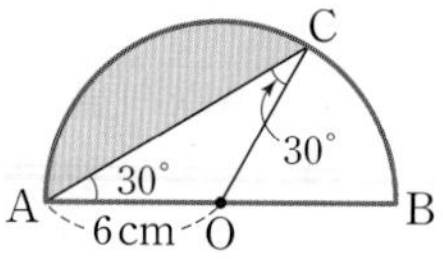

오른쪽 그림과 같이 $\overline{OC}$를 그으면
△AOC는 $\overline{OA}=\overline{OC}$인 이등변삼각
형이므로

$\angle AOC=180°-2\times30°=120°$

(부채꼴 AOC의 넓이)$=\pi\times6^2\times\dfrac{120}{360}=12\pi\,(\text{cm}^2)$

$\triangle AOC=\dfrac{1}{2}\times\overline{OA}\times\overline{OC}\times\sin(180°-120°)$

$\qquad\quad=\dfrac{1}{2}\times6\times6\times\dfrac{\sqrt3}{2}=9\sqrt3\,(\text{cm}^2)$

$\therefore$ (색칠한 부분의 넓이) = (부채꼴 AOC의 넓이) $-\triangle AOC$

$\qquad\qquad\qquad\qquad\quad=12\pi-9\sqrt3\,(\text{cm}^2)$

15 답 ④ 유형 10

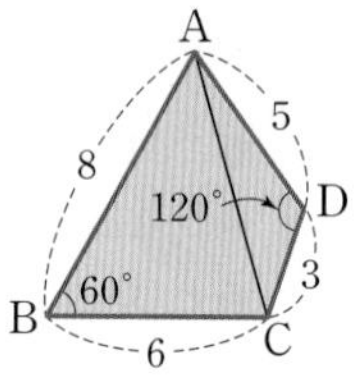

오른쪽 그림과 같이 $\overline{AC}$를 그으면

$\square ABCD$

$=\triangle ABC+\triangle ACD$

$=\dfrac{1}{2}\times\overline{BA}\times\overline{BC}\times\sin 60°$

$\quad+\dfrac{1}{2}\times\overline{DA}\times\overline{DC}\times\sin(180°-120°)$

$=\dfrac{1}{2}\times8\times6\times\dfrac{\sqrt3}{2}+\dfrac{1}{2}\times5\times3\times\dfrac{\sqrt3}{2}$

$=12\sqrt3+\dfrac{15\sqrt3}{4}=\dfrac{63\sqrt3}{4}$

16 답 ④ 유형 11

$\square ABCD=\overline{BA}\times\overline{BC}\times\sin(180°-120°)$

$\qquad\qquad=12\times14\times\dfrac{\sqrt3}{2}=84\sqrt3\,(\text{cm}^2)$

$\therefore \triangle DBM=\dfrac{1}{2}\triangle DBC=\dfrac{1}{2}\times\left(\dfrac{1}{2}\square ABCD\right)$

$\qquad\qquad=\dfrac{1}{4}\square ABCD=\dfrac{1}{4}\times84\sqrt3=21\sqrt3\,(\text{cm}^2)$

17 답 ③ 유형 11

오른쪽 그림과 같이 겹쳐진 사각형의
각 꼭짓점을 A, B, C, D라 하고 점 B
에서 $\overline{AD}$, $\overline{CD}$의 연장선에 내린 수선
의 발을 각각 E, F라 하면

$\overline{EB}=3$ cm, $\overline{BF}=6$ cm

$\angle EAB=\angle ABC=60°$ (엇각)이므로

△EBA에서

$\overline{AB}=\dfrac{3}{\sin 60°}=3\times\dfrac{2}{\sqrt3}=2\sqrt3\,(\text{cm})$

$\angle BCF=\angle ABC=60°$ (엇각)이므로 △BFC에서

$\overline{BC}=\dfrac{6}{\sin 60°}=6\times\dfrac{2}{\sqrt3}=4\sqrt3\,(\text{cm})$

$\square ABCD$는 평행사변형이므로

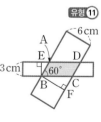

$$\square ABCD = \overline{AB} \times \overline{BC} \times \sin 60°$$
$$= 2\sqrt{3} \times 4\sqrt{3} \times \frac{\sqrt{3}}{2} = 12\sqrt{3}\,(\text{cm}^2)$$

따라서 겹쳐진 부분의 넓이는 $12\sqrt{3}\,\text{cm}^2$이다.

18 답 ②   유형 **12**

$$\square ABCD = \frac{1}{2} \times \overline{AC} \times \overline{BD} \times \sin 60°$$
$$= \frac{1}{2} \times 9 \times 8 \times \frac{\sqrt{3}}{2} = 18\sqrt{3}\,(\text{cm}^2)$$

19 답 $120\,\text{cm}^3$ 유형 **02**

$\triangle ABC$에서

$$\overline{AB} = 8\sin 30° = 8 \times \frac{1}{2} = 4\,(\text{cm})$$

$$\overline{AC} = 8\cos 30° = 8 \times \frac{\sqrt{3}}{2} = 4\sqrt{3}\,(\text{cm}) \quad\cdots\cdots\text{❶}$$

따라서 삼각기둥의 부피는

$$\left(\frac{1}{2} \times 4 \times 4\sqrt{3}\right) \times 5\sqrt{3} = 120\,(\text{cm}^3) \quad\cdots\cdots\text{❷}$$

채점 기준	배점
❶ $\overline{AB}$, $\overline{AC}$의 길이 각각 구하기	2점
❷ 삼각기둥의 부피 구하기	2점

20 답 $(20+20\sqrt{3})\,\text{m}$ 유형 **03**

$\triangle ACD$에서

$$\overline{AD} = 20\tan 60° = 20 \times \sqrt{3} = 20\sqrt{3}\,(\text{m}) \quad\cdots\cdots\text{❶}$$

$\triangle CBD$에서

$$\overline{BD} = 20\tan 45° = 20 \times 1 = 20\,(\text{m}) \quad\cdots\cdots\text{❷}$$

이때 $\overline{AB} = \overline{AD} + \overline{DB} = 20+20\sqrt{3}\,(\text{m})$이므로 (나) 건물의 높이는 $(20+20\sqrt{3})\,\text{m}$이다. $\cdots\cdots\text{❸}$

채점 기준	배점
❶ $\overline{AD}$의 길이 구하기	2점
❷ $\overline{BD}$의 길이 구하기	2점
❸ (나) 건물의 높이 구하기	2점

21 답 $2\,\text{m}$ 유형 **03**

$\triangle ABC$에서 $\overline{AB} = \dfrac{1}{\tan 30°} = 1 \times \dfrac{3}{\sqrt{3}} = \sqrt{3}\,(\text{m})$ $\cdots\cdots\text{❶}$

$\triangle ABD$에서 $\overline{BD} = \sqrt{3}\tan 60° = \sqrt{3} \times \sqrt{3} = 3\,(\text{m})$ $\cdots\cdots\text{❷}$

$\therefore \overline{CD} = \overline{BD} - \overline{BC} = 3-1 = 2\,(\text{m})$ $\cdots\cdots\text{❸}$

따라서 이 액자의 세로의 길이는 $2\,\text{m}$이다.

채점 기준	배점
❶ $\overline{AB}$의 길이 구하기	2점
❷ $\overline{BD}$의 길이 구하기	2점
❸ 액자의 세로의 길이 구하기	2점

22 답 $4(3-\sqrt{3})$ 유형 **06**

$\triangle ABD$에서 $\angle BAD = 90° - 45° = 45°$이므로

$$\overline{BD} = h\tan 45° = h \times 1 = h\,(\text{m})$$

$\triangle ADC$에서 $\angle DAC = 90° - 60° = 30°$이므로

$$\overline{CD} = h\tan 30° = h \times \frac{\sqrt{3}}{3} = \frac{\sqrt{3}}{3}h\,(\text{m}) \quad\cdots\cdots\text{❶}$$

이때 $\overline{BC} = \overline{BD} + \overline{CD}$이므로

$$8 = h + \frac{\sqrt{3}}{3}h, \quad \frac{3+\sqrt{3}}{3}h = 8$$

$$\therefore h = \frac{24}{3+\sqrt{3}} = 4(3-\sqrt{3}) \quad\cdots\cdots\text{❷}$$

채점 기준	배점
❶ $\overline{BD}$, $\overline{CD}$의 길이를 h를 사용하여 각각 나타내기	4점
❷ h의 값 구하기	3점

23 답 $4\,\text{cm}$ 유형 **08** + 유형 **09**

$\angle BAD = \angle DAC = \dfrac{1}{2} \times 120° = 60°$이므로

$$\triangle ABD = \frac{1}{2} \times \overline{AB} \times \overline{AD} \times \sin 60°$$
$$= \frac{1}{2} \times 6 \times \overline{AD} \times \frac{\sqrt{3}}{2} = \frac{3\sqrt{3}}{2}\overline{AD}\,(\text{cm}^2)$$

$$\triangle ADC = \frac{1}{2} \times \overline{AD} \times \overline{AC} \times \sin 60°$$
$$= \frac{1}{2} \times \overline{AD} \times 12 \times \frac{\sqrt{3}}{2} = 3\sqrt{3}\,\overline{AD}\,(\text{cm}^2) \quad\cdots\cdots\text{❶}$$

$$\triangle ABC = \frac{1}{2} \times \overline{AB} \times \overline{AC} \times \sin(180° - 120°)$$
$$= \frac{1}{2} \times 6 \times 12 \times \frac{\sqrt{3}}{2} = 18\sqrt{3}\,(\text{cm}^2) \quad\cdots\cdots\text{❷}$$

이때 $\triangle ABC = \triangle ABD + \triangle ADC$이므로

$$18\sqrt{3} = \frac{3\sqrt{3}}{2}\overline{AD} + 3\sqrt{3}\,\overline{AD}, \quad \frac{9\sqrt{3}}{2}\overline{AD} = 18\sqrt{3}$$

$$\therefore \overline{AD} = 4\,\text{cm} \quad\cdots\cdots\text{❸}$$

채점 기준	배점
❶ $\triangle ABD$, $\triangle ADC$의 넓이를 $\overline{AD}$에 대한 식으로 각각 나타내기	2점
❷ $\triangle ABC$의 넓이 구하기	2점
❸ $\overline{AD}$의 길이 구하기	3점

실전! 중단원 U 학교 시험 2회
48쪽~51쪽

01 ⑤	02 ③	03 ③	04 ②	05 ①
06 ②	07 ③	08 ②	09 ②	10 ⑤
11 ②	12 ④	13 ③	14 ②	15 ④
16 ③	17 ①	18 ③	19 $2\sqrt{2}\,\text{cm}$	20 $108\,\text{cm}^3$
21 $10.4\,\text{m}$	22 $12\,\text{cm}^2$	23 $14\,\text{cm}$		

01 답 ⑤   유형 **01**

$$\overline{BC} = 100\cos 25° = 100 \times 0.9063 = 90.63$$

02 답 ③   유형 **02**

$\triangle FGH$에서 $\overline{FH} = \sqrt{4^2 + 3^2} = \sqrt{25} = 5\,(\text{cm})$

$\triangle DFH$에서 $\overline{DH} = 5\tan 30° = 5 \times \dfrac{\sqrt{3}}{3} = \dfrac{5\sqrt{3}}{3}\,(\text{cm})$

$\therefore$ (직육면체의 부피) $= 4 \times 3 \times \dfrac{5\sqrt{3}}{3} = 20\sqrt{3}\,(\text{cm}^3)$

03 답 ③ 〔유형 **03**〕

$\triangle ABC$에서 $\overline{AC}=10\tan 35°=10\times 0.70=7.0\,(m)$

$\therefore$ (건물의 높이)$=\overline{AC}+\overline{CD}=7.0+1.5=8.5\,(m)$

04 답 ② 〔유형 **03**〕

$\overline{AB}=\dfrac{2\sqrt{3}}{\cos 30°}=2\sqrt{3}\times\dfrac{2}{\sqrt{3}}=4\,(m)$

$\overline{AC}=2\sqrt{3}\tan 30°=2\sqrt{3}\times\dfrac{\sqrt{3}}{3}=2\,(m)$

따라서 부러지기 전의 나무의 높이는

$\overline{AB}+\overline{AC}=4+2=6\,(m)$

05 답 ① 〔유형 **03**〕

$\triangle ABD$에서 $\angle BAD=90°-30°=60°$이므로

$\overline{BD}=30\tan 60°=30\times\sqrt{3}=30\sqrt{3}\,(m)$

$\triangle ACD$에서 $\angle CAD=90°-45°=45°$이므로

$\overline{CD}=30\tan 45°=30\times 1=30\,(m)$

$\therefore \overline{BC}=\overline{BD}-\overline{CD}=30\sqrt{3}-30=30(\sqrt{3}-1)\,(m)$

따라서 두 배 B, C 사이의 거리는 $30(\sqrt{3}-1)$ m이다.

06 답 ② 〔유형 **04**〕

오른쪽 그림과 같이 점 A에서 $\overline{BC}$에 내린 수선의 발을 H라 하면 $\triangle ABH$에서

$\overline{AH}=4\sin 60°=4\times\dfrac{\sqrt{3}}{2}=2\sqrt{3}\,(cm)$

$\overline{BH}=4\cos 60°=4\times\dfrac{1}{2}=2\,(cm)$

이때 $\overline{HC}=\overline{BC}-\overline{BH}=5-2=3\,(cm)$이므로

$\triangle AHC$에서 $\overline{AC}=\sqrt{(2\sqrt{3})^2+3^2}=\sqrt{21}\,(cm)$

07 답 ③ 〔유형 **05**〕

오른쪽 그림과 같이 점 C에서 $\overline{AB}$에 내린 수선의 발을 H라 하면 $\triangle HBC$에서

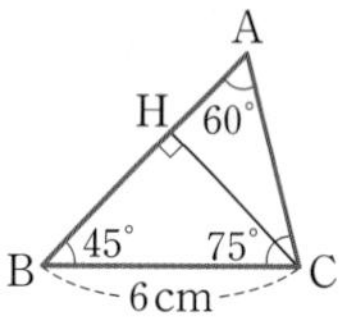

$\overline{HC}=6\sin 45°=6\times\dfrac{\sqrt{2}}{2}=3\sqrt{2}\,(cm)$

$\triangle ABC$에서 $\angle A=180°-(45°+75°)=60°$이므로

$\triangle AHC$에서 $\overline{AC}=\dfrac{3\sqrt{2}}{\sin 60°}=3\sqrt{2}\times\dfrac{2}{\sqrt{3}}=2\sqrt{6}\,(cm)$

08 답 ② 〔유형 **06**〕

$\overline{AH}=h$ cm라 하면

$\triangle ABH$에서 $\angle BAH=90°-30°=60°$이므로

$\overline{BH}=h\tan 60°=h\times\sqrt{3}=\sqrt{3}h\,(cm)$

$\triangle AHC$에서 $\angle HAC=90°-60°=30°$이므로

$\overline{HC}=h\tan 30°=h\times\dfrac{\sqrt{3}}{3}=\dfrac{\sqrt{3}}{3}h\,(cm)$

이때 $\overline{BC}=\overline{BH}+\overline{HC}$이므로

$16=\sqrt{3}h+\dfrac{\sqrt{3}}{3}h$, $\dfrac{4\sqrt{3}}{3}h=16$ $\therefore h=4\sqrt{3}$

따라서 $\overline{AH}$의 길이는 $4\sqrt{3}$ cm이다.

〔다른 풀이〕

$\angle BAC=180°-(30°+60°)=90°$이므로

$\overline{AB}=16\cos 30°=16\times\dfrac{\sqrt{3}}{2}=8\sqrt{3}\,(cm)$

$\overline{AC}=16\sin 30°=16\times\dfrac{1}{2}=8\,(cm)$

이때 $\overline{AB}\times\overline{AC}=\overline{BC}\times\overline{AH}$이므로

$8\sqrt{3}\times 8=16\overline{AH}$ $\therefore \overline{AH}=4\sqrt{3}$ cm

09 답 ② 〔유형 **06**〕

$\triangle ABC$에서

$\overline{BC}=\dfrac{3\sqrt{2}}{\sin 45°}=3\sqrt{2}\times\dfrac{2}{\sqrt{2}}=6\,(cm)$

$\triangle DBC$에서 $\angle DBC=180°-(60°+90°)=30°$

오른쪽 그림과 같이 점 E에서 $\overline{BC}$에 내린 수선의 발을 H라 하고 $\overline{EH}=h$ cm라 하면 $\triangle EBH$에서

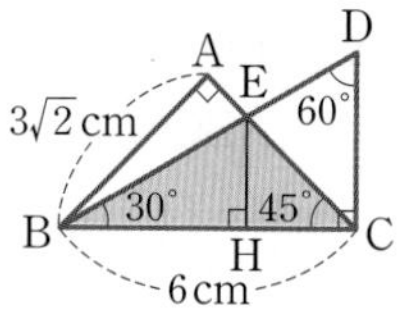

$\angle BEH=90°-30°=60°$이므로

$\overline{BH}=h\tan 60°=h\times\sqrt{3}=\sqrt{3}h\,(cm)$

$\triangle EHC$에서 $\angle CEH=90°-45°=45°$이므로

$\overline{HC}=h\tan 45°=h\times 1=h\,(cm)$

이때 $\overline{BC}=\overline{BH}+\overline{HC}$이므로 $6=\sqrt{3}h+h$

$(\sqrt{3}+1)h=6$ $\therefore h=\dfrac{6}{\sqrt{3}+1}=3(\sqrt{3}-1)$

$\therefore \triangle EBC=\dfrac{1}{2}\times\overline{BC}\times\overline{EH}$

$=\dfrac{1}{2}\times 6\times 3(\sqrt{3}-1)=9(\sqrt{3}-1)\,(cm^2)$

10 답 ⑤ 〔유형 **07**〕

$\overline{AD}=h$ m라 하면 $\triangle ABD$에서 $\angle BAD=90°-45°=45°$이므로

$\overline{BD}=h\tan 45°=h\times 1=h\,(m)$

$\triangle ACD$에서 $\angle CAD=90°-60°=30°$이므로

$\overline{CD}=h\tan 30°=h\times\dfrac{\sqrt{3}}{3}=\dfrac{\sqrt{3}}{3}h\,(m)$

이때 $\overline{BC}=\overline{BD}-\overline{CD}$이므로 $10=h-\dfrac{\sqrt{3}}{3}h$, $\dfrac{3-\sqrt{3}}{3}h=10$

$\therefore h=10\times\dfrac{3}{3-\sqrt{3}}=5(3+\sqrt{3})$

따라서 건물의 높이는 $5(3+\sqrt{3})$ m이다.

11 답 ② 〔유형 **08**〕

$\triangle ABC=\dfrac{1}{2}\times 4\times 6\times\sin 45°=\dfrac{1}{2}\times 4\times 6\times\dfrac{\sqrt{2}}{2}=6\sqrt{2}\,(cm^2)$

12 답 ④ 〔유형 **08**〕

$\overline{AC}\,/\!/\,\overline{DE}$이므로 $\triangle ACD=\triangle ACE$

$\therefore \square ABCD=\triangle ABC+\triangle ACD=\triangle ABC+\triangle ACE$

$=\triangle ABE$

$=\dfrac{1}{2}\times(5\sqrt{2}+2\sqrt{2})\times 8\times\sin 45°$

$=\dfrac{1}{2}\times 7\sqrt{2}\times 8\times\dfrac{\sqrt{2}}{2}=28\,(cm^2)$

13 답 ③ 〔유형 **09**〕

오른쪽 그림과 같이 점 A에서 $\overline{BC}$의 연장선에 내린 수선의 발을 H라 하면 $\triangle AHC$에서

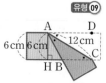

$\sin(\angle ACH)=\dfrac{\overline{AH}}{\overline{AC}}=\dfrac{6}{12}=\dfrac{1}{2}$

$\therefore \angle ACH = 30°$

$\angle DAC = \angle ACB = 30°$ (엇각),

$\angle CAB = \angle DAC = 30°$ (접은 각)이므로

$\triangle ABC$는 이등변삼각형이다.

$\therefore \angle ABC = 180° - (30° + 30°) = 120°,$

$\angle ABH = 180° - 120° = 60°$

$\triangle ABH$에서 $\overline{AB} = \dfrac{6}{\sin 60°} = 6 \times \dfrac{2}{\sqrt{3}} = 4\sqrt{3}\,(\mathrm{cm})$

$\therefore \triangle ABC = \dfrac{1}{2} \times \overline{BA} \times \overline{BC} \times \sin(180° - 120°)$

$\quad = \dfrac{1}{2} \times 4\sqrt{3} \times 4\sqrt{3} \times \dfrac{\sqrt{3}}{2} = 12\sqrt{3}\,(\mathrm{cm}^2)$

14 답 ② 유형 **09**

$\triangle ABC = \dfrac{1}{2} \times \overline{CB} \times \overline{CA} \times \sin(180° - 120°)$

$\quad = \dfrac{1}{2} \times 8 \times \overline{AC} \times \dfrac{\sqrt{3}}{2}$

즉, $2\sqrt{3}\,\overline{AC} = 24\sqrt{3}$이므로 $\overline{AC} = 12\,\mathrm{cm}$

15 답 ④ 유형 **10**

$\triangle ABD$에서

$\overline{BD} = \dfrac{4}{\cos 45°} = 4 \times \dfrac{2}{\sqrt{2}} = 4\sqrt{2}\,(\mathrm{cm})$

$\therefore \square ABCD$

$= \triangle ABD + \triangle DBC$

$= \dfrac{1}{2} \times \overline{BA} \times \overline{BD} \times \sin 45° + \dfrac{1}{2} \times \overline{BD} \times \overline{BC} \times \sin 30°$

$= \dfrac{1}{2} \times 4 \times 4\sqrt{2} \times \dfrac{\sqrt{2}}{2} + \dfrac{1}{2} \times 4\sqrt{2} \times 5\sqrt{2} \times \dfrac{1}{2}$

$= 8 + 10 = 18\,(\mathrm{cm}^2)$

16 답 ③ 유형 **10**

정팔각형은 오른쪽 그림과 같이 8개의 합동
인 삼각형으로 나눌 수 있다. 원 O의 반지름
의 길이를 $r\,\mathrm{cm}$라 하면

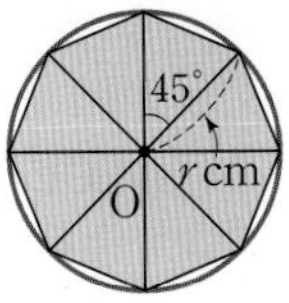

$8 \times \left(\dfrac{1}{2} \times r \times r \times \sin 45°\right) = 50\sqrt{2}$이므로

$2\sqrt{2}r^2 = 50\sqrt{2}, \ r^2 = 25 \qquad \therefore r = 5\,(\because r > 0)$

따라서 원 O의 반지름의 길이는 $5\,\mathrm{cm}$이다.

17 답 ① 유형 **11**

$\square ABCD = \overline{CB} \times \overline{CD} \times \sin(180° - 150°)$

$\quad = 3 \times 6 \times \dfrac{1}{2} = 9\,(\mathrm{cm}^2)$

18 답 ③ 유형 **12**

$\square ABCD = \dfrac{1}{2} \times \overline{AC} \times \overline{BD} \times \sin(180° - x)$

$\quad = \dfrac{1}{2} \times 4 \times 9 \times \sin(180° - x)$

$18\sin(180° - x) = 9\sqrt{2}$이므로 $\sin(180° - x) = \dfrac{\sqrt{2}}{2}$

즉, $180° - \angle x = 45°\,(\because 90° < \angle x < 180°)$이므로

$\angle x = 135°$

19 답 $2\sqrt{2}\,\mathrm{cm}$ 유형 **01**

$\triangle ABC$에서 $\overline{AC} = 4 \sin 30° = 4 \times \dfrac{1}{2} = 2\,(\mathrm{cm})$ ⋯⋯ ❶

$\triangle ADC$에서 $\overline{AD} = \dfrac{2}{\sin 45°} = 2 \times \dfrac{2}{\sqrt{2}} = 2\sqrt{2}\,(\mathrm{cm})$ ⋯⋯ ❷

채점 기준	배점
❶ $\overline{AC}$의 길이 구하기	2점
❷ $\overline{AD}$의 길이 구하기	2점

20 답 $108\,\mathrm{cm}^3$ 유형 **02**

$\triangle DBC$에서

$\overline{BD} = 12 \cos 30° = 12 \times \dfrac{\sqrt{3}}{2} = 6\sqrt{3}\,(\mathrm{cm})$

$\overline{CD} = 12 \sin 30° = 12 \times \dfrac{1}{2} = 6\,(\mathrm{cm})$ ⋯⋯ ❶

$\triangle ABD$에서

$\overline{AD} = 6\sqrt{3} \tan 45° = 6\sqrt{3} \times 1 = 6\sqrt{3}\,(\mathrm{cm})$

따라서 삼각뿔의 부피는

$\dfrac{1}{3} \times \left(\dfrac{1}{2} \times 6 \times 6\sqrt{3}\right) \times 6\sqrt{3} = 108\,(\mathrm{cm}^3)$ ⋯⋯ ❷

채점 기준	배점
❶ $\overline{BD}$, $\overline{CD}$의 길이 각각 구하기	4점
❷ 삼각뿔의 부피 구하기	2점

21 답 $10.4\,\mathrm{m}$ 유형 **03**

$\overline{BD} = \overline{AE} = 5.5\,\mathrm{m}$이므로 $\triangle CBD$에서

$\overline{CD} = 5.5 \tan 58° = 5.5 \times 1.6003 = 8.80165\,(\mathrm{m})$ ⋯⋯ ❶

$\therefore \overline{CE} = \overline{CD} + \overline{DE} = 8.80165 + 1.6 = 10.40165\,(\mathrm{m})$

따라서 다보탑의 높이인 $\overline{CE}$의 길이를 소수점 아래 둘째 자리에
서 반올림하여 구하면 $10.4\,\mathrm{m}$이다. ⋯⋯ ❷

채점 기준	배점
❶ $\overline{CD}$의 길이 구하기	4점
❷ 다보탑의 높이인 $\overline{CE}$의 길이를 반올림하여 구하기	2점

22 답 $12\,\mathrm{cm}^2$ 유형 **08** + 유형 **11**

$\square ABCD = \overline{BA} \times \overline{BC} \times \sin 30°$

$\quad = 8 \times 8 \times \dfrac{1}{2} = 32\,(\mathrm{cm}^2)$ ⋯⋯ ❶

$\overline{BM} = \overline{MC} = \overline{CN} = \overline{ND} = \dfrac{1}{2} \times 8 = 4\,(\mathrm{cm})$이므로

$\triangle ABM = \dfrac{1}{2} \times \overline{AB} \times \overline{BM} \times \sin 30°$

$\quad = \dfrac{1}{2} \times 8 \times 4 \times \dfrac{1}{2} = 8\,(\mathrm{cm}^2)$ ⋯⋯ ❷

이때 $\angle C = 180° - 30° = 150°$이므로

$\triangle MCN = \dfrac{1}{2} \times \overline{CM} \times \overline{CN} \times \sin(180° - 150°)$

$\quad = \dfrac{1}{2} \times 4 \times 4 \times \dfrac{1}{2} = 4\,(\mathrm{cm}^2)$ ⋯⋯ ❸

$\therefore \triangle AMN = \square ABCD - 2 \times \triangle ABM - \triangle MCN$

$\quad = 32 - 2 \times 8 - 4 = 12\,(\mathrm{cm}^2)$ ⋯⋯ ❹

채점 기준	배점
❶ □ABCD의 넓이 구하기	2점
❷ △ABM의 넓이 구하기	2점
❸ △MCN의 넓이 구하기	2점
❹ △AMN의 넓이 구하기	1점

23 답 14 cm 유형⑫

등변사다리꼴의 두 대각선의 길이는 서로 같으므로
$\overline{AC}=\overline{BD}=x$ cm라 하면

$\square ABCD=\dfrac{1}{2}\times\overline{AC}\times\overline{BD}\times\sin(180°-120°)$

$\qquad\qquad=\dfrac{1}{2}\times x\times x\times\dfrac{\sqrt{3}}{2}$ ······ ❶

즉, $\dfrac{\sqrt{3}}{4}x^2=49\sqrt{3}$이므로 $x^2=196$ ∴ $x=14$ ($∵ x>0$)

따라서 $\overline{BD}$의 길이는 14 cm이다. ······ ❷

채점 기준	배점
❶ $\overline{BD}=x$ cm라 하고 □ABCD의 넓이를 x를 사용하여 나타내기	4점
❷ $\overline{BD}$의 길이 구하기	3점

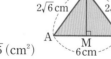
교과서 속
특이 문제

◯52쪽

01 답 $3\sqrt{15}$ cm²

밑면이 정사각형이므로 △ABH는 ∠AHB=90°인 직각이등
변삼각형이다. ∠ABH=45°이므로 △ABH에서

$\overline{AH}=6\sin 45°=6\times\dfrac{\sqrt{2}}{2}=3\sqrt{2}$ (cm)

△OAH에서 $\overline{OA}=\dfrac{3\sqrt{2}}{\cos 30°}=3\sqrt{2}\times\dfrac{2}{\sqrt{3}}=2\sqrt{6}$ (cm)

즉, △OAB는 $\overline{OA}=\overline{OB}=2\sqrt{6}$ cm인 이등변삼각형이다.

오른쪽 그림과 같이 점 O에서 $\overline{AB}$에
내린 수선의 발을 M이라 하면
$\overline{OM}=\sqrt{(2\sqrt{6})^2-3^2}=\sqrt{15}$ (cm)

∴ △OAB$=\dfrac{1}{2}\times 6\times\sqrt{15}=3\sqrt{15}$ (cm²)

02 답 $6\sqrt{3}$

∠A=60°이므로 ∠ABD=180°−(60°+75°)=45°
오른쪽 그림과 같이 점 D에서 $\overline{AB}$에 내린
수선의 발을 E라 하면 △EBD에서
$\overline{BE}=6\sqrt{2}\cos 45°=6\sqrt{2}\times\dfrac{\sqrt{2}}{2}=6$

$\overline{DE}=6\sqrt{2}\sin 45°=6\sqrt{2}\times\dfrac{\sqrt{2}}{2}=6$

△AED에서
$\overline{AE}=\dfrac{6}{\tan 60°}=6\times\dfrac{1}{\sqrt{3}}=2\sqrt{3}$

$\overline{AD}=\dfrac{6}{\sin 60°}=6\times\dfrac{2}{\sqrt{3}}=4\sqrt{3}$

이때 $\overline{BC}=\overline{AB}=\overline{AE}+\overline{BE}=6+2\sqrt{3}$

$\overline{CD}=\overline{AC}-\overline{AD}=(6+2\sqrt{3})-4\sqrt{3}=6-2\sqrt{3}$

∴ △DBC$=\dfrac{1}{2}\times\overline{BC}\times\overline{CD}\times\sin 60°$

$\qquad=\dfrac{1}{2}\times(6+2\sqrt{3})\times(6-2\sqrt{3})\times\dfrac{\sqrt{3}}{2}=6\sqrt{3}$

03 답 10 % 감소하였다.

$\overline{AB}=a$라 하면 $\overline{A'B}=\dfrac{150}{100}\times\overline{AB}=\dfrac{3}{2}a$

$\overline{BC}=b$라 하면 $\overline{BC'}=\dfrac{60}{100}\times\overline{BC}=\dfrac{3}{5}b$

△ABC$=\dfrac{1}{2}\times\overline{AB}\times\overline{BC}\times\sin B=\dfrac{1}{2}ab\sin B$이고

△A'BC'$=\dfrac{1}{2}\times\overline{A'B}\times\overline{BC'}\times\sin B$

$\qquad\qquad=\dfrac{1}{2}\times\dfrac{3}{2}a\times\dfrac{3}{5}b\times\sin B=\dfrac{9}{20}ab\sin B$

이므로 $\dfrac{△A'BC'}{△ABC}=\dfrac{\dfrac{9}{20}ab\sin B}{\dfrac{1}{2}ab\sin B}=\dfrac{9}{10}$

따라서 △A'BC'의 넓이는 △ABC의 넓이에 비해 10 % 감소
하였다.

04 답 9 : 26

$\overline{AD}=3a$, $\overline{DB}=2a$라 하면 $\overline{AB}=5a$
$\overline{AE}=3b$, $\overline{EC}=4b$라 하면 $\overline{AC}=7b$

△ABC$=\dfrac{1}{2}\times\overline{AB}\times\overline{AC}\times\sin A$

$\qquad=\dfrac{1}{2}\times 5a\times 7b\times\sin A=\dfrac{35}{2}ab\sin A$

△ADE$=\dfrac{1}{2}\times\overline{AD}\times\overline{AE}\times\sin A$

$\qquad=\dfrac{1}{2}\times 3a\times 3b\times\sin A=\dfrac{9}{2}ab\sin A$

□DBCE$=$△ABC$-$△ADE

$\qquad\quad=\dfrac{35}{2}ab\sin A-\dfrac{9}{2}ab\sin A=13ab\sin A$

∴ $S:T=\dfrac{9}{2}ab\sin A:13ab\sin A=\dfrac{9}{2}:13=9:26$

05 답 $(4\pi-3\sqrt{3})$ cm²

오른쪽 그림과 같이 $\overline{OB}$, $\overline{OC}$를 그으면 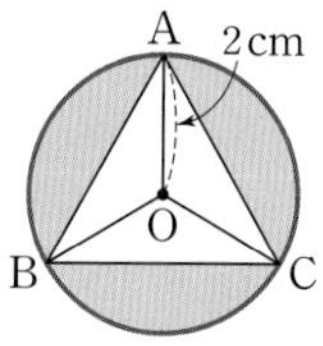
$\overline{OA}=\overline{OB}=\overline{OC}=2$ cm이므로
△OAB≡△OBC≡△OCA (SSS 합동)

∠AOB$=360°\times\dfrac{1}{3}=120°$

∴ △OAB$=\dfrac{1}{2}\times\overline{OA}\times\overline{OB}\times\sin(180°-120°)$

$\qquad\quad=\dfrac{1}{2}\times 2\times 2\times\dfrac{\sqrt{3}}{2}$

$\qquad\quad=\sqrt{3}$ (cm²)

이때 △ABC$=3$△OAB$=3\times\sqrt{3}=3\sqrt{3}$ (cm²)이므로
(색칠한 부분의 넓이)$=$(원 O의 넓이)$-$△ABC
$\qquad\qquad\qquad\qquad\quad=4\pi-3\sqrt{3}$ (cm²)

1 원과 직선

개념 check 🔋

1 답 (1) 3 (2) 5

(1) $\overline{OM} \perp \overline{AB}$이므로 $\overline{AM} = \overline{BM}$

    $\therefore x = 3$

(2) $\overline{OM} \perp \overline{AB}$이므로 $\overline{AM} = \overline{BM}$

    $\therefore x = \frac{1}{2}\overline{AB} = \frac{1}{2} \times 10 = 5$

2 답 (1) 12 (2) 5

(1) $\triangle OAM$에서 $\overline{AM} = \sqrt{10^2 - 8^2} = 6$

    이때 $\overline{OM} \perp \overline{AB}$이므로 $\overline{AM} = \overline{BM}$

    $\therefore x = 2\overline{AM} = 2 \times 6 = 12$

(2) $\overline{OM} \perp \overline{AB}$이므로 $\overline{AM} = \overline{BM}$

    즉, $\overline{AM} = \frac{1}{2}\overline{AB} = \frac{1}{2} \times 24 = 12$이므로

    $\triangle AOM$에서 $x = \sqrt{13^2 - 12^2} = 5$

3 답 (1) 12 (2) 3

(1) $\overline{OM} = \overline{ON}$이므로 $\overline{AD} = \overline{BC}$

    $\therefore x = 12$

(2) $\overline{AB} = \overline{CD}$이므로 $\overline{OM} = \overline{ON}$

    $\therefore x = 3$

4 답 $15°$

$\overline{OM} = \overline{ON}$이므로 $\triangle ABC$는 $\overline{AB} = \overline{AC}$인 이등변삼각형이다.

$\therefore \angle y = 65°$

$\triangle ABC$에서 $\angle x = 180° - 2 \times 65° = 50°$

$\therefore \angle y - \angle x = 65° - 50° = 15°$

5 답 (1) 8 (2) 10

(1) $\overline{PB} = \overline{PA} = 8$

(2) $\angle PBO = 90°$이므로 $\triangle PBO$에서

    $\overline{PO} = \sqrt{8^2 + 6^2} = 10$

6 답 (1) $70°$ (2) $130°$

(1) $\overline{PA} = \overline{PB}$이므로 $\triangle PAB$에서

    $\angle x = \frac{1}{2} \times (180° - 40°) = 70°$

(2) $\angle OAP = \angle OBP = 90°$이므로 $\square APBO$에서

    $\angle x = 360° - (90° + 50° + 90°) = 130°$

7 답 10

$\overline{CF} = \overline{CE}$

    $= \overline{BC} - \overline{BE} = 12 - 5 = 7$

또, $\overline{BD} = \overline{BE} = 5$이므로

$\overline{AF} = \overline{AD}$

    $= \overline{AB} - \overline{BD} = 8 - 5 = 3$

$\therefore x = \overline{AF} + \overline{CF} = 3 + 7 = 10$

8 답 8

$\square ABCD$가 원 O에 외접하므로

$\overline{AB} + \overline{CD} = \overline{AD} + \overline{BC}$

$5 + x = 6 + 7$ $\therefore x = 8$

기출 유형

◦56쪽~65쪽

유형 01 현의 수직이등분선 (1)

56쪽

원의 중심에서 현에 내린 수선은 그 현을 수직이등분한다.

(1) $\overline{OM} \perp \overline{AB}$이면 $\overline{AM} = \overline{BM}$

(2) 직각삼각형 OAM에서

    $\overline{AM} = \sqrt{\overline{OA}^2 - \overline{OM}^2}$

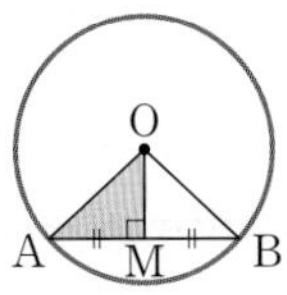

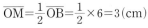

01 답 ④

$\triangle OAM$에서

$\overline{AM} = \sqrt{4^2 - 2^2} = \sqrt{12} = 2\sqrt{3}$ (cm)

$\therefore \overline{AB} = 2\overline{AM} = 2 \times 2\sqrt{3} = 4\sqrt{3}$ (cm)

02 답 $6\sqrt{3}$ cm

오른쪽 그림과 같이 $\overline{OC}$를 그으면

$\overline{OB} = \overline{OC} = \overline{OA} = 6$ cm

$\overline{OM} = \frac{1}{2}\overline{OB} = \frac{1}{2} \times 6 = 3$ (cm)

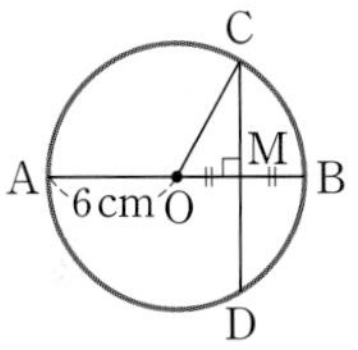

$\triangle COM$에서

$\overline{CM} = \sqrt{6^2 - 3^2} = \sqrt{27} = 3\sqrt{3}$ (cm)

$\therefore \overline{CD} = 2\overline{CM} = 2 \times 3\sqrt{3} = 6\sqrt{3}$ (cm)

03 답 $4\sqrt{5}$ cm

오른쪽 그림과 같이 $\overline{OA}$를 그으면

$\overline{OA} = \overline{OD} = \frac{1}{2}\overline{CD} = \frac{1}{2} \times 12 = 6$ (cm)

$\overline{OM} = \overline{OD} - \overline{DM} = 6 - 2 = 4$ (cm)

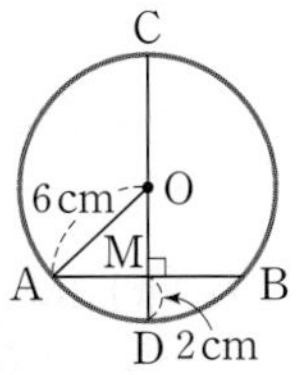

$\triangle OAM$에서

$\overline{AM} = \sqrt{6^2 - 4^2} = \sqrt{20} = 2\sqrt{5}$ (cm)

$\therefore \overline{AB} = 2\overline{AM} = 2 \times 2\sqrt{5} = 4\sqrt{5}$ (cm)

04 답 3 cm

오른쪽 그림과 같이 $\overline{OD}$를 그으면

$\overline{OD} = \frac{1}{2}\overline{AB} = \frac{1}{2} \times 10 = 5$ (cm)

$\overline{MD} = \frac{1}{2}\overline{CD} = \frac{1}{2} \times 8 = 4$ (cm)

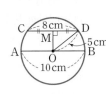

$\triangle MOD$에서

$\overline{OM} = \sqrt{5^2 - 4^2} = \sqrt{9} = 3$ (cm)

05 답 ⑤

오른쪽 그림과 같이 원의 중심 O에서 $\overline{CD}$에 내린 수선의 발을 M이라 하면

$\overline{DM} = \frac{1}{2}\overline{CD} = \frac{1}{2} \times 10 = 5$ (cm)

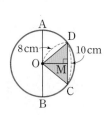

$\overline{OD} = \frac{1}{2}\overline{AB} = \frac{1}{2} \times 16 = 8$ (cm)

$\triangle DOM$에서

$\overline{OM} = \sqrt{8^2 - 5^2} = \sqrt{39}$ (cm)

$\therefore \triangle OCD = \frac{1}{2} \times 10 \times \sqrt{39} = 5\sqrt{39}$ (cm²)

06 답 ③

△ABC가 정삼각형이므로 $\overline{BC}=12$ cm

$\therefore \overline{BM}=\dfrac{1}{2}\overline{BC}=\dfrac{1}{2}\times 12=6\,(\text{cm})$

오른쪽 그림과 같이 $\overline{BO}$를 그으면
△OBM에서

$\overline{OB}=\sqrt{6^2+(2\sqrt{3})^2}=\sqrt{48}=4\sqrt{3}\,(\text{cm})$

$\therefore$ (원 O의 넓이)$=\pi\times(4\sqrt{3})^2$
$\qquad\qquad\qquad\quad =48\pi\,(\text{cm}^2)$

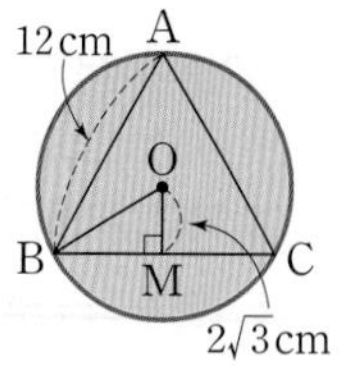

07 답 ②

$\overline{AM}=\dfrac{1}{2}\overline{AB}=\dfrac{1}{2}\times 4\sqrt{3}=2\sqrt{3}\,(\text{cm})$

$\angle AOM=180°-120°=60°$

△OAM에서

$\overline{OA}=\dfrac{2\sqrt{3}}{\sin 60°}=2\sqrt{3}\times\dfrac{2}{\sqrt{3}}=4\,(\text{cm})$

즉, 원 O의 반지름의 길이는 4 cm이므로
(원 O의 둘레의 길이)$=2\pi\times 4=8\pi\,(\text{cm})$

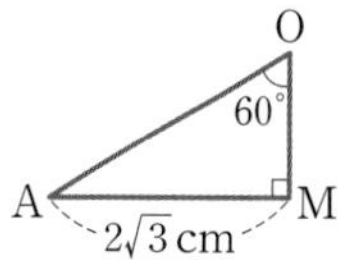

유형 **02** 현의 수직이등분선 (2)   57쪽

원의 일부분이 주어졌을 때, 원의 반지름의 길이는 다음과 같이 구한다.

❶ 원의 중심을 찾아 반지름의 길이를 r로
놓는다.
   └▸ 현의 수직이등분선은 원의 중심을 지난다.

❷ 피타고라스 정리를 이용하여 식을 세운다.
   ➡ $r^2=(r-a)^2+b^2$

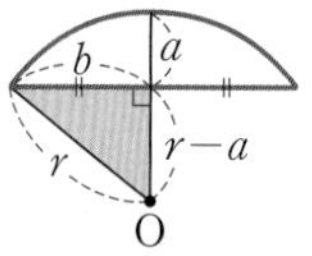

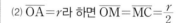

08 답 ②

$\overline{CD}$는 현 AB의 수직이등분선이므로
$\overline{CD}$의 연장선은 오른쪽 그림과 같이
원의 중심을 지난다. 원의 중심을 O,
반지름의 길이를 r cm라 하면
$\overline{OD}=(r-3)$ cm

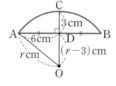

△AOD에서

$r^2=6^2+(r-3)^2,\ 6r=45 \qquad \therefore r=\dfrac{15}{2}$

따라서 원의 반지름의 길이는 $\dfrac{15}{2}$ cm이다.

참고 현의 수직이등분선은 원의 중심을 지난다.

09 답 ③

$\overline{AC}=\dfrac{1}{2}\overline{AB}=\dfrac{1}{2}\times 16=8\,(\text{cm})$

$\overline{CD}$는 현 AB의 수직이등분선이므로
$\overline{CD}$의 연장선은 오른쪽 그림과 같이
원의 중심을 지난다. 원의 중심을 O,
반지름의 길이를 r cm라 하면
$\overline{OC}=(r-4)$ cm

△OAC에서

$r^2=8^2+(r-4)^2,\ 8r=80 \qquad \therefore r=10$

따라서 원의 반지름의 길이는 10 cm이므로
(원의 둘레의 길이)$=2\pi\times 10=20\pi\,(\text{cm})$

10 답 $\dfrac{9}{2}$ cm

점 M은 $\overline{AB}$의 중점이므로

$\overline{AM}=\dfrac{1}{2}\overline{AB}=\dfrac{1}{2}\times 4\sqrt{2}=2\sqrt{2}\,(\text{cm})$

$\overline{MC}$는 현 AB의 수직이등분선이므로
$\overline{MC}$는 오른쪽 그림과 같이 원의 중심
을 지난다. 원의 중심을 O, 반지름의 길이를 r cm라 하면
$\overline{AO}=r$ cm, $\overline{MO}=(8-r)$ cm이므로
△AOM에서

$r^2=(2\sqrt{2})^2+(8-r)^2,\ 16r=72 \qquad \therefore r=\dfrac{9}{2}$

따라서 원의 반지름의 길이는 $\dfrac{9}{2}$ cm이다.

유형 **03** 현의 수직이등분선 (3)   57쪽

원주 위의 한 점 C가 원의 중심에 오도록
원 모양의 종이를 접었을 때

(1) $\overline{AM}=\overline{BM}$

(2) $\overline{OA}=r$라 하면 $\overline{OM}=\overline{MC}=\dfrac{r}{2}$

(3) 직각삼각형 OAM에서

$\quad \overline{OA}^2=\overline{AM}^2+\overline{OM}^2 \ ➡\ r^2=a^2+\left(\dfrac{r}{2}\right)^2$

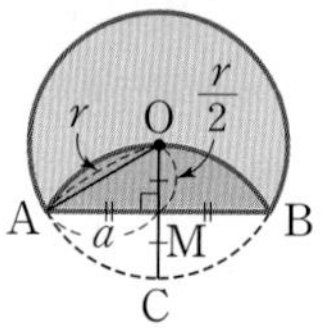

11 답 $4\sqrt{3}$ cm

오른쪽 그림과 같이 원의 중심 O에서 $\overline{AB}$
에 내린 수선의 발을 M이라 하면
$\overline{OA}=4$ cm

$\overline{OM}=\dfrac{1}{2}\overline{OA}=\dfrac{1}{2}\times 4=2\,(\text{cm})$

△OAM에서

$\overline{AM}=\sqrt{4^2-2^2}=\sqrt{12}=2\sqrt{3}\,(\text{cm})$

$\therefore \overline{AB}=2\overline{AM}=2\times 2\sqrt{3}=4\sqrt{3}\,(\text{cm})$

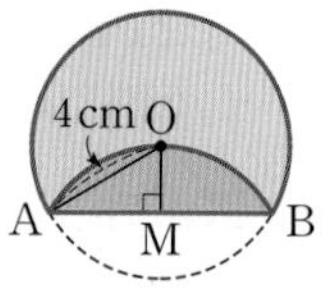

12 답 $6\sqrt{3}$ cm

오른쪽 그림과 같이 원의 중심 O에서 $\overline{AB}$
에 내린 수선의 발을 M이라 하면
$\overline{AM}=\dfrac{1}{2}\overline{AB}=\dfrac{1}{2}\times 18=9\,(\text{cm})$

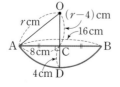

원 O의 반지름의 길이를 r cm라 하면
$\overline{OA}=r$ cm, $\overline{OM}=\dfrac{1}{2}\overline{OA}=\dfrac{r}{2}\,(\text{cm})$

△AOM에서

$r^2=\left(\dfrac{r}{2}\right)^2+9^2,\ r^2=108 \qquad \therefore r=6\sqrt{3}\ (\because r>0)$

따라서 원 O의 반지름의 길이는 $6\sqrt{3}$ cm이다.

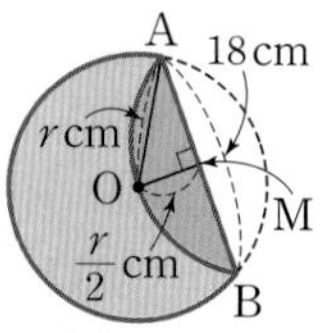

13 답 $25\sqrt{3}$ cm²

오른쪽 그림과 같이 반원의 중심 O에서
$\overline{AC}$에 내린 수선의 발을 M이라 하면

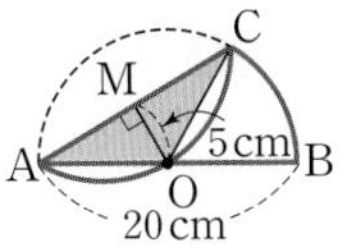

$\overline{OA}=\dfrac{1}{2}\overline{AB}=\dfrac{1}{2}\times20=10\,(\text{cm})$

$\overline{OM}=\dfrac{1}{2}\overline{AO}=\dfrac{1}{2}\times10=5\,(\text{cm})$

$\triangle$AOM에서

$\overline{AM}=\sqrt{10^2-5^2}=\sqrt{75}=5\sqrt{3}\,(\text{cm})$

$\therefore \overline{AC}=2\overline{AM}=2\times5\sqrt{3}=10\sqrt{3}\,(\text{cm})$

$\therefore \triangle\text{AOC}=\dfrac{1}{2}\times10\sqrt{3}\times5=25\sqrt{3}\,(\text{cm}^2)$

14 답 4π cm

오른쪽 그림과 같이 원의 중심 O에서 $\overline{AB}$
에 내린 수선의 발을 M이라 하면

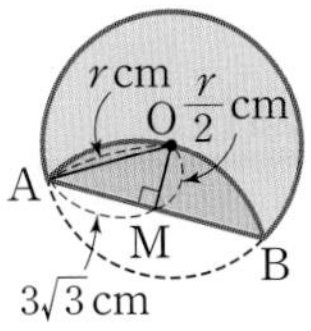

$\overline{AM}=\dfrac{1}{2}\overline{AB}=\dfrac{1}{2}\times6\sqrt{3}=3\sqrt{3}\,(\text{cm})$

원 O의 반지름의 길이를 r cm라 하면

$\overline{OA}=r\,\text{cm},\ \overline{OM}=\dfrac{1}{2}\overline{OA}=\dfrac{r}{2}\,(\text{cm})$

$\triangle$OAM에서

$r^2=\left(\dfrac{r}{2}\right)^2+(3\sqrt{3})^2,\ r^2=36 \quad \therefore r=6\ (\because r>0)$

$\triangle$OAM에서 오른쪽 그림과 같이
$\angle$AOM$=x$라 하면

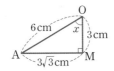

$\sin x=\dfrac{\overline{AM}}{\overline{OA}}=\dfrac{3\sqrt{3}}{6}=\dfrac{\sqrt{3}}{2}$이므로

$x=60°$, 즉 $\angle$AOM$=60°$

따라서 $\angle$AOB$=2\angle$AOM$=2\times60°=120°$이므로

$\overparen{AB}=2\pi\times6\times\dfrac{120}{360}=4\pi\,(\text{cm})$

유형 **04** 현의 수직이등분선 (4)　　58쪽

중심이 O로 일치하고 반지름의 길이가 다
른 두 원에서 큰 원의 현 AB가 작은 원과
만나는 두 점을 각각 C, D라 하고 점 O에서
현 AB에 내린 수선의 발을 M이라 할 때

(1) $\overline{AM}=\overline{BM}$
(2) $\overline{CM}=\overline{DM}$

15 답 7 cm

오른쪽 그림과 같이 원의 중심 O에서 $\overline{AB}$
에 내린 수선의 발을 M이라 하면

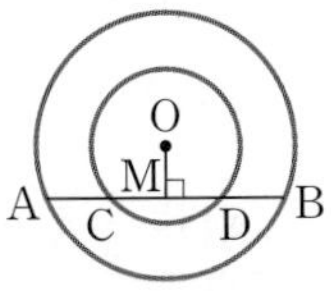

$\overline{AM}=\dfrac{1}{2}\overline{AB}=\dfrac{1}{2}\times26=13\,(\text{cm})$

$\overline{CM}=\dfrac{1}{2}\overline{CD}=\dfrac{1}{2}\times12=6\,(\text{cm})$

$\therefore \overline{AC}=\overline{AM}-\overline{CM}=13-6=7\,(\text{cm})$

16 답 72π cm²

$\triangle$OAM에서 $\overline{AM}=\sqrt{11^2-3^2}=\sqrt{112}=4\sqrt{7}\,(\text{cm})$

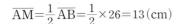

$\overline{AC}=\overline{AM}-\overline{CM}$
$\quad=\overline{BM}-\overline{DM}=\sqrt{7}\,(\text{cm})$

$\therefore \overline{CM}=\overline{AM}-\overline{AC}$
$\quad=4\sqrt{7}-\sqrt{7}=3\sqrt{7}\,(\text{cm})$

오른쪽 그림과 같이 $\overline{OC}$를 그으면
$\triangle$OCM에서

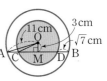

$\overline{OC}=\sqrt{3^2+(3\sqrt{7})^2}=\sqrt{72}=6\sqrt{2}\,(\text{cm})$
따라서 작은 원의 넓이는
$\pi\times(6\sqrt{2})^2=72\pi\,(\text{cm}^2)$

유형 **05** 현의 수직이등분선 (5)　　58쪽

중심이 O로 일치하고 반지름의 길이가 다
른 두 원에서 큰 원의 현 AB가 작은 원의
접선이고 점 H가 접점일 때

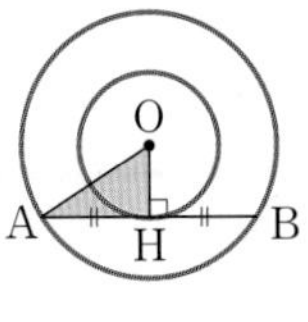

(1) $\overline{OH}\perp\overline{AB}$
(2) $\overline{AH}=\overline{BH}$
(3) $\overline{OA}^2=\overline{OH}^2+\overline{AH}^2$

17 답 $8\sqrt{3}$ cm

오른쪽 그림과 같이 작은 원의 접점을 M이
라 하고 $\overline{OM}$을 그으면 $\overline{OM}\perp\overline{AB}$

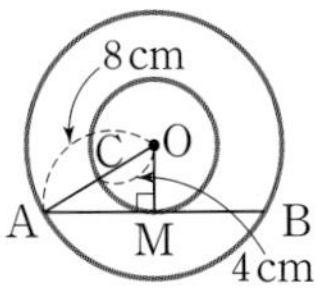

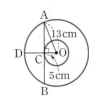

$\overline{OM}=\overline{OC}=4$ cm
$\triangle$OAM에서
$\overline{AM}=\sqrt{8^2-4^2}=\sqrt{48}=4\sqrt{3}\,(\text{cm})$
$\therefore \overline{AB}=2\overline{AM}=2\times4\sqrt{3}=8\sqrt{3}\,(\text{cm})$

18 답 24 cm

$\overline{AB}$는 작은 원의 접선이므로 $\overline{OC}\perp\overline{AB}$
오른쪽 그림과 같이 $\overline{AO}$를 그으면

$\overline{AO}=\overline{DO}=8+5=13\,(\text{cm})$
$\triangle$ACO에서
$\overline{AC}=\sqrt{13^2-5^2}=\sqrt{144}=12\,(\text{cm})$
$\therefore \overline{AB}=2\overline{AC}=2\times12=24\,(\text{cm})$

19 답 ⑤

오른쪽 그림과 같이 작은 원의 접점을 M이라
하고 $\overline{OM}$, $\overline{OA}$를 그으면 $\overline{OM}\perp\overline{AB}$

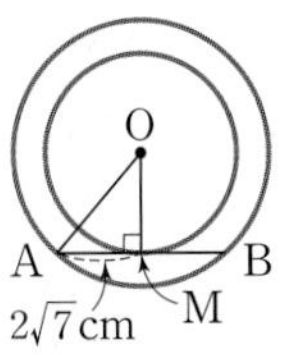

$\overline{AM}=\dfrac{1}{2}\overline{AB}=\dfrac{1}{2}\times4\sqrt{7}=2\sqrt{7}\,(\text{cm})$

두 원의 반지름의 길이의 비가 4 : 3이므로
$\overline{OA}=4x$ cm, $\overline{OM}=3x$ cm라 하자.
$\triangle$OAM에서
$(4x)^2=(3x)^2+(2\sqrt{7})^2,\ x^2=4 \quad \therefore x=2\ (\because x>0)$
따라서 작은 원의 반지름의 길이는
$3\times2=6\,(\text{cm})$

20 답 ④

오른쪽 그림과 같이 작은 원의 접점을 M
이라 하고 $\overline{OM}$, $\overline{OA}$를 그으면 $\overline{OM}\perp\overline{AB}$

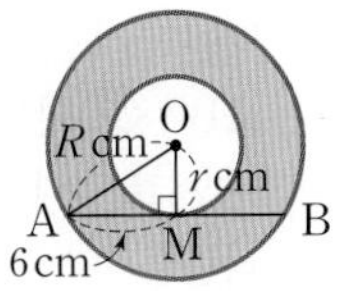

$\overline{AM}=\dfrac{1}{2}\overline{AB}=\dfrac{1}{2}\times12=6\,(\text{cm})$

큰 원의 반지름의 길이를 R cm, 작은 원의 반지름의 길이를 r cm라 하면 $\overline{OA}=R$ cm, $\overline{OM}=r$ cm

△OAM에서

$R^2=6^2+r^2$ ∴ $R^2-r^2=36$

따라서 색칠한 부분의 넓이는

$\pi R^2-\pi r^2=\pi(R^2-r^2)=36\pi\,(\text{cm}^2)$

유형 06 현의 길이 (1)　59쪽

한 원 또는 합동인 두 원에서
(1) $\overline{OM}=\overline{ON}$이면 $\overline{AB}=\overline{CD}$
(2) $\overline{AB}=\overline{CD}$이면 $\overline{OM}=\overline{ON}$

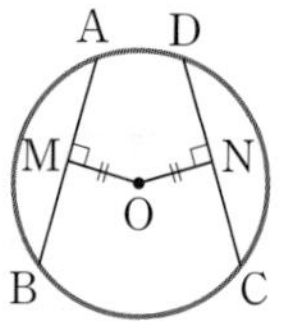

21 답 9

$\overline{ON}\perp\overline{CD}$에서 $\overline{CN}=\overline{DN}=3$ cm ∴ $x=3$

$\overline{OM}=\overline{ON}$에서 $\overline{AB}=\overline{CD}=3+3=6\,(\text{cm})$ ∴ $y=6$

∴ $x+y=3+6=9$

22 답 $6\sqrt{5}$ cm

△OAM에서

$\overline{AM}=\sqrt{9^2-6^2}=\sqrt{45}=3\sqrt{5}\,(\text{cm})$

$\overline{AB}=2\overline{AM}=2\times3\sqrt{5}=6\sqrt{5}\,(\text{cm})$

이때 $\overline{OM}=\overline{ON}$이므로 $\overline{CD}=\overline{AB}=6\sqrt{5}$ cm

23 답 5 cm

$\overline{ON}\perp\overline{CD}$이므로

$\overline{CD}=2\overline{CN}=2\times12=24\,(\text{cm})$

이때 $\overline{AB}=\overline{CD}$이므로 $\overline{OM}=\overline{ON}$

$\overline{OC}=13$ cm이므로

$\overline{OM}=\overline{ON}=\sqrt{13^2-12^2}=\sqrt{25}=5\,(\text{cm})$

24 답 ④

오른쪽 그림과 같이 점 O에서 $\overline{AB}$에 내린 수선의 발을 N이라 하면

$\overline{AB}=\overline{CD}$이므로 $\overline{ON}=\overline{OM}=3$ cm

△ANO에서

$\overline{AN}=\sqrt{5^2-3^2}=\sqrt{16}=4\,(\text{cm})$

∴ $\overline{AB}=2\overline{AN}=2\times4=8\,(\text{cm})$

∴ $\triangle OAB=\dfrac{1}{2}\times8\times3=12\,(\text{cm}^2)$

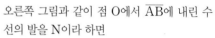

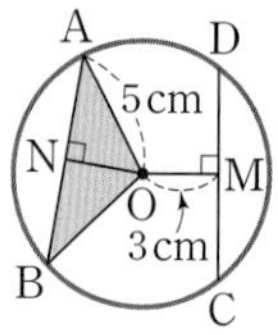

25 답 16 cm

오른쪽 그림과 같이 원의 중심 O에서 $\overline{AB}$에 내린 수선의 발을 M이라 하면

$\overline{BM}=\dfrac{1}{2}\overline{AB}=\dfrac{1}{2}\times30=15\,(\text{cm})$

△OBM에서

$\overline{OM}=\sqrt{17^2-15^2}=\sqrt{64}=8\,(\text{cm})$

$\overline{AB}=\overline{CD}$이므로 원 O의 중심에서 두 현 AB, CD까지의 거리는 서로 같다. 이때 $\overline{AB}/\!/\overline{CD}$이므로 두 현 AB, CD 사이의 거리는

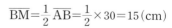
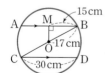

$2\overline{OM}=2\times8=16\,(\text{cm})$

참고 두 직선 사이의 거리는 한 직선 위의 한 점에서 다른 직선에 내린 수선의 발의 길이이다.

유형 07 현의 길이 (2)　59쪽

오른쪽 그림의 원 O에서
$\overline{OM}\perp\overline{AB}$, $\overline{ON}\perp\overline{AC}$이고
$\overline{OM}=\overline{ON}$이면 $\overline{AB}=\overline{AC}$
➔ △ABC는 $\overline{AB}=\overline{AC}$인 이등변삼각형
➔ ∠B=∠C

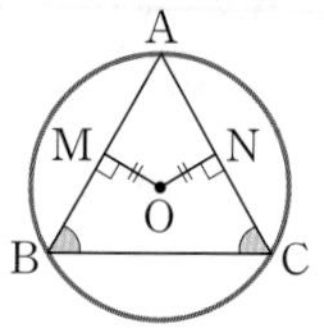

26 답 ③

$\overline{OM}=\overline{ON}$이므로 △ABC는 $\overline{BA}=\overline{BC}$인 이등변삼각형이다.

∴ $\angle x=\dfrac{1}{2}\times(180°-50°)=65°$

27 답 ④

$\overline{OM}=\overline{ON}$이므로 △ABC는 $\overline{AB}=\overline{AC}$인 이등변삼각형이다.

∴ $\angle BAC=180°-2\times72°=36°$

28 답 ②

□AMON에서

$\angle A=360°-(90°+100°+90°)=80°$

이때 $\overline{OM}=\overline{ON}$이므로 △ABC는 $\overline{AB}=\overline{AC}$인 이등변삼각형이다.

∴ $\angle x=\dfrac{1}{2}\times(180°-80°)=50°$

29 답 ①

△ABC에서 $\overline{AM}=\overline{MB}$, $\overline{AN}=\overline{NC}$이므로 삼각형의 두 변의 중점을 연결한 선분의 성질에 의하여

$\overline{BC}=2\overline{MN}=2\times4=8\,(\text{cm})$

$\overline{AB}=2\overline{AM}=2\times5=10\,(\text{cm})$

이때 $\overline{OM}=\overline{ON}$이므로 $\overline{AC}=\overline{AB}=10$ cm

따라서 △ABC의 둘레의 길이는

$\overline{AB}+\overline{BC}+\overline{CA}=10+8+10=28\,(\text{cm})$

30 답 12π cm²

$\overline{OD}=\overline{OE}=\overline{OF}$이므로 $\overline{AB}=\overline{BC}=\overline{CA}$

즉, △ABC는 정삼각형이므로 오른쪽 그림과 같이 $\overline{OE}$의 연장선을 그으면 그 연장선은 점 A를 지난다.

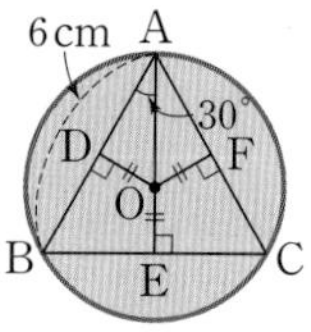

$\angle OAD=\dfrac{1}{2}\angle BAC=\dfrac{1}{2}\times60°=30°$

$\overline{AD}=\dfrac{1}{2}\overline{AB}=\dfrac{1}{2}\times6=3\,(\text{cm})$이므로

△ADO에서

$\overline{AO}=\dfrac{3}{\cos30°}=3\times\dfrac{2}{\sqrt{3}}=2\sqrt{3}\,(\text{cm})$

따라서 원 O의 넓이는

$\pi\times(2\sqrt{3})^2=12\pi\,(\text{cm}^2)$

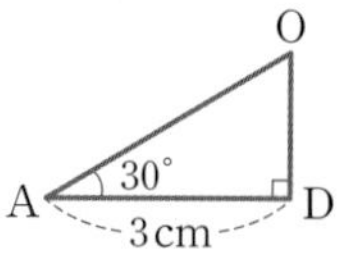

다른 풀이

$\triangle$BAE에서 $\angle$BAE$=180°-(60°+90°)=30°$이므로

$\overline{AE}=6\cos30°=6\times\dfrac{\sqrt{3}}{2}=3\sqrt{3}$ (cm)

점 O는 $\triangle$ABC의 무게중심이므로

$\overline{AO}=\dfrac{2}{3}\overline{AE}=\dfrac{2}{3}\times3\sqrt{3}=2\sqrt{3}$ (cm)

따라서 원 O의 넓이는

$\pi\times(2\sqrt{3})^2=12\pi$ (cm²)

유형 08 원의 접선의 성질 (1) 60쪽

원 밖의 한 점 P에서 원 O에 그은 접선의
접점을 A라 할 때

(1) $\overline{OA}\perp\overline{PA}$

(2) $\overline{PO}^2=\overline{PA}^2+\overline{OA}^2$

31 답 8 cm

$\triangle$APO에서

$\overline{OA}=\overline{OB}=6$ cm이므로

$\overline{PA}=\sqrt{10^2-6^2}=\sqrt{64}=8$ (cm)

32 답 3 cm

오른쪽 그림과 같이 $\overline{OT}$를 그어 원 O의
반지름의 길이를 r cm라 하면

$\overline{OA}=\overline{OT}=r$ cm, $\overline{OP}=(r+2)$ cm

이때 $\angle$OTP$=90°$이므로

$\triangle$OPT에서

$(r+2)^2=4^2+r^2$, $4r=12$ $\quad\therefore r=3$

따라서 원 O의 반지름의 길이는 3 cm이다.

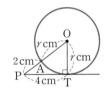

33 답 144π cm²

오른쪽 그림과 같이 $\overline{OT}$를 그어 원 O의
반지름의 길이를 r cm라 하면

$\overline{OA}=\overline{OT}=r$ cm

$\overline{OP}=(r+3)$ cm

이때 $\angle$OTP$=90°$이므로

$\triangle$OPT에서

$(r+3)^2=9^2+r^2$, $6r=72$ $\quad\therefore r=12$

따라서 원 O의 반지름의 길이는 12 cm이므로
원 O의 넓이는

$\pi\times12^2=144\pi$ (cm²)

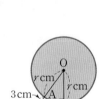

34 답 ⑤

오른쪽 그림과 같이 $\overline{OT}$를 그으면

$\overline{OT}=\dfrac{1}{2}\times6=3$ (cm)

$\angle$OTB$=\angle$OBT$=30°$이므로

$\angle$AOT$=30°+30°=60°$

이때 $\angle$OTP$=90°$이므로

$\triangle$OPT에서

$\overline{PT}=3\tan60°=3\times\sqrt{3}=3\sqrt{3}$ (cm)

유형 09 원의 접선의 성질 (2) 61쪽

원 밖의 한 점 P에서 원 O에 그은 두 접
선의 접점을 A, B라 할 때

(1) $\overline{PA}=\overline{PB}$

(2) $\angle$APB$+\angle$AOB$=180°$

35 답 134°

$\triangle$PAB에서 $\overline{PA}=\overline{PB}$이므로

$\angle$P$=180°-2\times67°=46°$

$\angle$P$+\angle$AOB$=180°$이므로

$46°+\angle$AOB$=180°$ $\quad\therefore \angle$AOB$=134°$

36 답 ③

$\angle$PAO$=\angle$PBO$=90°$이므로

$\triangle$PBO에서

$\overline{PB}=\sqrt{17^2-8^2}=\sqrt{225}=15$ (cm)

$\overline{PA}=\overline{PB}=15$ cm이므로

($\square$APBO의 둘레의 길이)$=\overline{AP}+\overline{PB}+\overline{BO}+\overline{OA}$
$=15+15+8+8=46$ (cm)

37 답 ④

$\overline{PB}=\overline{PA}=6$ cm이므로

$\triangle$ABP$=\dfrac{1}{2}\times6\times6\times\sin45°=\dfrac{1}{2}\times6\times6\times\dfrac{\sqrt{2}}{2}=9\sqrt{2}$ (cm²)

38 답 ②

$\overline{CO}=\overline{AO}=2$ cm이므로

$\overline{PO}=4+2=6$ (cm)

$\angle$PAO$=90°$이므로 $\triangle$APO에서

$\overline{PA}=\sqrt{6^2-2^2}=\sqrt{32}=4\sqrt{2}$ (cm)

$\therefore \overline{PB}=\overline{PA}=4\sqrt{2}$ cm

39 답 32°

$\angle$PBC$=90°$이므로

$\angle$PBA$=90°-16°=74°$

$\triangle$PAB에서 $\overline{PA}=\overline{PB}$이므로

$\angle$P$=180°-2\times74°=32°$

40 답 $\dfrac{56}{3}\pi$ cm²

$\angle$P$+\angle$AOB$=180°$이므로

$75°+\angle$AOB$=180°$ $\quad\therefore \angle$AOB$=105°$

따라서 색칠한 부분의 넓이는

$\pi\times8^2\times\dfrac{105}{360}=\dfrac{56}{3}\pi$ (cm²)

41 답 44°

오른쪽 그림과 같이 $\overline{AB}$를 그으면

$\triangle$ACB에서 $\overline{AC}=\overline{BC}$이므로

$\angle$CAB$=\dfrac{1}{2}\times(180°-112°)=34°$

$\therefore \angle$PAB$=\angle$PAC$+\angle$CAB$=34°+34°=68°$

$\triangle$PAB에서 $\overline{PA}=\overline{PB}$이므로

$\angle$P$=180°-2\times68°=44°$

원의 접선의 성질 (3) 62쪽

원 밖의 점 P에서 원 O에 그은 두 접선
의 접점을 A, B라 하고 $\overline{PO}$와 $\overline{AB}$의 교
점을 H라 하면

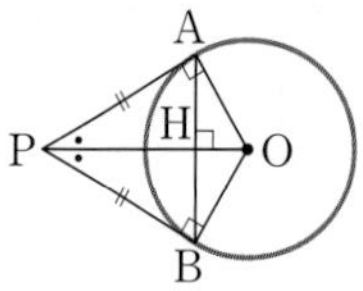

(1) $\triangle PAO \equiv \triangle PBO$

(2) $\angle APO = \angle BPO$

(3) $\triangle APH \equiv \triangle BPH$

(4) $\overline{AB} \perp \overline{PO}$

(5) $\overline{AH} = \overline{BH} = \dfrac{1}{2}\overline{AB}$

42 답 ②

오른쪽 그림과 같이 $\overline{PO}$를 그으면

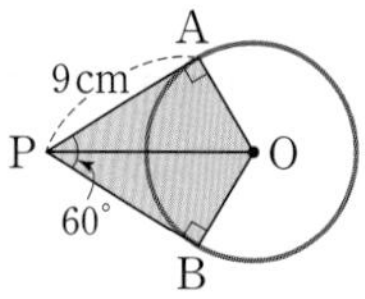

$\triangle APO$와 $\triangle BPO$에서

$\angle PAO = \angle PBO = 90°$

$\overline{PO}$는 공통, $\overline{AO} = \overline{BO}$ (반지름)이므로

$\triangle APO \equiv \triangle BPO$ (RHS 합동)

즉, $\angle APO = \dfrac{1}{2}\angle APB = \dfrac{1}{2} \times 60° = 30°$

$\triangle APO$에서

$\overline{AO} = 9\tan 30° = 9 \times \dfrac{\sqrt{3}}{3} = 3\sqrt{3}\,(\text{cm})$이므로

$\square APBO = 2\triangle APO$

$\qquad = 2 \times \left(\dfrac{1}{2} \times 9 \times 3\sqrt{3}\right) = 27\sqrt{3}\,(\text{cm}^2)$

43 답 ②

$\triangle AOP$와 $\triangle BOP$에서

$\overline{AO} = \overline{BO}$ (반지름), $\overline{OP}$는 공통

$\angle OAP = \angle OBP = 90°$이므로

$\triangle AOP \equiv \triangle BOP$ (RHS 합동) (④)

즉, $\angle AOP = \dfrac{1}{2}\angle AOB = \dfrac{1}{2} \times 120° = 60°$이므로

$\angle APO = 180° - (90° + 60°) = 30°$ (③)

$\triangle AOP$에서

$\overline{OP} = \dfrac{4\sqrt{3}}{\cos 60°} = 4\sqrt{3} \times 2 = 8\sqrt{3}\,(\text{cm})$ (①)

$\overline{AP} = 4\sqrt{3}\tan 60° = 4\sqrt{3} \times \sqrt{3} = 12\,(\text{cm})$

$\triangle ABP$에서 $\overline{PA} = \overline{PB}$이고 $\angle APB = 60°$이므로

$\angle PAB = \angle PBA = \dfrac{1}{2} \times (180° - 60°) = 60°$

즉, $\triangle ABP$는 정삼각형이므로 $\overline{AB} = \overline{AP} = 12\,(\text{cm})$ (②)

$\therefore \square AOBP = 2\triangle AOP$

$\qquad = 2 \times \left(\dfrac{1}{2} \times 4\sqrt{3} \times 12\right) = 48\sqrt{3}\,(\text{cm}^2)$ (⑤)

따라서 옳지 않은 것은 ②이다.

44 답 ①

오른쪽 그림과 같이 $\overline{PO}$를 그어 $\overline{PO}$와
$\overline{AB}$의 교점을 H라 하자.

$\angle PAO = 90°$이므로 $\triangle APO$에서

$\overline{PO} = \sqrt{12^2 + 5^2} = 13\,(\text{cm})$

이때 $\triangle APO \equiv \triangle BPO$ (RHS 합동)에서

$\angle APO = \angle BPO$이므로 $\triangle APH \equiv \triangle BPH$ (SAS 합동)

즉, $\overline{AB} \perp \overline{PO}$이고 $\overline{AH} = \overline{BH}$이므로 $\overline{PO} \times \overline{AH} = \overline{PA} \times \overline{OA}$

$13 \times \overline{AH} = 12 \times 5 \quad \therefore \overline{AH} = \dfrac{60}{13}\,\text{cm}$

$\therefore \overline{AB} = 2\overline{AH} = 2 \times \dfrac{60}{13} = \dfrac{120}{13}\,(\text{cm})$

원의 접선의 활용 62쪽

$\overrightarrow{PA}$, $\overrightarrow{PB}$, $\overline{AB}$가 원 O의 접선이고
세 점 D, E, F가 그 접점일 때

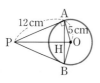

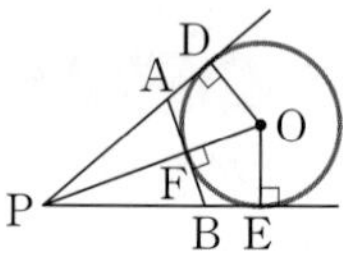

(1) $\overline{PD} = \overline{PE}$, $\overline{AD} = \overline{AF}$, $\overline{BE} = \overline{BF}$

(2) ($\triangle APB$의 둘레의 길이)

$\quad = \overline{PA} + \overline{PB} + \overline{AB}$

$\quad = \overline{PA} + \overline{PB} + (\overline{AF} + \overline{BF})$

$\quad = (\overline{PA} + \overline{AD}) + (\overline{PB} + \overline{BE})$

$\quad = \overline{PD} + \overline{PE} = 2\overline{PD} = 2\overline{PE}$

45 답 5 cm

$\overline{AC} = \overline{AX} = \overline{PX} - \overline{PA} = 10 - 8 = 2\,(\text{cm})$

이때 $\overline{PY} = \overline{PX} = 10\,\text{cm}$이므로

$\overline{BC} = \overline{BY} = \overline{PY} - \overline{PB} = 10 - 7 = 3\,(\text{cm})$

$\therefore \overline{AB} = \overline{AC} + \overline{BC} = 2 + 3 = 5\,(\text{cm})$

46 답 ㄱ, ㄷ, ㄹ

ㄱ. 원 밖의 한 점에서 원에 그은 두 접선의 길이는 같으므로
 $\overline{AD} = \overline{AE}$

ㄷ. $\overline{BD} = \overline{BF}$, $\overline{CE} = \overline{CF}$에서
 $\overline{BC} = \overline{BF} + \overline{CF} = \overline{BD} + \overline{CE}$

ㄹ. $\overline{AB} + \overline{BC} + \overline{CA} = \overline{AB} + (\overline{BD} + \overline{CE}) + \overline{CA}$
 $\qquad = \overline{AD} + \overline{AE} = 2\overline{AD}$

따라서 옳은 것은 ㄱ, ㄷ, ㄹ이다.

47 답 4 cm

$\overline{AD} = \overline{AE}$, $\overline{BD} = \overline{BF}$, $\overline{CE} = \overline{CF}$이므로

$\overline{AB} + \overline{AC} + \overline{BC} = \overline{AB} + \overline{AC} + (\overline{BF} + \overline{CF})$

$\qquad = (\overline{AB} + \overline{BD}) + (\overline{AC} + \overline{CE})$

$\qquad = \overline{AD} + \overline{AE} = 2\overline{AE}$

즉, $9 + 8 + 7 = 2\overline{AE}$이므로 $2\overline{AE} = 24 \quad \therefore \overline{AE} = 12\,\text{cm}$

$\therefore \overline{CE} = \overline{AE} - \overline{AC} = 12 - 8 = 4\,(\text{cm})$

48 답 $10\sqrt{3}$ cm

$\angle OAE = \dfrac{1}{2}\angle BAC = \dfrac{1}{2} \times 60° = 30°$

오른쪽 그림과 같이 $\overline{OE}$를 그으면

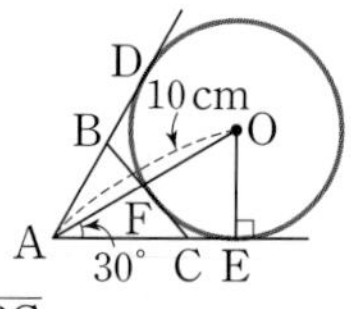

$\triangle OAE$에서

$\overline{AE} = 10\cos 30° = 10 \times \dfrac{\sqrt{3}}{2} = 5\sqrt{3}\,(\text{cm})$

$\therefore$ ($\triangle ABC$의 둘레의 길이) $= \overline{AB} + \overline{AC} + \overline{BC}$

$\qquad = (\overline{AB} + \overline{BD}) + (\overline{AC} + \overline{CE})$

$\qquad = \overline{AD} + \overline{AE} = 2\overline{AE}$

$\qquad = 2 \times 5\sqrt{3} = 10\sqrt{3}\,(\text{cm})$

유형 12 반원에서의 접선의 길이 63쪽

$\overline{AB}$는 반원 O의 지름이고 $\overline{AC}$, $\overline{BD}$, $\overline{CD}$
가 반원 O의 접선일 때
(1) $\overline{CA}=\overline{CE}$, $\overline{DB}=\overline{DE}$
 → $\overline{CD}=\overline{CA}+\overline{DB}$
(2) 점 C에서 $\overline{DB}$에 내린 수선의 발을 H라 하면 직각삼각형
DCH에서 $\overline{AB}=\overline{CH}=\sqrt{\overline{CD}^2-\overline{DH}^2}$

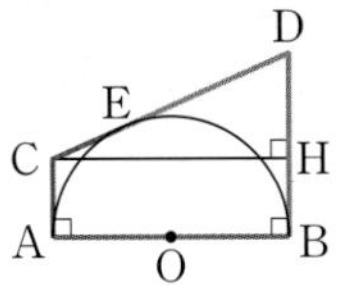

49 답 6 cm

$\overline{CP}=\overline{CA}=4$ cm, $\overline{DP}=\overline{DB}=9$ cm이므로
$\overline{CD}=\overline{CP}+\overline{DP}=4+9=13$ (cm)
오른쪽 그림과 같이 점 C에서 $\overline{BD}$에 내린
수선의 발을 H라 하면
$\overline{HD}=\overline{BD}-\overline{BH}=9-4=5$ (cm)이므로
△CHD에서
$\overline{CH}=\sqrt{13^2-5^2}=\sqrt{144}=12$ (cm)
즉, $\overline{AB}=12$ cm이므로 원 O의 반지름의 길이는
$12\times\dfrac{1}{2}=6$ (cm)

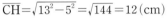
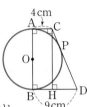

50 답 $48\sqrt{2}$ cm²

$\overline{CE}=\overline{CA}=8$ cm, $\overline{DE}=\overline{DB}=4$ cm이므로
$\overline{CD}=\overline{CE}+\overline{DE}=8+4=12$ (cm)
오른쪽 그림과 같이 점 D에서 $\overline{CA}$에
내린 수선의 발을 H라 하면
$\overline{CH}=\overline{CA}-\overline{HA}=8-4=4$ (cm)
△CHD에서
$\overline{HD}=\sqrt{12^2-4^2}=\sqrt{128}=8\sqrt{2}$ (cm)
이때 $\overline{AB}=\overline{HD}=8\sqrt{2}$ cm이므로
$\square ABDC=\dfrac{1}{2}\times(8+4)\times8\sqrt{2}=48\sqrt{2}$ (cm²)

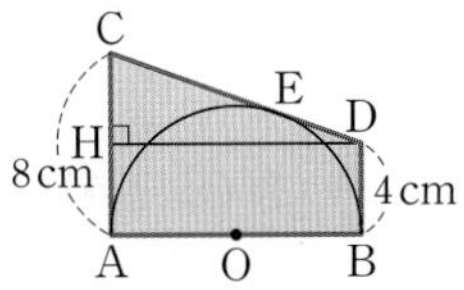

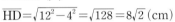

51 답 ④

오른쪽 그림과 같이 $\overline{DE}$와 반원 O의
접점을 P, 점 E에서 $\overline{CD}$에 내린 수선
의 발을 F라 하자.
$\overline{EP}=\overline{EB}=\overline{FC}=x$ cm라 하면
$\overline{DP}=\overline{DC}=10$ cm이므로
$\overline{DE}=(10+x)$ cm, $\overline{DF}=(10-x)$ cm
△DEF에서 $(10+x)^2=10^2+(10-x)^2$
$40x=100$ ∴ $x=\dfrac{5}{2}$
∴ $\overline{DE}=10+x=10+\dfrac{5}{2}=\dfrac{25}{2}$ (cm)

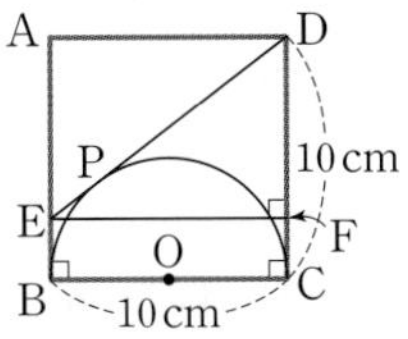

유형 13 삼각형의 내접원 63쪽

원 O는 △ABC의 내접원이고 세 점
D, E, F는 그 접점일 때,
 → $\overline{AD}=\overline{AF}$, $\overline{BD}=\overline{BE}$, $\overline{CE}=\overline{CF}$

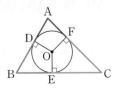

52 답 18 cm

$\overline{AP}=\overline{AR}=3$ cm, $\overline{BQ}=\overline{BP}=1$ cm, $\overline{CR}=\overline{CQ}=5$ cm
∴ (△ABC의 둘레의 길이)$=\overline{AB}+\overline{BC}+\overline{CA}$
$=(3+1)+(1+5)+(5+3)$
$=4+6+8=18$ (cm)

53 답 ①

$\overline{BD}=\overline{BE}=x$ cm라 하면
$\overline{AF}=\overline{AD}=(11-x)$ cm, $\overline{CF}=\overline{CE}=(9-x)$ cm
이때 $\overline{AC}=\overline{AF}+\overline{CF}$이므로
$8=(11-x)+(9-x)$, $20-2x=8$
$2x=12$ ∴ $x=6$
따라서 $\overline{BD}$의 길이는 6 cm이다.

54 답 4 cm

$\overline{AD}=\overline{AF}=x$ cm라 하면
$\overline{BE}=\overline{BD}=9$ cm, $\overline{CE}=\overline{CF}=5$ cm이므로
(△ABC의 둘레의 길이)$=2\times(9+5+x)=36$
$14+x=18$ ∴ $x=4$
따라서 $\overline{AF}$의 길이는 4 cm이다.

55 답 10 cm

$\overline{CE}=\overline{CF}=x$ cm라 하면
$\overline{AD}=\overline{AF}=(7-x)$ cm
$\overline{BD}=\overline{BE}=(9-x)$ cm
이때 $\overline{AB}=\overline{AD}+\overline{BD}$이므로
$6=(7-x)+(9-x)$, $2x=10$ ∴ $x=5$
∴ $\overline{CE}=5$ cm
∴ (△PQC의 둘레의 길이)$=\overline{CP}+\overline{PQ}+\overline{QC}$
$=\overline{CP}+(\overline{PG}+\overline{QG})+\overline{QC}$
$=\overline{CP}+\overline{PF}+\overline{QE}+\overline{QC}$
$=\overline{CF}+\overline{CE}=2\overline{CE}$
$=2\times5=10$ (cm)

유형 14 직각삼각형의 내접원 64쪽

$\angle B=90°$인 직각삼각형 ABC의 내
접원 O와 $\overline{AB}$, $\overline{BC}$의 접점을 각각 D,
E라 할 때,
 → $\square ODBE$는 정사각형

56 답 ②

△ABC에서
$\overline{BC}=\sqrt{5^2-4^2}=\sqrt{9}=3$ (cm)
오른쪽 그림과 같이 $\overline{OE}$, $\overline{OF}$를 그어 원
O의 반지름의 길이를 r cm라 하면
$\square OECF$는 정사각형이므로
$\overline{CE}=\overline{CF}=r$ cm
$\overline{AD}=\overline{AF}=(4-r)$ cm
$\overline{BD}=\overline{BE}=(3-r)$ cm
이때 $\overline{AB}=\overline{AD}+\overline{BD}$이므로

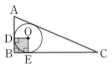
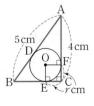

$5=(4-r)+(3-r),\ 2r=2$ ∴ $r=1$

따라서 원 O의 반지름의 길이는 1 cm이다.

57 답 ③

오른쪽 그림과 같이 $\overline{OD}$, $\overline{OF}$를 그어
원 O의 반지름의 길이를 r cm라 하면
□ADOF는 정사각형이므로

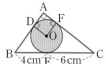

$\overline{AD}=\overline{AF}=r$ cm

$\overline{AB}=(r+4)$ cm

$\overline{AC}=(r+6)$ cm

△ABC에서 $10^2=(r+4)^2+(r+6)^2$

$r^2+10r-24=0,\ (r+12)(r-2)=0$ ∴ $r=2$ $(∵\ r>0)$

따라서 원 O의 반지름의 길이는 2 cm이므로 원 O의 넓이는

$\pi\times2^2=4\pi\ (\text{cm}^2)$

58 답 ⑤

오른쪽 그림과 같이 $\overline{OD}$, $\overline{OE}$를 그어
원 O의 반지름의 길이를 r cm라 하면
□DBEO는 정사각형이므로

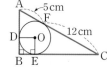

$\overline{BD}=\overline{BE}=r$ cm

$\overline{AB}=(r+5)$ cm

$\overline{BC}=(r+12)$ cm

△ABC에서 $17^2=(r+5)^2+(r+12)^2$

$r^2+17r-60=0,\ (r+20)(r-3)=0$ ∴ $r=3$ $(∵\ r>0)$

∴ $\overline{AB}=3+5=8\,(\text{cm}),\ \overline{BC}=3+12=15\,(\text{cm})$

따라서 △ABC의 둘레의 길이는 $8+15+17=40\,(\text{cm})$

유형 15 외접사각형의 성질 (1) 64쪽

원 O에 외접하는 사각형 ABCD에서
$\overline{AB}+\overline{DC}=\overline{AD}+\overline{BC}$

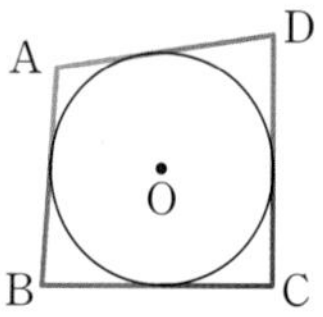

59 답 7 cm

$\overline{AB}+\overline{DC}=\overline{AD}+\overline{BC}$이므로

$(3+\overline{BE})+9=7+12$ ∴ $\overline{BE}=7$ cm

60 답 50 cm

$\overline{AH}=\overline{AE}=7$ cm이므로

$\overline{AD}=\overline{AH}+\overline{DH}=7+5=12\,(\text{cm})$

이때 $\overline{AB}+\overline{DC}=\overline{AD}+\overline{BC}$이므로

(□ABCD의 둘레의 길이)$=2(\overline{AD}+\overline{BC})$
$=2\times(12+13)=50\,(\text{cm})$

61 답 5 cm

$\overline{AB}+\overline{DC}=\overline{AD}+\overline{BC}$이므로

$\overline{AD}+\overline{BC}=\dfrac{1}{2}\times(\text{□ABCD의 둘레의 길이})$
$=\dfrac{1}{2}\times16=8\,(\text{cm})$

즉, $3+\overline{BC}=8$이므로 $\overline{BC}=5$ cm

---

62 답 $\sqrt{15}$ cm

$\overline{AB}+\overline{DC}=\overline{AD}+\overline{BC}=6+10=16\,(\text{cm})$

이때 $\overline{AB}=\overline{DC}$이므로

$\overline{AB}=\overline{DC}=\dfrac{1}{2}\times16=8\,(\text{cm})$

오른쪽 그림과 같이 두 점 A, D에서
$\overline{BC}$에 내린 수선의 발을 각각 H, H′이
라 하면

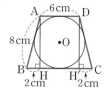

$\overline{BH}=\overline{CH'}=\dfrac{1}{2}\times(10-6)=2\,(\text{cm})$

△ABH에서

$\overline{AH}=\sqrt{8^2-2^2}=\sqrt{60}=2\sqrt{15}\,(\text{cm})$

따라서 원 O의 반지름의 길이는

$\dfrac{1}{2}\overline{AH}=\dfrac{1}{2}\times2\sqrt{15}=\sqrt{15}\,(\text{cm})$

유형 16 외접사각형의 성질 (2) 65쪽

(1) 원에 외접하는 □ABCD에서
∠C=90°일 때
➡ $\overline{BD}^2=\overline{BC}^2+\overline{DC}^2$

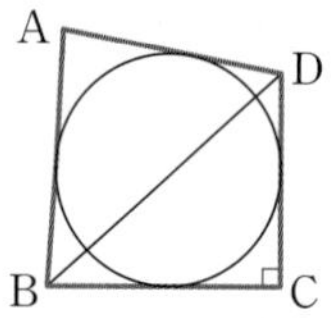

(2) 원 O에 외접하는 □ABCD에서
∠A=∠B=90°일 때
➡ (원 O의 반지름의 길이)$=\dfrac{1}{2}\overline{AB}$

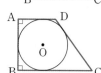

63 답 7 cm

△ABC에서
$\overline{BC}=\sqrt{10^2-6^2}=\sqrt{64}=8\,(\text{cm})$

이때 $\overline{AB}+\overline{DC}=\overline{AD}+\overline{BC}$이므로

$6+\overline{DC}=5+8$ ∴ $\overline{DC}=7$ cm

64 답 8 cm

$\overline{AB}:\overline{BC}=2:3$이므로

$\overline{AB}=2k$ cm, $\overline{BC}=3k$ cm $(k>0)$라 하면

$\overline{AB}+\overline{DC}=\overline{AD}+\overline{BC}$이므로

$2k+10=6+3k$ ∴ $k=4$

즉, $\overline{AB}=2\times4=8\,(\text{cm}),\ \overline{BC}=3\times4=12\,(\text{cm})$

∴ $\overline{BE}=\dfrac{1}{2}\overline{AB}=\dfrac{1}{2}\times8=4\,(\text{cm})$

∴ $\overline{CE}=\overline{BC}-\overline{BE}=12-4=8\,(\text{cm})$

65 답 80 cm²

$\overline{DC}$의 길이는 원 O의 지름의 길이와 같으므로

$\overline{DC}=2\times4=8\,(\text{cm})$

$\overline{AD}+\overline{BC}=\overline{AB}+\overline{DC}$이고

$\overline{AB}+\overline{DC}=12+8=20\,(\text{cm})$이므로

$\text{□ABCD}=\dfrac{1}{2}\times(\overline{AD}+\overline{BC})\times\overline{DC}$
$=\dfrac{1}{2}\times20\times8=80\,(\text{cm}^2)$

유형 17 외접사각형의 성질의 활용 65쪽

원 O가 직사각형 ABCD의 세 변 및 $\overline{DE}$ 와 접하고 세 점 F, G, H는 그 접점일 때

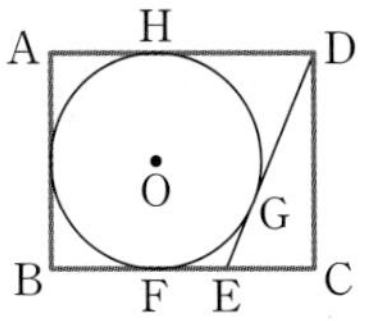

(1) $\overline{DE}=\overline{DG}+\overline{EG}=\overline{DH}+\overline{EF}$

(2) □ABED에서
$\overline{AB}+\overline{DE}=\overline{AD}+\overline{BE}$

(3) △DEC에서 $\overline{DE}^2=\overline{EC}^2+\overline{DC}^2$

66 답 $\dfrac{13}{3}$ cm

$\overline{BE}=x$ cm라 하면

□EBCD에서 $\overline{BE}+\overline{DC}=\overline{ED}+\overline{BC}$이므로

$x+4=\overline{ED}+5$ ∴ $\overline{ED}=(x-1)$ cm

$\overline{AE}=\overline{AD}-\overline{ED}=5-(x-1)=6-x\,(cm)$

△ABE에서 $x^2=(6-x)^2+4^2$

$12x=52$ ∴ $x=\dfrac{13}{3}$

따라서 $\overline{BE}$의 길이는 $\dfrac{13}{3}$ cm이다.

67 답 ③

오른쪽 그림과 같이 원 O의 접점을 각각 P, Q, R, S라 하면

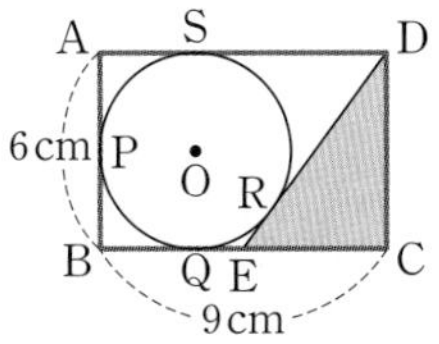

$\overline{DC}=\overline{AB}=6$ cm

$\overline{AS}=\overline{BQ}=\dfrac{1}{2}\overline{AB}=\dfrac{1}{2}\times6=3\,(cm)$

∴ $\overline{DR}=\overline{DS}=\overline{AD}-\overline{AS}=9-3=6\,(cm)$

$\overline{EQ}=\overline{ER}=x$ cm라 하면

$\overline{EC}=(6-x)$ cm, $\overline{DE}=(6+x)$ cm

△DEC에서 $(6+x)^2=(6-x)^2+6^2$

$24x=36$ ∴ $x=\dfrac{3}{2}$

$\overline{EC}=6-\dfrac{3}{2}=\dfrac{9}{2}\,(cm)$이므로

$\triangle DEC=\dfrac{1}{2}\times\overline{EC}\times\overline{DC}=\dfrac{1}{2}\times\dfrac{9}{2}\times6=\dfrac{27}{2}\,(cm^2)$

유형 8 접하는 원에서의 활용 65쪽

원 Q가 반원 O의 내부에 접하면서 반원 P에 외접할 때

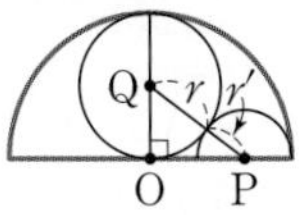

→ 직각삼각형 QOP에서
$\overline{QP}=r+r'$, $\overline{OP}=2r-r'$이므로

$(r+r')^2=r^2+(2r-r')^2$

68 답 ①

오른쪽 그림에서 반원 P의 반지름의 길이를 r cm라 하면

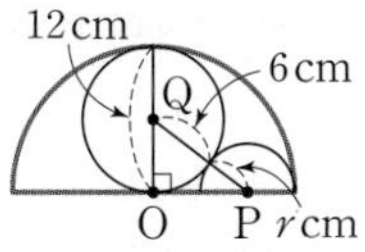

$\overline{QP}=(6+r)$ cm

$\overline{OP}=(12-r)$ cm

△QOP에서 $(6+r)^2=6^2+(12-r)^2$

$36r=144$ ∴ $r=4$

따라서 반원 P의 반지름의 길이는 4 cm이다.

69 답 ④

$\overline{AB}=8$이므로

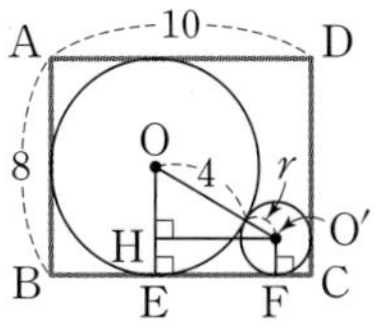

원 O의 반지름의 길이는 $\dfrac{8}{2}=4$

오른쪽 그림과 같이 두 점 O, O'에서 $\overline{BC}$에 내린 수선의 발을 각각 E, F라 하고 점 O'에서 $\overline{OE}$에 내린 수선의 발을 H, 원 O'의 반지름의 길이를 r라 하면

$\overline{OH}=4-r$, $\overline{OO'}=4+r$

$\overline{HO'}=\overline{EF}=10-(4+r)=6-r$

△OHO'에서 $(4+r)^2=(4-r)^2+(6-r)^2$

$r^2-28r+36=0$ ∴ $r=14-4\sqrt{10}\;(∵\;0<r<4)$

따라서 원 O'의 반지름의 길이는 $14-4\sqrt{10}$이다.

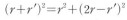 서술형 66쪽~67쪽

01 답 (1) 3 cm (2) 5 cm

(1) **채점 기준 1** $\overline{AM}$의 길이 구하기 … 1점

$\overline{OC}\perp\overline{AB}$이므로

$\overline{AM}=\overline{BM}=3$ cm

(2) **채점 기준 2** $\overline{OM}$의 길이를 반지름의 길이를 사용하여 나타내기 … 1점

$\overline{OA}=r$ cm라 하면

$\overline{OM}=\overline{OC}-\overline{MC}=r-1\,(cm)$

채점 기준 3 원 O의 반지름의 길이 구하기 … 2점

△OAM에서

$r^2=3^2+(r-1)^2$, $2r=10$ ∴ $r=5$

따라서 원 O의 반지름의 길이는 5 cm이다.

01-1 답 (1) $2\sqrt{3}$ cm (2) 4 cm

(1) **채점 기준 1** $\overline{AM}$의 길이 구하기 … 1점

$\overline{OC}\perp\overline{AB}$이므로

$\overline{AM}=\overline{BM}=2\sqrt{3}$ cm

(2) **채점 기준 2** $\overline{OM}$의 길이를 반지름의 길이를 사용하여 나타내기 … 1점

$\overline{OA}=r$ cm라 하면

$\overline{OM}=\dfrac{1}{2}\overline{OC}=\dfrac{r}{2}\,(cm)$

채점 기준 3 원 O의 반지름의 길이 구하기 … 2점

△OAM에서

$r^2=(2\sqrt{3})^2+\left(\dfrac{r}{2}\right)^2$, $r^2=16$ ∴ $r=4\;(∵\;r>0)$

따라서 원 O의 반지름의 길이는 4 cm이다.

02 답 11 cm

채점 기준 1 $\overline{BE}$의 길이 구하기 … 2점

$\overline{BE}=\overline{BD}=\overline{AB}-\overline{AD}=10-4=6\,(cm)$

채점 기준 2 $\overline{CE}$의 길이 구하기 … 2점

$\overline{AF}=\overline{AD}=4$ cm이므로

$\overline{CE}=\overline{CF}=\overline{AC}-\overline{AF}=9-4=5\,(cm)$

채점 기준 **3** $\overline{BC}$의 길이 구하기 … 2점
$$\therefore \overline{BC}=\overline{BE}+\overline{CE}=\underline{6}+\underline{5}=\underline{11}(cm)$$

02-1 답 13 cm

채점 기준 **1** $\overline{AD}$의 길이 구하기 … 2점
$$\overline{AD}=\overline{AF}=11-6=5(cm)$$

채점 기준 **2** $\overline{BD}$의 길이 구하기 … 2점
$\overline{CE}=\overline{CF}=6$ cm이므로
$$\overline{BD}=\overline{BE}=14-6=8(cm)$$

채점 기준 **3** $\overline{AB}$의 길이 구하기 … 2점
$$\therefore \overline{AB}=\overline{AD}+\overline{BD}=5+8=13(cm)$$

03 답 $6\sqrt{2}$ cm

$$\overline{AM}=\frac{1}{2}\overline{AB}=\frac{1}{2}\times10=5(cm)$$

오른쪽 그림과 같이 $\overline{AO}$를 그으면
$\triangle AMO$에서

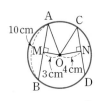

$$\overline{AO}=\sqrt{3^2+5^2}=\sqrt{34}\,(cm)$$
즉, 원 O의 반지름의 길이는 $\sqrt{34}$ cm ……❶
위의 그림과 같이 $\overline{OC}$를 그으면
$\triangle CON$에서
$$\overline{CN}=\sqrt{(\sqrt{34})^2-4^2}=\sqrt{18}=3\sqrt{2}\,(cm)$$
$$\therefore \overline{CD}=2\overline{CN}=2\times3\sqrt{2}=6\sqrt{2}\,(cm)\quad……❷$$

채점 기준	배점
❶ 원 O의 반지름의 길이 구하기	2점
❷ $\overline{CD}$의 길이 구하기	2점

04 답 $4\sqrt{5}$ cm

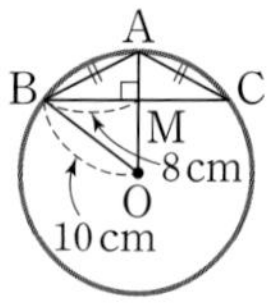

오른쪽 그림과 같이 이등변삼각형 ABC의 꼭
짓점 A에서 $\overline{BC}$에 내린 수선의 발을 M이라
하면

$$\overline{BM}=\overline{MC}=\frac{1}{2}\times16=8(cm)$$

$\overline{AM}$은 현 BC의 수직이등분선이므로 $\overline{AM}$의 연장선은 원 O의
중심을 지난다.
$\triangle OMB$에서
$$\overline{OM}=\sqrt{10^2-8^2}=\sqrt{36}=6(cm)\quad……❶$$
따라서 $\overline{AM}=\overline{OA}-\overline{OM}=10-6=4(cm)$이므로
$\triangle ABM$에서
$$\overline{AB}=\sqrt{8^2+4^2}=\sqrt{80}=4\sqrt{5}\,(cm)\quad……❷$$

채점 기준	배점
❶ $\overline{OM}$의 길이 구하기	2점
❷ $\overline{AB}$의 길이 구하기	2점

05 답 $\dfrac{48}{5}$ cm

오른쪽 그림과 같이 $\overline{PO}$를 그어 $\overline{PO}$와
$\overline{AB}$가 만나는 점을 H라 하자.
$\triangle PAO$에서 $\angle PAO=90°$이므로

$$\overline{PO}=\sqrt{8^2+6^2}=\sqrt{100}=10(cm)\quad……❶$$
$\triangle APO\equiv\triangle BPO$에서 $\overline{AB}\perp\overline{PO}$
즉, $\triangle APO$에서 $\overline{PO}\times\overline{AH}=\overline{PA}\times\overline{OA}$이므로

$$10\times\overline{AH}=8\times6,\ 10\overline{AH}=48\qquad\therefore \overline{AH}=\frac{24}{5}\,cm\quad……❷$$

$$\therefore \overline{AB}=2\overline{AH}=2\times\frac{24}{5}=\frac{48}{5}\,(cm)\quad……❸$$

채점 기준	배점
❶ $\overline{PO}$의 길이 구하기	2점
❷ $\overline{AH}$의 길이 구하기	3점
❸ $\overline{AB}$의 길이 구하기	2점

06 답 39 cm²

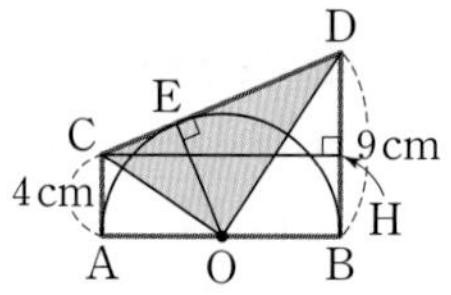

오른쪽 그림과 같이 $\overline{OE}$를 긋고 점 C
에서 $\overline{BD}$에 내린 수선의 발을 H라
하자.

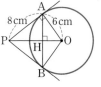

$\overline{CE}=\overline{CA}=4$ cm, $\overline{DE}=\overline{DB}=9$ cm
$$\therefore \overline{CD}=4+9=13(cm)\quad……❶$$
$$\overline{DH}=9-4=5(cm)$$
$\triangle DCH$에서
$$\overline{CH}=\sqrt{13^2-5^2}=\sqrt{144}=12(cm)이므로$$
$$\overline{OE}=\frac{1}{2}\overline{AB}=\frac{1}{2}\times12=6(cm)\quad……❷$$

$$\therefore \triangle COD=\frac{1}{2}\times13\times6=39(cm^2)\quad……❸$$

채점 기준	배점
❶ $\overline{CD}$의 길이 구하기	2점
❷ $\overline{OE}$의 길이 구하기	2점
❸ $\triangle COD$의 넓이 구하기	2점

07 답 54 cm²

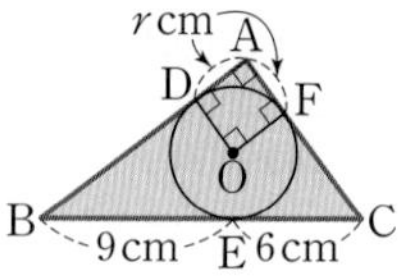

오른쪽 그림과 같이 $\overline{OD}$, $\overline{OF}$를 긋고
원 O의 반지름의 길이를 r cm라 하면
$\square ADOF$는 정사각형이므로

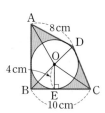

$\overline{AD}=\overline{AF}=r$ cm
$\overline{BD}=\overline{BE}=9$ cm, $\overline{CF}=\overline{CE}=6$ cm
즉, $\overline{AB}=(r+9)$ cm, $\overline{AC}=(r+6)$ cm ……❶
$\triangle ABC$에서
$$15^2=(r+9)^2+(r+6)^2,\ r^2+15r-54=0$$
$$(r+18)(r-3)=0\qquad\therefore r=3\ (\because r>0)\quad……❷$$

$$\therefore \triangle ABC=\frac{1}{2}\times12\times9=54(cm^2)\quad……❸$$

채점 기준	배점
❶ $\overline{AB}$, $\overline{AC}$의 길이를 반지름의 길이를 사용하여 나타내기	2점
❷ 원 O의 반지름의 길이 구하기	2점
❸ $\triangle ABC$의 넓이 구하기	2점

08 답 $(72-16\pi)$ cm²

오른쪽 그림과 같이 $\overline{AO}$, $\overline{BO}$, $\overline{CO}$, $\overline{DO}$
를 그으면 $\square ABCD$의 넓이는 나누어
진 4개의 삼각형의 넓이의 합과 같다.
$\square ABCD$가 원에 외접하므로
$$\overline{AB}+\overline{CD}=\overline{AD}+\overline{BC}$$
$$=8+10=18(cm)\quad……❶$$

$$\therefore \square ABCD$$
$$=\triangle OAB+\triangle OBC+\triangle OCD+\triangle ODA$$
$$=\frac{1}{2}\times\overline{AB}\times4+\frac{1}{2}\times10\times4+\frac{1}{2}\times\overline{CD}\times4+\frac{1}{2}\times8\times4$$
$$=36+2\times(\overline{AB}+\overline{CD})$$
$$=36+2\times18=72\,(\text{cm}^2) \quad\cdots\cdots ❷$$
$$\therefore (\text{색칠한 부분의 넓이})=72-\pi\times4^2$$
$$=72-16\pi\,(\text{cm}^2) \quad\cdots\cdots ❸$$

채점 기준	배점
❶ $\overline{AB}+\overline{CD}$의 길이 구하기	2점
❷ $\square ABCD$의 넓이 구하기	3점
❸ 색칠한 부분의 넓이 구하기	2점

실전 중단원 학교 시험 1회

68쪽~71쪽

01 ①	02 ①	03 ⑤	04 ②	05 ⑤
06 ④	07 ④	08 ③	09 ③	10 ①
11 ⑤	12 ④	13 ③	14 ④	15 ④
16 ①	17 ②	18 ②	19 $\sqrt{7}$ cm	20 18 cm²
21 5 cm	22 $\frac{7}{2}$ cm	23 (1) 10 cm (2) 4π cm²		

01 답 ① 〔유형 01〕

$$\overline{AM}=\frac{1}{2}\overline{AB}=\frac{1}{2}\times8=4\,(\text{cm})$$

$\triangle OAM$에서 $\overline{OA}=\sqrt{3^2+4^2}=\sqrt{25}=5\,(\text{cm})$
따라서 원 O의 반지름의 길이는 5 cm이다.

02 답 ① 〔유형 02〕

$\overline{CM}$은 현 AB의 수직이등분선이므로
$\overline{CM}$의 연장선은 오른쪽 그림과 같이 원
의 중심을 지난다.
원의 중심을 O라 하면 원의 반지름의 길
이가 10 cm이므로 $\overline{OA}=10$ cm

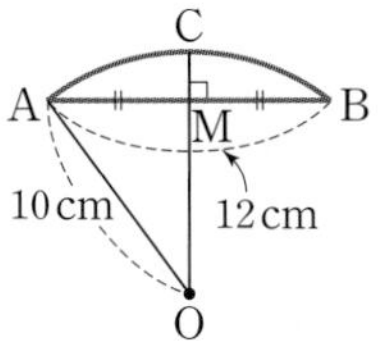

$$\overline{AM}=\frac{1}{2}\overline{AB}=\frac{1}{2}\times12=6\,(\text{cm})$$

$\triangle AOM$에서
$$\overline{OM}=\sqrt{10^2-6^2}=\sqrt{64}=8\,(\text{cm})$$
$$\therefore \overline{CM}=\overline{OC}-\overline{OM}=10-8=2\,(\text{cm})$$

03 답 ⑤ 〔유형 03〕

오른쪽 그림과 같이 원의 중심 O에서 $\overline{AB}$
에 내린 수선의 발을 M이라 하면
$\overline{OA}=6$ cm

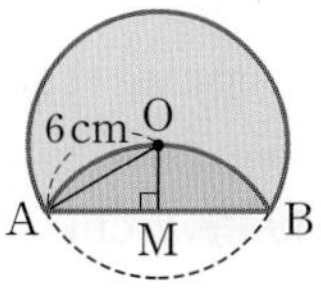

$$\overline{OM}=\frac{1}{2}\overline{OA}=\frac{1}{2}\times6=3\,(\text{cm})$$

$\triangle OAM$에서
$$\overline{AM}=\sqrt{6^2-3^2}=\sqrt{27}=3\sqrt{3}\,(\text{cm})$$
$$\therefore \overline{AB}=2\overline{AM}=2\times3\sqrt{3}=6\sqrt{3}\,(\text{cm})$$

04 답 ② 〔유형 04〕

$$\overline{AH}=\frac{1}{2}\overline{AB}=\frac{1}{2}\times12=6\,(\text{cm})$$

$$\overline{CH}=\frac{1}{2}\overline{CD}=\frac{1}{2}\times8=4\,(\text{cm})$$

오른쪽 그림과 같이 $\overline{OA}$, $\overline{OC}$를 그으면 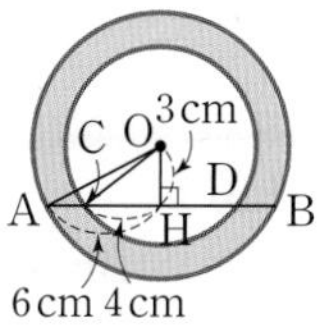
$\triangle OAH$에서
$$\overline{OA}=\sqrt{6^2+3^2}=\sqrt{45}=3\sqrt{5}\,(\text{cm})$$
$\triangle OCH$에서
$$\overline{OC}=\sqrt{4^2+3^2}=\sqrt{25}=5\,(\text{cm})$$
따라서 색칠한 부분의 넓이는
$$\pi\times(3\sqrt{5})^2-\pi\times5^2=20\pi\,(\text{cm}^2)$$

05 답 ⑤ 〔유형 05〕

오른쪽 그림과 같이 현 AB와 작은 원의 접
점을 H라 하고 $\overline{OA}$, $\overline{OH}$를 그으면 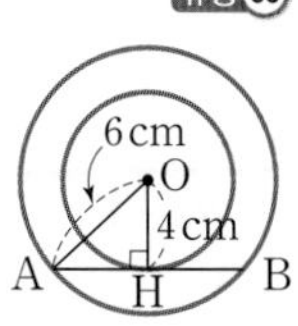
$\overline{OH}\perp\overline{AB}$이고
$\overline{OH}=4$ cm, $\overline{OA}=6$ cm
$\triangle OAH$에서
$$\overline{AH}=\sqrt{6^2-4^2}=\sqrt{20}=2\sqrt{5}\,(\text{cm})$$
$$\therefore \overline{AB}=2\overline{AH}=2\times2\sqrt{5}=4\sqrt{5}\,(\text{cm})$$

06 답 ④ 〔유형 06〕

$\triangle OAM$에서
$$\overline{AM}=\sqrt{(4\sqrt{2})^2-4^2}=\sqrt{16}=4\,(\text{cm})$$
$$\therefore \overline{AB}=2\overline{AM}=2\times4=8\,(\text{cm})$$
이때 $\overline{OM}=\overline{ON}$이므로 $\overline{CD}=\overline{AB}=8$ cm

07 답 ④ 〔유형 07〕

$\overline{OM}=\overline{ON}$이므로 $\overline{AB}=\overline{AC}$
즉, $\triangle ABC$는 $\overline{AB}=\overline{AC}$인 이등변삼각형이다.

$$\therefore \angle x=\frac{1}{2}\times(180^\circ-70^\circ)=55^\circ$$

08 답 ③ 〔유형 08〕

오른쪽 그림과 같이 $\overline{OA}$를 긋고 원 O
의 반지름의 길이를 r cm라 하면 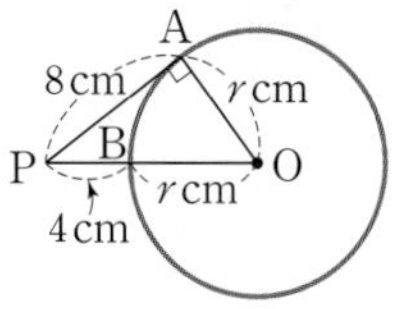
$\overline{OA}=\overline{OB}=r$ cm
$\overline{PO}=(r+4)$ cm
이때 $\angle PAO=90^\circ$이므로
$\triangle APO$에서
$(r+4)^2=8^2+r^2$, $8r=48$ $\quad\therefore r=6$
따라서 원 O의 반지름의 길이는 6 cm이다.

09 답 ③ 〔유형 09〕

$\overline{PA}=\overline{PB}$이므로 $\triangle ABP$에서
$$\angle PAB=\frac{1}{2}\times(180^\circ-36^\circ)=72^\circ$$

10 답 ① 〔유형 10〕

오른쪽 그림과 같이 $\overline{PO}$를 그으면
$\triangle APO\equiv\triangle BPO$ (RHS 합동)이므로 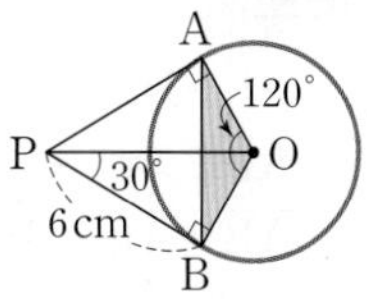
$$\angle OPB=\frac{1}{2}\angle P=\frac{1}{2}\times60^\circ=30^\circ$$

$\triangle PBO$에서

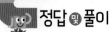

$\overline{OB}=6\tan30°=6\times\dfrac{\sqrt{3}}{3}=2\sqrt{3}\,(\text{cm})$

이때 $\angle AOB=180°-\angle P=180°-60°=120°$이므로

$\triangle OAB=\dfrac{1}{2}\times2\sqrt{3}\times2\sqrt{3}\times\sin(180°-120°)$

$\qquad\quad=\dfrac{1}{2}\times2\sqrt{3}\times2\sqrt{3}\times\dfrac{\sqrt{3}}{2}=3\sqrt{3}\,(\text{cm}^2)$

11 답 ⑤ 　　　　　　　　　　　　　　유형 ⑪

$\overline{BD}=\overline{BF}$, $\overline{CE}=\overline{CF}$이므로

$(\triangle ABC\text{의 둘레의 길이})=\overline{AB}+\overline{BC}+\overline{CA}$

$\qquad\qquad\qquad\qquad=\overline{AB}+(\overline{BF}+\overline{CF})+\overline{CA}$

$\qquad\qquad\qquad\qquad=(\overline{AB}+\overline{BD})+(\overline{CE}+\overline{CA})$

$\qquad\qquad\qquad\qquad=\overline{AD}+\overline{AE}=2\overline{AD}$

$\qquad\qquad\qquad\qquad=2\times(7+4)=22\,(\text{cm})$

12 답 ④ 　　　　　　　　　　　　　　유형 ⑫

오른쪽 그림과 같이 점 D에서 $\overline{AC}$에
내린 수선의 발을 H라 하면

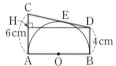

$\overline{CE}=\overline{CA}=6\,\text{cm}$

$\overline{DE}=\overline{DB}=4\,\text{cm}$

$\therefore\ \overline{CD}=\overline{CE}+\overline{DE}=6+4=10\,(\text{cm})$

$\overline{CH}=\overline{CA}-\overline{HA}=6-4=2\,(\text{cm})$

$\triangle CHD$에서

$\overline{HD}=\sqrt{10^2-2^2}=\sqrt{96}=4\sqrt{6}\,(\text{cm})$

$\therefore\ \overline{AB}=\overline{HD}=4\sqrt{6}\,\text{cm}$

13 답 ③ 　　　　　　　　　　　　　　유형 ⑬

$\overline{AD}=\overline{AF}=x\,\text{cm}$라 하면

$\overline{BE}=\overline{BD}=(12-x)\,\text{cm}$

$\overline{CE}=\overline{CF}=(10-x)\,\text{cm}$

이때 $\overline{BC}=\overline{BE}+\overline{CE}$이므로

$14=(12-x)+(10-x),\ 2x=8\qquad\therefore\ x=4$

따라서 $\overline{AF}$의 길이는 $4\,\text{cm}$이다.

14 답 ④ 　　　　　　　　　　　　　　유형 ⑭

원 O의 반지름의 길이가 $2\,\text{cm}$이
므로 오른쪽 그림과 같이 $\overline{OD}$, $\overline{OE}$
를 그으면

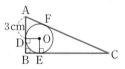

$\overline{BD}=\overline{BE}=2\,\text{cm}$

$\therefore\ \overline{AB}=\overline{AD}+\overline{BD}=3+2=5\,(\text{cm})$

$\overline{CE}=\overline{CF}=x\,\text{cm}$라 하면

$\overline{BC}=(x+2)\,\text{cm}$, $\overline{AC}=(x+3)\,\text{cm}$

$\triangle ABC$에서

$(x+3)^2=5^2+(x+2)^2,\ 2x=20\qquad\therefore\ x=10$

$\therefore\ \overline{BC}=10+2=12\,(\text{cm})$, $\overline{AC}=10+3=13\,(\text{cm})$

$\therefore\ (\triangle ABC\text{의 둘레의 길이})=\overline{AB}+\overline{BC}+\overline{AC}$

$\qquad\qquad\qquad\qquad\qquad=5+12+13=30\,(\text{cm})$

15 답 ④ 　　　　　　　　　　　　　　유형 ⑮

$\overline{AB}+\overline{DC}=\overline{AD}+\overline{BC}$이므로

$\overline{AB}+7=5+10\qquad\therefore\ \overline{AB}=8\,\text{cm}$

$\overline{AB}=\overline{AE}+\overline{BE}$이므로

$8=2+\overline{BE}\qquad\therefore\ \overline{BE}=6\,\text{cm}$

16 답 ① 　　　　　　　　　　　　　　유형 ⑯

오른쪽 그림과 같이 점 A에서 $\overline{BC}$에 내
린 수선의 발을 H라 하고 원 O의 반지
름의 길이를 $r\,\text{cm}$라 하면

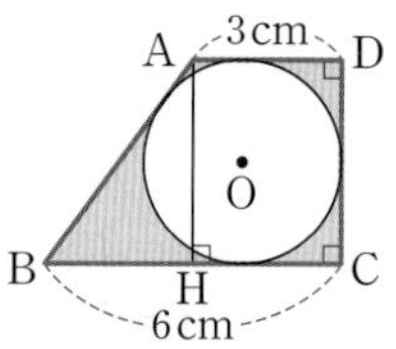

$\overline{AH}=\overline{DC}=2r\,\text{cm}$

$\overline{AB}+\overline{DC}=\overline{AD}+\overline{BC}$이므로

$\overline{AB}+2r=3+6\qquad\therefore\ \overline{AB}=(9-2r)\,\text{cm}$

$\overline{BH}=6-3=3\,(\text{cm})$이므로 $\triangle ABH$에서

$(9-2r)^2=3^2+(2r)^2,\ 36r=72\qquad\therefore\ r=2$

$\therefore\ (\text{색칠한 부분의 넓이})=\dfrac{1}{2}\times(3+6)\times4-\pi\times2^2$

$\qquad\qquad\qquad\qquad\qquad=18-4\pi\,(\text{cm}^2)$

17 답 ② 　　　　　　　　　　　　　　유형 ⑰

$\overline{AS}=\overline{AP}=\dfrac{1}{2}\overline{AB}=\dfrac{1}{2}\times8=4\,(\text{cm})$이므로

$\overline{DR}=\overline{DS}=\overline{AD}-\overline{AS}=12-4=8\,(\text{cm})$

$\overline{EQ}=\overline{ER}=x\,\text{cm}$라 하면

$\overline{DE}=(x+8)\,\text{cm}$, $\overline{EC}=12-(4+x)=8-x\,(\text{cm})$

$\therefore\ (\triangle DEC\text{의 둘레의 길이})=\overline{DE}+\overline{EC}+\overline{DC}$

$\qquad\qquad\qquad\qquad\qquad=(x+8)+(8-x)+8=24\,(\text{cm})$

다른 풀이

$\triangle DEC$에서 $\overline{DE}=(x+8)\,\text{cm}$, $\overline{EC}=(8-x)\,\text{cm}$,

$\overline{CD}=8\,\text{cm}$이므로

$(x+8)^2=(8-x)^2+8^2,\ 32x=64\qquad\therefore\ x=2$

$\therefore\ \overline{DE}=2+8=10\,(\text{cm})$, $\overline{EC}=8-2=6\,(\text{cm})$

$\therefore\ (\triangle DEC\text{의 둘레의 길이})=10+6+8=24\,(\text{cm})$

18 답 ② 　　　　　　　　　　　　　　유형 ⑱

오른쪽 그림과 같이 원의 중심 Q에서 $\overline{PO}$
에 내린 수선의 발을 H라 하고 원 Q의 반
지름의 길이를 $r\,\text{cm}$라 하면 $\overline{HO}=r\,\text{cm}$

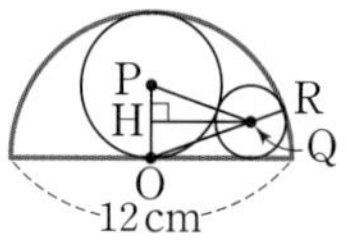

$(\text{원 P의 지름의 길이})=\dfrac{1}{2}\times12=6\,(\text{cm})$

$\overline{PO}=\dfrac{1}{2}\times6=3\,(\text{cm})$

$\overline{OQ}$의 연장선이 반원 O와 만나는 점을 R라 하면

$\overline{OR}=6\,\text{cm}$이므로 $\overline{OQ}=(6-r)\,\text{cm}$

즉, $\overline{PH}=(3-r)\,\text{cm}$, $\overline{PQ}=(r+3)\,\text{cm}$이므로

$\triangle PHQ$에서

$\overline{QH}^2=(r+3)^2-(3-r)^2=12r$　　　……㉠

$\triangle HOQ$에서

$\overline{QH}^2=(6-r)^2-r^2=36-12r$　　　……㉡

㉠, ㉡에서 $36-12r=12r,\ 24r=36\qquad\therefore\ r=\dfrac{3}{2}$

따라서 원 Q의 반지름의 길이는 $\dfrac{3}{2}\,\text{cm}$이다.

19 답 $\sqrt{7}\,\text{cm}$ 　　　　　　　　　　　　　유형 ①

오른쪽 그림과 같이 $\overline{OC}$를 그으면

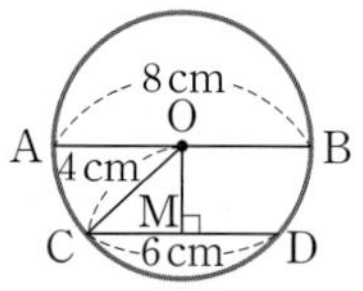

$\overline{OC}=\dfrac{1}{2}\overline{AB}=\dfrac{1}{2}\times8=4\,(\text{cm})$

$\overline{CM}=\dfrac{1}{2}\overline{CD}=\dfrac{1}{2}\times6=3\,(\text{cm})$　　　……❶

△OCM에서
$\overline{OM}=\sqrt{4^2-3^2}=\sqrt{7}$ (cm) ...... ❷

채점 기준	배점
❶ $\overline{OC}$, $\overline{CM}$의 길이 각각 구하기	2점
❷ $\overline{OM}$의 길이 구하기	2점

20 답 18 cm² 　　　유형 06

오른쪽 그림과 같이 원의 중심 O에서 $\overline{CD}$에 내린 수선의 발을 H라 하자. 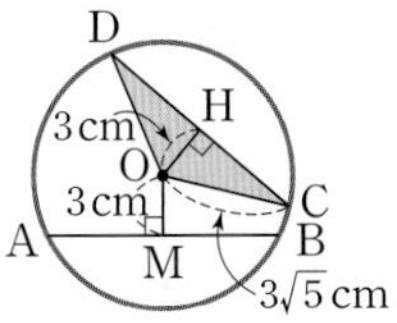
$\overline{AB}=\overline{CD}$이므로
$\overline{OH}=\overline{OM}=3$ cm
△OCH에서
$\overline{CH}=\sqrt{(3\sqrt{5})^2-3^2}=\sqrt{36}=6$ (cm)
$\overline{CD}=2\overline{CH}=2\times6=12$ (cm) ...... ❶
∴ $\triangle DOC=\dfrac{1}{2}\times12\times3=18$ (cm²) ...... ❷

채점 기준	배점
❶ $\overline{CD}$의 길이 구하기	4점
❷ △DOC의 넓이 구하기	2점

21 답 5 cm 　　　유형 10

△APO≡△BPO이므로
∠APB=2∠APO=2×30°=60°
$\overline{PA}=\overline{PB}$이므로
∠PAB=∠PBA=$\dfrac{1}{2}$×(180°-60°)=60°
즉, △APB는 정삼각형이다. ...... ❶
△APB의 둘레의 길이가 15√3 cm이므로
(△APB의 한 변의 길이)=$\dfrac{15\sqrt{3}}{3}$=5√3 (cm) ...... ❷
△APO에서
$\overline{AO}=5\sqrt{3}\tan30°=5\sqrt{3}\times\dfrac{\sqrt{3}}{3}=5$ (cm)
따라서 원 O의 반지름의 길이는 5 cm이다. ...... ❸

채점 기준	배점
❶ △APB가 정삼각형임을 알기	2점
❷ △APB의 한 변의 길이 구하기	2점
❸ 원 O의 반지름의 길이 구하기	2점

22 답 $\dfrac{7}{2}$ cm 　　　유형 13

$\overline{AD}=\overline{AF}=x$ cm라 하면
$\overline{CF}=\overline{CE}=(9-x)$ cm, $\overline{BD}=\overline{BE}=(8-x)$ cm ...... ❶
이때 $\overline{BC}=\overline{BE}+\overline{CE}$이므로
10=(8-x)+(9-x), 2x=7 ∴ $x=\dfrac{7}{2}$
따라서 $\overline{AF}$의 길이는 $\dfrac{7}{2}$ cm이다. ...... ❷

채점 기준	배점
❶ $\overline{AF}$, $\overline{CF}$, $\overline{BD}$의 길이를 각각 식으로 나타내기	3점
❷ $\overline{AF}$의 길이 구하기	4점

23 답 (1) 10 cm　(2) 4π cm² 　　　유형 14

(1) $\overline{AD}=\overline{AF}=x$ cm라 하면
$\overline{CE}=\overline{CF}=(6-x)$ cm이므로
$\overline{BC}=\overline{BE}+\overline{CE}=6+(6-x)=12-x$ (cm)
△ABC에서
$(12-x)^2=(x+6)^2+6^2$, $36x=72$ ∴ $x=2$
∴ $\overline{BC}=12-2=10$ (cm) ...... ❶

(2) 오른쪽 그림과 같이 $\overline{OD}$, $\overline{OF}$를 그으면 □ADOF는 정사각형이므로
$\overline{OD}=\overline{AD}=\overline{AF}=2$ cm
즉, 원 O의 반지름의 길이는 2 cm이다. ...... ❷

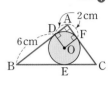

따라서 원 O의 넓이는
$\pi\times2^2=4\pi$ (cm²) ...... ❸

채점 기준	배점
❶ $\overline{BC}$의 길이 구하기	4점
❷ 원 O의 반지름의 길이 구하기	2점
❸ 원 O의 넓이 구하기	1점

실전 중단원 U 학교 시험 2회 　　72쪽~75쪽

01 ⑤	02 ②	03 ②	04 ⑤	05 ④
06 ②	07 ③	08 ②	09 ④	10 ③
11 ③	12 ⑤	13 ②	14 ⑤	15 ③
16 ③	17 ⑤	18 ④	19 $8\sqrt{2}$ cm	20 9 cm
21 $25\sqrt{3}$ cm²		22 (1) 2 cm　(2) 20 cm		23 12 cm

01 답 ⑤ 　　　유형 01

△OAM에서
$\overline{AM}=\sqrt{13^2-5^2}=\sqrt{144}=12$ (cm)
∴ $\overline{AB}=2\overline{AM}=2\times12=24$ (cm)

02 답 ② 　　　유형 02

오른쪽 그림과 같이 점 A에서 $\overline{BC}$에 내린 수선의 발을 H라 하면 △ABC는 이등변삼각형이므로 $\overline{BH}=\overline{CH}$
∴ $\overline{BH}=\dfrac{1}{2}\overline{BC}=\dfrac{1}{2}\times8=4$ (cm)

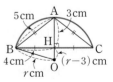

이때 $\overline{AH}$는 현 BC의 수직이등분선이므로 $\overline{AH}$의 연장선은 원의 중심을 지난다. 원의 중심을 O, 반지름의 길이를 r cm라 하면
△ABH에서 $\overline{AH}=\sqrt{5^2-4^2}=\sqrt{9}=3$ (cm)
△BOH에서
$\overline{OB}=r$ cm, $\overline{OH}=(r-3)$ cm이므로
$r^2=4^2+(r-3)^2$, $6r=25$ ∴ $r=\dfrac{25}{6}$
따라서 원의 반지름의 길이는 $\dfrac{25}{6}$ cm이다.

03 답 ②　　　　　　　　　　　　　　　유형 03

오른쪽 그림과 같이 원 O의 반지름의 길
이를 r cm라 하고 원 O에서 $\overline{AB}$에 내린
수선의 발을 M이라 하면

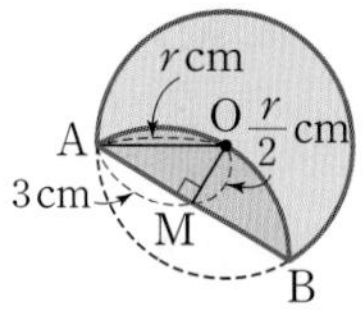

$\overline{AM}=\dfrac{1}{2}\overline{AB}=\dfrac{1}{2}\times6=3\,(\text{cm})$

$\overline{OA}=r$ cm, $\overline{OM}=\dfrac{1}{2}\overline{OA}=\dfrac{r}{2}\,(\text{cm})$

$\triangle OAM$에서

$r^2=\left(\dfrac{r}{2}\right)^2+3^2$, $r^2=12$　∴ $r=2\sqrt{3}\,(\because r>0)$

따라서 원 O의 반지름의 길이는 $2\sqrt{3}$ cm이다.

04 답 ⑤　　　　　　　　　　　　　　　유형 04

$\triangle OAH$에서 $\overline{AH}=\sqrt{(2\sqrt{13})^2-4^2}=\sqrt{36}=6\,(\text{cm})$
$\overline{AC}=\overline{CH}$이므로

$\overline{CH}=\dfrac{1}{2}\overline{AH}=\dfrac{1}{2}\times6=3\,(\text{cm})$

오른쪽 그림과 같이 $\overline{OC}$를 그으면
$\triangle OCH$에서

$\overline{OC}=\sqrt{4^2+3^2}=\sqrt{25}=5\,(\text{cm})$
따라서 작은 원의 반지름의 길이는 5 cm이다.

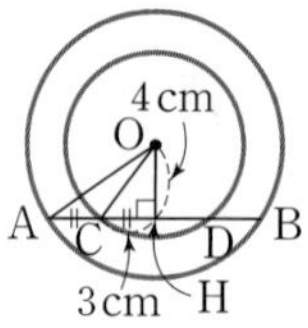

05 답 ④　　　　　　　　　　　　　　　유형 05

오른쪽 그림과 같이 점 O에서 $\overline{AB}$에 내
린 수선의 발을 H라 하면

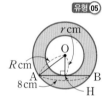

$\overline{AH}=\dfrac{1}{2}\overline{AB}=\dfrac{1}{2}\times8=4\,(\text{cm})$

큰 원의 반지름의 길이를 R cm, 작은
원의 반지름의 길이를 r cm라 하면
$\triangle OAH$에서 $R^2=4^2+r^2$　∴ $R^2-r^2=16$
따라서 색칠한 부분의 넓이는
$\pi R^2-\pi r^2=\pi(R^2-r^2)=16\pi\,(\text{cm}^2)$

06 답 ②　　　　　　　　　　　　　　　유형 06

$\triangle DON$에서 $\overline{ON}=\sqrt{3^2-2^2}=\sqrt{5}\,(\text{cm})$
$\overline{CD}=2\overline{DN}=2\times2=4\,(\text{cm})$에서 $\overline{AB}=\overline{CD}$
∴ $\overline{OM}=\overline{ON}=\sqrt{5}$ cm

07 답 ③　　　　　　　　　　　　　　　유형 07

$\overline{OM}=\overline{ON}$이므로 $\overline{AB}=\overline{AC}$
즉, $\triangle ABC$는 $\overline{AB}=\overline{AC}$인 이등변삼각형이므로
$\angle BAC=180°-2\times53°=74°$
$\square AMON$에서
$\angle MON=360°-(74°+90°+90°)=106°$

08 답 ②　　　　　　　　　　　　　　　유형 09

$\overline{PB}=\overline{PA}=8$ cm, $\angle PBO=90°$이므로
$\triangle PBO$에서 $\overline{PO}=\sqrt{8^2+5^2}=\sqrt{89}\,(\text{cm})$

09 답 ④　　　　　　　　　　　　　　　유형 09

$\angle PAO=90°$이므로 $\angle PAB=90°-30°=60°$
이때 $\overline{PA}=\overline{PB}$이므로 $\angle P=180°-2\times60°=60°$

즉, $\triangle PAB$는 정삼각형이다.
∴ ($\triangle PAB$의 둘레의 길이)$=3\overline{PA}=3\times6=18\,(\text{cm})$

10 답 ③　　　　　　　　　　　　　　　유형 10

$\angle OAP=90°$이므로 $\triangle APO$에서
$\overline{PA}=\sqrt{10^2-5^2}=\sqrt{75}=5\sqrt{3}\,(\text{cm})$
이때 $\triangle APO\equiv\triangle BPO$ (RHS 합동)이므로

$\square PBOA=2\triangle APO=2\times\left(\dfrac{1}{2}\times5\times5\sqrt{3}\right)=25\sqrt{3}\,(\text{cm}^2)$

11 답 ③　　　　　　　　　　　　　　　유형 11

$\overline{AE}=\overline{AD}=9$ cm이므로
$\overline{BD}=9-5=4\,(\text{cm})$, $\overline{CE}=9-7=2\,(\text{cm})$
이때 $\overline{BF}=\overline{BD}=4$ cm, $\overline{CF}=\overline{CE}=2$ cm이므로
$\overline{BC}=\overline{BF}+\overline{CF}=4+2=6\,(\text{cm})$

다른 풀이

($\triangle ABC$의 둘레의 길이)$=2\overline{AD}=2\times9=18\,(\text{cm})$이므로
$7+5+\overline{BC}=18$　∴ $\overline{BC}=6$ cm

12 답 ⑤　　　　　　　　　　　　　　　유형 12

ㄱ. $\overline{DE}=\overline{DA}$, $\overline{CE}=\overline{CB}$이므로
$\overline{AD}+\overline{BC}=\overline{DE}+\overline{EC}=\overline{DC}=5$ cm

ㄴ. 오른쪽 그림과 같이 $\overline{OE}$를 그으면
$\overline{OE}\perp\overline{DC}$

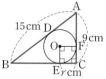

이때 $\triangle AOD\equiv\triangle EOD$ (RHS 합동),
$\triangle CEO\equiv\triangle CBO$ (RHS 합동)이므로
$\angle AOD=\angle EOD$, $\angle COE=\angle COB$

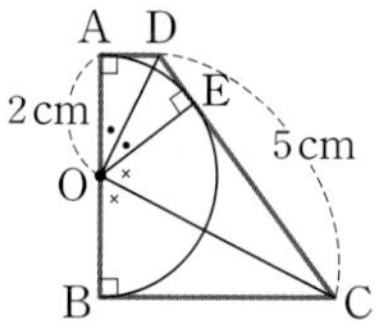

∴ $\angle DOC=\angle EOD+\angle COE=\dfrac{1}{2}\times180°=90°$

ㄷ. $\overline{AD}+\overline{BC}=5$ cm이므로

$\square ABCD=\dfrac{1}{2}\times(\overline{AD}+\overline{BC})\times\overline{AB}=\dfrac{1}{2}\times5\times4=10\,(\text{cm}^2)$

ㄹ. $\triangle OAD\backsim\triangle CBO$ (AA 닮음)이므로
$\overline{OA}:\overline{AD}=\overline{CB}:\overline{BO}$
$\overline{AD}=x$ cm라 하면 $\overline{BC}=(5-x)$ cm
$2:x=(5-x):2$에서 $x^2-5x+4=0$
$(x-1)(x-4)=0$　∴ $x=1\,(\because \overline{AD}<\overline{BC})$
∴ $\overline{OC}=\sqrt{2^2+4^2}=\sqrt{20}=2\sqrt{5}\,(\text{cm})$

따라서 옳은 것은 ㄴ, ㄷ이다.

13 답 ②　　　　　　　　　　　　　　　유형 13

$\triangle ABC$에서 $\angle C=180°-(35°+75°)=70°$
$\triangle CFE$에서 $\overline{CE}=\overline{CF}$이므로

$\angle x=\dfrac{1}{2}\times(180°-70°)=55°$

14 답 ⑤　　　　　　　　　　　　　　　유형 14

$\triangle ABC$에서 $\overline{BC}=\sqrt{15^2-9^2}=\sqrt{144}=12\,(\text{cm})$
오른쪽 그림과 같이 $\overline{OE}$, $\overline{OF}$를 그어
원 O의 반지름의 길이를 r cm라 하면
$\square OECF$는 정사각형이므로
$\overline{CE}=\overline{CF}=r$ cm

$\overline{BD}=\overline{BE}=(12-r)$ cm

$\overline{AD}=\overline{AF}=(9-r)$ cm

이때 $\overline{AB}=\overline{BD}+\overline{AD}$이므로

$15=(12-r)+(9-r)$

$2r=6$　$\therefore r=3$

따라서 원 O의 반지름의 길이는 3 cm이다.

15 답 ③　　유형 ⑮

□ABCD가 원에 외접하므로

$\overline{AB}+\overline{DC}=\overline{AD}+\overline{BC}$

$\therefore \overline{AD}+\overline{BC}=15+13=28$ (cm)

이때 $\overline{AD}:\overline{BC}=3:4$이므로

$\overline{AD}=28\times\dfrac{3}{3+4}=28\times\dfrac{3}{7}=12$ (cm)

16 답 ③　　유형 ⑯

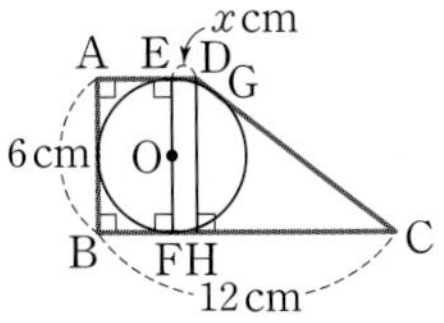

오른쪽 그림과 같이 점 D에서 $\overline{BC}$에
내린 수선의 발을 H라 하고 $\overline{AD}$,
$\overline{BC}$, $\overline{CD}$와 원 O의 접점을 각각 E,
F, G라 하자.

$\overline{ED}=x$ cm라 하면

△DHC에서

$\overline{DH}=\overline{AB}=6$ cm

$\overline{CH}=12-(3+x)=9-x$ (cm)

$\overline{DC}=\overline{DG}+\overline{GC}=x+9$ (cm)

$(x+9)^2=6^2+(9-x)^2$

$36x=36$　$\therefore x=1$

$\therefore \overline{AD}=\overline{AE}+\overline{ED}=3+1=4$ (cm)

이때 $\overline{AB}+\overline{DC}=\overline{AD}+\overline{BC}$이므로

(□ABCD의 둘레의 길이)$=2\times(\overline{AD}+\overline{BC})$

　　　　　　　　　　　　　$=2\times(4+12)=32$ (cm)

17 답 ⑤　　유형 ⑰

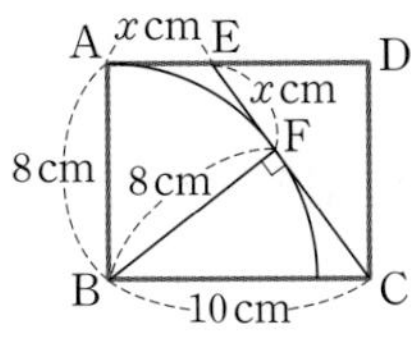

오른쪽 그림과 같이 $\overline{BF}$를 그으면

$\overline{BF}=\overline{BA}=8$ cm

$\overline{BF}\perp\overline{CE}$이므로 △FBC에서

$\overline{CF}=\sqrt{10^2-8^2}=\sqrt{36}=6$ (cm)

$\overline{AE}=\overline{FE}=x$ cm라 하면

△ECD에서

$(x+6)^2=8^2+(10-x)^2$

$32x=128$　$\therefore x=4$

따라서 $\overline{AE}$의 길이는 4 cm이다.

18 답 ④　　유형 ⑱

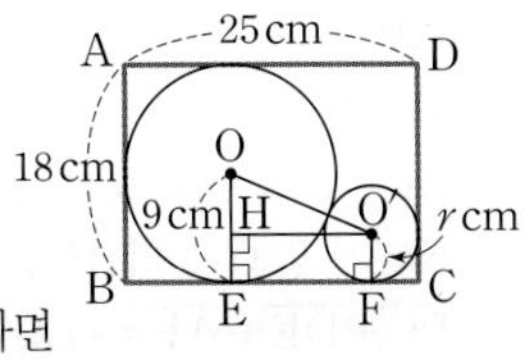

오른쪽 그림과 같이 두 점 O, O′
에서 $\overline{BC}$에 내린 수선의 발을 각
각 E, F라 하고 점 O′에서 $\overline{OE}$
에 내린 수선의 발을 H라 하자.

원 O′의 반지름의 길이를 r cm라
하면

원 O의 반지름의 길이는 9 cm이므로

$\overline{OO'}=(r+9)$ cm

$\overline{OH}=(9-r)$ cm

$\overline{HO'}=25-(9+r)=16-r$ (cm)

△OHO′에서

$(r+9)^2=(9-r)^2+(16-r)^2$

$r^2-68r+256=0,\ (r-4)(r-64)=0$

$\therefore r=4\ (\because 0<r<9)$

따라서 원 O′의 반지름의 길이는 4 cm이다.

19 답 $8\sqrt{2}$ cm　　유형 ①

$\overline{CD}=4+8=12$ (cm)이므로

원 O의 반지름의 길이는

$\dfrac{1}{2}\overline{CD}=\dfrac{1}{2}\times12=6$ (cm)

$\therefore \overline{OM}=\overline{OC}-\overline{CM}=6-4=2$ (cm)　……❶

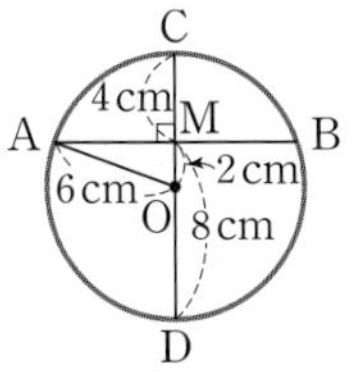

오른쪽 그림과 같이 $\overline{OA}$를 그으면

△OAM에서

$\overline{AM}=\sqrt{6^2-2^2}=\sqrt{32}=4\sqrt{2}$ (cm)

$\therefore \overline{AB}=2\overline{AM}$

　　　$=2\times4\sqrt{2}=8\sqrt{2}$ (cm)　……❷

채점 기준	배점
❶ $\overline{OM}$의 길이 구하기	2점
❷ 현 AB의 길이 구하기	2점

20 답 9 cm　　유형 ⑤

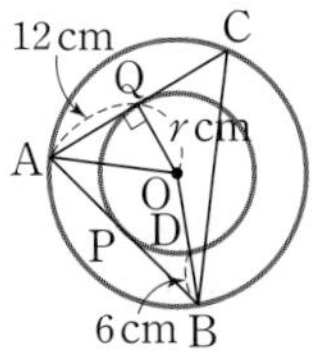

오른쪽 그림과 같이 $\overline{OA}$, $\overline{OQ}$를 그어 작은
원의 반지름의 길이를 r cm라 하면

$\overline{AO}=\overline{BO}=r+6$ (cm)이므로　……❶

△AOQ에서

$(r+6)^2=12^2+r^2$

$12r=108$　$\therefore r=9$

따라서 작은 원의 반지름의 길이는 9 cm이다.　……❷

채점 기준	배점
❶ 작은 원의 반지름의 길이를 r cm라 하고 $\overline{AO}$의 길이를 r를 사용하여 나타내기	3점
❷ 작은 원의 반지름의 길이 구하기	3점

21 답 $25\sqrt{3}$ cm²　　유형 ⑦

$\overline{OD}=\overline{OE}=\overline{OF}$이므로

$\overline{AB}=\overline{BC}=\overline{CA}=10$ cm

즉, △ABC는 정삼각형이므로

$\angle BAC=60°$　……❶

$\therefore \triangle ABC=\dfrac{1}{2}\times\overline{AB}\times\overline{AC}\times\sin60°$

　　　　　$=\dfrac{1}{2}\times10\times10\times\dfrac{\sqrt{3}}{2}$

　　　　　$=25\sqrt{3}$ (cm²)　……❷

채점 기준	배점
❶ $\angle BAC$의 크기 구하기	3점
❷ △ABC의 넓이 구하기	3점

22 답 (1) 2 cm　(2) 20 cm　　유형 ⑪+유형 ⑭

(1) △ABC에서

$\overline{BC}=\sqrt{13^2-5^2}=\sqrt{144}=12$ (cm)

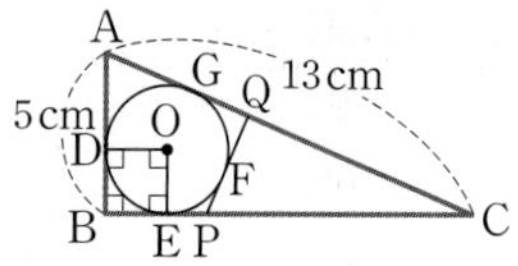

오른쪽 그림과 같이 $\overline{OD}$, $\overline{OE}$ 를 그어 원 O의 반지름의 길이를 r cm라 하면

□DBEO는 정사각형이므로

$\overline{BE}=\overline{BD}=r$ cm

$\overline{AG}=\overline{AD}=(5-r)$ cm

$\overline{CG}=\overline{CE}=(12-r)$ cm

이때 $\overline{AC}=\overline{AG}+\overline{CG}$이므로

$13=(5-r)+(12-r)$, $2r=4$ ∴ $r=2$

즉, 원 O의 반지름의 길이는 2 cm이다. ……❶

(2) ($\triangle$QPC의 둘레의 길이)

$=\overline{QP}+\overline{PC}+\overline{CQ}$

$=(\overline{QF}+\overline{PF})+\overline{PC}+\overline{CQ}$

$=(\overline{QG}+\overline{CQ})+(\overline{PE}+\overline{PC})$

$=\overline{CG}+\overline{CE}=2\overline{CE}$

$=2\times(12-2)=20$ (cm) ……❷

채점 기준	배점
❶ 원 O의 반지름의 길이 구하기	3점
❷ $\triangle$QPC의 둘레의 길이 구하기	4점

23 답 12 cm 유형**⑰**

$\triangle$DEC에서

$\overline{EC}=\sqrt{17^2-15^2}=\sqrt{64}=8$ (cm) ……❶

$\overline{BE}=x$ cm라 하면 $\overline{AD}=(x+8)$ cm

□ABED에서

$\overline{AD}+\overline{BE}=\overline{AB}+\overline{DE}$이므로

$(x+8)+x=15+17$

$2x+8=32$ ∴ $x=12$

따라서 $\overline{BE}$의 길이는 12 cm이다. ……❸

채점 기준	배점
❶ $\overline{EC}$의 길이 구하기	2점
❷ $\overline{AD}+\overline{BE}=\overline{AB}+\overline{DE}$임을 알기	2점
❸ $\overline{BE}$의 길이 구하기	3점

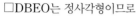

특이 문제

○76쪽

01 답 50π

점 O에서 $\overline{AB}$에 내린 수선의 발을 M이라 하면 $\overline{AM}=\overline{BM}=7$

∴ $\overline{HM}=7-2=5$

점 O에서 $\overline{CD}$에 내린 수선의 발을 N이라 하면 $\overline{CN}=\overline{DN}=5$

∴ $\overline{HN}=6-5=1$

이때 $\overline{OM}=\overline{NH}$이므로 $\triangle$AOM에서

$\overline{OA}=\sqrt{\overline{OM}^2+\overline{AM}^2}=\sqrt{1^2+7^2}=\sqrt{50}=5\sqrt{2}$

따라서 원 O의 넓이는

$\pi\times(5\sqrt{2})^2=50\pi$

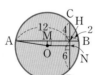

02 답 $32\sqrt{7}$ cm

오른쪽 그림과 같이 평행한 두 개의 굵은 철사를 각각 현 AB와 현 CD로 나타내고, 원 O의 중심에서 두 현 AB, CD에 내린 수선의 발을 각각 M, N이라 하자.

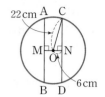

$\triangle$CON에서

$\overline{CN}=\sqrt{22^2-6^2}=\sqrt{448}=8\sqrt{7}$ (cm)

∴ $\overline{CD}=2\overline{CN}=2\times8\sqrt{7}=16\sqrt{7}$ (cm)

이때 $\overline{AB}=\overline{CD}$이므로 평행한 두 굵은 철사의 길이의 합은

$16\sqrt{7}+16\sqrt{7}=32\sqrt{7}$ (cm)

03 답 $(18+18\sqrt{2})$ cm²

점 O에서 $\overline{AB}$에 내린 수선의 발을 H라 하면

$\overline{AH}=\overline{BH}$

$=\frac{1}{2}\overline{AB}=\frac{1}{2}\times6\sqrt{2}=3\sqrt{2}$ (cm)

$\overline{OA}=6$ cm이므로

$\triangle$OAH에서

$\overline{OH}=\sqrt{6^2-(3\sqrt{2})^2}=\sqrt{18}=3\sqrt{2}$ (cm)

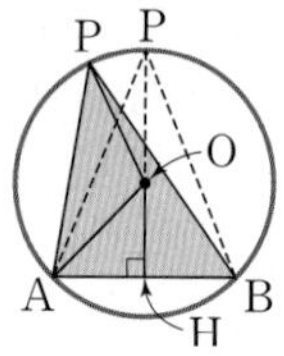

이때 $\triangle$PAB의 넓이가 최대이려면 삼각형의 높이가 최대이어야 하므로 오른쪽 그림과 같이 세 점 P, O, H가 일직선 위에 있어야 한다.

즉, $\overline{PH}=\overline{OP}+\overline{OH}=6+3\sqrt{2}$ (cm)이므로

$\triangle$PAB$=\frac{1}{2}\times6\sqrt{2}\times(6+3\sqrt{2})$

$=18+18\sqrt{2}$ (cm²)

04 답 35π cm

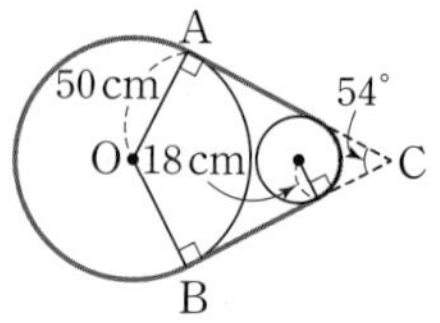

오른쪽 그림의 □AOBC에서

$\angle$OAC$=\angle$OBC$=90°$

$\angle$C$=54°$이므로

$\angle$AOB$=360°-(90°+90°+54°)$

$=126°$

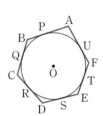

큰 바퀴에서 벨트가 닿지 않는 부분이 이루는 호는 $\overparen{AB}$이므로

$\overparen{AB}=2\pi\times50\times\frac{126}{360}=35\pi$ (cm)

05 답 풀이 참조

오른쪽 그림과 같이 원 O와 육각형의 접점을 P, Q, R, S, T, U라 하자. 원 O 밖에 있는 점 A에서 원 O에 그은 두 접선 $\overline{AP}$, $\overline{AU}$의 길이는 서로 같으므로 $\overline{AP}=\overline{AU}$이다.

같은 방법으로

$\overline{BP}=\overline{BQ}$, $\overline{CQ}=\overline{CR}$, $\overline{DR}=\overline{DS}$, $\overline{ES}=\overline{ET}$, $\overline{FT}=\overline{FU}$

따라서 원 O에 외접하는 육각형 ABCDEF에서

$\overline{BC}+\overline{DE}+\overline{AF}=(\overline{BQ}+\overline{QC})+(\overline{DS}+\overline{SE})+(\overline{AU}+\overline{UF})$

$=(\overline{BP}+\overline{CR})+(\overline{DR}+\overline{ET})+(\overline{AP}+\overline{TF})$

$=(\overline{BP}+\overline{AP})+(\overline{CR}+\overline{DR})+(\overline{ET}+\overline{TF})$

$=\overline{AB}+\overline{CD}+\overline{EF}$

이므로 $l=2(\overline{BC}+\overline{DE}+\overline{AF})$이다.

2 원주각

VI. 원의 성질

78쪽~79쪽

개념 check

1 답 (1) $65°$ (2) $100°$

(1) $\angle x = \dfrac{1}{2} \times 130° = 65°$

(2) $\angle x = 2 \times 50° = 100°$

2 답 (1) $50°$ (2) $64°$

(1) $\angle x = \angle APB = 50°$

(2) $\angle BCA = 90°$이므로

$\angle x = 180° - (26° + 90°) = 64°$

3 답 (1) 30 (2) 3

(1) $x° : 60° = 5 : 10$ $\therefore x° = 30°$

$\therefore x = 30$

(2) $25° : 75° = x : 9$ $\therefore x = 3$

4 답 (1) $\angle x = 95°$, $\angle y = 90°$ (2) $\angle x = 120°$, $\angle y = 110°$

(1) $85° + \angle x = 180°$ $\therefore \angle x = 95°$

$90° + \angle y = 180°$ $\therefore \angle y = 90°$

(2) $60° + \angle x = 180°$ $\therefore \angle x = 120°$

$\angle y = \angle ABC = 110°$

5 답 (1) ○ (2) ×

(1) $\angle B + \angle D = 90° + 90° = 180°$이므로 □ABCD는 원에 내접한다.

(2) $\angle ABC = \angle ADC = 180° - 85° = 95°$

$\angle ABC + \angle ADC \neq 180°$이므로 □ABCD는 원에 내접하지 않는다.

6 답 (1) $52°$ (2) $70°$

(1) $\angle BCA = \dfrac{1}{2} \times 104° = 52°$이므로

$\angle x = \angle BCA = 52°$

(2) $\angle DBA = \angle DAT = 40°$이므로

□ABCD는 원에 내접하므로 $\angle CDA + \angle CBA = 180°$

$\therefore \angle x = 180° - (40° + 50° + 20°) = 70°$

기출 유형

80쪽~91쪽

유형 01 원주각과 중심각의 크기 (1) 80쪽

(원주각의 크기) $= \dfrac{1}{2} \times$ (중심각의 크기)

$\rightarrow \angle APB = \dfrac{1}{2} \angle AOB$

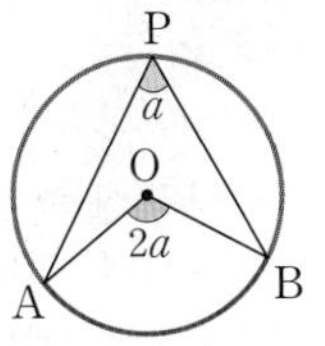

01 답 $25°$

오른쪽 그림과 같이 $\overline{OB}$를 그으면

$\angle BOC = 2 \times 30° = 60°$이므로

$\angle AOB = 110° - 60° = 50°$

$\therefore \angle x = \dfrac{1}{2} \angle AOB = \dfrac{1}{2} \times 50° = 25°$

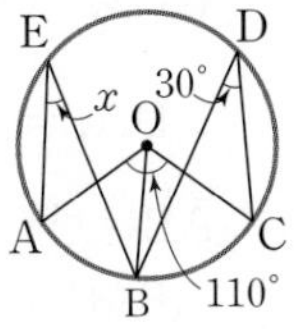

02 답 ③

$\angle AOB = 2 \angle x$이므로

△OAD에서 $\angle ADB = 2\angle x + 18°$

또, △BCD에서 $\angle ADB = \angle x + 42°$이므로

$2\angle x + 18° = \angle x + 42°$

$\therefore \angle x = 24°$

03 답 $8\pi \text{ cm}^2$

$\angle AOB = 2 \angle APB$

$= 2 \times 40° = 80°$

$\therefore$ (색칠한 부분의 넓이) $= \pi \times 6^2 \times \dfrac{80}{360}$

$= 8\pi \, (\text{cm}^2)$

04 답 ③

△OBC는 $\overline{OB} = \overline{OC}$인 이등변삼각형이므로

$\angle OCB = \angle OBC = 43°$

$\therefore \angle BOC = 180° - (43° + 43°) = 94°$

$\therefore \angle x = \dfrac{1}{2} \angle BOC = \dfrac{1}{2} \times 94° = 47°$

05 답 ④

$\angle AOC = 2 \times 68° = 136°$

$\therefore \angle y = 360° - 136° = 224°$

$\angle x = \dfrac{1}{2} \times 224° = 112°$

$\therefore \angle y - \angle x = 224° - 112° = 112°$

06 답 $65°$

오른쪽 그림과 같이 $\overarc{ABC}$ 위에 있지 않은 원 위의 한 점 P를 잡으면 $\angle ABC$는 $\overarc{APC}$의 원주각이므로

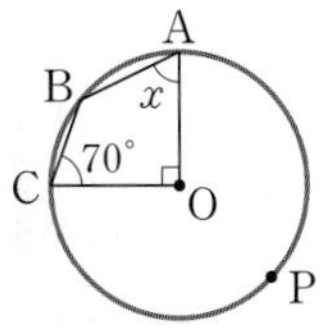

$\angle ABC = \dfrac{1}{2} \times 270° = 135°$

사각형의 내각의 크기의 합은 $360°$이므로

$\angle x + 135° + 70° + 90° = 360°$

$\angle x = 360° - 295°$

$\therefore \angle x = 65°$

07 답 ①

△ABC가 $\overline{AB} = \overline{AC}$인 이등변삼각형이므로

$\angle BAC = 180° - (25° + 25°) = 130°$

오른쪽 그림과 같이 $\overarc{BAC}$ 위에 있지 않은 원 위의 한 점 P를 잡으면 $\angle BAC$는 $\overarc{BPC}$의 원주각이므로

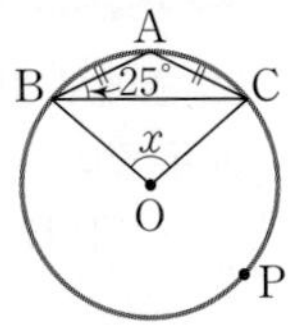

$\angle x = 360° - 2 \times 130° = 100°$

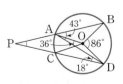

08 답 $25°$

오른쪽 그림과 같이 $\overline{AD}$를 그으면

$\angle BAD = \dfrac{1}{2} \times 86° = 43°$

$\angle ADC = \dfrac{1}{2} \times 36° = 18°$

△APD에서

$43° = \angle P + 18°$ $\therefore \angle P = 25°$

유형 **02** 원주각과 중심각의 크기 (2)　81쪽

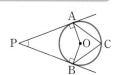

$\overrightarrow{PA}$, $\overrightarrow{PB}$가 원 O의 접선일 때,

$\angle OAP = \angle OBP = 90°$이므로

→ $\angle P + \angle AOB = 180°$

→ $\angle AOB = 2\angle C$이므로

$\angle C = \dfrac{1}{2}\angle AOB = \dfrac{1}{2}(180° - \angle P)$

09 답 ②

오른쪽 그림과 같이 $\overline{AO}$, $\overline{BO}$를 그으 면 $\angle PAO = \angle PBO = 90°$

$\square AOBP$에서

$\angle AOB = 360° - (90° + 40° + 90°)$

$\qquad = 140°$

$\therefore \angle x = \dfrac{1}{2}\angle AOB = \dfrac{1}{2} \times 140° = 70°$

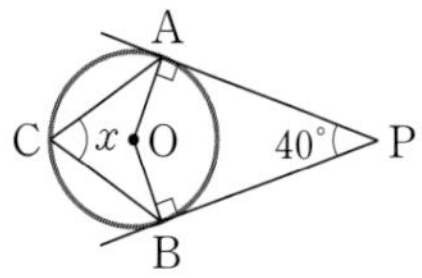

10 답 $114°$

오른쪽 그림과 같이 $\overline{OA}$, $\overline{OB}$를 그으면 $\angle PAO = \angle PBO = 90°$

$\square APBO$에서

$\angle AOB = 360° - (48° + 90° + 90°)$

$\qquad = 132°$

$\angle x$는 $\overset{\frown}{ACB}$의 원주각이므로

$\angle x = \dfrac{1}{2} \times (360° - 132°) = 114°$

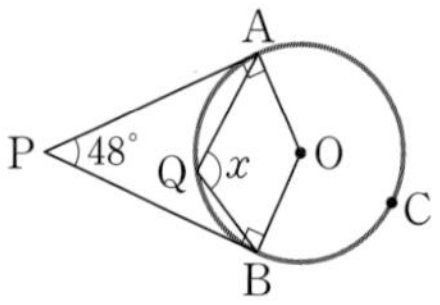

11 답 ⑤

① $\angle PAO = \angle PBO = 90°$

② $\angle AOB = 360° - (58° + 90° + 90°) = 122°$

③ $\angle ACB = \dfrac{1}{2}\angle AOB = \dfrac{1}{2} \times 122° = 61°$

④ $\triangle OAB$는 $\overline{OA} = \overline{OB}$인 이등변삼각형이므로

$\angle ABO = \dfrac{1}{2} \times (180° - 122°) = 29°$

⑤ $\angle OAB = \angle OBA = 29°$이므로 $\angle PAB = 90° - 29° = 61°$

따라서 옳지 않은 것은 ⑤이다.

유형 **03** 한 호에 대한 원주각의 크기　81쪽

한 원에서 한 호에 대한 원주각의 크기는 모두 같다.

→ $\angle AP_1B = \angle AP_2B = \angle AP_3B$

　└→ $\overline{AB}$에 대한 원주각

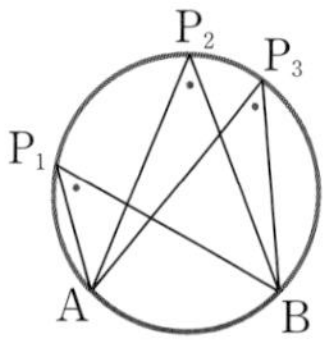

12 답 $50°$

오른쪽 그림과 같이 $\overline{BR}$를 그으면

$\angle ARB = \angle APB = 26°$

$\angle BRC = \angle BQC = 24°$

$\therefore \angle x = 26° + 24° = 50°$

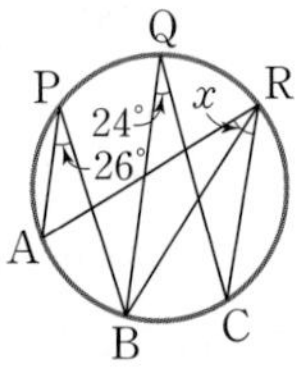

13 답 ③

$\angle ACD = \angle ABD = 40°$이므로

$\triangle PCD$에서 $\angle x + 40° = 70°$　$\therefore \angle x = 30°$

14 답 ②

오른쪽 그림과 같이 $\overline{BQ}$를 그으면

$\angle BQC = \dfrac{1}{2}\angle BOC = \dfrac{1}{2} \times 90° = 45°$

$\therefore \angle x = \angle AQB = 64° - 45° = 19°$

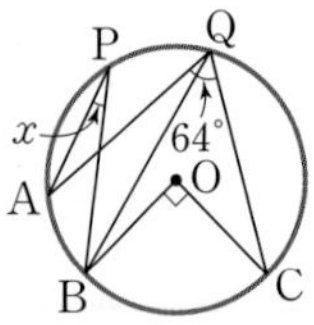

15 답 $5°$

$\angle BAC = \angle BDC = \angle x$이고

$\angle ADB = \angle ACB = \angle y$이므로

$\triangle ABP$에서

$\angle x = 180° - (55° + 80°) = 45°$

$\triangle APD$에서 $30° + \angle y = 80°$　$\therefore \angle y = 50°$

$\therefore \angle y - \angle x = 50° - 45° = 5°$

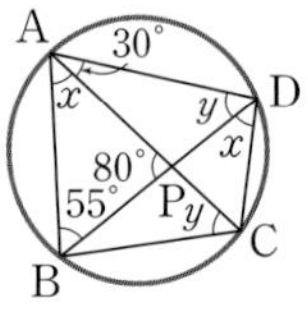

16 답 $29°$

$\triangle ACP$에서 $32° + \angle PAC = 61°$　$\therefore \angle PAC = 29°$

$\therefore \angle DBC = \angle DAC = 29°$

유형 **04** 반원에 대한 원주각의 크기　82쪽

반원에 대한 원주각의 크기는 90°이다.

→ $\overline{AB}$가 원 O의 지름이면

$\angle AP_1B = \angle AP_2B = \angle AP_3B = 90°$

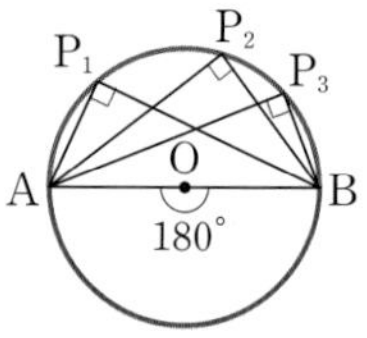

17 답 $58°$

$\overline{BC}$는 원 O의 지름이므로 $\angle CAB = 90°$

$\triangle ABC$에서 $\angle CBA = 180° - (32° + 90°) = 58°$

$\therefore \angle x = \angle CBA = 58°$

18 답 ③

$\overline{AC}$는 원 O의 지름이므로 $\angle ABC = 90°$

$\angle BAC = \angle x$, $\angle ACB = \angle ADB = 57°$이므로

$\triangle ABC$에서 $\angle x + 90° + 57° = 180°$

$\therefore \angle x = 33°$

19 답 ④

오른쪽 그림과 같이 $\overline{PC}$를 그으면 $\overline{AC}$는 원 O의 지름이므로 $\angle APC = 90°$

$\therefore \angle BPC = 90° - 31° = 59°$

$\therefore \angle x = \angle BPC = 59°$

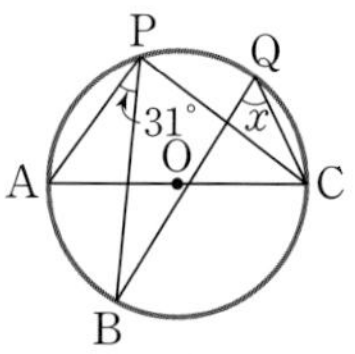

20 답 $69°$

오른쪽 그림과 같이 $\overline{AC}$를 그으면

$\angle DAC = \dfrac{1}{2}\angle DOC = \dfrac{1}{2} \times 42° = 21°$

$\overline{AB}$는 반원 O의 지름이므로 $\angle ACB = 90°$

$\triangle PAC$에서 $\angle x = 180° - (90° + 21°) = 69°$

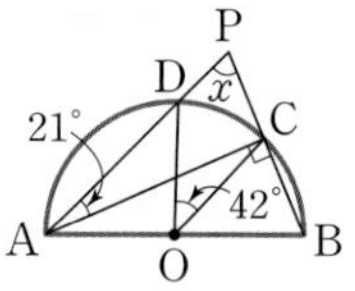

유형 05 원주각의 성질과 삼각비　82쪽

$\triangle ABC$가 원 O에 내접할 때, 원의 지름인 $\overline{A'B}$를 그어 원에 내접하는 직각삼각형 $A'BC$를 만든 후 $\angle BAC = \angle BA'C$임을 이용하여 삼각비의 값을 구한다.

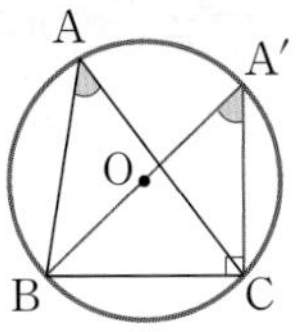

$\rightarrow \sin A = \sin A' = \dfrac{\overline{BC}}{\overline{A'B}}$

$\quad \cos A = \cos A' = \dfrac{\overline{A'C}}{\overline{A'B}}$

$\quad \tan A = \tan A' = \dfrac{\overline{BC}}{\overline{A'C}}$

21 답 $\dfrac{\sqrt{7}}{4}$

오른쪽 그림과 같이 $\overline{BO}$의 연장선을 그어 원 O와 만나는 점을 A'이라 하면

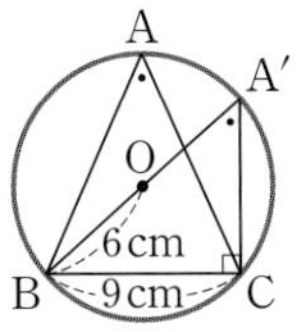

$\angle BAC = \angle BA'C$ ($\because \widehat{BC}$의 원주각)

이때 $\overline{A'B}$는 원 O의 지름이므로

$\angle BCA' = 90°$

$\overline{A'B} = 2 \times 6 = 12\,(\text{cm})$

$\therefore \overline{A'C} = \sqrt{12^2 - 9^2} = \sqrt{63} = 3\sqrt{7}\,(\text{cm})$

$\therefore \cos A = \cos A' = \dfrac{3\sqrt{7}}{12} = \dfrac{\sqrt{7}}{4}$

22 답 $4\sqrt{3}$ cm

오른쪽 그림과 같이 $\overline{BO}$의 연장선을 그어 원 O와 만나는 점을 A'이라 하면

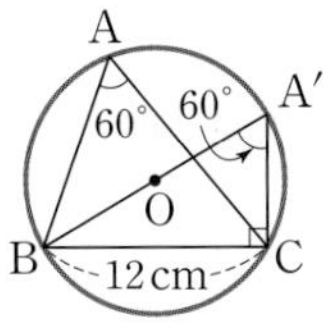

$\angle BA'C = \angle BAC = 60°$

$\overline{A'B}$는 원 O의 지름이므로 $\angle A'CB = 90°$

$\triangle A'BC$에서

$\sin 60° = \dfrac{12}{\overline{A'B}} = \dfrac{\sqrt{3}}{2}$이므로

$\overline{A'B} = 8\sqrt{3}\,(\text{cm})$

따라서 원 O의 반지름의 길이는

$\dfrac{1}{2} \times 8\sqrt{3} = 4\sqrt{3}\,(\text{cm})$

23 답 ④

$\overline{AB}$는 원 O의 지름이므로 $\angle ACB = 90°$

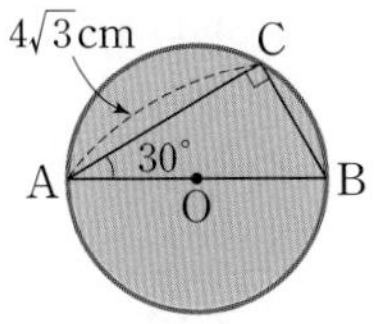

$\triangle CAB$에서

$\cos 30° = \dfrac{4\sqrt{3}}{\overline{AB}} = \dfrac{\sqrt{3}}{2}$이므로

$\overline{AB} = 8\,(\text{cm})$

따라서 원 O의 반지름의 길이는 $\dfrac{1}{2} \times 8 = 4\,(\text{cm})$이므로

(원 O의 넓이) $= \pi \times 4^2 = 16\pi\,(\text{cm}^2)$

24 답 $\dfrac{4}{5}$

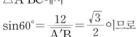

$\triangle CAB$는 $\angle C = 90°$인 직각삼각형이므로

$\overline{BC} = \sqrt{10^2 - 6^2} = \sqrt{64} = 8$

$\triangle CAB$와 $\triangle EDB$에서

$\angle ACB = \angle DEB = 90°$, $\angle B$는 공통이므로

$\triangle CAB \backsim \triangle EDB$ (AA 닮음)

$\therefore \sin x = \sin A = \dfrac{8}{10} = \dfrac{4}{5}$

유형 06 원주각의 크기와 호의 길이 (1)　83쪽

한 원 또는 합동인 두 원에서

(1) $\widehat{AB} = \widehat{CD}$이면 $\angle APB = \angle CQD$

(2) $\angle APB = \angle CQD$이면 $\widehat{AB} = \widehat{CD}$

25 답 $68°$

$\widehat{AB} = \widehat{CD}$이므로 $\angle ACB = \angle DBC = 34°$

$\triangle PBC$에서

$\angle x = 34° + 34° = 68°$

26 답 $100°$

$\widehat{BC} = \widehat{CD}$이므로 $\angle BEC = \angle CAD$

$\therefore \angle y = 20°$

오른쪽 그림과 같이 $\overline{OC}$를 그으면

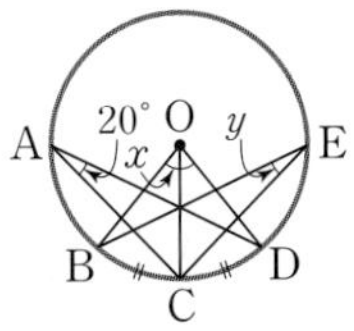

$\angle BOC = 2 \times 20° = 40°$,

$\angle COD = 2 \times 20° = 40°$이므로

$\angle x = 40° + 40° = 80°$

$\therefore \angle x + \angle y = 80° + 20° = 100°$

27 답 ①

오른쪽 그림과 같이 $\overline{BC}$를 그으면

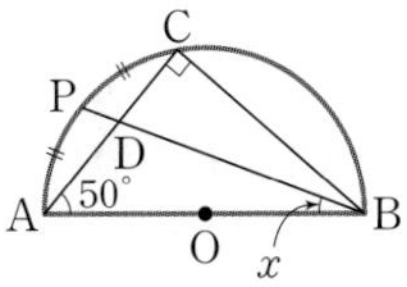

$\overline{AB}$는 반원 O의 지름이므로

$\angle ACB = 90°$

$\triangle ABC$에서

$\angle ABC = 180° - (90° + 50°) = 40°$

이때 $\widehat{AP} = \widehat{CP}$이므로 $\angle PBC = \angle PBA$

$\therefore \angle x = \dfrac{1}{2}\angle ABC = \dfrac{1}{2} \times 40° = 20°$

28 답 ③

$\angle AOP = 2\angle ABP = 2 \times 20° = 40°$

$\angle BOC = \angle POB = 100°$ ($\because \widehat{BP} = \widehat{BC}$)

즉, $40° + 100° + 100° + \angle x = 360°$

$\therefore \angle x = 120°$

유형 07 원주각의 크기와 호의 길이 (2)　83쪽

한 원 또는 합동인 두 원에서 호의 길이는 원주각의 크기에 정비례한다.

$\rightarrow \widehat{AB} : \widehat{BC} = \angle x : \angle y$

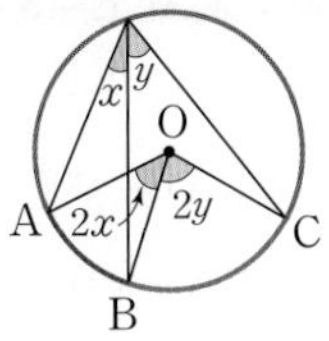

29 답 ③

$\angle APD=180°-110°=70°$이므로

$\triangle PCD$에서 $\angle PDC=70°-30°=40°$

$\widehat{AD}:\widehat{BC}=30°:40°$이므로 $\widehat{AD}:8=3:4$

$\therefore \widehat{AD}=6(cm)$

30 답 ③

$\angle BOC=2\angle BDC=20°$

$\angle AOB=\angle AOC-\angle BOC=80°-20°=60°$

$\widehat{AB}:\widehat{BC}=60°:20°$이므로 $9:x=3:1$

$3x=9 \quad \therefore x=3$

31 답 ⑤

$\widehat{AB}:\widehat{CD}=3:1$이므로 $\angle ADB:\angle DBC=3:1$

즉, $\angle DBC=\frac{1}{3}\angle ADB=\frac{1}{3}\angle x$

$\triangle DBP$에서 $\angle x=\angle DBP+\angle DPB$이므로

$\angle x=\frac{1}{3}\angle x+42°$, $\frac{2}{3}\angle x=42° \quad \therefore \angle x=63°$

32 답 12π

$\overline{OM}=\overline{ON}$이므로 $\overline{AB}=\overline{AC}$이다.

즉, $\triangle ABC$는 이등변삼각형이므로

$\angle BAC=180°-2\times 70°=40°$

$\widehat{BC}:\widehat{AC}=\angle BAC:\angle ABC=40°:70°$이므로

$\widehat{BC}:21\pi=4:7$

$\therefore \widehat{BC}=12\pi$

33 답 ②

$\triangle OAE$에서 $\overline{OA}=\overline{OE}$이므로

$\angle OAE=\angle OEA=20°$

$\therefore \angle AOD=20°+20°=40°$

$\overline{CB}/\!/\overline{DE}$이므로

$\angle ABC=\angle AOD=40°$ (동위각)

오른쪽 그림과 같이 $\overline{AC}$를 그으면 $\overline{AB}$가 원 O의 지름이므로 $\angle ACB=90°$

$\therefore \angle BAC=180°-(40°+90°)=50°$

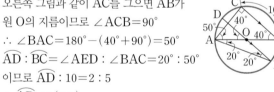

$\widehat{AD}:\widehat{BC}=\angle AED:\angle BAC=20°:50°$이므로 $\widehat{AD}:10=2:5$

$\therefore \widehat{AD}=4(cm)$

34 답 ⑤

$\overline{AB}$는 원 O의 지름이므로 $\angle ACB=90°$

$\widehat{AD}=\widehat{DE}=\widehat{EB}$이므로

$\angle ACD=\angle DCE=\angle ECB$

$=\frac{1}{3}\angle ACB$

$=\frac{1}{3}\times 90°=30°$

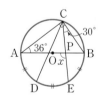

$\therefore \angle ACE=30°+30°=60°$

또, $\widehat{AC}:\widehat{CB}=3:2$이므로

$\angle CAB=90°\times\frac{2}{5}=36°$

$\triangle CAP$에서

$\angle x=\angle ACP+\angle CAP=60°+36°=96°$

유형 08 원주각의 크기와 호의 길이 (3) 84쪽

오른쪽 그림의 원 O에서

(1) $\widehat{AB}$의 길이가 원주의 $\frac{1}{k}$이면

$\angle ACB=\frac{1}{k}\times 180°$

(2) $\widehat{AB}:\widehat{BC}:\widehat{CA}=a:b:c$이면

➜ $\angle ACB:\angle BAC:\angle CBA=a:b:c$

➜ $\angle ACB=180°\times\frac{a}{a+b+c}$, $\angle BAC=180°\times\frac{b}{a+b+c}$,

$\angle CBA=180°\times\frac{c}{a+b+c}$

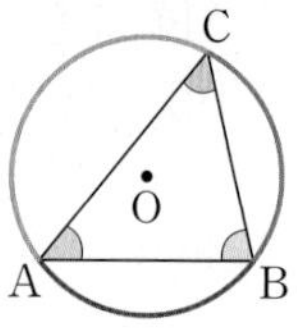

35 답 $90°$

$\angle A=180°\times\frac{4}{3+4+5}=60°$

$\angle B=180°\times\frac{5}{3+4+5}=75°$

$\angle C=180°\times\frac{3}{3+4+5}=45°$

$\therefore \angle A+\angle B-\angle C=60°+75°-45°=90°$

36 답 $30°$

$\widehat{BC}$의 길이가 원의 둘레의 길이의 $\frac{1}{4}$이므로

$\angle BAC=180°\times\frac{1}{4}=45°$

$\triangle ABP$에서 $45°+\angle ABP=75° \quad \therefore \angle ABP=30°$

37 답 $\frac{4}{9}$배

오른쪽 그림과 같이 $\overline{AD}$를 긋고

$\angle DAP=\angle x$, $\angle ADP=\angle y$라 하자.

$\triangle APD$에서 $\angle x+\angle y=80°$

즉, $\widehat{AB}$, $\widehat{CD}$에 대한 원주각의 크기의 합이 $80°$이므로 $\widehat{AB}+\widehat{CD}$의 길이는 원의 둘레의 길이의 $\frac{80}{180}=\frac{4}{9}$(배)이다.

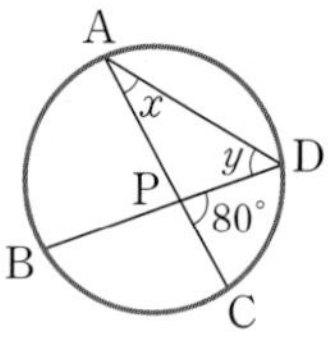

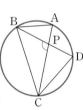

38 답 $105°$

오른쪽 그림과 같이 $\overline{BC}$를 그으면 $\widehat{AB}$의 길이가 원의 둘레의 길이의 $\frac{1}{6}$이므로

$\angle ACB=180°\times\frac{1}{6}=30°$

$\widehat{AB}:\widehat{CD}=2:3$이므로 $30°:\angle CBD=2:3$

$2\angle CBD=90° \quad \therefore \angle CBD=45°$

$\triangle PBC$에서 $\angle BPC=180°-(30°+45°)=105°$

유형 09 네 점이 한 원 위에 있을 조건 85쪽

오른쪽 그림에서 $\angle ACB=\angle ADB$이면 네 점 A, B, C, D는 한 원 위에 있다.

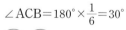

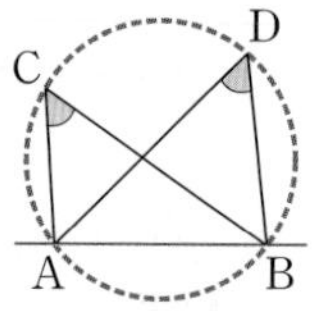

39 답 ④

① $\angle ADB = \angle ACB = 50°$

② $\angle ACB = 90° - 60° = 30°$이므로 $\angle ADB = \angle ACB$

③ $\angle DBC = 180° - (50° + 60°) = 70°$이므로
$\angle DAC = \angle DBC$

④ $\angle ABD = 85° - 40° = 45°$이므로 $\angle ABD \neq \angle ACD$

⑤ $\angle DBC = 180° - (75° + 75°) = 30°$이므로
$\angle DAC = \angle DBC$

따라서 네 점 A, B, C, D가 한 원 위에 있지 않은 것은 ④이다.

40 답 $70°$

네 점 A, B, C, D가 한 원 위에 있으므로
$\angle BAC = \angle BDC = 65°$
$\triangle ABP$에서 $65° + 45° + \angle x = 180°$ $\quad \therefore \angle x = 70°$

41 답 $52°$

네 점 A, B, C, D가 한 원 위에 있으므로
$\angle ADB = \angle ACB = 23°$
$\triangle DPB$에서 $\angle x + 23° = 75°$ $\quad \therefore \angle x = 52°$

유형 10 원에 내접하는 사각형의 성질 (1)   85쪽

$\square ABCD$가 원에 내접할 때
→ $\underbrace{\angle A + \angle C} = \underbrace{\angle B + \angle D} = 180°$
    대각의 크기의 합

42 답 $95°$

$\triangle ABD$에서
$\angle A = 180° - (50° + 45°) = 85°$
$\therefore \angle x = 180° - 85° = 95°$

43 답 ①

$\square ABCD$가 원 O에 내접하므로
$\angle B + \angle D = 180°$ $\quad \therefore \angle B = 180° - 110° = 70°$
$\overline{AB}$가 원 O의 지름이므로 $\angle ACB = 90°$
$\therefore \angle x = 180° - (90° + 70°) = 20°$

44 답 ②

$\square ABCD$가 원 O에 내접하므로
$\angle A + \angle C = 180°$ $\quad \therefore \angle A = 180° - 55° = 125°$
$\angle BOD = 2 \times 55° = 110°$
$\square ABOD$에서 $125° + \angle x + 110° + \angle y = 360°$
$\therefore \angle x + \angle y = 125°$

오답 피하기
$\square ABOD$는 원에 내접하는 사각형이 아니므로
$\angle A + \angle BOD \neq 180°$임에 주의한다.

45 답 $116°$

$\overline{AB} = \overline{AC}$이므로
$\angle ABC = \angle ACB = \dfrac{1}{2} \times (180° - 52°) = 64°$
$\square APBC$가 원 O에 내접하므로

$\angle APB + \angle ACB = 180°$, $\angle APB + 64° = 180°$
$\therefore \angle APB = 116°$

46 답 ⑤

$\overline{AC}$가 원 O의 지름이므로 $\angle ABC = 90°$
$\therefore \angle CBD = 90° - 70° = 20°$
$\triangle PBC$에서 $\angle PCB = 80° - 20° = 60°$
$\square ABCE$가 원 O에 내접하므로
$\angle EAB + 60° = 180°$
$\therefore \angle EAB = 120°$

유형 11 원에 내접하는 사각형의 성질 (2)   86쪽

$\square ABCD$가 원에 내접할 때
→ $\angle DCE = \angle A$
    └ (한 외각의 크기)
     = (그 내각의 대각의 크기)

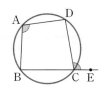

47 답 $60°$

$\angle BAD = \dfrac{1}{2} \angle BOD = \dfrac{1}{2} \times 120° = 60°$
$\therefore \angle x = \angle BAD = 60°$

48 답 ①

$\square ABCD$가 원에 내접하므로
$\angle x = \angle ABP = 76°$
$\triangle PCD$에서 $\angle y = 180° - (26° + 76°) = 78°$
$\therefore \angle y - \angle x = 78° - 76° = 2°$

49 답 $130°$

$\square ABCD$가 원에 내접하므로
$102° + (\angle x + 30°) = 180°$
$\therefore \angle x = 48°$
$\angle ABD = \angle ACD = 30°$ ($\because \overparen{AD}$의 원주각)
이므로 $\angle ABC = 30° + 52° = 82°$
$\therefore \angle y = \angle ABC = 82°$
$\therefore \angle x + \angle y = 48° + 82° = 130°$

50 답 ②

$\angle C = \dfrac{1}{2} \angle A$이므로 $\angle A + \dfrac{1}{2} \angle A = 180°$
$\dfrac{3}{2} \angle A = 180°$ $\quad \therefore \angle A = 120°$
이때 $\angle D = \angle A - 15°$이므로
$\angle D = 120° - 15° = 105°$
$\therefore \angle ABE = \angle D = 105°$

51 답 $120°$

$\square ABCD$가 원에 내접하므로
$(63° + \angle x) + 102° = 180°$ $\quad \therefore \angle x = 15°$
$\angle BDC = \angle BAC = 63°$이므로
$\angle y = \angle ADC = 42° + 63° = 105°$
$\therefore \angle x + \angle y = 120°$

52 답 30°

□ABCE가 원에 내접하므로

∠A+∠BCE=180°

∴ ∠x=180°-140°=40°

오른쪽 그림과 같이 $\overline{BE}$를 그으면

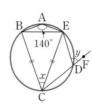

$\overline{BC}=\overline{CE}$이므로

∠CBE=$\dfrac{1}{2}$×(180°-40°)=70°

□BCDE가 원에 내접하므로

∠y=∠CBE=70°

∴ ∠y-∠x=70°-40°=30°

유형 **12** 원에 내접하는 다각형 　　87쪽

원에 내접하는 다각형에서 보조선을 그어 원에 내접하는 사각형을 만든다.

→ 원 O에 내접하는 오각형 ABCDE에서 $\overline{BD}$를 그으면

① ∠ABD+∠AED=180°

└→ □ABDE는 원에 내접한다.

② ∠COD=2∠CBD

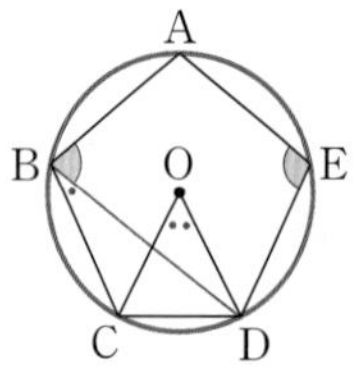

---

53 답 93°

오른쪽 그림과 같이 $\overline{CE}$를 그으면

∠CED=$\dfrac{1}{2}$∠COD=$\dfrac{1}{2}$×46°=23°

□ABCE가 원 O에 내접하므로

∠ABC+∠AEC=180°

∴ ∠AEC=180°-110°=70°

∴ ∠AED=70°+23°=93°

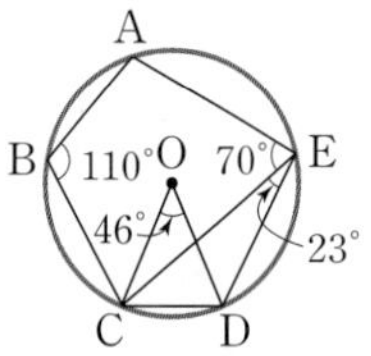

54 답 ④

오른쪽 그림과 같이 $\overline{CE}$를 그으면

∠CED=$\dfrac{1}{2}$∠COD=$\dfrac{1}{2}$×34°=17°

□ABCE가 원 O에 내접하므로

∠ABC+∠AEC=180°

∴ ∠B+∠E=180°+∠CED

$\qquad$=180°+17°=197°

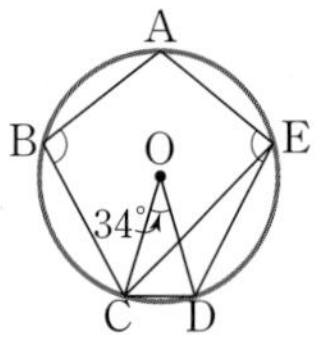

55 답 ③

오른쪽 그림과 같이 $\overline{AD}$를 그으면

□ABCD가 원에 내접하므로

∠C+∠BAD=180°

□ADEF가 원에 내접하므로

∠E+∠DAF=180°

∴ ∠A+∠C+∠E

$\quad$=∠C+∠BAD+∠DAF+∠E

$\quad$=180°+180°=360°

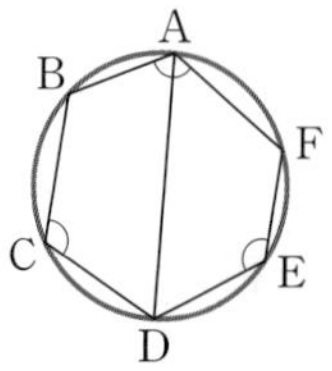

참고 원에 내접하는 사각형이 되도록 적절한 보조선을 긋는다.

유형 **13** 원에 내접하는 사각형과 외각의 성질 　　87쪽

□ABCD가 원에 내접할 때

→ △DCQ에서

∠x+(∠x+∠a)+∠b=180°

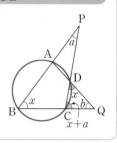

---

56 답 45°

□ABCD가 원에 내접하므로

∠B+∠ADC=180° ∴ ∠B=180°-130°=50°

△PBC에서 ∠PCQ=∠x+50°

△DCQ에서 (∠x+50°)+35°=130°이므로

∠x+85°=130° ∴ ∠x=45°

57 답 36°

△PBC에서 ∠PCQ=52°+46°=98°

□ABCD가 원에 내접하므로 ∠CDQ=∠ABC=46°

△DCQ에서 98°+46°+∠x=180°

∠x+144°=180° ∴ ∠x=36°

58 답 62°

△QBC에서 ∠DCP=∠x+22°

△DCP에서 ∠ADC=(∠x+22°)+34°=∠x+56°

□ABCD가 원에 내접하므로

∠ABC+∠ADC=180°

즉, ∠x+(∠x+56°)=180°

2∠x=124° ∴ ∠x=62°

59 답 ⑤

□ABCD가 원 O에 내접하므로 오른쪽 그림과 같이

∠PAB=∠BCD=∠x라 하면

△QBC에서

∠QBP=27°+∠x

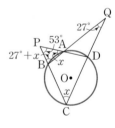

△APB에서

∠x+53°+(27°+∠x)=180°

2∠x=100° ∴ ∠x=50°

∴ ∠BAD=180°-50°=130°

유형 **14** 두 원에서 내접하는 사각형의 성질의 활용 　　88쪽

□ABQP와 □PQCD가 각각 원에 내접할 때

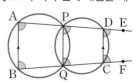

(1) ∠BAP=∠PQC=∠CDE

　　∠ABQ=∠QPD=∠DCF

(2) 동위각의 크기가 같으므로 $\overline{AB}$∥$\overline{DC}$

---

60 답 ③

오른쪽 그림과 같이 $\overline{PQ}$를 그으면
□ABQP가 원에 내접하므로
$\angle PQC = \angle A = 80°$
□PQCD가 원에 내접하므로
$\angle x = 180° - 80° = 100°$

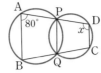

61 답 164°

□PQCD가 원 O′에 내접하므로
$\angle PQB = \angle CDP = 98°$
□ABQP가 원 O에 내접하므로
$\angle BAP + 98° = 180°$ ∴ $\angle BAP = 82°$
∴ $\angle x = 2\angle BAP = 2 \times 82° = 164°$

62 답 ④

오른쪽 그림과 같이 $\overline{EF}$를 그으면
□ABFE가 원 O에 내접하므로
$\angle EFC = \angle A = 80°$
$\angle FED = \angle B = 95°$
□EFCD가 원 O′에 내접하므로
$\angle x + 80° = 180°$ ∴ $\angle x = 100°$
$\angle y + 95° = 180°$ ∴ $\angle y = 85°$
∴ $\angle x - \angle y = 100° - 85° = 15°$

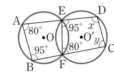

유형 15 사각형이 원에 내접하기 위한 조건 　88쪽

(1) $\angle x + \angle y = 180°$이면
　→ □ABCD는 원에 내접한다.
(2) $\angle x = \angle z$이면
　→ □ABCD는 원에 내접한다.
(3) $\angle a = \angle b$이면
　→ □ABCD는 원에 내접한다.

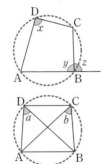

63 답 ②, ④

① $\angle ABC + \angle ADC = 88° + 95° = 183° \neq 180°$이므로
　□ABCD는 원에 내접하지 않는다.
② $\angle A = \angle DCE = 105°$이므로 □ABCD는 원에 내접한다.
③ □ABCD가 원에 내접하는지 알 수 없다.
④ $\angle B = 180° - (60° + 50°) = 70°$
　$\angle B + \angle D = 70° + 110° = 180°$이므로 □ABCD는 원에 내접한다.
⑤ $\angle ABC = \angle ADC = 180° - 80° = 100°$
　$\angle ABC + \angle ADC = 200° \neq 180°$이므로 □ABCD는 원에 내접하지 않는다.
따라서 원에 내접하는 것은 ②, ④이다.

64 답 35°

□ABCD가 원에 내접하려면 $\angle DBC = \angle DAC = 30°$
또, $\angle ABC + \angle ADC = 180°$이어야 하므로
$(\angle x + 30°) + 115° = 180°$

$\angle x + 145° = 180°$ ∴ $\angle x = 35°$

65 답 38°

□ABCD가 원에 내접하려면
$\angle ABC = 180° - 125° = 55°$
△ABF에서 $\angle DAE = 55° + 32° = 87°$
따라서 △ADE에서 $\angle x = 125° - 87° = 38°$

66 답 ⑤

□ABCD가 원에 내접하려면
$\angle x + 55° = 130°$ ∴ $\angle x = 75°$
$\angle BCD = 180° - 130° = 50°$이고
$\angle ACD = \angle ABD = 20°$이어야 하므로
$\angle y = 50° - 20° = 30°$
∴ $\angle x + \angle y = 75° + 30° = 105°$

67 답 ④

ㄴ. 등변사다리꼴은 아랫변의 양 끝 각의 크기가 서로 같고 윗변의 양 끝 각의 크기가 서로 같다. 즉, 대각의 크기의 합이 180°이므로 항상 원에 내접한다.
ㄹ, ㅂ. 직사각형과 정사각형은 네 내각의 크기가 모두 90°이다. 즉, 대각의 크기의 합이 180°이므로 항상 원에 내접한다.
따라서 항상 원에 내접하는 사각형은 ㄴ, ㄹ, ㅂ이다.

유형 16 접선과 현이 이루는 각 　89쪽

(1) 직선 TT′이 원 O의 접선이고 점 P가 그 접점일 때
　① $\angle APT = \angle ABP$
　② $\angle BPT' = \angle BAP$

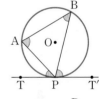

(2) 원에 내접하는 □ABCD에서 직선 TB가 원의 접선일 때
　→ $\angle ABT = \angle ACB$

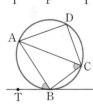

68 답 ⑤

$\angle BAC = \angle CBD = 63°$이므로
$\angle BOC = 2\angle BAC = 2 \times 63° = 126°$
△OBC는 $\overline{OB} = \overline{OC}$인 이등변삼각형이므로
$\angle OCB = \dfrac{1}{2} \times (180° - 126°) = 27°$

다른 풀이

$\angle OBD = 90°$이므로 $\angle OBC = 90° - 63° = 27°$
△OBC가 이등변삼각형이므로 $\angle OCB = \angle OBC = 27°$

69 답 ①

△CBT에서 $\angle CBT = 72° - 32° = 40°$
직선 BT가 원 O의 접선이므로
$\angle CAB = \angle CBT = 40°$

70 답 65°

□ABCD는 원에 내접하는 사각형이므로

$\angle BAD + \angle BCD = 180°$

$\therefore \angle BCD = 180° - 95° = 85°$

$\triangle BCD$에서 $\angle DBC = 180° - (85° + 30°) = 65°$

$\therefore \angle DCT = \angle DBC = 65°$

71 답 ①

$\stackrel{\frown}{AB} : \stackrel{\frown}{BC} = 4 : 5$이므로

$\angle ACB : 60° = 4 : 5$ $\therefore \angle ACB = 48°$

$\therefore \angle ABP + \angle CBQ = \angle ACB + \angle CAB$

$= 48° + 60° = 108°$

72 답 20°

오른쪽 그림과 같이 $\overline{CT}$를 그으면

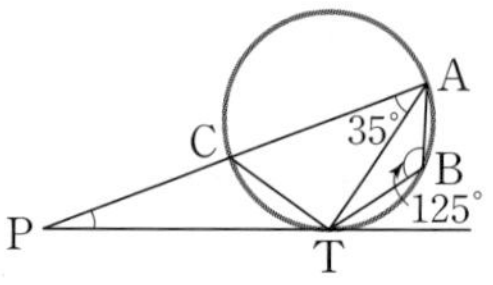

□ACTB가 원에 내접하므로

$\angle PCT = \angle ABT = 125°$

$\overrightarrow{PT}$가 원의 접선이므로

$\angle CTP = \angle CAT = 35°$

$\triangle CPT$에서 $\angle P = 180° - (125° + 35°) = 20°$

73 답 ①

오른쪽 그림과 같이 $\overline{DB}$를 그으면 직선

AT가 원 O의 접선이므로

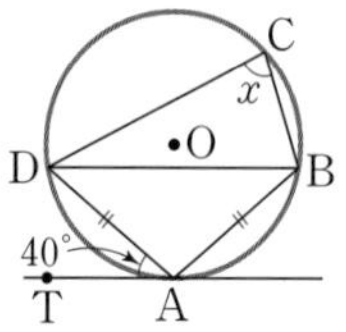

$\angle DBA = \angle DAT = 40°$

$\triangle DBA$에서 $\overline{AB} = \overline{AD}$이므로

$\angle BDA = \angle DBA = 40°$

$\therefore \angle DAB = 180° - (40° + 40°) = 100°$

□ABCD가 원에 내접하므로 $\angle x = 180° - 100° = 80°$

74 답 98°

오른쪽 그림과 같이 $\overline{AC}$를 그으면

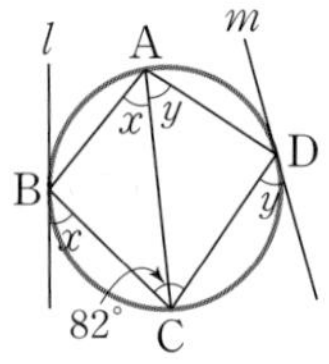

$\angle BAC = \angle x$, $\angle DAC = \angle y$이므로

$\angle BAD = \angle BAC + \angle DAC = \angle x + \angle y$

□ABCD가 원에 내접하므로

$\angle BAD = 180° - 82° = 98°$

$\therefore \angle x + \angle y = 98°$

75 답 ④

직선 XY가 큰 원의 접선이므로

$\angle CBY = \angle CAB = 60°$

오른쪽 그림과 같이 $\overline{DE}$를 그으면

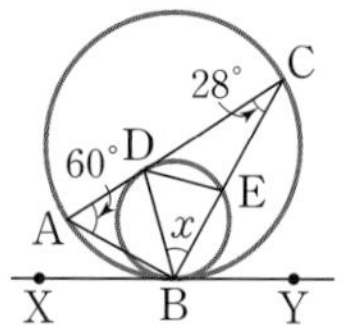

$\angle EDB = \angle EBY = 60°$

$\overline{AC}$가 작은 원의 접선이므로

$\angle CDE = \angle DBE = \angle x$

즉, $\angle CDB = \angle x + 60°$이므로

$\triangle DBC$에서 $(\angle x + 60°) + \angle x + 28° = 180°$

$2\angle x = 92°$ $\therefore \angle x = 46°$

76 답 50°

오른쪽 그림과 같이 $\overline{AT}$를 그으면 $\overline{AB}$가

원 O의 지름이므로 $\angle ATB = 90°$

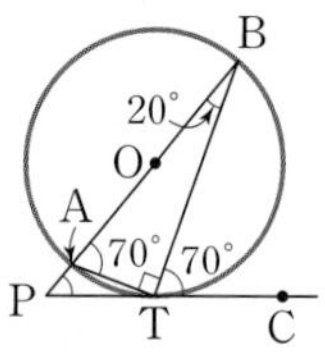

$\angle ATP = 180° - (90° + 70°) = 20°$

$\overrightarrow{PT}$는 원 O의 접선이므로

$\angle ABT = \angle ATP = 20°$

$\triangle PTB$에서 $\angle BPT + 20° = 70°$ $\therefore \angle BPT = 50°$

다른 풀이

$\overline{AT}$를 그으면 $\overline{AB}$가 원 O의 지름이므로 $\angle ATB = 90°$

$\angle BAT = \angle BTC = 70°$

$\triangle ATB$에서 $\angle ABT = 180° - (70° + 90°) = 20°$

$\triangle PTB$에서 $\angle BPT + 20° = 70°$ $\therefore \angle BPT = 50°$

77 답 ②

□ABCD가 원 O에 내접하므로

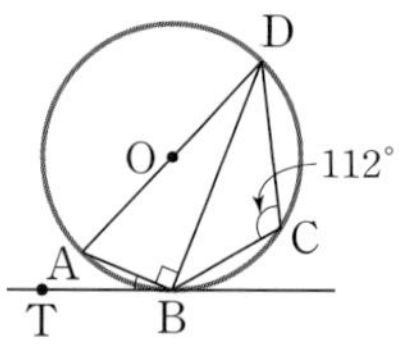

$\angle BAD = 180° - 112° = 68°$

오른쪽 그림과 같이 $\overline{BD}$를 그으면

$\angle ABD = 90°$이므로

$\angle ADB = 180° - (68° + 90°) = 22°$

$\therefore \angle ABT = \angle ADB = 22°$

78 답 40°

오른쪽 그림과 같이 $\overline{AT}$, $\overline{BT}$를 그으면

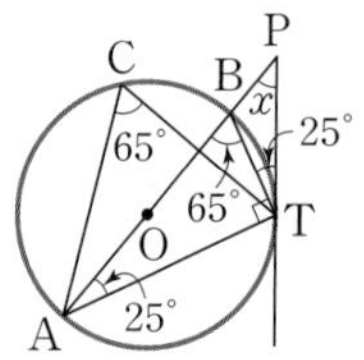

$\overline{AB}$는 원 O의 지름이므로 $\angle ATB = 90°$

$\angle ABT = \angle ACT = 65°$이므로

$\triangle BAT$에서

$\angle BAT = 180° - (90° + 65°) = 25°$

$\overrightarrow{PT}$가 원 O의 접선이므로 $\angle BTP = \angle BAT = 25°$

따라서 $\triangle PBT$에서 $\angle x + 25° = 65°$ $\therefore \angle x = 40°$

79 답 $8\sqrt{3}$ cm

오른쪽 그림과 같이 $\overline{AT}$를 그으면 $\overline{AB}$

가 원 O의 지름이므로 $\angle ATB = 90°$

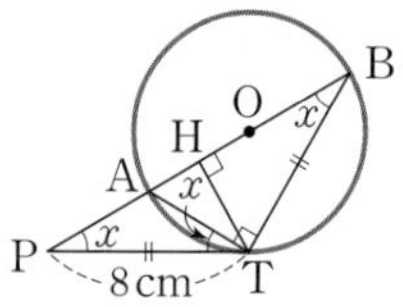

$\angle ABT = \angle x$라 하면

$\angle ATP = \angle ABT = \angle x$

$\overline{PT} = \overline{TB}$이므로 $\angle BPT = \angle PBT = \angle x$

$\triangle BPT$에서

$\angle x + (\angle x + 90°) + \angle x = 180°$ $\therefore \angle x = 30°$

점 T에서 $\overline{PB}$에 내린 수선의 발을 H라 하면 $\triangle BPT$는 이등변

삼각형이므로 $\overline{PH} = \overline{BH}$

이때 $\triangle PTH$에서

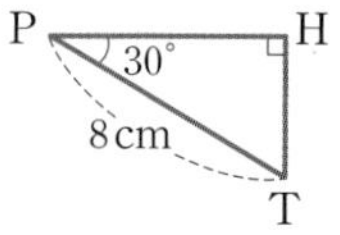

$\overline{PH} = 8\cos 30° = 8 \times \dfrac{\sqrt{3}}{2} = 4\sqrt{3}$ (cm)

$\therefore \overline{PB} = 2\overline{PH} = 2 \times 4\sqrt{3} = 8\sqrt{3}$ (cm)

유형 17 접선과 현이 이루는 각의 활용 (1) 90쪽

$\overrightarrow{PB}$가 원의 중심 O를 지날 때

$\overline{AT}$를 그으면

(1) $\angle ATB = 90°$

(2) $\angle ATP = \angle ABT$

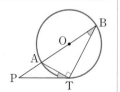

유형 18 접선과 현이 이루는 각의 활용 (2) 91쪽

$\overrightarrow{PA}$, $\overrightarrow{PB}$가 원의 접선일 때

(1) $\triangle APB$는 $\overline{PA} = \overline{PB}$인 이등변삼

각형이다.

(2) $\angle PAB = \angle PBA = \angle ACB$

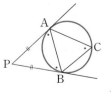

80 답 45°

$\overline{PA}=\overline{PB}$이므로

$\angle PBA=\angle PAB=\dfrac{1}{2}\times(180°-58°)=61°$

$\overrightarrow{PA}$가 원 O의 접선이므로 $\angle ABC=\angle DAC=74°$

$61°+74°+\angle CBE=180°$이므로

$135°+\angle CBE=180°$ ∴ $\angle CBE=45°$

81 답 ④

△ABC에서 $\angle C=180°-(60°+48°)=72°$

$\overrightarrow{BC}$가 원 O의 접선이므로 $\angle FEC=\angle FDE=\angle x$

△FEC에서 $\overline{CE}=\overline{CF}$이므로 $\angle CFE=\angle CEF=\angle x$

∴ $\angle x=\dfrac{1}{2}\times(180°-72°)=54°$

82 답 ②

오른쪽 그림과 같이 $\overline{AB}$를 그으면

$\overline{PA}=\overline{PB}$이므로

$\angle PAB=\angle PBA$

$=\dfrac{1}{2}\times(180°-24°)=78°$

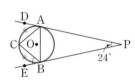

$\overrightarrow{PA}$가 원 O의 접선이므로 $\angle ACB=\angle PAB=78°$

$\overparen{AC}=\overparen{BC}$이므로

$\angle CBA=\angle CAB=\dfrac{1}{2}\times(180°-78°)=51°$

$\overrightarrow{PB}$가 원 O의 접선이므로

$\angle CBE=\angle CAB=51°$

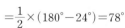

유형 9 두 원에서 접선과 현이 이루는 각 91쪽

직선 PQ가 두 원의 공통인 접선이고, 점 T는 그 접점일 때

(1) $\angle BAT=\angle BTQ$

　　　$=\angle DTP$

　　　$=\angle DCT$

이므로 $\overline{AB}\ /\!/\ \overline{DC}$ (∵ 엇각)

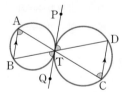

(2) $\angle BAT=\angle BTQ$

　　　$=\angle CDT$

이므로 $\overline{AB}\ /\!/\ \overline{DC}$ (∵ 동위각)

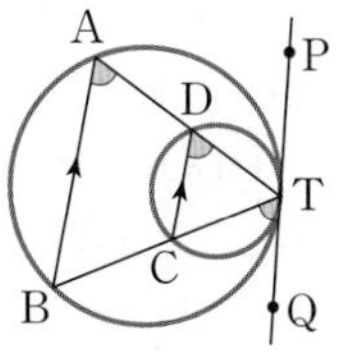

83 답 ③

① $\angle ACT=\angle ATP$

　　　$=\angle DTQ$

　　　$=\angle DBT$

즉, 엇각의 크기가 같으므로

$\overline{AC}\ /\!/\ \overline{BD}$

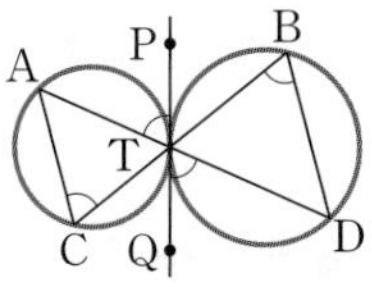

② $\angle PBT=\angle PQB$이고 □ACQP가

원에 내접하므로 $\angle CAP=\angle PQB$

즉, 엇각의 크기가 같으므로

$\overline{AC}\ /\!/\ \overline{BD}$

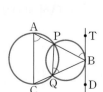

---

③ $\angle CAB=\angle CBD=49°$

　　$\angle ACB=\angle ABT=46°$

따라서 $\overline{AC}$와 $\overline{BD}$는 평행하지 않다.

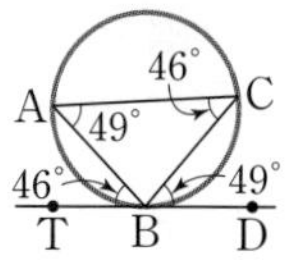

④ □PQDB가 원에 내접하므로

$\angle TBD=\angle PQD$

□ACQP가 원에 내접하므로

$\angle PAC=\angle PQD$

즉, 동위각의 크기가 같으므로 $\overline{AC}\ /\!/\ \overline{BD}$

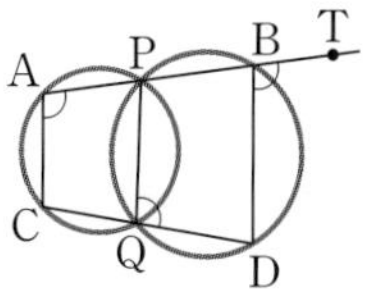

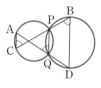

⑤ □PQDB가 원에 내접하므로

$\angle PQA=\angle PBD$

$\angle ACP=\angle AQP$ (∵ $\overparen{AP}$의 원주각)

즉, 엇각의 크기가 같으므로 $\overline{AC}\ /\!/\ \overline{BD}$

따라서 $\overline{AC}\ /\!/\ \overline{BD}$가 아닌 것은 ③이다.

84 답 ⑤

$\angle ABT=\angle ATP=\angle CTQ=\angle CDT=70°$이므로

△ABT에서 $\angle x=180°-(45°+70°)=65°$

85 답 65°

$\angle ATP=\angle ABT=50°$

$\angle CDT=180°-115°=65°$이므로 $\angle CTQ=\angle CDT=65°$

∴ $\angle x=180°-(50°+65°)=65°$

서술형 ◾92쪽~93쪽

01 답 65°

채점 기준 1 $\angle ACB$의 크기 구하기 … 2점

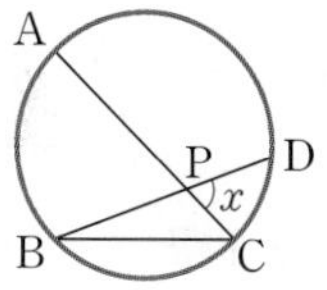

오른쪽 그림과 같이 $\overline{BC}$를 그으면

$\overparen{AB}$의 길이는 원주의 $\boxed{\dfrac{1}{4}}$이므로

$\angle ACB=180°\times\boxed{\dfrac{1}{4}}=\boxed{45°}$

채점 기준 2 $\angle DBC$의 크기 구하기 … 2점

$\overparen{CD}$의 길이는 원주의 $\boxed{\dfrac{1}{9}}$이므로

$\angle DBC=180°\times\boxed{\dfrac{1}{9}}=\boxed{20°}$

채점 기준 3 x의 크기 구하기 … 2점

△BCP에서 $\angle x=\boxed{45°}+\boxed{20°}=\boxed{65°}$

01-1 답 84°

채점 기준 1 $\angle ADB$의 크기 구하기 … 2점

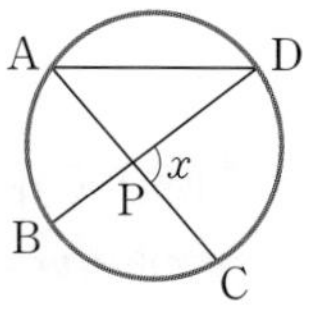

오른쪽 그림과 같이 $\overline{AD}$를 그으면

$\overparen{AB}$의 길이는 원주의 $\dfrac{1}{5}$이므로

$\angle ADB=180°\times\dfrac{1}{5}=36°$

채점 기준 2 $\angle DAC$의 크기 구하기 … 2점

$\overparen{AB}:\overparen{CD}=3:4$이므로

$36°:\angle DAC=3:4$에서 $\angle DAC=48°$

채점 기준 **3** ∠x의 크기 구하기 ··· 2점

△APD에서 ∠$x=36°+48°=84°$

01-2 탭 2 cm

오른쪽 그림과 같이 $\overline{BC}$를 그으면

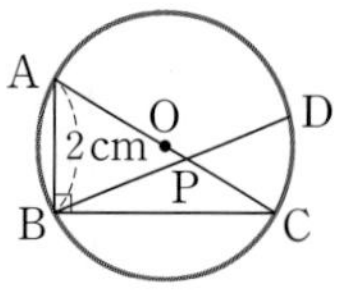

$\widehat{AB}$의 길이는 원주의 $\dfrac{1}{6}$이므로

∠ACB$=180°×\dfrac{1}{6}=30°$ ······❶

$\overline{AC}$가 원 O의 지름이므로 ∠ABC$=90°$

△ABC에서

$\overline{AC}=\dfrac{\overline{AB}}{\sin 30°}=2×2=4\,(cm)$ ······❷

따라서 원 O의 반지름의 길이는

$\dfrac{1}{2}×4=2\,(cm)$ ······❸

채점 기준	배점
❶ ∠ACB의 크기 구하기	2점
❷ $\overline{AC}$의 길이 구하기	4점
❸ 원 O의 반지름의 길이 구하기	1점

02 탭 45°

채점 기준 **1** ∠CDQ의 크기 구하기 ··· 2점

□ABCD가 원에 내접하므로

∠CDQ$=∠\boxed{B}=50°$

채점 기준 **2** ∠Q의 크기 구하기 ··· 4점

△PBC에서 ∠PCQ$=\underline{50°}+\underline{35°}=\underline{85°}$

△DCQ에서

$\underline{50°}+\underline{85°}+∠Q=180°,\ 135°+∠Q=180°$

∴ ∠Q$=\underline{45°}$

02-1 탭 40°

채점 기준 **1** ∠B의 크기 구하기 ··· 2점

□ABCD가 원에 내접하므로

∠B$=180°-∠ADC=180°-125°=55°$

채점 기준 **2** ∠Q의 크기 구하기 ··· 4점

△PBC에서 ∠PCQ$=\underline{55°}+30°=85°$

△DCQ에서 $85°+∠Q=125°$

∴ ∠Q$=40°$

03 탭 ∠$x=71°$, ∠$y=109°$

∠PAO$=∠PBO=90°$이므로 □APBO에서

∠AOB$=360°-(90°+90°+38°)=142°$

∴ ∠$x=\dfrac{1}{2}×142°=71°$ ······❶

□ADBC가 원 O에 내접하므로

∠$x+∠y=180°$

∴ ∠$y=180°-∠x=180°-71°=109°$ ······❷

채점 기준	배점
❶ ∠x의 크기 구하기	2점
❷ ∠y의 크기 구하기	2점

04 탭 12 cm

△APD에서 ∠DAP$+20°=60°$

∴ ∠DAP$=40°$ ······❶

$\widehat{AC}:\widehat{BD}=∠ADC:∠DAB=20°:40°$이므로

$6:\widehat{BD}=1:2$ ∴ $\widehat{BD}=12\,(cm)$ ······❷

채점 기준	배점
❶ ∠DAP의 크기 구하기	2점
❷ $\widehat{BD}$의 길이 구하기	2점

05 탭 65°

오른쪽 그림과 같이 $\overline{AD}$를 그으면

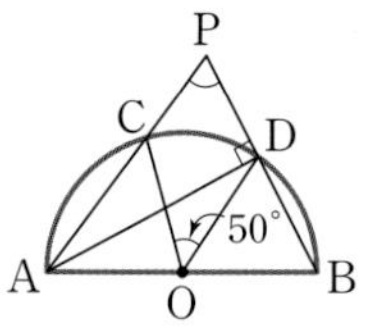

∠CAD$=\dfrac{1}{2}∠COD$

$=\dfrac{1}{2}×50°=25°$ ······❶

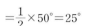

$\overline{AB}$는 반원 O의 지름이므로 ∠ADB$=90°$ ······❷

△PAD에서 ∠P$=180°-(90°+25°)=65°$ ······❸

채점 기준	배점
❶ ∠CAD의 크기 구하기	2점
❷ ∠ADB의 크기 구하기	2점
❸ ∠P의 크기 구하기	2점

06 탭 ∠$x=50°$, ∠$y=30°$

네 점 A, B, C, D가 한 원 위에 있으므로

∠$y=∠ADB=30°$ ······❶

△APC에서 ∠DAC$=∠APC+∠ACP$이므로

∠$x+∠y=80°$, ∠$x+30°=80°$ ∴ ∠$x=50°$ ······❷

채점 기준	배점
❶ ∠y의 크기 구하기	2점
❷ ∠x의 크기 구하기	2점

07 탭 40°

□ABCD가 원 O에 내접하므로 ∠BAD$=∠DCE=115°$

∴ ∠DAC$=115°-65°=50°$ ······❶

$\widehat{CD}$에 대한 원주각의 크기는 서로 같으므로

∠DBC$=∠DAC=50°$ ······❷

$\overline{AC}$가 원 O의 지름이므로 ∠ABC$=90°$

∴ ∠ABD$=90°-50°=40°$ ······❸

채점 기준	배점
❶ ∠DAC의 크기 구하기	2점
❷ ∠DBC의 크기 구하기	2점
❸ ∠ABD의 크기 구하기	2점

08 탭 (1) 35° (2) 90° (3) 20°

(1) $\overline{PA}$가 원 O의 접선이므로

∠CAP$=∠CBA=35°$ ······❶

(2) $\overline{BC}$가 원 O의 지름이므로 ∠BAC$=90°$ ······❷

(3) △ABC에서 ∠ACB$=180°-(35°+90°)=55°$

△PAC에서 ∠P$+35°=55°$ ∴ ∠P$=20°$ ······❸

채점 기준	배점
❶ ∠CAP의 크기 구하기	2점
❷ ∠BAC의 크기 구하기	2점
❸ ∠P의 크기 구하기	3점

실전! 중단원 **학교 시험 1회**

94쪽~97쪽

01 ⑤	02 ②	03 ④	04 ⑤	05 ④
06 ①	07 ④	08 ④	09 ④	10 ③
11 ③	12 ①	13 ②	14 ③	15 ②
16 ①	17 ④	18 ③	19 110°	
20 (1) 30°	(2) 100°	21 5 cm	22 110°	23 30°

01 답 ⑤ 유형 01

$\angle x = \dfrac{1}{2} \times 230° = 115°$

$\overarc{BAD}$의 중심각의 크기는 $360° - 230° = 130°$이므로

$\angle y = \dfrac{1}{2} \times 130° = 65°$

$\therefore \angle x + \angle y = 115° + 65° = 180°$

02 답 ② 유형 02

오른쪽 그림과 같이 $\overline{OA}$, $\overline{OB}$를 그
으면 $\angle OAP = \angle OBP = 90°$
□OAPB에서
$\angle AOB = 360° - (90° + 40° + 90°)$
$\qquad\quad = 140°$

$\therefore \angle x = \dfrac{1}{2} \times (360° - 140°) = 110°$

03 답 ④ 유형 03

△DPB에서 $\angle PDB = 58° - 28° = 30°$

$\therefore \angle ACB = \angle ADB = 30°$

04 답 ⑤ 유형 04

오른쪽 그림과 같이 $\overline{AC}$를 그으면

$\angle ACE = \angle ADE = 37°$

$\angle ACB = 90°$이므로

$\angle ECB = 90° - 37° = 53°$

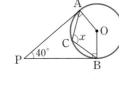

05 답 ④ 유형 05

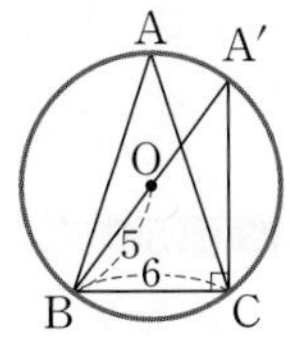

오른쪽 그림과 같이 $\overline{BO}$의 연장선을 그어 원
O와 만나는 점을 A′이라 하면
$\angle A = \angle A'$ $(\because \overarc{BC}$의 원주각$)$
$\angle BCA' = 90°$이고
$\overline{A'B} = 2 \times 5 = 10$이므로
$\overline{A'C} = \sqrt{10^2 - 6^2} = \sqrt{64} = 8$

$\therefore \cos A = \cos A' = \dfrac{8}{10} = \dfrac{4}{5}$

06 답 ① 유형 06

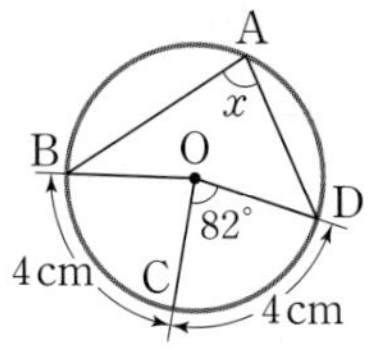

오른쪽 그림과 같이 $\overline{BO}$를 그으면
$\overarc{BC} = \overarc{CD}$이므로
$\angle BOC = \angle COD = 82°$
즉, $\angle BOD = 82° + 82° = 164°$이므로
$\angle x = \dfrac{1}{2} \times 164° = 82°$

07 답 ④ 유형 07

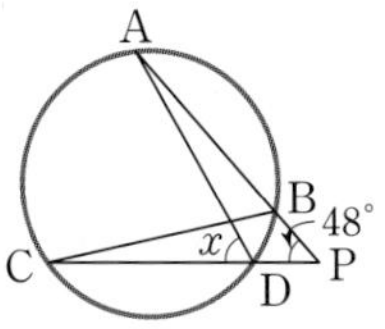

오른쪽 그림과 같이 $\overline{BC}$를 그으면
$\angle ABC = \angle ADC = \angle x$
$\overarc{BD} : \overarc{AC} = 1 : 5$이므로
$\angle BCD = \dfrac{1}{5} \angle x$
△BCP에서 $\angle x = \dfrac{1}{5} \angle x + 48°$
$\dfrac{4}{5} \angle x = 48°$ $\qquad \therefore \angle x = 60°$

08 답 ④ 유형 08

$\overarc{AB} : \overarc{BC} : \overarc{CA} = 4 : 5 : 6$이므로

$\angle x = 180° \times \dfrac{5}{4+5+6} = 60°$

참고 한 원에서 모든 원주각의 크기의 합은 180°이고, 원주각의
크기는 호의 길이에 정비례한다.

09 답 ④ 유형 09

④ $\angle A = 85° - 75° = 10°$이므로 $\angle A \neq \angle D$
따라서 네 점 A, B, C, D가 한 원 위에 있지 않은 것은 ④이다.

10 답 ③ 유형 06 + 유형 10

$\overarc{AE} = \overarc{ED}$이므로 $\angle ABE = \angle ECD = \angle a$라 하면
□ABCD가 원에 내접하므로
$\angle DAB + (80° + \angle a) = 180°$
$\therefore \angle DAB = 100° - \angle a$
△ABP에서
$\angle APE = \angle a + (100° - \angle a) = 100°$

11 답 ③ 유형 11

△OBC에서 $\overline{OB} = \overline{OC}$이므로
$\angle BOC = 180° - 2 \times 40° = 100°$
$\angle BAC = \dfrac{1}{2} \angle BOC = \dfrac{1}{2} \times 100° = 50°$
$\therefore \angle BAD = \angle BAC + \angle DAC = 50° + 28° = 78°$
이때 $\angle x = \angle BAD$이므로 $\angle x = 78°$

12 답 ① 유형 12

오른쪽 그림과 같이 $\overline{AC}$를 그으면
$\angle BCA = \dfrac{1}{2} \angle AOB = \dfrac{1}{2} \times 84° = 42°$
□ACDE가 원 O에 내접하므로
$\angle ACD = 180° - 122° = 58°$
$\therefore \angle BCD = \angle BCA + \angle ACD$
$\qquad\qquad = 42° + 58° = 100°$

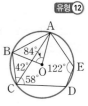

13 답 ② 유형 13

△PBC에서 ∠PCQ=∠x+32°

□ABCD가 원에 내접하므로 ∠QDC=∠ABC=∠x

△DCQ에서 ∠x+(∠x+32°)+38°=180°

2∠x=110° ∴ ∠x=55°

14 답 ③ 유형 14

오른쪽 그림과 같이 $\overline{PQ}$를 그으면

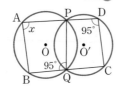

□PQCD가 원 O′에 내접하므로

∠PQB=∠PDC=95°

□ABQP가 원 O에 내접하므로

∠x+∠PQB=180°

∴ ∠x=180°−95°=85°

15 답 ② 유형 15

□ABCD가 원에 내접하려면 ∠BAD=∠DCP=100°

∠BAC+30°=100° ∴ ∠BAC=70°

△ABE에서 ∠x=35°+70°=105°

16 답 ① 유형 17

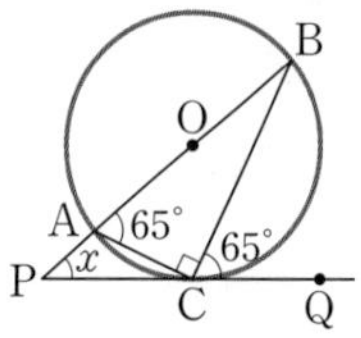

오른쪽 그림과 같이 $\overline{AC}$를 그으면

$\overrightarrow{PQ}$가 원 O의 접선이므로

∠BAC=∠BCQ=65°

$\overline{AB}$가 원 O의 지름이므로

∠ACB=90°

△ACB에서 ∠ABC=180°−(90°+65°)=25°

따라서 △BPC에서 ∠x=65°−25°=40°

17 답 ④ 유형 17

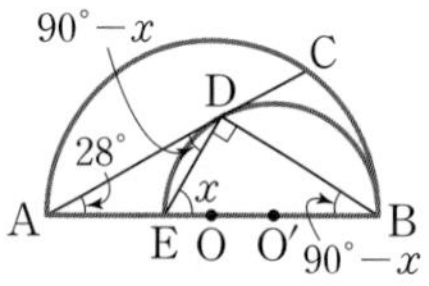

오른쪽 그림과 같이 $\overline{BD}$를 그으면

△EBD에서 ∠EDB=90°

∴ ∠DBE=90°−∠x

$\overline{AC}$는 반원 O′의 접선이므로

∠ADE=∠DBE=90°−∠x

△AED에서 28°+(90°−∠x)=∠x

2∠x=118° ∴ ∠x=59°

18 답 ③ 유형 18

△BED에서 $\overline{BD}=\overline{BE}$이므로

∠BED=$\dfrac{1}{2}$×(180°−40°)=70°

$\overline{BE}$가 원 O의 접선이므로 ∠DFE=∠BED=70°

△DEF에서

∠x=180°−(50°+70°)=60°

19 답 110° 유형 01

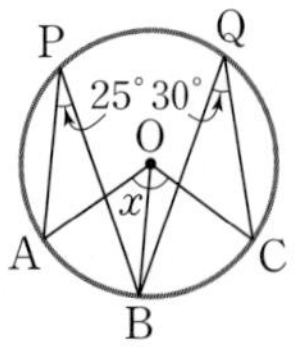

오른쪽 그림과 같이 $\overline{OB}$를 그으면

∠AOB=2∠APB=2×25°=50°

∠BOC=2∠BQC=2×30°=60° ······ ❶

∴ ∠x=∠AOB+∠BOC

= 50°+60°=110° ······ ❷

채점 기준	배점
❶ ∠AOB, ∠BOC의 크기 각각 구하기	2점
❷ ∠x의 크기 구하기	2점

20 답 (1) 30° (2) 100° 유형 04 + 유형 06

(1) $\overline{AB}$는 원 O의 지름이므로

∠ACB=90° ······ ❶

$\overparen{AD}=\overparen{DE}=\overparen{EB}$이므로

∠ACD=∠DCE=∠ECB

∴ ∠x=90°×$\dfrac{1}{3}$=30° ······ ❷

(2) $\overparen{AC}:\overparen{BC}$=5:4이므로

∠CAB=90°×$\dfrac{4}{9}$=40° ······ ❸

∠ACE=2×30°=60°이므로

△CAF에서

∠y=60°+40°=100° ······ ❹

채점 기준	배점
❶ ∠ACB의 크기 구하기	1점
❷ ∠x의 크기 구하기	2점
❸ ∠CAB의 크기 구하기	2점
❹ ∠y의 크기 구하기	1점

21 답 5 cm 유형 07

∠AOD=2×25°=50° ······ ❶

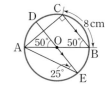

$\overline{CB}\,/\!/\,\overline{DE}$이므로 ∠ABC=∠AOD=50° (동위각)

오른쪽 그림과 같이 $\overline{AC}$를 그으면

△ABC에서 $\overline{AB}$가 원 O의 지름이므로

∠ACB=90°

∴ ∠BAC=180°−(90°+50°)=40°

······ ❷

$\overparen{AD}:\overparen{BC}$=∠AED:∠BAC이므로

$\overparen{AD}$:8=25°:40°

∴ $\overparen{AD}$=5 (cm) ······ ❸

채점 기준	배점
❶ ∠AOD의 크기 구하기	1점
❷ $\overline{AC}$를 그어 ∠BAC의 크기 구하기	3점
❸ $\overparen{AD}$의 길이 구하기	3점

22 답 110° 유형 10 + 유형 16

$\overrightarrow{PQ}$가 원 O의 접선이므로

∠DBA=∠DAP=68° ······ ❶

△DAB에서 ∠DAB=180°−(42°+68°)=70°

□ABCD가 원 O에 내접하므로 ∠DAB+∠x=180°

∴ ∠x=180°−70°=110° ······ ❷

채점 기준	배점
❶ ∠DBA의 크기 구하기	3점
❷ ∠x의 크기 구하기	3점

23 답 30° 유형 16

오른쪽 그림과 같이 $\overline{AD}$를 그으면

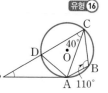

∠DAP=∠DCA=40° ······ ❶

□DABC가 원에 내접하므로

∠ADC=180°−110°=70° ······ ❷

△PAD에서 $70° = ∠P + 40°$ ∴ $∠P = 30°$ ...... ❸

채점 기준	배점
❶ ∠DAP의 크기 구하기	2점
❷ ∠ADC의 크기 구하기	3점
❸ ∠P의 크기 구하기	2점

실전! 중단원
학교 시험 2회

98쪽~101쪽

01 ②	02 ④	03 ③	04 ③	05 ②
06 ⑤	07 ②	08 ④	09 ⑤	10 ①
11 ④	12 ②	13 ②	14 ③	15 ①, ④
16 ④	17 ②	18 ①	19 35°	20 22°
21 75°	22 70°			
23 (1) ∠CEF = 45°, ∠CFE = 45° (2) 90° (3) 56°				

01 답 ② 유형01

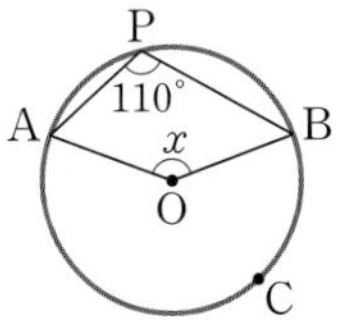

오른쪽 그림과 같이 $\overparen{APB}$ 위에 있지 않은 원 위의 한 점 C를 잡으면 $\overparen{ACB}$의 중심각의 크기는 $110° × 2 = 220°$이므로
$∠x = 360° - 220° = 140°$

02 답 ④ 유형02

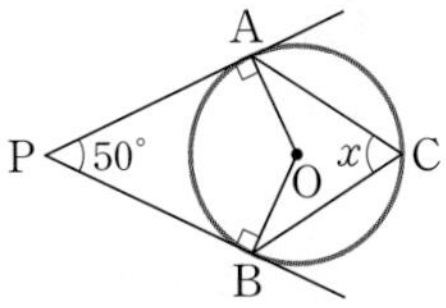

오른쪽 그림과 같이 $\overline{AO}$, $\overline{BO}$를 그으면 $\overrightarrow{PA}$, $\overrightarrow{PB}$는 각각 원 O의 접선이므로 $∠OAP = ∠OBP = 90°$
$∠AOB = 360° - (90° + 50° + 90°)$
  $= 130°$
∴ $∠x = \frac{1}{2}∠AOB = \frac{1}{2} × 130° = 65°$

03 답 ③ 유형03

$\overparen{CD}$에 대한 원주각의 크기는 서로 같으므로
$∠DBC = ∠DAC = 45°$
△PBC에서 $∠x + 45° = 100°$ ∴ $∠x = 55°$

04 답 ③ 유형04

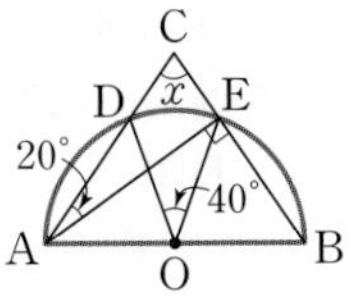

오른쪽 그림과 같이 $\overline{AE}$를 그으면
$∠DAE = \frac{1}{2}∠DOE$
  $= \frac{1}{2} × 40° = 20°$
$\overline{AB}$는 반원 O의 지름이므로 $∠AEB = 90°$
△CAE에서 $∠x + 20° = 90°$ ∴ $∠x = 70°$

05 답 ② 유형05

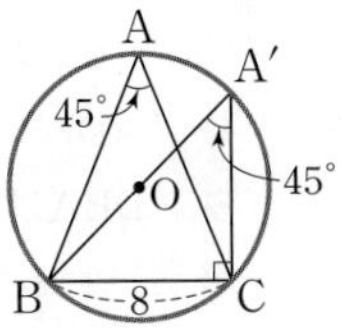

오른쪽 그림과 같이 $\overline{BO}$의 연장선을 그어 원 O와 만나는 점을 A′이라 하면
$∠BCA′ = 90°$
△A′BC에서 $∠A′ = ∠A = 45°$이므로

$\overline{A′B} = \frac{8}{\sin 45°} = 8 × \frac{2}{\sqrt{2}} = 8\sqrt{2}$
따라서 원 O의 반지름의 길이는
$\frac{1}{2}\overline{A′B} = \frac{1}{2} × 8\sqrt{2} = 4\sqrt{2}$

06 답 ⑤ 유형06

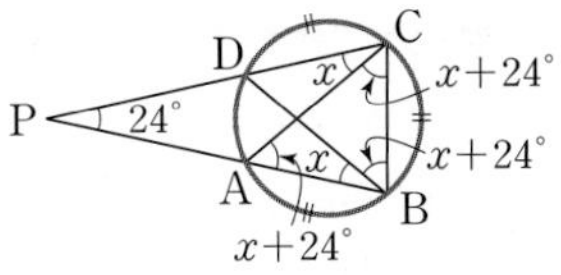

오른쪽 그림과 같이 $\overline{BC}$, $\overline{BD}$를 그으면 △CPA에서
$∠CAB = ∠x + 24°$
$\overparen{AB} = \overparen{BC} = \overparen{CD}$이므로
$∠ACB = ∠CBD = ∠CAB = ∠x + 24°$
$∠DBA = ∠DCA = ∠x (∵ \overparen{AD}의 원주각)$
△ABC의 내각의 크기의 합은 180°이므로
$3(∠x + 24°) + ∠x = 180°$
$4∠x + 72° = 180°$, $4∠x = 108°$ ∴ $∠x = 27°$

07 답 ② 유형07

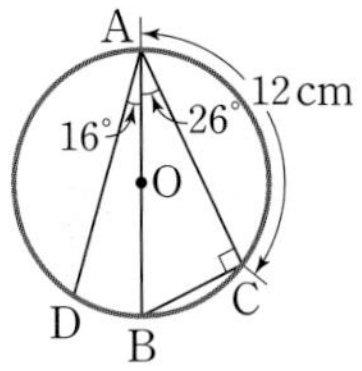

오른쪽 그림과 같이 $\overline{BC}$를 그으면
$∠ACB = 90°$이므로
$∠ABC = 180° - (26° + 90°) = 64°$
$∠DAB : ∠ABC = \overparen{BD} : \overparen{AC}$이므로
$16° : 64° = \overparen{BD} : 12$
∴ $\overparen{BD} = 3 (cm)$

08 답 ④ 유형08

$\overparen{BD}$의 길이는 원주의 $\frac{1}{5}$이므로
$∠DCB = 180° × \frac{1}{5} = 36°$
이때 $\overparen{AC} : \overparen{BD} = 7 : 3$이므로
$∠ABC : 36° = 7 : 3$
∴ $∠ABC = 84°$
따라서 △PCB에서
$∠x = 36° + 84° = 120°$

09 답 ⑤ 유형09

네 점 A, B, C, D가 한 원 위에 있으므로
$∠C = ∠B = 38°$
△CPA에서
$∠x = ∠P + ∠C = 47° + 38° = 85°$

10 답 ① 유형10

□ABCD가 원 O에 내접하므로
$∠B + ∠D = 180°$
$∠B : ∠D = 4 : 5$이므로
$∠D = 180° × \frac{5}{9} = 100°$

11 답 ④ 유형11

□ABCD가 원에 내접하므로
$∠CDE = ∠B = 75°$
△CED에서
$∠x = 180° - (75° + 25°) = 80°$
$∠y = ∠x = 80°$이므로
$∠x + ∠y = 80° + 80° = 160°$

12 답 ②   유형 ⑫

오른쪽 그림과 같이 $\overline{CE}$를 그으면
$\square$ABCE가 원 O에 내접하므로
$\angle BCE = 180° - 123° = 57°$
$\therefore \angle ECD = 82° - 57° = 25°$
$\therefore \angle EOD = 2\angle ECD = 2 \times 25° = 50°$

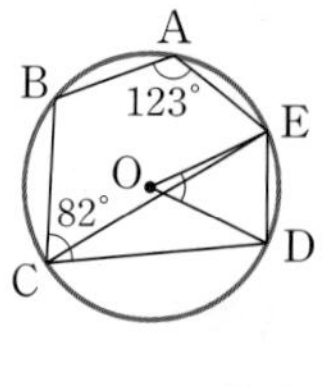

13 답 ②   유형 ⑫

오른쪽 그림과 같이 $\overline{CF}$를 그으면
$\square$FCDE가 원 O에 내접하므로
$\angle FCD = 180° - 112° = 68°$
$\therefore \angle BCF = 128° - 68° = 60°$
$\square$ABCF가 원 O에 내접하므로
$\angle FAB = 180° - 60° = 120°$

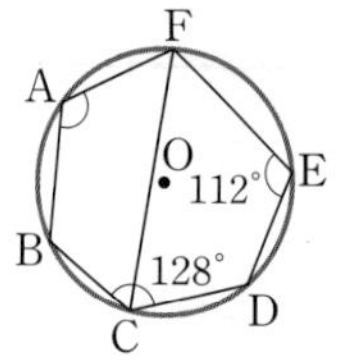

14 답 ③ 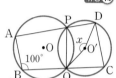 유형 ⑭

오른쪽 그림과 같이 $\overline{PQ}$를 그으면
$\square$ABQP가 원 O에 내접하므로
$\angle QPD = \angle B = 100°$
$\square$PQCD가 원 O′에 내접하므로
$\angle C + \angle QPD = 180°$에서
$\angle C = 180° - 100° = 80°$
$\therefore \angle x = 2\angle C = 2 \times 80° = 160°$

15 답 ①, ④ 유형 ⑮

① $\angle C = 180° - (60° + 70°) = 50°$이므로
$\angle A + \angle C = 130° + 50° = 180°$
따라서 $\square$ABCD는 원에 내접한다.
④ $\angle BAD = 180° - 75° = 105°$
즉, $\angle BAD = \angle BCQ$이므로 $\square$ABCD는 원에 내접한다.

16 답 ④ 유형 ⑯

$\overline{CP} = \overline{CB}$이므로 $\angle CBA = \angle P = 38°$
$\overline{PC}$가 원의 접선이므로 $\angle PCA = \angle CBA = 38°$
$\triangle CPA$에서 $\angle x = \angle P + \angle PCA = 38° + 38° = 76°$

17 답 ② 유형 ⑯

오른쪽 그림과 같이
$\angle APE = \angle CPE = \angle a$
$\angle PAB = \angle C = \angle b$라 하면
$\triangle APD$에서 $\angle ADE = \angle a + \angle b$
$\triangle PCE$에서 $\angle AED = \angle a + \angle b$
즉, $\angle ADE = \angle AED = \angle x$
$\triangle ADE$에서 $\angle DAE = 70°$이므로
$\angle x = \dfrac{1}{2} \times (180° - 70°) = 55°$

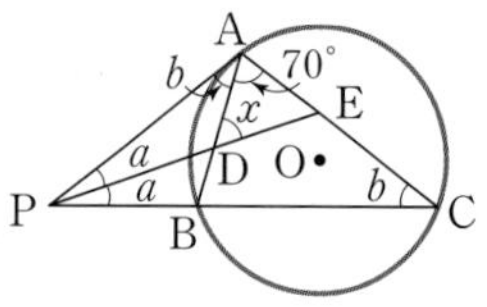

18 답 ① 유형 ⑤ + 유형 ⑰

오른쪽 그림과 같이 $\overline{AC}$를 그으면
$\overline{BC}$가 원 O의 지름이므로
$\angle BAC = 90°$
$\overline{AB} = 8\cos 30°$
$\quad = 8 \times \dfrac{\sqrt{3}}{2} = 4\sqrt{3}$ (cm)
$\overline{CA} = 8\sin 30° = 8 \times \dfrac{1}{2} = 4$ (cm)

$\overline{PA}$가 원 O의 접선이므로 $\angle CAP = \angle B = 30°$
$\triangle BPA$에서 $\angle CPA = 180° - (30° + 30° + 90°) = 30°$
즉, $\angle CPA = \angle CAP$이므로 $\triangle CPA$는 이등변삼각형이다.
$\therefore \overline{CP} = \overline{CA} = 4$ cm
$\therefore \triangle BPA = \dfrac{1}{2} \times \overline{BP} \times \overline{BA} \times \sin B$
$\quad = \dfrac{1}{2} \times (8+4) \times 4\sqrt{3} \times \sin 30°$
$\quad = \dfrac{1}{2} \times 12 \times 4\sqrt{3} \times \dfrac{1}{2} = 12\sqrt{3}$ (cm²)

19 답 $35°$ 유형 ⑦

$\overset{\frown}{AD} : \overset{\frown}{BC} = \angle ACD : \angle BDC = 5 : 10$이므로
$\angle BDC = 2\angle x$ ······❶
$\triangle CDE$에서
$\angle x + 2\angle x = 105°$, $3\angle x = 105°$
$\therefore \angle x = 35°$ ······❷

채점 기준	배점
❶ $\angle BDC$의 크기를 $\angle x$를 사용하여 나타내기	2점
❷ $\angle x$의 크기 구하기	2점

20 답 $22°$ 유형 ⑥ + 유형 ⑩

$\overset{\frown}{AB} = \overset{\frown}{AD}$이므로 $\angle ACD = \angle ACB = 34°$ ······❶
$\overline{BC}$가 원 O의 지름이므로 $\angle BAC = 90°$
$\square$ABCD가 원에 내접하므로
$\angle BAD + \angle DCB = 180°$
$(90° + \angle x) + (34° + 34°) = 180°$이므로
$\angle x = 22°$ ······❷

채점 기준	배점
❶ $\angle ACD$의 크기 구하기	2점
❷ $\angle x$의 크기 구하기	4점

21 답 $75°$ 유형 ⑯

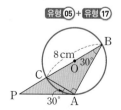

오른쪽 그림과 같이 $\overline{AD}$를 그으면
$\overline{PQ}$가 원 O의 접선이므로
$\angle ADB = \angle ABP = 25°$ ······❶
$\overline{AC}$가 원 O의 지름이므로
$\angle ADC = 90°$
$\therefore \angle BDC = 90° - 25° = 65°$
이때 $\overline{DC} /\!/ \overline{PQ}$이므로
$\angle DBP = \angle CDB = 65°$ (엇각)
$\therefore \angle DBA = 65° - 25° = 40°$ ······❷
$\overset{\frown}{AD}$에 대한 원주각의 크기는 같으므로
$\angle DCA = \angle DBA = 40°$
$\triangle CDE$에서
$\angle x = 180° - (65° + 40°) = 75°$ ······❸

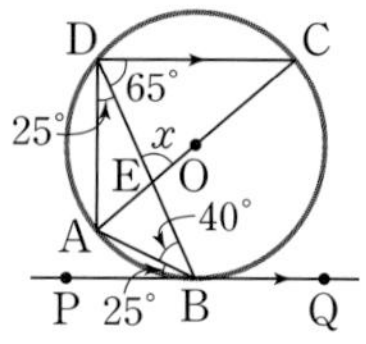

채점 기준	배점
❶ $\angle ADB$의 크기 구하기	2점
❷ $\angle DBA$의 크기 구하기	3점
❸ $\angle x$의 크기 구하기	2점

22 답 $70°$ 유형 18

$\widehat{AC} : \widehat{BC} = 2 : 3$이므로 $\angle ABC : 75° = 2 : 3$

$\therefore \angle ABC = 50°$ ...... ❶

$\overrightarrow{PA}$가 원 O의 접선이므로

$\angle TAC = \angle ABC = 50°$ ...... ❷

$\therefore \angle PAB = 180° - (75° + 50°) = 55°$

이때 $\overline{PA} = \overline{PB}$이므로

$\angle x = 180° - 2 \times 55° = 70°$ ...... ❸

채점 기준	배점
❶ $\angle ABC$의 크기 구하기	2점
❷ $\angle TAC$의 크기 구하기	2점
❸ $\angle x$의 크기 구하기	3점

23 답 (1) $\angle CEF = 45°$, $\angle CFE = 45°$ (2) $90°$ (3) $56°$ 유형 18

(1) $\overline{BC}$, $\overline{AC}$가 원 O의 접선이므로

$\angle CEF = \angle CFE = \angle EDF = 45°$ ...... ❶

(2) $\triangle CEF$에서 $\angle C = 180° - (45° + 45°) = 90°$ ...... ❷

(3) $\triangle ABC$에서 $\angle A = 180° - (34° + 90°) = 56°$ ...... ❸

채점 기준	배점
❶ $\angle CEF$, $\angle CFE$의 크기 각각 구하기	4점
❷ $\angle C$의 크기 구하기	1점
❸ $\angle A$의 크기 구하기	1점

교과서 속 특이 문제

◎102쪽

01 답 $180°$

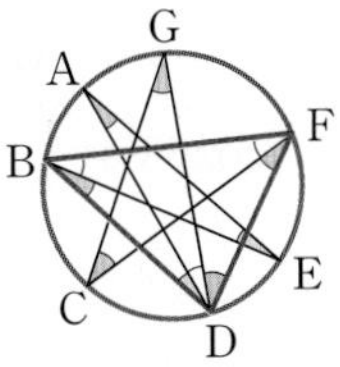

오른쪽 그림과 같이 $\overline{BD}$, $\overline{DF}$를 그으면

$\angle DAE = \angle DBE$ ($\because \widehat{DE}$의 원주각)

$\angle FCG = \angle FDG$ ($\because \widehat{GF}$의 원주각)

$\angle AEB = \angle ADB$ ($\because \widehat{AB}$의 원주각)

$\angle CFD = \angle CGD$ ($\because \widehat{CD}$의 원주각)

이므로 7개의 각의 크기의 합은 위의 그림과 같이 $\triangle BDF$의 세 내각의 크기의 합과 같다.

따라서 그림에 표시된 7개의 각의 크기의 합은 $180°$이다.

02 답 $\left(25\sqrt{3} + \dfrac{250}{3}\pi\right) m^2$

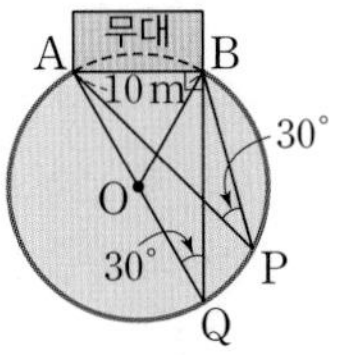

오른쪽 그림과 같이 원의 중심을 O라 하고 $\overline{AO}$의 연장선을 그어 원 O와 만나는 점을 Q라 하면

$\angle ABQ = 90°$, $\angle AQB = \angle APB = 30°$

$\triangle AQB$에서

$\overline{AQ} = \dfrac{\overline{AB}}{\sin 30°} = 10 \times 2 = 20\,(m)$

$\angle AOB = 2\angle APB = 2 \times 30° = 60°$이고 $\overline{OA} = \overline{OB}$이므로 $\triangle OAB$는 정삼각형이다.

따라서 무대를 제외한 공연장의 넓이는 한 변의 길이가 $10\,m$인 정삼각형의 넓이와 반지름의 길이가 $10\,m$, 중심각의 크기가 $360° - 60° = 300°$인 부채꼴의 넓이의 합과 같으므로

$\dfrac{1}{2} \times 10 \times 10 \times \sin 60° + \pi \times 10^2 \times \dfrac{300}{360} = 25\sqrt{3} + \dfrac{250}{3}\pi\,(m^2)$

03 답 $9\sqrt{3}\ cm^2$

□ABCD는 원 O에 내접하므로

$\angle BAD + \angle BCD = 180°$에서

$\angle BAD + 120° = 180°$ $\therefore \angle BAD = 60°$

$\widehat{AB} = \widehat{AD}$이므로

$\angle ABD = \angle ADB = \dfrac{1}{2} \times (180° - 60°) = 60°$

따라서 $\triangle ABD$는 정삼각형이므로

$\triangle ABD = \dfrac{1}{2} \times 6 \times 6 \times \sin 60°$

$= \dfrac{1}{2} \times 6 \times 6 \times \dfrac{\sqrt{3}}{2} = 9\sqrt{3}\,(cm^2)$

04 답 $100°$

두 점 A, D가 $\overline{BC}$에 대하여 같은 쪽에 있고,

$\angle BAC = \angle BDC$이므로 네 점 A, B, C, D는 한 원 위에 있다.

또한 $\angle BAC = \angle BDC = 90°$이므로 $\overline{BC}$는 원의 지름이고, $\overline{BC}$의 중점 O는 원의 중심이다.

$\angle APD = 140°$이므로 $\angle BPC = 140°$ ($\because$ 맞꼭지각)

$\triangle ABP$에서 $\angle ABP = 140° - 90° = 50°$

$\therefore \angle AOD = 2\angle ABD = 2 \times 50° = 100°$

05 답 $109°$

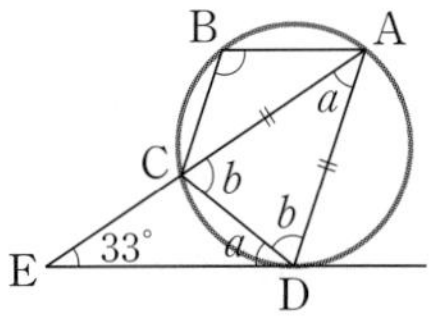

오른쪽 그림과 같이

$\angle CAD = \angle CDE = \angle a$,

$\angle ACD = \angle ADC = \angle b$라 하면

$\triangle ACD$에서

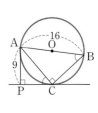

$\angle b = \dfrac{1}{2}(180° - \angle a) = 90° - \dfrac{1}{2}\angle a$ ...... ㉠

$\triangle CED$에서 $\angle b = 33° + \angle a$ ...... ㉡

㉠, ㉡에서 $90° - \dfrac{1}{2}\angle a = 33° + \angle a$

$\dfrac{3}{2}\angle a = 57°$ $\therefore \angle a = 38°$

$\angle b = 90° - \dfrac{1}{2} \times 38° = 71°$

□ABCD가 원에 내접하므로

$\angle B = 180° - 71° = 109°$

06 답 $4\sqrt{7}$

직선 PC가 원 O의 접선이므로

$\angle ACP = \angle ABC$

$\overline{AB}$가 원 O의 지름이므로

$\angle ACB = 90°$

따라서 $\triangle APC \varpropto \triangle ACB$ (AA 닮음)

이므로

$\overline{AP} : \overline{AC} = \overline{AC} : \overline{AB}$에서 $9 : \overline{AC} = \overline{AC} : 16$

$\overline{AC}^2 = 144$ $\therefore \overline{AC} = 12$ ($\because \overline{AC} > 0$)

$\triangle ABC$는 직각삼각형이므로 피타고라스 정리를 이용하면

$\overline{BC} = \sqrt{\overline{AB}^2 - \overline{AC}^2}$

$= \sqrt{16^2 - 12^2} = \sqrt{112} = 4\sqrt{7}$

고난도**50** | 104쪽~112쪽

01 답 $\dfrac{3}{2}$

$\angle C=90°$이고 $\cos B=\dfrac{3}{\sqrt{13}}$이므로

오른쪽 그림과 같은 △ABC에서

$\overline{AC}=\sqrt{(\sqrt{13})^2-3^2}=2$이므로

$\tan(90°-B)=\tan A=\dfrac{\overline{BC}}{\overline{AC}}=\dfrac{3}{2}$

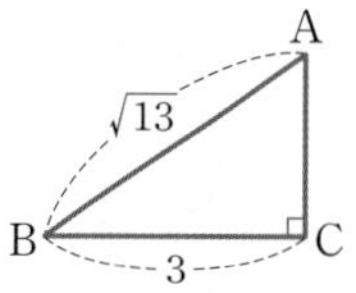

02 답 $3\sqrt{10}$

$\sin A:\cos A=3:1$에서 (높이) : (밑변)$=3:1$

이므로 오른쪽 그림과 같은 △ABC에서

$\overline{AC}=\sqrt{3^2+1^2}=\sqrt{10}$이므로 $\tan A=\dfrac{\overline{BC}}{\overline{AB}}=3$

$\cos A=\dfrac{\overline{AB}}{\overline{AC}}=\dfrac{1}{\sqrt{10}}=\dfrac{\sqrt{10}}{10}$

$\therefore \tan A\div\cos A=3\div\dfrac{\sqrt{10}}{10}=3\times\dfrac{10}{\sqrt{10}}=3\sqrt{10}$

03 답 $\dfrac{\sqrt{3}}{5}$

△ACD에서 $\sin x=\dfrac{1}{2}$이므로 $x=30°$

$\sin 30°=\dfrac{\overline{CD}}{\overline{AC}}=\dfrac{3}{\overline{AC}}=\dfrac{1}{2}$이므로 $\overline{AC}=6$

$\cos 30°=\dfrac{\overline{AD}}{\overline{AC}}=\dfrac{\overline{AD}}{6}=\dfrac{\sqrt{3}}{2}$이므로 $\overline{AD}=3\sqrt{3}$

이때 $\angle BCE=\angle ACD=180°-(90°+30°)=60°$이므로

△BEC에서

$\sin 60°=\dfrac{\overline{BE}}{\overline{BC}}=\dfrac{\overline{BE}}{3}=\dfrac{\sqrt{3}}{2}$이므로 $\overline{BE}=\dfrac{3\sqrt{3}}{2}$

$\cos 60°=\dfrac{\overline{CE}}{\overline{BC}}=\dfrac{\overline{CE}}{3}=\dfrac{1}{2}$이므로 $\overline{CE}=\dfrac{3}{2}$

△ABE에서 $\tan y=\dfrac{\overline{BE}}{\overline{AE}}=\dfrac{\overline{BE}}{\overline{AC}+\overline{CE}}=\dfrac{\dfrac{3\sqrt{3}}{2}}{6+\dfrac{3}{2}}=\dfrac{\sqrt{3}}{5}$

04 답 $\dfrac{21}{2}$

△ADE에서 $\sin A=\dfrac{\overline{DE}}{\overline{AE}}=\dfrac{6}{\overline{AE}}=\dfrac{3}{5}$이므로 $\overline{AE}=10$

$\overline{AD}=\sqrt{\overline{AE}^2-\overline{DE}^2}=\sqrt{10^2-6^2}=8$

$\therefore \cos A=\dfrac{4}{5},\ \tan A=\dfrac{3}{4}$

이때 $\overline{DE}$가 $\overline{AB}$의 수직이등분선이므로 $\overline{AB}=16$

△ABC에서 $\cos A=\dfrac{\overline{AC}}{\overline{AB}}=\dfrac{\overline{AC}}{16}=\dfrac{4}{5}$이므로 $\overline{AC}=\dfrac{64}{5}$

$\therefore \overline{CE}=\overline{AC}-\overline{AE}=\dfrac{64}{5}-10=\dfrac{14}{5}$

또, $\overline{FG}$가 $\overline{AE}$의 수직이등분선이므로 $\overline{AF}=5$

△AGF에서 $\tan A=\dfrac{\overline{FG}}{\overline{AF}}=\dfrac{\overline{FG}}{5}=\dfrac{3}{4}$이므로 $\overline{FG}=\dfrac{15}{4}$

$\therefore \overline{CE}\times\overline{FG}=\dfrac{14}{5}\times\dfrac{15}{4}=\dfrac{21}{2}$

05 답 $\dfrac{\sqrt{21}}{14}$

△ABC에서 $\tan 30°=\dfrac{\overline{AC}}{\overline{BC}}=\dfrac{2}{\overline{BC}}=\dfrac{\sqrt{3}}{3}$이므로 $\overline{BC}=2\sqrt{3}$ (cm)

$\therefore \overline{BD}=\overline{CD}=\sqrt{3}$ cm

△ACD에서 $\overline{AD}=\sqrt{2^2+(\sqrt{3})^2}=\sqrt{7}$ (cm)

오른쪽 그림과 같이 점 D에서 $\overline{AB}$

에 내린 수선의 발을 H라 하면

△BDH에서

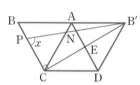

$\sin 30°=\dfrac{\overline{DH}}{\overline{BD}}=\dfrac{\overline{DH}}{\sqrt{3}}=\dfrac{1}{2}$이므로

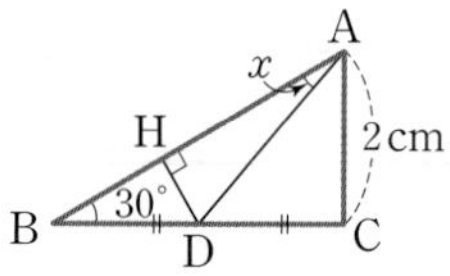

$\overline{DH}=\dfrac{\sqrt{3}}{2}$ (cm) $\therefore \sin x=\dfrac{\overline{DH}}{\overline{AD}}=\dfrac{\dfrac{\sqrt{3}}{2}}{\sqrt{7}}=\dfrac{\sqrt{3}}{2\sqrt{7}}=\dfrac{\sqrt{21}}{14}$

06 답 $\dfrac{3\sqrt{3}}{2}$

실이 지나는 부분의 전개도는

오른쪽 그림과 같다.

$\overline{AD}$와 $\overline{B'C}$의 교점을 E라 하면

$\angle B'DC=120°$이므로

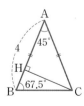

$\angle B'CD=\angle CB'D=\dfrac{1}{2}\times(180°-120°)=30°$

즉, $\overline{B'C}\perp\overline{AD}$이고 $\overline{AD}/\!/\overline{BC}$이므로 $\angle PCB'=90°$

$\overline{B'E}=\overline{CE}=6\times\dfrac{\sqrt{3}}{2}=3\sqrt{3}$ (cm)이므로

$\overline{B'C}=2\times3\sqrt{3}=6\sqrt{3}$ (cm)

$\overline{PC}=6\times\dfrac{2}{3}=4$ (cm)이므로 $\tan x=\dfrac{\overline{B'C}}{\overline{PC}}=\dfrac{6\sqrt{3}}{4}=\dfrac{3\sqrt{3}}{2}$

07 답 $(2\sqrt{3}-2)$ cm

$\sin 30°=\dfrac{\overline{AC}}{\overline{AB}}=\dfrac{4}{\overline{AB}}=\dfrac{1}{2}$이므로 $\overline{AB}=8$ (cm)

$\cos 30°=\dfrac{\overline{BC}}{\overline{AB}}=\dfrac{\overline{BC}}{8}=\dfrac{\sqrt{3}}{2}$이므로 $\overline{BC}=4\sqrt{3}$ (cm)

$\therefore △ABC=\dfrac{1}{2}\times4\sqrt{3}\times4=8\sqrt{3}$ (cm²)

△ABC의 내접원의 반지름의 길이를 r cm라 하면

$\dfrac{1}{2}\times r\times(4+8+4\sqrt{3})=8\sqrt{3},\ (6+2\sqrt{3})r=8\sqrt{3}$

$\therefore r=\dfrac{8\sqrt{3}}{6+2\sqrt{3}}=2\sqrt{3}-2$

08 답 $\sqrt{2}+1$

$\angle B=\angle C=\dfrac{1}{2}\times(180°-45°)=67.5°$

오른쪽 그림과 같이 점 C에서 $\overline{AB}$에 내린

수선의 발을 H라 하면

$\sin 45°=\dfrac{\overline{CH}}{\overline{AC}}=\dfrac{\overline{CH}}{4}=\dfrac{\sqrt{2}}{2}$이므로

$\overline{CH}=2\sqrt{2}$

$\cos 45°=\dfrac{\overline{AH}}{\overline{AC}}=\dfrac{\overline{AH}}{4}=\dfrac{\sqrt{2}}{2}$이므로 $\overline{AH}=2\sqrt{2}$

$\therefore \overline{BH}=\overline{AB}-\overline{AH}=4-2\sqrt{2}$

따라서 △BHC에서 $\tan 67.5°=\dfrac{\overline{CH}}{\overline{BH}}=\dfrac{2\sqrt{2}}{4-2\sqrt{2}}=\sqrt{2}+1$

09 답 3

$\sin 60° = \dfrac{\overline{BE}}{\overline{BF}} = \dfrac{\overline{BE}}{2\sqrt{6}} = \dfrac{\sqrt{3}}{2}$이므로 $\overline{BE} = 3\sqrt{2}$

$\cos 60° = \dfrac{\overline{EF}}{\overline{BF}} = \dfrac{\overline{EF}}{2\sqrt{6}} = \dfrac{1}{2}$이므로 $\overline{EF} = \sqrt{6}$

△ABE와 △DEF는 직각이등변삼각형이므로

$\overline{AB} = \overline{AE} = 3\sqrt{2} \times \dfrac{\sqrt{2}}{2} = 3$, $\overline{DE} = \overline{DF} = \sqrt{6} \times \dfrac{\sqrt{2}}{2} = \sqrt{3}$

$\therefore \overline{BC} = \overline{AE} + \overline{DE} = 3 + \sqrt{3}$, $\overline{CF} = \overline{AB} - \overline{DF} = 3 - \sqrt{3}$

$\therefore △BCF = \dfrac{1}{2} \times (3+\sqrt{3}) \times (3-\sqrt{3}) = 3$

10 답 $\dfrac{3}{2}$

$\tan 30° = \dfrac{\sqrt{3}}{3}$, $\sin 60° = \dfrac{\sqrt{3}}{2}$이므로

$\dfrac{x}{\frac{\sqrt{3}}{3}} - \dfrac{y}{\frac{\sqrt{3}}{2}} = 2$에서 $\dfrac{3}{\sqrt{3}}x - \dfrac{2}{\sqrt{3}}y = 2$

$3x - 2y = 2\sqrt{3}$ $\therefore y = \dfrac{3}{2}x - \sqrt{3}$

$\therefore \tan a = \dfrac{3}{2}$

11 답 $\dfrac{3}{4}$

$30° < x < 90°$이므로 $\dfrac{1}{2} < \sin x < 1$

$\sqrt{(1-2\sin x)^2} + \sqrt{(\sin x - 1)^2}$
$= -(1-2\sin x) - (\sin x - 1) = \sin x$

즉, $\sin x = \dfrac{3}{5}$이므로 오른쪽 그림과 같은

△ABC에서 $\overline{BC} = \sqrt{5^2 - 3^2} = 4$

$\therefore \tan x = \dfrac{\overline{AC}}{\overline{BC}} = \dfrac{3}{4}$

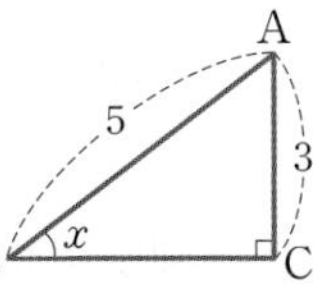

12 답 9.6

$\angle A = 180° - (54° + 73°) = 53°$

오른쪽 그림과 같이 점 B에서 $\overline{AC}$에 내린

수선의 발을 H라 하면

△ABH에서 $\overline{BH} = \overline{AB}\sin 53°$

△BCH에서 $\overline{BH} = 8\sin 73°$

$\overline{AB}\sin 53° = 8\sin 73°$이므로

$\overline{AB} = \dfrac{8\sin 73°}{\sin 53°} = \dfrac{8 \times 0.96}{0.8} = 9.6$

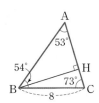

13 답 4000 m

다음 그림과 같이 두 점 A, C에서 바닥에 내린 수선의 발을 각각 D, E라 하고 점 C에서 $\overline{AD}$에 내린 수선의 발을 F라 하자.

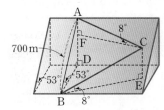

△ABD에서 $\overline{AD} = \overline{AB} \times \sin 53° = 700 \times 0.8 = 560$ (m)

△BCE에서 $\overline{CE} = \overline{BC} \times \sin 8° = 0.14\overline{BC}$ (m)

△AFC에서 $\overline{AF} = \overline{AC} \times \sin 8° = 0.14\overline{AC}$ (m)

이때 $\overline{AD} = \overline{AF} + \overline{CE}$이므로 $560 = 0.14\overline{AC} + 0.14\overline{BC}$

$0.14(\overline{AC} + \overline{BC}) = 560$ $\therefore \overline{AC} + \overline{BC} = 4000$ (m)

14 답 $\dfrac{\sqrt{3}}{3}$

$\overline{AC} = \overline{AF} = \overline{CF} = \sqrt{2}a$이므로 △ACF는 정삼각형이다.

$\therefore △ACF = \dfrac{1}{2} \times \sqrt{2}a \times \sqrt{2}a \times \sin 60° = \dfrac{\sqrt{3}}{2}a^2$

직각삼각형 BFI에서 $\overline{BI} = \overline{BF} \times \cos x = a\cos x$

따라서 삼각뿔 B-ACF의 부피는

$\dfrac{1}{3} \times \dfrac{\sqrt{3}}{2}a^2 \times a\cos x = \dfrac{1}{3} \times \left(\dfrac{1}{2} \times a \times a\right) \times a$

$\dfrac{\sqrt{3}}{6}a^3 \times \cos x = \dfrac{1}{6}a^3$ $\therefore \cos x = \dfrac{\sqrt{3}}{3}$

15 답 $(5 + 5\sqrt{2})$ m

관람차가 2분에 1바퀴를 회전하므로 1초에 3°씩 시계 방향으로 회전한다. 즉, 45초 동안 135°, 100초 동안 300°를 회전하므로 45초 후의 위치 A, 100초 후의 위치 B는 오른쪽 그림과 같다.

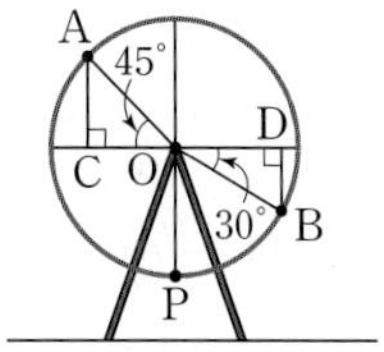

A, B 지점에서 관람차의 중심 O를 지나면서 지면과 평행한 선에 내린 수선의 발을 각각 C, D라 하면

$\angle AOC = 45°$이므로 $\overline{AC} = \overline{OA} \times \sin 45° = 10 \times \dfrac{\sqrt{2}}{2} = 5\sqrt{2}$ (m)

$\angle BOD = 30°$이므로 $\overline{BD} = \overline{OB} \times \sin 30° = 10 \times \dfrac{1}{2} = 5$ (m)

즉, A 지점의 높이는 $(15 + 5\sqrt{2})$ m, B 지점의 높이는 10 m이므로 두 지점의 높이의 차는 $(15 + 5\sqrt{2}) - 10 = 5 + 5\sqrt{2}$ (m)

16 답 $20\sqrt{13}$

두 직선 $y = \sqrt{3}x$, $y = -\sqrt{3}x$가 x축과 이루는 예각의 크기를 각각 $\angle a$, $\angle b$라 하면

$\tan a = \sqrt{3}$에서 $\angle a = 60°$

$\tan b = \sqrt{3}$에서 $\angle b = 60°$

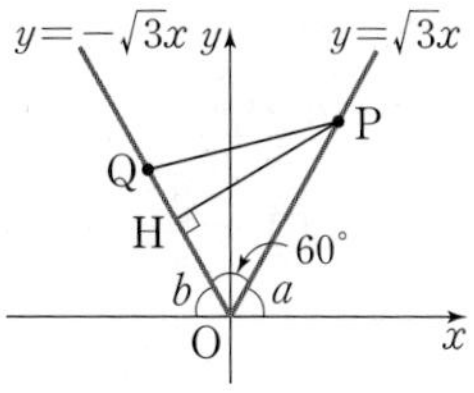

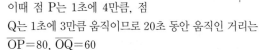

이때 점 P는 1초에 4만큼, 점 Q는 1초에 3만큼 움직이므로 20초 동안 움직인 거리는

$\overline{OP} = 80$, $\overline{OQ} = 60$

점 P에서 $\overline{OQ}$에 내린 수선의 발을 H라 하면 △OPH에서

$\overline{PH} = \overline{OP} \times \sin 60° = 80 \times \dfrac{\sqrt{3}}{2} = 40\sqrt{3}$

$\overline{OH} = \overline{OP} \times \cos 60° = 80 \times \dfrac{1}{2} = 40$

$\overline{QH} = \overline{OQ} - \overline{OH} = 20$이므로 $\overline{PQ} = \sqrt{20^2 + (40\sqrt{3})^2} = 20\sqrt{13}$

17 답 $12(4 - \sqrt{3})$

$\cos C = \dfrac{4}{5}$이므로 오른쪽 그림과 같이

$\overline{AC} = 5k$, $\overline{CH} = 4k (k > 0)$라 하면

$\overline{AH} = \sqrt{(5k)^2 - (4k)^2} = 3k$

△ABH에서

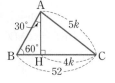

$\overline{BH} = \overline{AH} \tan 30° = 3k \times \dfrac{\sqrt{3}}{3} = \sqrt{3}k$

$\overline{BH} + \overline{CH} = \overline{BC}$에서 $\sqrt{3}k + 4k = 52$

$(\sqrt{3} + 4)k = 52$ ∴ $k = \dfrac{52}{\sqrt{3}+4} = 4(4-\sqrt{3})$

∴ $\overline{AH} = 3k = 3 \times 4(4-\sqrt{3}) = 12(4-\sqrt{3})$

18 답 $3\sqrt{6} - 3\sqrt{2}$

$\angle ABC = \angle ACB = \dfrac{1}{2} \times (180° - 30°) = 75°$

$\angle BDC = \angle BCD = 75°$이므로 $\angle CBD = 180° - 2 \times 75° = 30°$

오른쪽 그림과 같이 점 D에서 $\overline{AB}$에 내린 수선의 발을 E라 하면 $\triangle BDE$에서

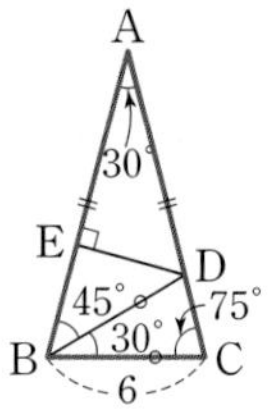

$\overline{DE} = \overline{BE} = \overline{BD} \times \sin 45° = 6 \times \dfrac{\sqrt{2}}{2} = 3\sqrt{2}$

$\triangle ADE$에서

$\overline{AD} = \dfrac{3\sqrt{2}}{\sin 30°} = 6\sqrt{2}$, $\overline{AE} = \dfrac{3\sqrt{2}}{\tan 30°} = 3\sqrt{6}$

이므로 $\overline{AC} = \overline{AB} = \overline{AE} + \overline{BE} = 3\sqrt{6} + 3\sqrt{2}$

∴ $\overline{CD} = (3\sqrt{6} + 3\sqrt{2}) - 6\sqrt{2} = 3\sqrt{6} - 3\sqrt{2}$

19 답 $\dfrac{3\sqrt{57}}{38}$

$\triangle ABC$가 정삼각형이므로

$\overline{AD} \perp \overline{BC}$, $\angle BAD = \angle CAD = \dfrac{1}{2} \times 60° = 30°$

정삼각형 ABC의 한 변의 길이를 a라 하면 $\overline{BD} = \dfrac{a}{2}$

$\overline{AD} = \overline{AB} \times \cos 30° = \dfrac{\sqrt{3}}{2}a$이므로

$\overline{DE} = \dfrac{1}{4} \times \dfrac{\sqrt{3}}{2}a = \dfrac{\sqrt{3}}{8}a$

$\triangle BDE$에서 $\overline{BE} = \sqrt{\left(\dfrac{1}{2}a\right)^2 + \left(\dfrac{\sqrt{3}}{8}a\right)^2} = \dfrac{\sqrt{19}}{8}a$

∴ $\triangle ABE = \dfrac{1}{2} \times a \times \dfrac{\sqrt{19}}{8}a \times \sin x = \dfrac{\sqrt{19}}{16}a^2 \sin x$

$\triangle ABE = \dfrac{3}{4}\triangle ABD$

$= \dfrac{3}{8}\triangle ABC = \dfrac{3}{8} \times \dfrac{1}{2} \times \dfrac{\sqrt{3}}{2}a^2 = \dfrac{3\sqrt{3}}{32}a^2$

이므로 $\dfrac{\sqrt{19}}{16}a^2 \sin x = \dfrac{3\sqrt{3}}{32}a^2$

∴ $\sin x = \dfrac{3\sqrt{57}}{38}$

20 답 $\dfrac{13\sqrt{3}}{4}$ cm²

$\triangle ABC = \dfrac{1}{2} \times 7 \times 7 \times \sin 60° = \dfrac{49\sqrt{3}}{4}$ (cm²)

$\overline{AD} = \overline{BE} = \overline{CF} = 3$ cm, $\overline{BD} = \overline{AF} = \overline{CE} = 4$ cm이므로

$\triangle ADF = \dfrac{1}{2} \times 3 \times 4 \times \sin 60° = 3\sqrt{3}$ (cm²)

이때 $\triangle ADF \equiv \triangle BED \equiv \triangle CFE$이므로

$\triangle DEF = \triangle ABC - 3\triangle ADF$

$= \dfrac{49\sqrt{3}}{4} - 3 \times 3\sqrt{3} = \dfrac{13\sqrt{3}}{4}$ (cm²)

21 답 $\sqrt{43}$

$\dfrac{1}{2} \times \overline{AB} \times 7\sqrt{3} \times \sin 30° = 14\sqrt{3}$이므로 $\overline{AB} = 8$

오른쪽 그림과 같이 점 A에서 $\overline{BC}$에 내린 수선의 발을 D라 하면

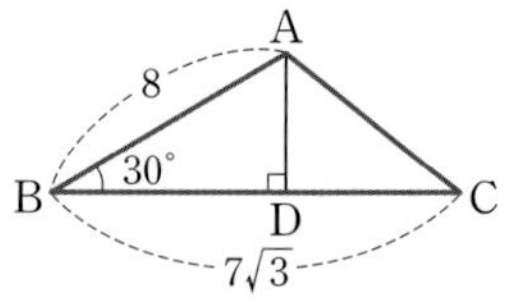

$\overline{AD} = \overline{AB} \times \sin 30° = 8 \times \dfrac{1}{2} = 4$

$\overline{BD} = \overline{AB} \times \cos 30° = 8 \times \dfrac{\sqrt{3}}{2} = 4\sqrt{3}$

$\overline{CD} = 7\sqrt{3} - 4\sqrt{3} = 3\sqrt{3}$이므로 $\overline{AC} = \sqrt{4^2 + (3\sqrt{3})^2} = \sqrt{43}$

22 답 $25 + \dfrac{25\sqrt{3}}{2}$

$\overline{FC} = \overline{CD} = 10$이므로 $\triangle ABC$에서 $\overline{AB} = \dfrac{\overline{BC}}{\tan 60°} = 5\sqrt{3}$

오른쪽 그림과 같이 $\overline{AF}$를 그으면 $\triangle ABF$에서

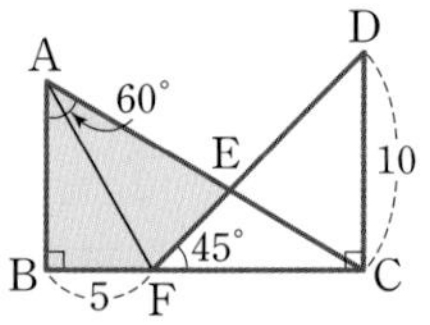

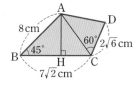

$\overline{AF} = \sqrt{(5\sqrt{3})^2 + 5^2} = 10$

$\sin(\angle BAF) = \dfrac{\overline{BF}}{\overline{AF}} = \dfrac{1}{2}$이므로

$\angle BAF = \angle FAE = 30°$

이때 $\angle AFE = 180° - (60° + 45°) = 75°$이므로 $\triangle AFE$에서

$\angle AEF = 180° - (30° + 75°) = 75°$

즉, $\triangle AFE$는 $\overline{AE} = \overline{AF} = 10$인 이등변삼각형이므로

$\square ABFE = \triangle ABF + \triangle AFE$

$= \dfrac{1}{2} \times 5 \times 5\sqrt{3} + \dfrac{1}{2} \times 10 \times 10 \times \sin 30°$

$= 25 + \dfrac{25\sqrt{3}}{2}$

23 답 43 cm²

오른쪽 그림과 같이 점 A에서 $\overline{BC}$에 내린 수선의 발을 H라 하면

$\overline{AH} = \overline{BH} = \overline{AB} \times \sin 45°$

$= 8 \times \dfrac{\sqrt{2}}{2} = 4\sqrt{2}$ (cm)

$\triangle ACH$에서 $\overline{AH} = 4\sqrt{2}$ cm, $\overline{CH} = 3\sqrt{2}$ cm이므로

$\overline{AC} = \sqrt{(4\sqrt{2})^2 + (3\sqrt{2})^2} = \sqrt{50} = 5\sqrt{2}$ (cm)

∴ $\square ABCD = \triangle ABC + \triangle ACD$

$= \dfrac{1}{2} \times 8 \times 7\sqrt{2} \times \sin 45° + \dfrac{1}{2} \times 5\sqrt{2} \times 2\sqrt{6} \times \sin 60°$

$= 43$ (cm²)

24 답 $\dfrac{99}{4}$

$\overline{OB} = x$, $\overline{OC} = y$라 하면

$\overline{AC} + \overline{BD} = (5+y) + (5+x) = 30$에서 $x + y = 20$ ······ ㉠

$\angle AOB = \angle COD = 30°$이므로

$\triangle OAB = \dfrac{1}{2} \times 5 \times x \times \sin 30° = \dfrac{5}{4}x$

$\triangle OCD = \dfrac{1}{2} \times 5 \times y \times \sin 30° = \dfrac{5}{4}y$

$\dfrac{5}{4}y - \dfrac{5}{4}x = \dfrac{5}{2}$에서 $y - x = 2$ ······ ㉡

㉠, ㉡을 연립하여 풀면 $x=9$, $y=11$

$\therefore \triangle OBC = \frac{1}{2} \times 9 \times 11 \times \sin(180°-150°) = \frac{99}{4}$

25 답 8 % 증가하였다.

$\square ABCD = \overline{AB} \times \overline{AD} \times \sin A$

$\square AB'C'D' = \overline{AB'} \times \overline{AD'} \times \sin A$

$\qquad = 1.2\overline{AB} \times 0.9\overline{AD} \times \sin A$

$\qquad = 1.08 \times (\overline{AB} \times \overline{AD} \times \sin A)$

$\qquad = 1.08 \times \square ABCD$

따라서 평행사변형의 넓이는 8 % 증가하였다.

26 답 $\sqrt{73}$ cm

오른쪽 그림과 같이 원의 중심 O에서 $\overline{CD}$에 내린 수선의 발을 H라 하고 두 점 C, D에서 $\overline{AB}$에 내린 수선의 발을 각각 E, F라 하자. $\overline{CH}=x$ cm라 하면 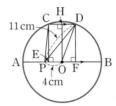 $\overline{DH}=\overline{CH}=\overline{EO}=\overline{FO}=x$ cm,

$\overline{PF}=4+x$ (cm)

$\triangle DPF$에서 $\overline{DF}^2 = 11^2-(4+x)^2$

$\triangle DOF$에서 $\overline{DF}^2 = 9^2-x^2$

이므로 $11^2-(4+x)^2 = 9^2-x^2$, $8x=24$ $\therefore x=3$

즉, $\overline{DF}=\overline{CE}=6\sqrt{2}$ cm, $\overline{PE}=4-3=1$ (cm)이므로

$\triangle CEP$에서 $\overline{PC}=\sqrt{1^2+(6\sqrt{2})^2}=\sqrt{73}$ (cm)

27 답 $\frac{100}{3}\pi - 25\sqrt{3}$

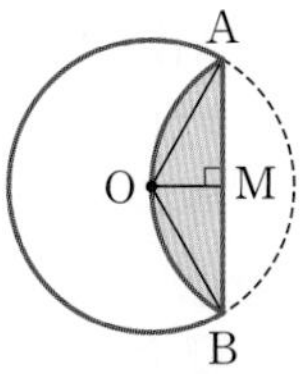

오른쪽 그림과 같이 원의 중심 O에서 $\overline{AB}$에 내린 수선의 발을 M이라 하면

$\overline{OA}=10$, $\overline{OM}=\frac{1}{2} \times 10 = 5$

$\cos(\angle AOM)=\frac{\overline{OM}}{\overline{OA}}=\frac{1}{2}$이므로

$\angle AOM = 60°$

마찬가지 방법으로 $\angle BOM = 60°$

따라서 색칠한 부분의 넓이는

(부채꼴 OAB의 넓이)$-\triangle OAB$

$=\pi \times 10^2 \times \frac{120}{360} - \frac{1}{2} \times 10 \times 10 \times \sin(180°-120°)$

$=\frac{100}{3}\pi - 25\sqrt{3}$

28 답 $9\sqrt{3}+3\pi$

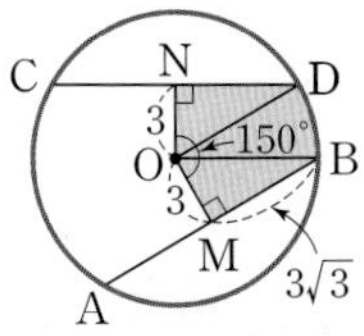

오른쪽 그림과 같이 $\overline{OD}$, $\overline{OB}$를 그으면

$\overline{BM}=\overline{DN}=\sqrt{6^2-3^2}=3\sqrt{3}$

$\tan(\angle BOM)=\frac{\overline{BM}}{\overline{OM}}=\sqrt{3}$이므로

$\angle BOM = 60°$

마찬가지 방법으로 $\angle DON = 60°$

$\therefore \angle DOB = 150°-(60°+60°)=30°$

따라서 색칠한 부분의 넓이는

$2 \times \left(\frac{1}{2} \times 3\sqrt{3} \times 3\right) + \pi \times 6^2 \times \frac{30}{360} = 9\sqrt{3}+3\pi$

29 답 $6\sqrt{7}$ cm

오른쪽 그림과 같이 $\overline{OD}$, $\overline{OF}$를 그으면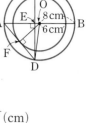

$\overline{OF} \perp \overline{AD}$, $\overline{AF}=\overline{DF}$

$\triangle AFO$에서 $\overline{AF}=\sqrt{8^2-6^2}=2\sqrt{7}$ (cm)

$\therefore \overline{AD}=2\overline{AF}=4\sqrt{7}$ (cm)

$\triangle OAD$에서

$\frac{1}{2} \times \overline{AD} \times \overline{OF} = \frac{1}{2} \times \overline{AO} \times \overline{DE}$이므로

$\frac{1}{2} \times 4\sqrt{7} \times 6 = \frac{1}{2} \times 8 \times \overline{DE}$ $\therefore \overline{DE}=3\sqrt{7}$ (cm)

$\therefore \overline{CD}=2\overline{DE}=6\sqrt{7}$ (cm)

30 답 3 cm

$\overline{AD}=\overline{AE}$, $\overline{CE}=\overline{CF}$이므로

$\overline{BD}+\overline{BF}=\overline{AB}+\overline{BC}+\overline{CA}=9+12+7=28$ (cm)

$\overline{BD}=\overline{BF}=\frac{1}{2} \times 28 = 14$ (cm)이므로

$\overline{AE}=\overline{AD}=\overline{BD}-\overline{AB}=14-9=5$ (cm)

$\overline{AP}=\overline{AR}=x$ cm라 하면

$\overline{BQ}=\overline{BP}=(9-x)$ cm, $\overline{CQ}=\overline{CR}=(7-x)$ cm

$\overline{BC}=\overline{BQ}+\overline{CQ}$이므로 $(9-x)+(7-x)=12$ $\therefore x=2$

$\therefore \overline{RE}=\overline{AE}-\overline{AR}=5-2=3$ (cm)

31 답 9

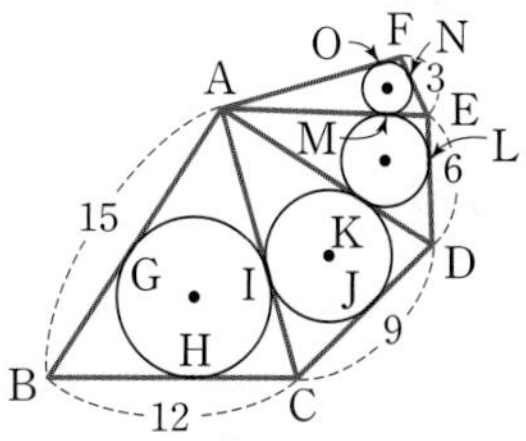

오른쪽 그림과 같이 네 원과 삼각형의 접점을 각각 G, H, I, J, K, L, M, N, O라 하고 $\overline{AG}=x$라 하면

$\overline{BG}=\overline{BH}=15-x$

$\overline{CH}=\overline{CI}=\overline{CJ}$

$\qquad = 12-(15-x)=x-3$

$\overline{DJ}=\overline{DK}=\overline{DL}=9-(x-3)=12-x$

$\overline{EL}=\overline{EM}=\overline{EN}=6-(12-x)=x-6$

$\overline{FN}=\overline{FO}=3-(x-6)=9-x$

이때 $\overline{AO}=\overline{AM}=\overline{AK}=\overline{AI}=\overline{AG}=x$이므로

$\overline{AF}=\overline{AO}+\overline{FO}=x+(9-x)=9$

32 답 $(100-25\pi)$ cm²

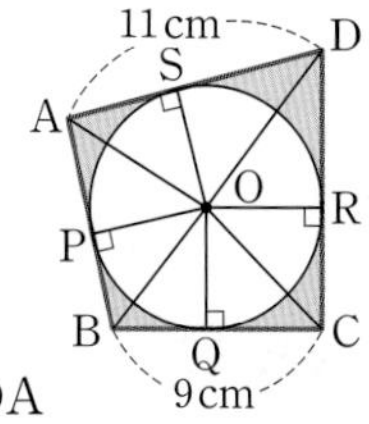

$\overline{AB}+\overline{CD}=\overline{AD}+\overline{BC}=11+9=20$ (cm)

오른쪽 그림과 같이 $\overline{OA}$, $\overline{OP}$, $\overline{OB}$, $\overline{OC}$, $\overline{OR}$, $\overline{OD}$, $\overline{OS}$를 그으면

$\overline{OP}=\overline{OQ}=\overline{OR}=\overline{OS}=5$ cm

$\therefore \square ABCD$

$\qquad = \triangle OAB + \triangle OBC + \triangle OCD + \triangle ODA$

$\qquad = \frac{5}{2}(\overline{AB}+\overline{BC}+\overline{CD}+\overline{DA})$

$\qquad = \frac{5}{2} \times (20+20) = \frac{5}{2} \times 40 = 100$ (cm²)

$\therefore$ (색칠한 부분의 넓이) = $\square ABCD$ - (원 O의 넓이)

$\qquad\qquad\qquad\qquad = 100-25\pi$ (cm²)

33 답 12π

부채꼴 AOB의 중심각의 크기를 x라 하면

$54\pi = \pi \times 18^2 \times \dfrac{x}{360}$ $\therefore x = 60°$

오른쪽 그림과 같이 원 O′이 $\overline{OA}$, $\overline{OB}$와
접하는 점을 각각 C, D라 하면 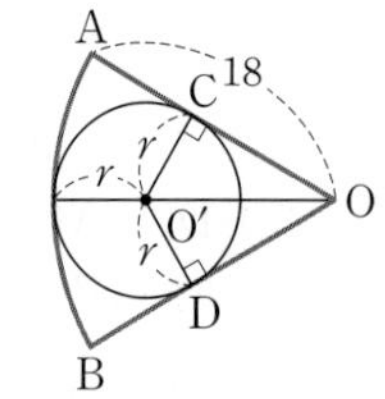
$\triangle O'OC \equiv \triangle O'OD$ (RHS 합동)이므로

$\angle O'OC = \angle O'OD = \dfrac{1}{2} \times 60° = 30°$

이때 원 O′의 반지름의 길이를 r라 하면
$\overline{OO'} = 18 - r$이고 $\triangle O'OD$에서

$\sin 30° = \dfrac{\overline{O'D}}{\overline{OO'}} = \dfrac{r}{18-r} = \dfrac{1}{2}$, $2r = 18 - r$ $\therefore r = 6$

따라서 원 O′의 둘레의 길이는 $2\pi \times 6 = 12\pi$

34 답 $\dfrac{40}{13}$

$\overline{CP} = \overline{CA} = 5$, $\overline{DP} = \overline{DB} = 8$

$\angle CAB = \angle DBA = 90°$이므로 $\overline{AC} /\!/ \overline{BD}$이다.

$\triangle AQC$와 $\triangle DQB$에서

$\angle ACQ = \angle DBQ$ (엇각), $\angle CAQ = \angle BDQ$ (엇각)

이므로 $\triangle AQC \backsim \triangle DQB$ (AA 닮음)

$\therefore \overline{CQ} : \overline{BQ} = \overline{AC} : \overline{DB} = 5 : 8$

$\triangle CPQ$와 $\triangle CDB$에서

$\overline{CQ} : \overline{CB} = \overline{CP} : \overline{CD} = 5 : 13$, $\angle BCD$는 공통

이므로 $\triangle CPQ \backsim \triangle CDB$ (SAS 닮음)

따라서 $\overline{PQ} : \overline{DB} = 5 : 13$이므로 $\overline{PQ} = \dfrac{5}{13}\overline{DB} = \dfrac{40}{13}$

35 답 $\dfrac{4}{3}\pi - \sqrt{3}$

조건 ㈎에서 $\angle ABC = 90°$이므로 $\angle CAB = 90° - 60° = 30°$

오른쪽 그림과 같이 원의 중심을 O, 점 O
에서 $\overline{AB}$에 내린 수선의 발을 H라 하면

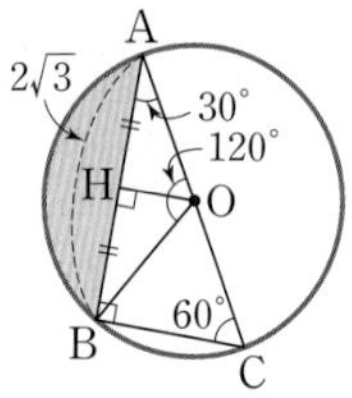

$\overline{AH} = \dfrac{1}{2}\overline{AB} = \dfrac{1}{2} \times 2\sqrt{3} = \sqrt{3}$

직각삼각형 OAH에서

$\overline{OA} = \dfrac{\overline{AH}}{\cos 30°} = \sqrt{3} \times \dfrac{2}{\sqrt{3}} = 2$

$\overline{OH} = \overline{AH}\tan 30° = \sqrt{3} \times \dfrac{\sqrt{3}}{3} = 1$

$\therefore$ (색칠한 부분의 넓이) $=$ (부채꼴 OAB의 넓이) $- \triangle OAB$

$= \pi \times 2^2 \times \dfrac{120}{360} - \dfrac{1}{2} \times 2\sqrt{3} \times 1$

$= \dfrac{4}{3}\pi - \sqrt{3}$

36 답 $\dfrac{1+\sqrt{5}}{2}$ cm

$\overset{\frown}{AB} = \overset{\frown}{BC} = \overset{\frown}{CD} = \overset{\frown}{DE} = \overset{\frown}{EA}$이므로

$\overset{\frown}{AB}$의 길이는 원주의 $\dfrac{1}{5}$ $\therefore \angle ACB = 180° \times \dfrac{1}{5} = 36°$

$\overset{\frown}{CDE}$의 길이는 원주의 $\dfrac{2}{5}$ $\therefore \angle CBE = 180° \times \dfrac{2}{5} = 72°$

$\triangle BCF$에서

$\angle CFB = 180° - (36° + 72°) = 72°$이므로 $\overline{BC} = \overline{CF}$

$\triangle ABC$와 $\triangle AFB$에서 $\angle BAC$는 공통, $\angle ACB = \angle ABF$

이므로 $\triangle ABC \backsim \triangle AFB$ (AA 닮음)

$\overline{AB} = \overline{BC} = \overline{FC} = x$ cm라 하면

$\overline{AB} : \overline{AF} = \overline{AC} : \overline{AB}$이므로 $x : 1 = (1+x) : x$

$x^2 = 1 + x$, $x^2 - x - 1 = 0$ $\therefore x = \dfrac{1 \pm \sqrt{5}}{2}$

이때 $x > 0$이므로 $x = \dfrac{1+\sqrt{5}}{2}$ $\therefore \overline{FC} = \dfrac{1+\sqrt{5}}{2}$ cm

37 답 $8°$

$\triangle DOE$에서
$\angle OED = 38° - 15° = 23°$ 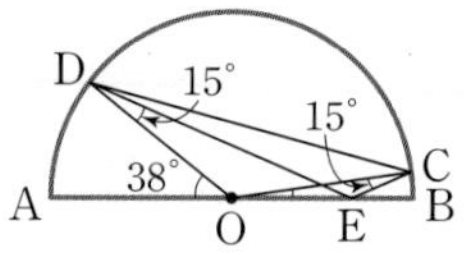
오른쪽 그림과 같이 $\overline{DC}$를 그으면
$\triangle OCD$에서 $\overline{OC} = \overline{OD}$이고
$\angle OCE = \angle ODE = 15°$에서 네 점 D, O, E, C는 한 원 위에
있으므로

$\angle ODC = \angle OCD = \angle OED = 23°$

$\therefore \angle COD = 180° - (23° + 23°) = 134°$

$\therefore \angle COE = 180° - (38° + 134°) = 8°$

38 답 14

오른쪽 그림과 같이 $\overline{AC}$, $\overline{BO}$, $\overline{BD}$
를 그으면 $\angle CAD = \angle CBD = 90°$

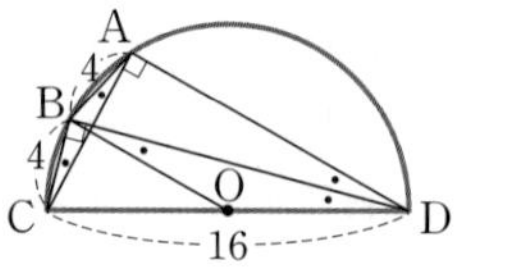

$\triangle BCD$에서 $\overline{BD} = \sqrt{16^2 - 4^2} = 4\sqrt{15}$

$\overline{AB} = \overline{BC}$이므로 $\overset{\frown}{AB} = \overset{\frown}{BC}$

$\therefore \angle ADB = \angle ACB = \angle BDC = \angle BAC$

$\triangle BOD$에서 $\overline{OB} = \overline{OD}$이므로 $\angle OBD = \angle ODB$

즉, $\angle BCA = \angle BAC = \angle ODB = \angle OBD$이므로

$\triangle ABC \backsim \triangle BOD$ (AA 닮음)

$\overline{AB} : \overline{BO} = \overline{AC} : \overline{BD}$이므로

$4 : 8 = \overline{AC} : 4\sqrt{15}$, $8\overline{AC} = 16\sqrt{15}$ $\therefore \overline{AC} = 2\sqrt{15}$

따라서 $\triangle ACD$에서 $\overline{AD} = \sqrt{16^2 - (2\sqrt{15})^2} = 14$

39 답 $3\pi - \dfrac{9\sqrt{3}}{4}$

오른쪽 그림과 같이 $\overline{AB}$를 그으면 $\overline{AB}$는
원의 지름이다.

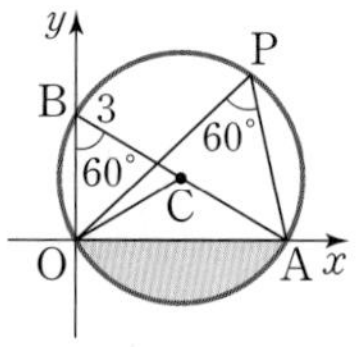

$\angle OBA = \angle OPA = 60°$이고

$\overline{AB} = \dfrac{\overline{BO}}{\cos 60°} = \dfrac{3}{\cos 60°} = 6$이므로

원 C의 반지름의 길이는 $\dfrac{1}{2}\overline{AB} = \dfrac{1}{2} \times 6 = 3$

따라서 색칠한 부분의 넓이는
(부채꼴 COA의 넓이) $- \triangle COA$

$= \pi \times 3^2 \times \dfrac{120}{360} - \dfrac{1}{2} \times 3 \times 3 \times \sin(180° - 120°)$

$= 3\pi - \dfrac{9\sqrt{3}}{4}$

40 답 $\dfrac{10\sqrt{5}}{3}$

오른쪽 그림과 같이 작은 반원의 중
심을 O라 하고 $\overline{PO}$, $\overline{QB}$를 그으면 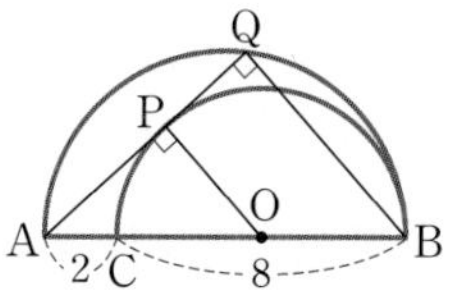
$\triangle AOP$에서 $\overline{AP} = \sqrt{6^2 - 4^2} = 2\sqrt{5}$
이때 $\triangle AOP \backsim \triangle ABQ$ (AA 닮음)

이므로 $\overline{AO}:\overline{AB}=\overline{AP}:\overline{AQ}$

$6:10=2\sqrt{5}:\overline{AQ}$, $6\overline{AQ}=20\sqrt{5}$ ∴ $\overline{AQ}=\dfrac{10\sqrt{5}}{3}$

41 답 100

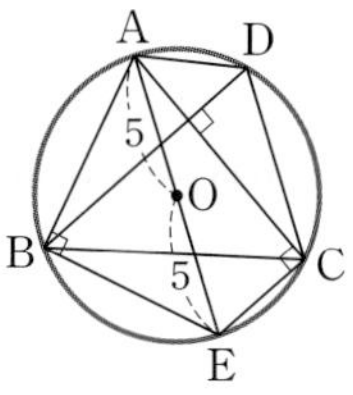

오른쪽 그림과 같이 $\overline{AO}$의 연장선이 원
O와 만나는 점을 E라 하고, $\overline{BE}$, $\overline{CE}$를
그으면

$\overline{AE}$는 원 O의 지름이므로 $\angle ACE=90°$

즉, $\overline{BD}\,/\!/\,\overline{EC}$이므로

$\angle BCE=\angle DBC$ (엇각)

이때 $\overparen{BE}$와 $\overparen{CD}$의 원주각의 크기가 같으므로

$\overparen{BE}=\overparen{CD}$ ∴ $\overline{BE}=\overline{CD}$

또, $\triangle ABE$에서 $\angle ABE=90°$이므로

$\overline{AB}^2+\overline{BE}^2=\overline{AE}^2=10^2=100$

∴ $\overline{AB}^2+\overline{CD}^2=\overline{AB}^2+\overline{BE}^2=100$

42 답 6π

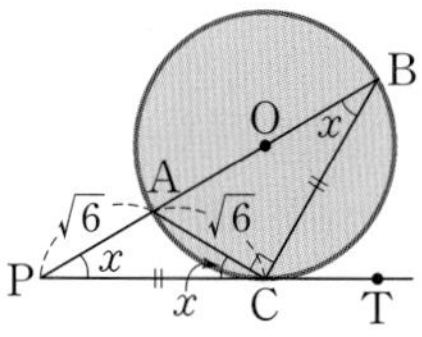

$\triangle BPC$에서 $\overline{BC}=\overline{PC}$이므로

$\angle BPC=\angle PBC=\angle x$라 하자.

오른쪽 그림과 같이 $\overline{AC}$를 그으면

$\angle ACP=\angle ABC=\angle x$이므로

$\overline{AC}=\overline{AP}=\sqrt{6}$

$\angle ACB=90°$이므로

$\triangle BPC$에서 $\angle x+(\angle x+90°)+\angle x=180°$

$3\angle x=90°$ ∴ $\angle x=30°$

직각삼각형 BAC에서 $\overline{AB}=\dfrac{\sqrt{6}}{\sin 30°}=2\sqrt{6}$

따라서 원 O의 반지름의 길이는 $\sqrt{6}$이므로 구하는 넓이는

$\pi\times(\sqrt{6})^2=6\pi$

43 답 69°

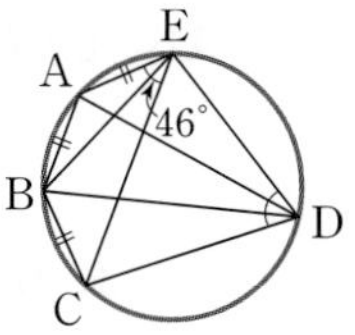

오른쪽 그림과 같이 $\overline{BE}$, $\overline{AD}$, $\overline{BD}$를 그
으면

$\angle AEB=\angle BEC=\dfrac{1}{2}\times 46°=23°$

∴ $\angle D=\angle EDA+\angle ADB+\angle BDC$

$=3\times 23°=69°$

44 답 540°

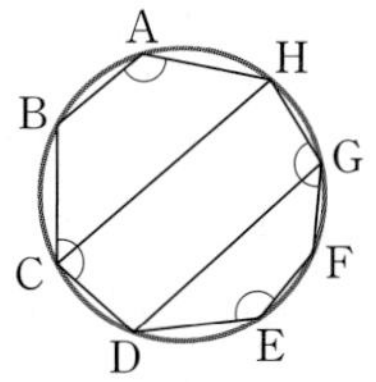

오른쪽 그림과 같이 $\overline{CH}$, $\overline{DG}$를 그으면

□ABCH, □CDGH, □DEFG가 원
에 내접하므로

$\angle A+\angle BCH=180°$

$\angle HCD+\angle DGH=180°$

$\angle DGF+\angle E=180°$

∴ $\angle A+\angle C+\angle E+\angle G$

$=\angle A+(\angle BCH+\angle HCD)+(\angle DGH+\angle DGF)+\angle E$

$=180°\times 3=540°$

45 답 $\sqrt{2}$

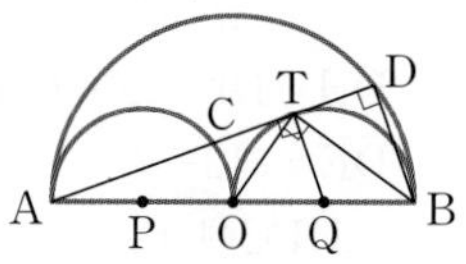

오른쪽 그림과 같이 $\overline{TO}$, $\overline{TQ}$, $\overline{TB}$,
$\overline{DB}$를 그으면

$\angle ATQ=\angle ADB=\angle OTB=90°$

두 반원 P, Q의 반지름의 길이를 a라 하면

$\triangle ATQ\circlearrowright\triangle ADB$ (AA 닮음)이고

$\overline{AQ}=3a$, $\overline{TQ}=a$, $\overline{BA}=4a$, $\overline{DB}=\dfrac{4}{3}a$, $\overline{AT}=2\sqrt{2}a$이므로

$\overline{DT}=\dfrac{2\sqrt{2}}{3}a$

이때 $\overline{AT}$는 반원 Q의 접선이므로 $\angle BOT=\angle BTD$

∴ $\dfrac{\overline{BT}}{\overline{OT}}=\tan(\angle BOT)=\tan(\angle BTD)=\dfrac{\overline{DB}}{\overline{DT}}=\sqrt{2}$

46 답 6개

(i) 한 쌍의 대각의 크기의 합이 180°인 경우

$\angle ADH=\angle AFH=90°$, $\angle BDH=\angle BEH=90°$,

$\angle CEH=\angle CFH=90°$이므로 □ADHF, □DBEH,

□FHEC의 3개

(ii) 한 변에 대해 같은 쪽에 있는 두 각의 크기가 같은 경우

$\angle AFB=\angle AEB$, $\angle ADC=\angle AEC$, $\angle BDC=\angle BFC$

이므로 □ABEF, □ADEC, □DBCF의 3개

따라서 (i), (ii)에서 원에 내접하는 사각형은 6개이다.

47 답 103°

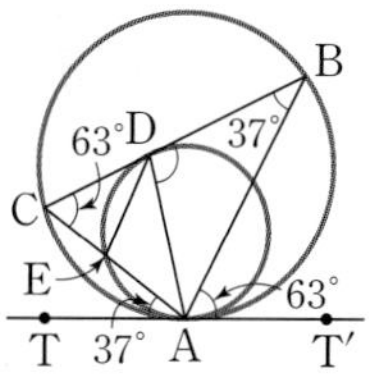

$\angle CAT=\angle CBA=37°$

$\angle BCA=\angle BAT'=63°$

오른쪽 그림과 같이 $\overline{AC}$와 작은 원이 만
나는 점을 E라 하고 $\overline{DE}$를 그으면

$\angle ADE=\angle CAT=37°$

$\angle DAE=\angle CDE=\angle x$라 하면

$\triangle ACD$에서 $63°+(37°+\angle x)+\angle x=180°$ ∴ $\angle x=40°$

∴ $\angle BDA=180°-(37°+40°)=103°$

48 답 $\dfrac{36}{5}\pi$

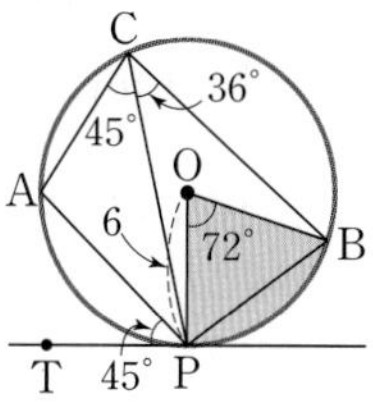

오른쪽 그림과 같이 $\overline{CP}$를 그으면

$\angle ACP=\angle APT=45°$

$\angle PCB=81°-45°=36°$이므로

$\angle POB=2\times 36°=72°$

따라서 부채꼴 OPB의 넓이는

$\pi\times 6^2\times\dfrac{72}{360}=\dfrac{36}{5}\pi$

49 답 84°

$\angle BDC=\angle BCE=32°$

$\triangle BCD$에서 $\overline{BD}$가 지름이므로 $\angle BCD=90°$

∴ $\angle CBD=90°-32°=58°$

$\angle CAD=\angle CBD=58°$, $\overline{AD}\,/\!/\,\overline{EC}$이므로 $\angle ACE=58°$ (엇각)

∴ $\angle ACB=58°-32°=26°$

따라서 $\triangle PBC$에서 $\angle DPC=58°+26°=84°$

50 답 $\angle x=57°$, $\angle y=54°$, $\angle z=111°$

$\angle PAB=\angle PBA=\dfrac{1}{2}\times(180°-66°)=57°$

∴ $\angle x=\angle PBA=57°$

또, $\angle DCB=\angle DEB=90°$이므로 $\angle DCF=90°-57°=33°$

따라서 $\triangle DFC$에서 $\angle y=21°+33°=54°$

$\triangle FGC$에서 $\angle z=\angle x+\angle y=57°+54°=111°$

01 ③	02 ①	03 ③	04 ③	05 ⑤
06 ⑤	07 ③	08 ④	09 ⑤	10 ④
11 ⑤	12 ④	13 ②	14 ④	15 ③
16 ②	17 ④	18 ④	19 $\dfrac{\sqrt{3}}{4}$	
20 $12\sqrt{3}$ cm³		21 $4\sqrt{7}$ cm	22 $35°$	23 $70°$

01 답 ③

$\cos A=\dfrac{\overline{AC}}{6}=\dfrac{2}{3}$이므로 $\overline{AC}=4$

$\therefore \overline{BC}=\sqrt{6^2-4^2}=\sqrt{20}=2\sqrt{5}$

02 답 ①

$\triangle ABC \circ \triangle EBD$ (AA 닮음)이므로 $\angle C=x$

$\triangle ABC$에서 $\overline{BC}=\sqrt{6^2+3^2}=\sqrt{45}=3\sqrt{5}$

$\therefore \cos x=\cos C=\dfrac{\overline{AC}}{\overline{BC}}=\dfrac{3}{3\sqrt{5}}=\dfrac{\sqrt{5}}{5}$

03 답 ③

$(\tan 60°-\sin 60°)\times \cos 30°-\tan 45°$

$=\left(\sqrt{3}-\dfrac{\sqrt{3}}{2}\right)\times \dfrac{\sqrt{3}}{2}-1$

$=\dfrac{\sqrt{3}}{2}\times \dfrac{\sqrt{3}}{2}-1=-\dfrac{1}{4}$

04 답 ③

오른쪽 그림과 같이 꼭짓점 C에서 $\overline{AB}$에 내린 수선의 발을 H라 하면 $\triangle AHC$에서

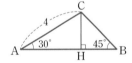

$\overline{CH}=4\sin 30°=4\times \dfrac{1}{2}=2$

$\triangle BHC$에서 $\overline{BC}=\dfrac{2}{\sin 45°}=2\sqrt{2}$

05 답 ⑤

$\cos x=\overline{OA}=0.7431$이므로 $x=42°$

$\therefore \overline{CD}=\tan 42°=0.9004$

06 답 ⑤

$\triangle ABC$에서

$\overline{AB}=6\sin 30°=6\times \dfrac{1}{2}=3$, $\overline{AC}=6\cos 30°=6\times \dfrac{\sqrt{3}}{2}=3\sqrt{3}$

따라서 삼각기둥의 부피는

$\dfrac{1}{2}\times 3\times 3\sqrt{3}\times 8=36\sqrt{3}$

07 답 ③

오른쪽 그림과 같이 꼭짓점 C에서 $\overline{AB}$에 내린 수선의 발을 H라 하면 $\triangle AHC$에서

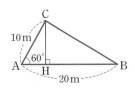

$\overline{CH}=10\sin 60°=10\times \dfrac{\sqrt{3}}{2}$

$\quad\quad=5\sqrt{3}$ (m)

$\overline{AH}=10\cos 60°=10\times \dfrac{1}{2}=5$ (m)

$\overline{BH}=\overline{AB}-\overline{AH}=20-5=15$ (m)이므로

$\overline{BC}=\sqrt{15^2+(5\sqrt{3})^2}=10\sqrt{3}$ (m)

08 답 ④

$\overline{AD}=h$ m라 하면 $\triangle ABD$에서 $\angle BAD=45°$이므로

$\overline{BD}=h\tan 45°=h$

$\triangle ACD$에서 $\angle CAD=30°$이므로

$\overline{CD}=h\tan 30°=\dfrac{\sqrt{3}}{3}h$

$\overline{BC}=\overline{BD}-\overline{CD}$에서 $h-\dfrac{\sqrt{3}}{3}h=60$

$\dfrac{3-\sqrt{3}}{3}h=60$ $\therefore h=90+30\sqrt{3}$

따라서 산의 높이는 $(90+30\sqrt{3})$ m이다.

09 답 ⑤

오른쪽 그림과 같이 점 F에서 $\overline{EA}$에 내린 수선의 발을 H라 하고 $\overline{HA}=x$ cm라 하면 $\angle FAE=45°$이므로

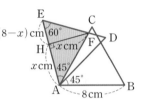

$\overline{FH}=x$ cm, $\overline{EH}=(8-x)$ cm

$\triangle EHF$에서 $\tan 60°=\dfrac{x}{8-x}=\sqrt{3}$, $8\sqrt{3}-\sqrt{3}x=x$

$(\sqrt{3}+1)x=8\sqrt{3}$ $\therefore x=12-4\sqrt{3}$

$\therefore \triangle FEA=\dfrac{1}{2}\times 8\times(12-4\sqrt{3})=48-16\sqrt{3}$ (cm²)

10 답 ④

오른쪽 그림과 같이 $\overline{OA}$를 그으면 $\overline{OA}=\overline{OC}=10$이므로

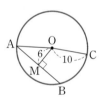

$\triangle OAM$에서 $\overline{AM}=\sqrt{10^2-6^2}=8$

$\therefore \overline{AB}=2\overline{AM}=2\times 8=16$

11 답 ⑤

$\overline{AD}=\overline{AE}$, $\overline{BD}=\overline{BF}$, $\overline{CE}=\overline{CF}$이므로

$\overline{AB}+\overline{BC}+\overline{AC}=\overline{AB}+(\overline{BF}+\overline{CF})+\overline{AC}$

$\quad\quad\quad\quad\quad\quad\quad =(\overline{AB}+\overline{BD})+(\overline{CE}+\overline{AC})$

$\quad\quad\quad\quad\quad\quad\quad =\overline{AD}+\overline{AE}=2\overline{AD}$

즉, $7+9+8=2\overline{AD}$이므로 $2\overline{AD}=24$

$\therefore \overline{AD}=12$ (cm)

12 답 ④

$\overline{AB}+\overline{DC}=\overline{AD}+\overline{BC}$이므로

$8+\overline{DC}=6+11$ $\therefore \overline{DC}=9$

13 답 ②

오른쪽 그림과 같이 접점을 각각 F, G, H, I, J, K, L이라 하고 원 O의 반지름의 길이를 R cm, 원 O′의 반지름의 길이를 r cm라 하면

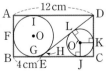

$\overline{DH}=\overline{DI}=12-R$ (cm), $\overline{EH}=\overline{EG}=4-R$ (cm)이므로

$\overline{DE}=(12-R)+(4-R)=16-2R$ (cm)

$\triangle DEC$에서 $(16-2R)^2=(2R)^2+8^2$

$64R=192$ $\therefore R=3$

즉, $\overline{\mathrm{DE}}=10$ cm, $\overline{\mathrm{DC}}=6$ cm이므로

$\dfrac{1}{2}\times8\times6=\dfrac{1}{2}\times10\times r+\dfrac{1}{2}\times8\times r+\dfrac{1}{2}\times6\times r$에서

$12r=24$ $\therefore r=2$

따라서 두 원의 반지름의 길이의 합은 $3+2=5\,(\mathrm{cm})$

14 답 ④

오른쪽 그림과 같이 $\overline{\mathrm{OA}}$를 그으면

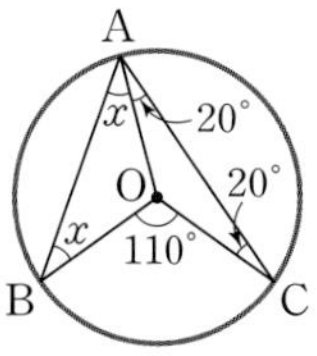

$\angle\mathrm{OAB}=\angle\mathrm{OBA}=\angle x$

$\angle\mathrm{OAC}=\angle\mathrm{OCA}=20°$

$\angle\mathrm{A}=\dfrac{1}{2}\times110°=55°$이므로

$55°=\angle x+20°$ $\therefore\angle x=35°$

15 답 ③

$\angle\mathrm{CAB}=90°\times\dfrac{1}{3}=30°$이므로

$\overline{\mathrm{AC}}=6\cos30°=6\times\dfrac{\sqrt{3}}{2}=3\sqrt{3}\,(\mathrm{cm})$

$\overline{\mathrm{BC}}=6\sin30°=6\times\dfrac{1}{2}=3\,(\mathrm{cm})$

따라서 △ABC의 둘레의 길이는

$6+3+3\sqrt{3}=9+3\sqrt{3}\,(\mathrm{cm})$

16 답 ②

오른쪽 그림과 같이 $\overline{\mathrm{CE}}$를 그으면

□ABCE가 원 O에 내접하므로

$\angle\mathrm{AEC}=180°-125°=55°$

$\therefore\angle x=2\angle\mathrm{CED}=2\times(105°-55°)$
$=100°$

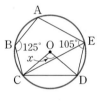

17 답 ④

△PBC에서 $\angle\mathrm{PCQ}=\angle\mathrm{B}+44°$

□ABCD가 원 O에 내접하므로 $\angle\mathrm{QDC}=\angle\mathrm{B}$

△CQD에서 $(\angle\mathrm{B}+44°)+36°+\angle\mathrm{B}=180°$

$2\angle\mathrm{B}=100°$ $\therefore\angle\mathrm{B}=50°$

$\therefore\angle x=2\angle\mathrm{B}=2\times50°=100°$

18 답 ④

오른쪽 그림과 같이 $\overline{\mathrm{OA}}$의 연장선을 그어 원과 만나는 점을 B′라 하면

$\overline{\mathrm{PT}}$가 원의 접선이므로 $\angle\mathrm{B}'=x$

$\angle\mathrm{ATB}'=90°$이므로

△ATB′에서 $\overline{\mathrm{TB}'}=\sqrt{10^2-8^2}=6$

$\therefore\tan x=\dfrac{\overline{\mathrm{AT}}}{\overline{\mathrm{TB}'}}=\dfrac{8}{6}=\dfrac{4}{3}$

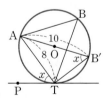

19 답 $\dfrac{\sqrt{3}}{4}$

오른쪽 그림과 같이 점 P에서 x축에 내린 수선의 발을 H라 하면

$\overline{\mathrm{OH}}=1$, $\overline{\mathrm{PH}}=\sqrt{3}$이므로

$\tan a=\dfrac{\sqrt{3}}{1}=\sqrt{3}$

$\therefore a=60°$ ……❶

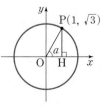

$\therefore\sin\dfrac{a}{2}\times\cos(90°-a)$

$=\sin30°\times\cos30°=\dfrac{1}{2}\times\dfrac{\sqrt{3}}{2}=\dfrac{\sqrt{3}}{4}$ ……❷

채점 기준	배점
❶ a의 크기 구하기	2점
❷ $\sin\dfrac{a}{2}\times\cos(90°-a)$의 값 구하기	2점

20 답 $12\sqrt{3}$ cm³

△ACO에서 $\overline{\mathrm{OC}}=\dfrac{6}{\tan45°}=\dfrac{6}{1}=6\,(\mathrm{cm})$ ……❶

△BCO에서 $\overline{\mathrm{OB}}=\dfrac{6}{\tan60°}=\dfrac{6}{\sqrt{3}}=2\sqrt{3}\,(\mathrm{cm})$ ……❷

$\therefore$ (삼각뿔의 부피)$=\dfrac{1}{3}\times\left(\dfrac{1}{2}\times6\times2\sqrt{3}\right)\times6$
$=12\sqrt{3}\,(\mathrm{cm}^3)$ ……❸

채점 기준	배점
❶ $\overline{\mathrm{OC}}$의 길이 구하기	2점
❷ $\overline{\mathrm{OB}}$의 길이 구하기	2점
❸ 삼각뿔의 부피 구하기	3점

21 답 $4\sqrt{7}$ cm

$\overline{\mathrm{DE}}=\overline{\mathrm{AD}}=4\,(\mathrm{cm})$, $\overline{\mathrm{CE}}=\overline{\mathrm{BC}}=6\,(\mathrm{cm})$

이므로 $\overline{\mathrm{CD}}=4+6=10\,(\mathrm{cm})$ ……❶

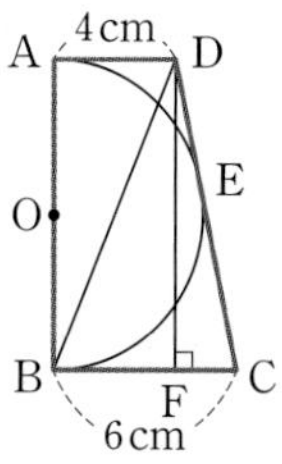

오른쪽 그림과 같이 점 D에서 $\overline{\mathrm{BC}}$에 내린 수선의 발을 F라 하면 $\overline{\mathrm{CF}}=6-4=2\,(\mathrm{cm})$

△CDF에서

$\overline{\mathrm{DF}}=\sqrt{10^2-2^2}=4\sqrt{6}\,(\mathrm{cm})$ ……❷

△DBF에서 $\overline{\mathrm{BD}}=\sqrt{4^2+(4\sqrt{6})^2}=4\sqrt{7}\,(\mathrm{cm})$ ……❸

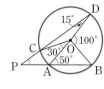

채점 기준	배점
❶ $\overline{\mathrm{CD}}$의 길이 구하기	2점
❷ $\overline{\mathrm{DF}}$를 그어 $\overline{\mathrm{DF}}$의 길이 구하기	2점
❸ $\overline{\mathrm{BD}}$의 길이 구하기	2점

22 답 $35°$

$\angle\mathrm{CDA}=\dfrac{1}{2}\times30°=15°$ ……❶

$\angle\mathrm{BAD}=\dfrac{1}{2}\times100°=50°$ ……❷

△DPA에서

$\angle\mathrm{P}=50°-15°=35°$ ……❸

채점 기준	배점
❶ $\angle\mathrm{CDA}$의 크기 구하기	2점
❷ $\angle\mathrm{BAD}$의 크기 구하기	2점
❸ $\angle\mathrm{P}$의 크기 구하기	2점

23 답 $70°$

$\overset{\frown}{\mathrm{AB}}:\overset{\frown}{\mathrm{BC}}:\overset{\frown}{\mathrm{CA}}=4:3:2$이므로 $\angle\mathrm{B}=180°\times\dfrac{2}{9}=40°$ ……❶

$\overline{\mathrm{BE}}$는 원 O의 접선이므로 $\angle\mathrm{BED}=\angle x$

$\overline{\mathrm{BD}}=\overline{\mathrm{BE}}$이므로 $\angle x=\dfrac{1}{2}\times(180°-40°)=70°$ ……❷

채점 기준	배점
❶ ∠B의 크기 구하기	4점
❷ ∠x의 크기 구하기	3점

중간고사 대비 실전 모의고사 ②회

117쪽~120쪽

01 ⑤	**02** ④	**03** ④	**04** ③	**05** ①
06 ④	**07** ①	**08** ①	**09** ④	**10** ③
11 ④	**12** ②	**13** ③	**14** ③	**15** ⑤
16 ①	**17** ③	**18** ④	**19** $\dfrac{\sqrt{5}}{3}$	
20 $9\sqrt{3}\pi$ cm³		**21** 2 cm	**22** 140°	**23** 66°

01 답 ⑤

$\overline{AC}=\sqrt{8^2+6^2}=10$

⑤ $\tan C=\dfrac{\overline{AB}}{\overline{BC}}=\dfrac{8}{6}=\dfrac{4}{3}$

02 답 ④

$\overline{OH}=8-6=2$ (cm)이므로 $\overline{BH}=\sqrt{6^2-2^2}=4\sqrt{2}$ (cm)

∴ $\cos x=\dfrac{\overline{BH}}{\overline{BO}}=\dfrac{4\sqrt{2}}{6}=\dfrac{2\sqrt{2}}{3}$

03 답 ④

① $\cos 0°=1$

② $\tan 45°=1$, $\tan 30°=\dfrac{\sqrt{3}}{3}$이므로 $\tan 45°>\tan 30°$

③ $\sin 45°+\cos 45°=\dfrac{\sqrt{2}}{2}+\dfrac{\sqrt{2}}{2}=\sqrt{2}$

⑤ $\sin 90°-\cos 60°=1-\dfrac{1}{2}=\dfrac{1}{2}$

04 답 ③

$\tan a=\dfrac{12}{5}$이므로 오른쪽 그림과 같은 직각삼각형 ABC를 그릴 수 있다.

$\overline{AC}=\sqrt{5^2+12^2}=13$이므로

$\sin a+\cos a=\dfrac{12}{13}+\dfrac{5}{13}=\dfrac{17}{13}$

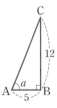

05 답 ①

△ABC에서 $\overline{AC}=4\sqrt{2}\sin 45°=4\sqrt{2}\times\dfrac{\sqrt{2}}{2}=4$ (cm)

△ACD에서 $\overline{AD}=4\sin 30°=4\times\dfrac{1}{2}=2$ (cm)

06 답 ④

△DEF에서

$\overline{DE}=2\sqrt{2}\sin 60°=2\sqrt{2}\times\dfrac{\sqrt{3}}{2}=\sqrt{6}$

$\overline{EF}=2\sqrt{2}\cos 60°=2\sqrt{2}\times\dfrac{1}{2}=\sqrt{2}$

△ADE에서 $\overline{AD}=\overline{AE}=\sqrt{6}\cos 45°=\sqrt{6}\times\dfrac{\sqrt{2}}{2}=\sqrt{3}$

△EBF에서 ∠FEB$=180°-(45°+90°)=45°$이므로

$\overline{EB}=\overline{BF}=\sqrt{2}\sin 45°=\sqrt{2}\times\dfrac{\sqrt{2}}{2}=1$

△DFC에서 ∠DFC$=180°-(45°+60°)=75°$이고

$\overline{CF}=\sqrt{3}-1$, $\overline{DC}=\sqrt{3}+1$이므로

$\tan 75°=\dfrac{\overline{DC}}{\overline{CF}}=\dfrac{\sqrt{3}+1}{\sqrt{3}-1}=2+\sqrt{3}$

07 답 ①

$\overline{BC}=10\sin 20°=10\times 0.3420=3.42$ (m)

08 답 ①

$\overline{CH}=h$ m라 하면

∠ACH$=90°-45°=45°$이므로

$\overline{AH}=h\tan 45°=h$

∠HCB$=90°-60°=30°$이므로

$\overline{BH}=h\tan 30°=\dfrac{\sqrt{3}}{3}h$

$\overline{AB}=\overline{AH}+\overline{BH}$이므로 $h+\dfrac{\sqrt{3}}{3}h=100$

$h\Big(1+\dfrac{\sqrt{3}}{3}\Big)=100$ ∴ $h=50(3-\sqrt{3})$

따라서 $\overline{CH}$의 길이는 $50(3-\sqrt{3})$ m이다.

09 답 ④

$\overline{AE}=3$이므로 $\overline{BE}=\sqrt{6^2+3^2}=3\sqrt{5}$

$\overline{CF}=2$이므로 $\overline{BF}=\sqrt{6^2+2^2}=2\sqrt{10}$

오른쪽 그림과 같이 $\overline{EF}$를 그으면

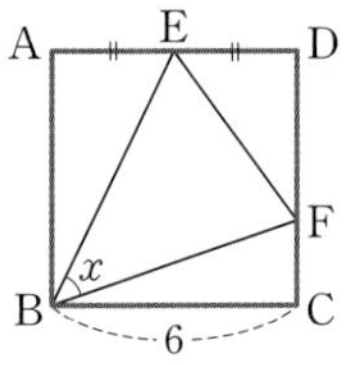

□ABCD
$=$△ABE$+$△EBF$+$△EFD$+$△BCF

이므로

$36=\dfrac{1}{2}\times 6\times 3+\dfrac{1}{2}\times 3\sqrt{5}\times 2\sqrt{10}\times\sin x$

$\qquad\qquad +\dfrac{1}{2}\times 3\times 4+\dfrac{1}{2}\times 6\times 2$

$36=9+15\sqrt{2}\times\sin x+6+6$

$15\sqrt{2}\times\sin x=15$ ∴ $\sin x=\dfrac{\sqrt{2}}{2}$

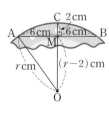

10 답 ③

오른쪽 그림과 같이 원의 반지름의 길이를 r cm라 하면

△OAM에서 $r^2=6^2+(r-2)^2$

$4r=40$ ∴ $r=10$

따라서 원 모양 접시의 반지름의 길이는 10 cm이다.

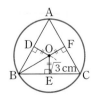

11 답 ④

$\overline{OD}=\overline{OE}=\overline{OF}$이므로 $\overline{AB}=\overline{BC}=\overline{CA}$

즉, △ABC는 정삼각형이다.

오른쪽 그림과 같이 $\overline{BO}$를 그으면

∠OBE$=\dfrac{1}{2}\times 60°=30°$이므로

$\overline{BE}=\dfrac{\sqrt{3}}{\tan 30°}=3$ (cm)

$\overline{BC} = 2\overline{BE} = 2 \times 3 = 6\,(\text{cm})$이므로
$\triangle ABC$의 둘레의 길이는 $6 \times 3 = 18\,(\text{cm})$

12 답 ②

오른쪽 그림과 같이 점 O에서 $\overline{AB}$에 내린
수선의 발을 H라 하고 $\overline{OA} = R\,\text{cm}$,
$\overline{OH} = r\,\text{cm}$라 하면

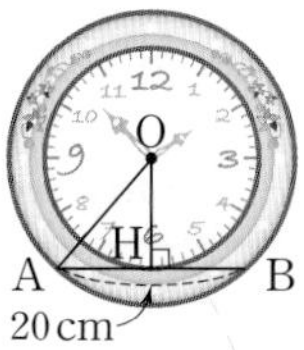

$\overline{AH} = \dfrac{1}{2} \times 20 = 10\,(\text{cm})$

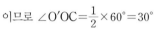

이므로 $\triangle OAH$에서
$R^2 = 10^2 + r^2$, $R^2 - r^2 = 100$
따라서 시계의 테두리 부분의 넓이는
$\pi R^2 - \pi r^2 = \pi(R^2 - r^2) = 100\pi\,(\text{cm}^2)$

13 답 ③

오른쪽 그림과 같이 원 O′과 부채꼴
OAB의 접점을 각각 C, D, E라 하고
원 O′의 반지름의 길이를 $r\,\text{cm}$라 하면
$\triangle O'OC \equiv \triangle O'OE$ (RHS 합동)

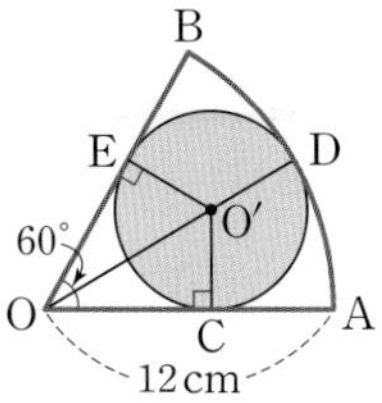

이므로 $\angle O'OC = \dfrac{1}{2} \times 60° = 30°$

$\overline{OO'} = 12 - r\,(\text{cm})$이므로 $\triangle OCO'$에서

$\sin 30° = \dfrac{r}{12 - r} = \dfrac{1}{2}$, $12 - r = 2r$

$3r = 12$ ∴ $r = 4$
따라서 원 O′의 넓이는
$\pi \times 4^2 = 16\pi\,(\text{cm}^2)$

14 답 ③

$\overline{AC}$는 원 O의 지름이므로 $\angle ABC = 90°$
$\angle A = \angle D = 40°$이므로 $\triangle ABC$에서
$\angle x = 180° - (90° + 40°) = 50°$

15 답 ⑤

$\overset{\frown}{AB} : \overset{\frown}{CD} = 4 : 1$이므로
$\angle CPB = \angle a$라 하면 $\angle ACB = 4\angle a$
$\triangle CPB$에서 $4\angle a = \angle a + 45°$ ∴ $\angle a = 15°$
$\angle ADB = \angle ACB = 4\angle a$이므로
$\triangle QBD$에서
$\angle x = \angle a + 4\angle a = 5\angle a = 5 \times 15° = 75°$

16 답 ①

$\square ABCD$가 원에 내접하므로 $\angle CBD = \angle CAD = 20°$
$\angle ABC = \angle EDC = 85°$이므로
$\angle x = \angle ABC - \angle CBD = 85° - 20° = 65°$

17 답 ③

오른쪽 그림과 같이 $\overline{EA}$, $\overline{CA}$를 그으면

$\angle ECA = 180° \times \dfrac{1}{5} = 36°$

$\angle AEC = 180° \times \dfrac{2}{5} = 72°$

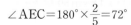
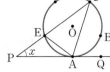

$\overrightarrow{PA}$는 원 O의 접선이므로 $\angle CAQ = \angle AEC = 72°$
$\triangle PAC$에서 $\angle x + 36° = 72°$
∴ $\angle x = 36°$

18 답 ④

오른쪽 그림과 같이 $\overline{EB}$를 그으면
$\square BCDE$는 원 O′에 내접하므로
$\angle AEB = \angle C = 74°$
직선 PQ는 원 O의 접선이므로
$\angle x = \angle AEB = 74°$

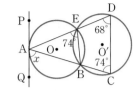

19 답 $\dfrac{\sqrt{5}}{3}$

$0° < x < 60°$일 때, $1 < 2\cos x < 2$이므로
$\sqrt{(1 - 2\cos x)^2} + \sqrt{(\cos x + 1)^2}$
$= -(1 - 2\cos x) + (\cos x + 1) = 3\cos x$

즉, $3\cos x = 2$이므로 $\cos x = \dfrac{2}{3}$ ……❶

따라서 오른쪽 그림과 같은 직각삼각형
ABC를 그릴 수 있다.

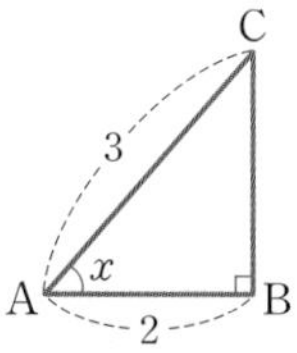

$\overline{BC} = \sqrt{3^2 - 2^2} = \sqrt{5}$이므로 $\sin x = \dfrac{\sqrt{5}}{3}$ ……❷

채점 기준	배점
❶ $\cos x$의 값 구하기	3점
❷ $\sin x$의 값 구하기	3점

20 답 $9\sqrt{3}\pi\,\text{cm}^3$

주어진 직각삼각형 ABC를 직선 l을 축으
로 하여 1회전 시킬 때 생기는 입체도형은
오른쪽 그림과 같은 원뿔이다.
$\triangle ABC$에서

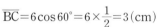
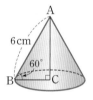

$\overline{BC} = 6\cos 60° = 6 \times \dfrac{1}{2} = 3\,(\text{cm})$

$\overline{AC} = 6\sin 60° = 6 \times \dfrac{\sqrt{3}}{2} = 3\sqrt{3}\,(\text{cm})$ ……❶

∴ (원뿔의 부피) $= \dfrac{1}{3} \times (\pi \times 3^2) \times 3\sqrt{3} = 9\sqrt{3}\pi\,(\text{cm}^3)$ ……❷

채점 기준	배점
❶ $\overline{BC}$, $\overline{AC}$의 길이 각각 구하기	2점
❷ 원뿔의 부피 구하기	2점

21 답 2 cm

오른쪽 그림과 같이 $\overline{OD}$, $\overline{OF}$를 그
어 원 O의 반지름의 길이를 $r\,\text{cm}$라
하면 $\overline{AD} = \overline{AF} = r\,\text{cm}$
즉, $\overline{AB} = (r + 4)\,\text{cm}$,
$\overline{AC} = (r + 6)\,\text{cm}$ ……❶

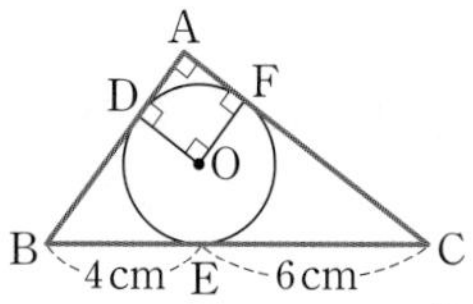

$\triangle ABC$에서 $(r + 4)^2 + (r + 6)^2 = 10^2$
$r^2 + 10r - 24 = 0$, $(r + 12)(r - 2) = 0$
∴ $r = 2$ (∵ $r > 0$)
따라서 원 O의 반지름의 길이는 2 cm이다. ……❷

채점 기준	배점
❶ $\overline{AB}$, $\overline{AC}$의 길이를 원의 반지름의 길이를 이용하여 각각 나타내기	4점
❷ 원 O의 반지름의 길이 구하기	3점

22 답 140°

오른쪽 그림과 같이 $\overline{AC}$를 그으면
$\overline{PQ}$는 원 O의 접선이므로
$\angle BAC = \angle BCP = 68°$
$\angle CAD = \dfrac{1}{2}\angle COD = \dfrac{1}{2}\times 144° = 72°$
...... ❶

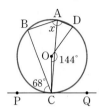

$\therefore \angle x = \angle BAC + \angle CAD$
$\quad = 68° + 72° = 140°$ ...... ❷

채점 기준	배점
❶ ∠BAC, ∠CAD의 크기 각각 구하기	4점
❷ ∠x의 크기 구하기	2점

23 답 66°

오른쪽 그림과 같이 $\overline{DB}$를 그으면
$\angle ADB = 90°$이므로 △EBD에서
$\angle EBD = 90° - 72° = 18°$ ...... ❶
$\stackrel{\frown}{AD} : \stackrel{\frown}{DC} = 4 : 3$이므로
$\angle ABD : \angle CBD = 4 : 3$
$\angle ABD : 18° = 4 : 3$에서
$3\angle ABD = 72°$ $\quad \therefore \angle ABD = 24°$ ...... ❷
△ABD에서 $\angle x = 90° - 24° = 66°$ ...... ❸

채점 기준	배점
❶ ∠EBD의 크기 구하기	3점
❷ ∠ABD의 크기 구하기	2점
❸ ∠x의 크기 구하기	2점

중간고사 대비 **실전 모의고사** ③회   121쪽~124쪽

01 ③	02 ②	03 ⑤	04 ②	05 ④
06 ①	07 ①	08 ③	09 ①	10 ④
11 ⑤	12 ②	13 ②	14 ③	15 ③
16 ④	17 ①	18 ②	19 $\dfrac{27}{2}$	
20 $27 + \dfrac{9\sqrt{3}}{2}$		21 $\sqrt{70}$	22 64°	
23 (1) 124° (2) 68° (3) 192°				

01 답 ③

$\overline{AB} = \sqrt{3^2 + (\sqrt{7})^2} = 4$
③ $\tan A = \dfrac{\overline{BC}}{\overline{AC}} = \dfrac{3}{\sqrt{7}} = \dfrac{3\sqrt{7}}{7}$

02 답 ②

△ABC∽△ADB (AA 닮음)이므로 $\angle ACB = \angle x$
△ABC에서
$\overline{AC} = \dfrac{6}{\cos x} = 6 \div \dfrac{2}{3} = 6 \times \dfrac{3}{2} = 9$
$\therefore \overline{AB} = \sqrt{9^2 - 6^2} = 3\sqrt{5}$

03 답 ⑤

△DFH에서 $\overline{FH} = \sqrt{6^2 + 2^2} = 2\sqrt{10}$
△DFH에서 $\overline{FD} = \sqrt{(2\sqrt{10})^2 + 3^2} = 7$
$\therefore \sin x = \dfrac{\overline{DH}}{\overline{FD}} = \dfrac{3}{7}$, $\cos y = \dfrac{\overline{FG}}{\overline{FD}} = \dfrac{6}{7}$
$\therefore \sin x + \cos y = \dfrac{3}{7} + \dfrac{6}{7} = \dfrac{9}{7}$

04 답 ②

45° < x < 90°일 때, $\sin x > \cos x$, $\sin x < 1$이므로
$\sqrt{(\sin x - \cos x)^2} + \sqrt{(\sin x - 1)^2}$
$= (\sin x - \cos x) - (\sin x - 1) = 1 - \cos x$

05 답 ④

오른쪽 그림과 같이 점 A에서
$\overline{BC}$에 내린 수선의 발을 H라 하
면 △ABH에서
$\overline{AH} = 10 \sin 37° = 10 \times 0.6 = 6$
△AHC에서 $\overline{AC} = \dfrac{6}{\sin 24°} = \dfrac{6}{0.4} = 15$

06 답 ①

오른쪽 그림과 같이 점 A에서 $\overline{BC}$
에 내린 수선의 발을 H라 하면

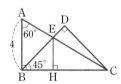

$\overline{AH} = 8\sqrt{2} \sin 30° = 8\sqrt{2} \times \dfrac{1}{2} = 4\sqrt{2}$
$\overline{BH} = 8\sqrt{2} \cos 30° = 8\sqrt{2} \times \dfrac{\sqrt{3}}{2} = 4\sqrt{6}$
$\overline{CH} = \overline{BC} - \overline{BH}$이므로 $\overline{CH} = 6\sqrt{6} - 4\sqrt{6} = 2\sqrt{6}$
$\therefore \overline{AC} = \sqrt{(4\sqrt{2})^2 + (2\sqrt{6})^2} = 2\sqrt{14}$

07 답 ①

$\overline{BC} = 4 \tan 60° = 4 \times \sqrt{3} = 4\sqrt{3}$
오른쪽 그림과 같이 점 E에서 $\overline{BC}$에
내린 수선의 발을 H라 하고 $\overline{EH} = h$
라 하면
$\overline{BH} = h \tan 45° = h$, $\overline{CH} = \dfrac{h}{\tan 30°} = \sqrt{3}h$
$\overline{BC} = \overline{BH} + \overline{CH}$이므로 $h + \sqrt{3}h = 4\sqrt{3}$
$(\sqrt{3} + 1)h = 4\sqrt{3}$ $\quad \therefore h = \dfrac{4\sqrt{3}}{\sqrt{3} + 1} = 6 - 2\sqrt{3}$
$\triangle EBC = \dfrac{1}{2} \times 4\sqrt{3} \times (6 - 2\sqrt{3}) = -12 + 12\sqrt{3}$
즉, $a = -12$, $b = 12$이므로 $a + b = -12 + 12 = 0$

08 답 ③

$\angle BAD = \angle DAC = \dfrac{1}{2} \times 120° = 60°$이므로
$\dfrac{1}{2} \times 6 \times 4 \times \sin(180° - 120°)$
$= \dfrac{1}{2} \times 6 \times \overline{AD} \times \sin 60° + \dfrac{1}{2} \times \overline{AD} \times 4 \times \sin 60°$
$6\sqrt{3} = \dfrac{5\sqrt{3}}{2} \times \overline{AD}$
$\therefore \overline{AD} = 6\sqrt{3} \times \dfrac{2}{5\sqrt{3}} = \dfrac{12}{5}$ (cm)

09 답 ①

오른쪽 그림과 같이 $\overline{OA}$를 그으면 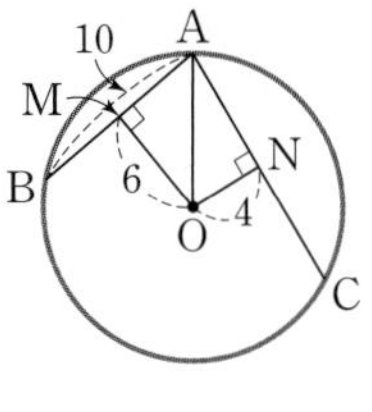
$\triangle OAM$에서
$\overline{OA}=\sqrt{5^2+6^2}=\sqrt{61}$
$\triangle OAN$에서
$\overline{AN}=\sqrt{(\sqrt{61})^2-4^2}=3\sqrt{5}$
$\therefore \overline{AC}=2\overline{AN}=6\sqrt{5}$

10 답 ④

$\overline{D'M}=\overline{DM}$이므로 점 D'과 M은 원의
지름 CD의 삼등분점이고, $\overline{D'M}$의 중점
은 원의 중심이다. 오른쪽 그림과 같이
원의 중심을 O라 하고 $\overline{OA}$를 그으면
$\overline{CD}=2\times9=18$이고
$\overline{CD'}=\overline{D'M}=\overline{MD}=\dfrac{1}{3}\times18=6$
$\overline{D'O}=\overline{OM}=\dfrac{1}{2}\times6=3$이므로 $\triangle OAM$에서
$\overline{AM}=\sqrt{9^2-3^2}=6\sqrt{2}$
$\therefore \overline{AB}=2\overline{AM}=2\times6\sqrt{2}=12\sqrt{2}$

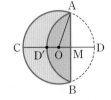

11 답 ⑤

오른쪽 그림과 같이 $\overline{OT}$를 그어 원 O의
반지름의 길이를 r cm라 하면 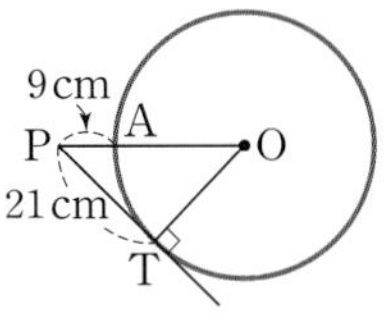
$\overline{OA}=\overline{OT}=r$ cm, $\overline{OP}=(r+9)$ cm
$\triangle OPT$에서
$(r+9)^2=r^2+21^2$, $18r=360$
$\therefore r=20$
따라서 원 O의 반지름의 길이는 20 cm이다.

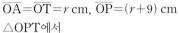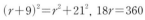

12 답 ②

점 D, E, F는 접점이므로 $\overline{BD}=\overline{BF}$, $\overline{CE}=\overline{CF}$
$\begin{aligned}\overline{AB}+\overline{AC}+\overline{BC}&=\overline{AB}+\overline{AC}+(\overline{BF}+\overline{CF})\\&=\overline{AB}+\overline{BD}+\overline{AC}+\overline{CE}\\&=\overline{AD}+\overline{AE}=2\overline{AD}\end{aligned}$
오른쪽 그림과 같이 $\overline{OD}$를 그으면
$\triangle OAD$에서 $\overline{AD}=\sqrt{10^2-5^2}=5\sqrt{3}$
따라서 $\triangle ABC$의 둘레의 길이는
$2\overline{AD}=2\times5\sqrt{3}=10\sqrt{3}$

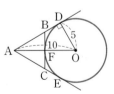

13 답 ②

$\overline{AB}=2\times4=8$이므로 $\overline{AB}+\overline{CD}=8+10=18$
$\overline{AB}+\overline{CD}=\overline{AD}+\overline{BC}$이므로
$\begin{aligned}\square ABCD&=\dfrac{1}{2}\times(\overline{AD}+\overline{BC})\times\overline{AB}\\&=\dfrac{1}{2}\times18\times8=72\end{aligned}$

14 답 ③

오른쪽 그림과 같이 $\overline{FC}$를 그으면
$\angle BFC=\angle BAC=28\degree$,
$\angle CFD=\angle CED=37\degree$
$\therefore \angle BFD=28\degree+37\degree=65\degree$

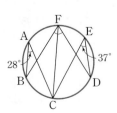

15 답 ③

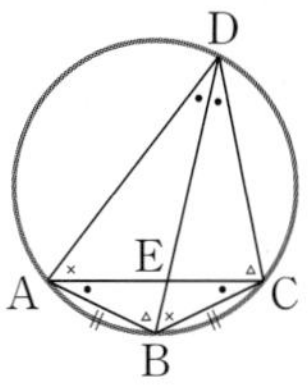

①, ② $\overarc{AB}=\overarc{BC}$이므로
$\angle ADB=\angle BAC$, $\angle ACB=\angle BDC$
④ $\angle EAB=\angle ADB$, $\angle B$는 공통
이므로 $\triangle AEB\backsim\triangle DAB$ (AA 닮음)
⑤ $\angle ADE=\angle BCE$, $\angle DAE=\angle CBE$
이므로 $\triangle ADE\backsim\triangle BCE$ (AA 닮음)

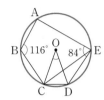

16 답 ④

오른쪽 그림과 같이 $\overline{CE}$를 그으면
$\square ABCE$가 원 O에 내접하므로
$\angle ABC+\angle AEC=180\degree$
$\therefore \angle AEC=180\degree-116\degree=64\degree$
$\angle CED=84\degree-64\degree=20\degree$이므로
$\angle COD=2\angle CED=2\times20\degree=40\degree$

17 답 ①

$\square ABCD$가 원 O에 내접하므로
$\angle PAB=\angle C=\angle x$라 하면
$\triangle PCD$에서
$\angle PDQ=32\degree+\angle x$
$\triangle ADQ$에서
$\angle BAD=24\degree+(32\degree+\angle x)=56\degree+\angle x$
이때 $\angle BAD+\angle BCD=180\degree$이므로
$(56\degree+\angle x)+\angle x=180\degree$ $\therefore \angle x=62\degree$
$\therefore \angle BAD=180\degree-62\degree=118\degree$

18 답 ②

등변사다리꼴은 아랫변의 양 끝 각의 크기와 윗변의 양 끝 각의
크기가 각각 서로 같다. 또, 직사각형과 정사각형은 네 각의 크
기가 모두 90°이다. 즉, 대각의 크기의 합이 항상 180°이므로 항
상 원에 내접한다.
따라서 항상 원에 내접하는 사각형은 등변사다리꼴, 직사각형,
정사각형의 3개이다.

19 답 $\dfrac{27}{2}$

$\overline{AB}=10\sin37\degree=10\times0.6=6$
$\overline{CD}=10\tan37\degree=10\times0.75=7.5=\dfrac{15}{2}$ ......❶
$\overline{OB}=10\cos37\degree=10\times0.8=8$
$\overline{BD}=\overline{OD}-\overline{OB}$이므로
$\overline{BD}=10-8=2$ ......❷
$\begin{aligned}\therefore \square ABDC&=\dfrac{1}{2}\times(\overline{AB}+\overline{CD})\times\overline{BD}\\&=\dfrac{1}{2}\times\Big(6+\dfrac{15}{2}\Big)\times2=\dfrac{27}{2}\end{aligned}$ ......❸

채점 기준	배점
❶ $\overline{AB}$, $\overline{CD}$의 길이 각각 구하기	2점
❷ $\overline{BD}$의 길이 구하기	1점
❸ $\square ABDC$의 넓이 구하기	1점

20 답 $27+\dfrac{9\sqrt{3}}{2}$

오른쪽 그림과 같이 점 C에서 $\overline{AD}$의 연장선 위에 내린 수선의 발을 H라 하고 $\overline{AC}$를 그으면 $\angle CDH=30°$이므로

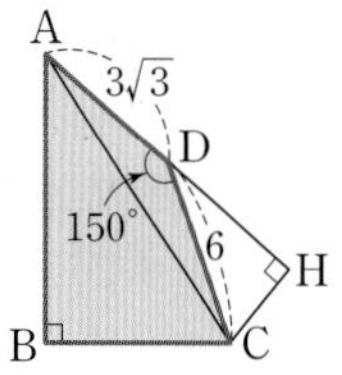

$\overline{CH}=6\sin 30°=6\times\dfrac{1}{2}=3$

$\overline{DH}=6\cos 30°=6\times\dfrac{\sqrt{3}}{2}=3\sqrt{3}$

$\triangle ACH$에서 $\overline{AC}=\sqrt{(6\sqrt{3})^2+3^2}=3\sqrt{13}$ ……❶

$\overline{AB}:\overline{BC}=3:2$이므로 $\overline{AB}=3a$, $\overline{BC}=2a$라 하면

$\triangle ABC$에서 $(3\sqrt{13})^2=(3a)^2+(2a)^2$이므로

$13a^2=117$, $a^2=9$ ∴ $a=3$ (∵ $a>0$)

즉, $\overline{AB}=9$, $\overline{BC}=6$ ……❷

∴ $\square ABCD=\triangle ABC+\triangle ACD$

$\quad=\dfrac{1}{2}\times 9\times 6+\dfrac{1}{2}\times 3\sqrt{3}\times 6\times\sin(180°-150°)$

$\quad=27+\dfrac{9\sqrt{3}}{2}$ ……❸

채점 기준	배점
❶ $\overline{AC}$의 길이 구하기	3점
❷ $\overline{AB}$, $\overline{BC}$의 길이 각각 구하기	2점
❸ $\square ABCD$의 넓이 구하기	2점

21 답 $\sqrt{70}$

오른쪽 그림과 같이 $\overline{OT}$를 그어 점 A에서 $\overline{OT}$에 내린 수선의 발을 M이라 하면

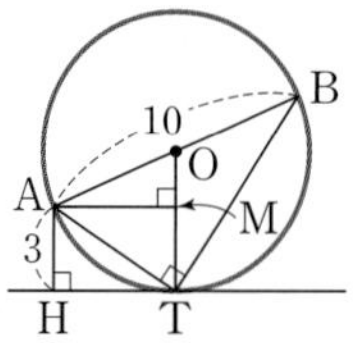

$\overline{OA}=5$, $\overline{OM}=5-3=2$

$\triangle OAM$에서

$\overline{AM}=\sqrt{5^2-2^2}=\sqrt{21}$ ……❶

$\triangle AHT$에서 $\overline{AT}=\sqrt{3^2+(\sqrt{21})^2}=\sqrt{30}$ ……❷

$\angle ATB=90°$이므로 $\triangle ABT$에서

$\overline{BT}=\sqrt{10^2-(\sqrt{30})^2}=\sqrt{70}$ ……❸

채점 기준	배점
❶ $\overline{AM}$의 길이 구하기	2점
❷ $\overline{AT}$의 길이 구하기	2점
❸ $\overline{BT}$의 길이 구하기	2점

22 답 $64°$

$\overline{AD}=\overline{AF}$, $\overline{BD}=\overline{BE}$, $\overline{CE}=\overline{CF}$이므로

$\angle ADF=\angle AFD=\dfrac{1}{2}\times(180°-42°)=69°$ ……❶

∴ $\angle BDE=180°-(69°+53°)=58°$ ……❷

∴ $\angle B=180°-2\times 58°=64°$ ……❸

채점 기준	배점
❶ $\angle ADF$의 크기 구하기	2점
❷ $\angle BDE$의 크기 구하기	2점
❸ $\angle B$의 크기 구하기	2점

23 답 (1) $124°$ (2) $68°$ (3) $192°$

(1) $\overline{AB}$가 원 O의 지름이므로 $\angle ACB=\angle ADB=90°$

$\square ECFD$에서

$56°+90°+\angle x+90°=360°$ ∴ $\angle x=124°$ ……❶

(2) $\angle EDA=\angle ECB=90°$이므로

$\angle EAD=\angle EBC=180°-(90°+56°)=34°$

∴ $\angle y=2\angle EAD=2\times 34°=68°$ ……❷

(3) $\angle x+\angle y=124°+68°=192°$ ……❸

채점 기준	배점
❶ $\angle x$의 크기 구하기	3점
❷ $\angle y$의 크기 구하기	3점
❸ $\angle x+\angle y$의 크기 구하기	1점

중간고사 대비 실전 모의고사 4회 125쪽~128쪽

01 ③	02 ②	03 ①	04 ④	05 ④
06 ②	07 ②	08 ③	09 ⑤	10 ③
11 ②	12 ④	13 ⑤	14 ②	15 ④
16 ①	17 ②	18 ③	19 $\sqrt{2}-1$	20 $6\sqrt{2}$
21 $24-4\pi$	22 $\dfrac{2}{5}$	23 (1) $28°$ (2) $130°$ (3) $158°$		

01 답 ③

$\sin C=\dfrac{\overline{AB}}{\overline{AC}}=\dfrac{6}{\overline{AC}}=\dfrac{2}{3}$이므로 $\overline{AC}=9$

$\triangle ABC$에서 $\overline{BC}=\sqrt{9^2-6^2}=3\sqrt{5}$

02 답 ②

$\angle B=\angle AED$, $\angle A$는 공통이므로

$\triangle ABC\backsim\triangle AED$ (AA 닮음) ∴ $\angle C=\angle ADE$

$\triangle ADE$에서 $\overline{AE}=\sqrt{9^2-7^2}=4\sqrt{2}$이므로

$\cos B=\cos(\angle AED)=\dfrac{\overline{AE}}{\overline{DE}}=\dfrac{4\sqrt{2}}{9}$

$\sin C=\sin(\angle ADE)=\dfrac{\overline{AE}}{\overline{DE}}=\dfrac{4\sqrt{2}}{9}$

∴ $\cos B\times\sin C=\dfrac{4\sqrt{2}}{9}\times\dfrac{4\sqrt{2}}{9}=\dfrac{32}{81}$

03 답 ①

$(\cos 30°-\sin 45°)(\sin 60°+\cos 45°)$

$=\left(\dfrac{\sqrt{3}}{2}-\dfrac{\sqrt{2}}{2}\right)\left(\dfrac{\sqrt{3}}{2}+\dfrac{\sqrt{2}}{2}\right)=\dfrac{3}{4}-\dfrac{2}{4}=\dfrac{1}{4}$

04 답 ④

① $\sin 0°=0$, $\cos 0°=1$, $\tan 0°=0$

② $\sin 90°=1$, $\cos 90°=0$, $\tan 90°$의 값은 정할 수 없다.

③ $\sin 0°=0$, $\cos 45°=\dfrac{\sqrt{2}}{2}$, $\tan 90°$의 값은 정할 수 없다.

⑤ $\sin 45°=\dfrac{\sqrt{2}}{2}$, $\cos 90°=0$, $\tan 0°=0$

05 답 ④

$\sin x=0.6428$에서 $x=40°$, $\cos y=0.7314$에서 $y=43°$

$\tan z=0.8693$에서 $z=41°$

$$\therefore \sin(x+y-z)=\sin(40°+43°-41°)=\sin 42°=0.6691$$

06 답 ②

$\angle A=180°-(75°+60°)=45°$이므로
오른쪽 그림과 같이 점 B에서 $\overline{AC}$에 내린
수선의 발을 H라 하면 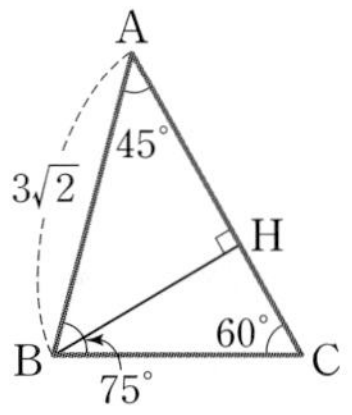
$\angle ABH=45°,\ \angle CBH=30°$

$\overline{AH}=\overline{BH}=3\sqrt{2}\cos 45°=3\sqrt{2}\times\dfrac{\sqrt{2}}{2}=3$

△CBH에서 $\overline{CH}=3\tan 30°=3\times\dfrac{\sqrt{3}}{3}=\sqrt{3}$

$\therefore \overline{AC}=\overline{AH}+\overline{CH}=3+\sqrt{3}$

07 답 ③

오른쪽 그림과 같이 건물의 높이를 h m,
건물이 지면과 만나는 점을 C라 하면 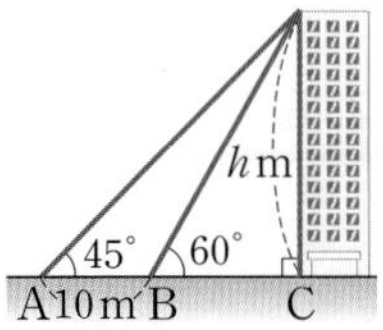
$\overline{AC}=h\tan 45°=h$

$\overline{BC}=h\tan 30°=\dfrac{\sqrt{3}}{3}h$

$\overline{AB}=\overline{AC}-\overline{BC}$이므로

$10=h-\dfrac{\sqrt{3}}{3}h,\ (3-\sqrt{3})h=30 \quad\therefore h=\dfrac{30}{3-\sqrt{3}}=5(3+\sqrt{3})$

따라서 건물의 높이는 $5(3+\sqrt{3})$ m이다.

08 답 ③

$\triangle ABM=\dfrac{1}{2}\triangle ABC=\dfrac{1}{4}\square ABCD$

$\triangle ADN=\dfrac{2}{3}\triangle ACD=\dfrac{1}{3}\square ABCD$

$\triangle CMN=\dfrac{1}{3}\triangle CDM=\dfrac{1}{6}\triangle BCD=\dfrac{1}{12}\square ABCD$

$\therefore \triangle AMN=\left\{1-\left(\dfrac{1}{4}+\dfrac{1}{3}+\dfrac{1}{12}\right)\right\}\times\square ABCD$

$\qquad\qquad =\dfrac{1}{3}\square ABCD$

$\square ABCD=15\times10\times\sin 60°=150\times\dfrac{\sqrt{3}}{2}=75\sqrt{3}$이므로

$\triangle AMN=\dfrac{1}{3}\times75\sqrt{3}=25\sqrt{3}$

09 답 ⑤

오른쪽 그림과 같이 $\overline{AB}$와 $\overline{OC}$의 교점을
M이라 하고 $\overline{OA}$를 그으면 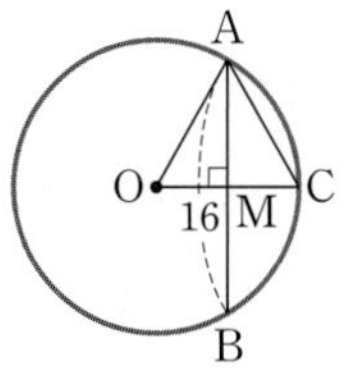
$\overline{AM}=\overline{BM}=8$
△OAM에서 $\overline{OM}=\sqrt{10^2-8^2}=6$
$\therefore \overline{CM}=10-6=4$
△AMC에서 $\overline{AC}=\sqrt{8^2+4^2}=4\sqrt{5}$

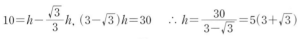

10 답 ③

오른쪽 그림과 같이 원의 중심 O에서 $\overline{CD}$
에 내린 수선의 발을 N이라 하면 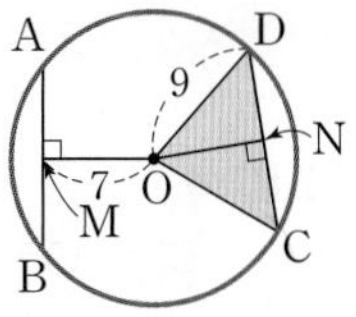
$\overline{AB}=\overline{CD}$이므로 $\overline{ON}=\overline{OM}=7$
△DON에서 $\overline{DN}=\sqrt{9^2-7^2}=4\sqrt{2}$

$\overline{CD}=2\overline{DN}=8\sqrt{2}$이므로 $\triangle OCD=\dfrac{1}{2}\times8\sqrt{2}\times7=28\sqrt{2}$

11 답 ②

오른쪽 그림과 같이 $\overline{AB}$를 그으면
$\angle CAB=\angle CBA$

$\qquad =\dfrac{1}{2}\times(180°-122°)=29°$

$\therefore \angle PBA=29°+29°=58°$
이때 $\overline{PA}=\overline{PB}$이므로 $\angle APB=180°-2\times58°=64°$

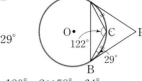

12 답 ④

$\overline{DE}=\overline{DA}=5,\ \overline{CE}=\overline{CB}=9$이므로
$\overline{CD}=5+9=14$
오른쪽 그림과 같이 점 D에서 $\overline{BC}$에 내린
수선의 발을 H라 하면 △CDH에서
$\overline{DH}=\sqrt{14^2-4^2}=6\sqrt{5}$

$\therefore \square ABCD=\dfrac{1}{2}\times(5+9)\times6\sqrt{5}=42\sqrt{5}$

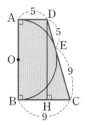

13 답 ⑤

오른쪽 그림과 같이 $\overline{BF}$를 그으면 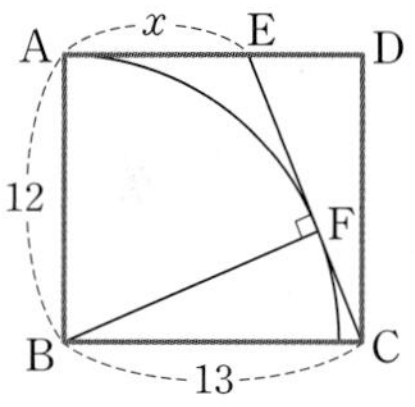
$\overline{BF}=12$이므로
△BCF에서 $\overline{CF}=\sqrt{13^2-12^2}=5$
$\overline{AE}=x$라 하면
$\overline{EF}=\overline{EA}=x,\ \overline{DE}=13-x$
△CDE에서 $(x+5)^2=(13-x)^2+12^2$
$36x=288 \quad\therefore x=8$
따라서 $\overline{AE}$의 길이는 8이다.

14 답 ②

$\square OAPB$에서 $\angle AOB=360°-(90°+90°+64°)=116°$

$\angle ACB=\dfrac{1}{2}\angle AOB=\dfrac{1}{2}\times116°=58°$

오른쪽 그림과 같이 $\overline{OC}$를 그으면
$\overline{OA}=\overline{OC}=\overline{OB}$이므로
$\angle x+\angle y=\angle ACO+\angle BCO$
$\qquad\qquad =\angle ACB=58°$

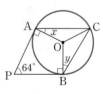

15 답 ④

$\overset{\frown}{AB}:\overset{\frown}{CD}=3:4$이므로 $\angle ADB:\angle CAD=3:4$

$\therefore \angle CAD=\dfrac{4}{3}\angle ADB$

$\angle ADP+\angle CAD=105°$에서 $\angle ADP+\dfrac{4}{3}\angle ADP=105°$

$\dfrac{7}{3}\angle ADP=105° \quad\therefore \angle ADP=45°$

16 답 ①

$\square ABQP$가 원 O_1에 내접하므로
$\angle x=\angle PQS,\ \angle y=\angle APQ$
$\square PQSR$가 원 O_2에 내접하므로
$\angle PQS=\angle SRD,\ \angle APQ=\angle QSR$
$\square RSCD$가 원 O_3에 내접하므로
$\angle SRD=180°-80°=100°$
$\therefore \angle x=\angle SRD=100°$
$\therefore \angle y=\angle QSR=\angle CDR=95°$
$\therefore \angle x-\angle y=100°-95°=5°$

17 답 ②

오른쪽 그림과 같이 $\overline{CE}$를 그으면 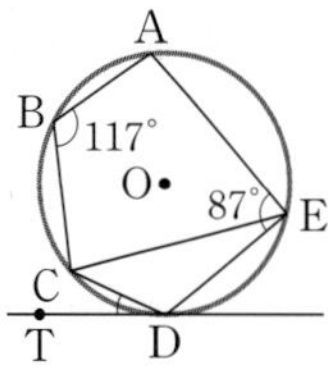
$\square ABCE$는 원에 내접하므로
$\angle AEC = 180° - 117° = 63°$
$\therefore \angle CDT = \angle CED = 87° - 63°$
$\qquad\qquad = 24°$

18 답 ③

$\angle BTQ = \angle BAT = 71°$, $\angle CTQ = \angle CDT = 58°$이고
$\angle DTC + \angle CTQ + \angle QTB = 180°$이므로
$\angle DTC = 180° - (71° + 58°) = 51°$

19 답 $\sqrt{2} - 1$

$\triangle AOC$에서 $\overline{AC} = \tan 45° = 1$ ..... ❶
$\therefore \overline{OA} = \sqrt{1^2 + 1^2} = \sqrt{2}$
$\overline{OB} = \overline{OA} = \sqrt{2}$이므로 $\overline{BC} = \sqrt{2} + 1$ ..... ❷
$\therefore \tan x = \dfrac{\overline{AC}}{\overline{BC}} = \dfrac{1}{\sqrt{2} + 1} = \sqrt{2} - 1$ ..... ❸

채점 기준	배점
❶ $\overline{AC}$의 길이 구하기	1점
❷ $\overline{BC}$의 길이 구하기	2점
❸ $\tan x$의 값 구하기	1점

20 답 $6\sqrt{2}$

$\dfrac{1}{2} \times 8 \times \overline{AC} \times \dfrac{\sqrt{2}}{2} = 8\sqrt{2}$에서 $\overline{AC} = 4$ ..... ❶
$\dfrac{1}{2} \times \overline{AD} \times 10 \times \dfrac{\sqrt{2}}{2} = 15\sqrt{2}$에서 $\overline{AD} = 6$ ..... ❷
$\therefore \triangle ACD = \dfrac{1}{2} \times 4 \times 6 \times \dfrac{\sqrt{2}}{2} = 6\sqrt{2}$ ..... ❸

채점 기준	배점
❶ $\overline{AC}$의 길이 구하기	2점
❷ $\overline{AD}$의 길이 구하기	2점
❸ $\triangle ACD$의 넓이 구하기	2점

21 답 $24 - 4\pi$

오른쪽 그림과 같이 $\overline{OD}$, $\overline{OE}$를 그어
원 O의 반지름의 길이를 r라 하면
$\overline{BD} = \overline{BE} = r$
$\overline{AD} = \overline{AF} = 4$, $\overline{CE} = \overline{CF} = 6$
$\triangle ABC$에서 $(r+4)^2 + (r+6)^2 = 10^2$
$r^2 + 10r - 24 = 0$, $(r+12)(r-2) = 0$
$\therefore r = 2 \ (\because r > 0)$ ..... ❶
따라서 색칠한 부분의 넓이는
$\dfrac{1}{2} \times 6 \times 8 - \pi \times 2^2 = 24 - 4\pi$ ..... ❷

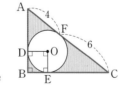

채점 기준	배점
❶ 원 O의 반지름의 길이 구하기	3점
❷ 색칠한 부분의 넓이 구하기	3점

22 답 $\dfrac{2}{5}$

$\angle A$는 공통, $\angle ACB = \angle ADC = 90°$이므로

$\triangle ABC \backsim \triangle ACD$ (AA 닮음)
$\therefore \angle ABC = \angle ACD = \angle x$ ..... ❶
$\triangle ABC$에서 $\overline{BC} = \sqrt{10^2 - (4\sqrt{5})^2} = 2\sqrt{5}$이므로
$\sin x = \dfrac{\overline{AC}}{\overline{AB}} = \dfrac{4\sqrt{5}}{10} = \dfrac{2\sqrt{5}}{5}$,
$\cos x = \dfrac{\overline{BC}}{\overline{AB}} = \dfrac{2\sqrt{5}}{10} = \dfrac{\sqrt{5}}{5}$ ..... ❷
$\therefore \sin x \times \cos x = \dfrac{2\sqrt{5}}{5} \times \dfrac{\sqrt{5}}{5} = \dfrac{2}{5}$ ..... ❸

채점 기준	배점
❶ $\angle ABC = \angle ACD = \angle x$임을 알기	2점
❷ $\sin x$, $\cos x$의 값 각각 구하기	4점
❸ $\sin x \times \cos x$의 값 구하기	1점

23 답 (1) $28°$ (2) $130°$ (3) $158°$

(1) $\square ABCD$는 원 O에 내접하므로 $\angle BAD = \angle DCE = 68°$
$\therefore \angle x = 68° - 40° = 28°$ ..... ❶
(2) $\angle ACD = 90°$이므로 $\angle ADC = 180° - (40° + 90°) = 50°$
$\therefore \angle y = 180° - 50° = 130°$ ..... ❷
(3) $\angle x + \angle y = 28° + 130° = 158°$ ..... ❸

채점 기준	배점
❶ $\angle x$의 크기 구하기	3점
❷ $\angle y$의 크기 구하기	3점
❸ $\angle x + \angle y$의 크기 구하기	1점

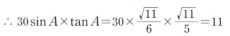
중간고사 대비 **실전 모의고사 ⑤회**   129쪽~132쪽

01 ①	02 ②	03 ⑤	04 ③	05 ②
06 ⑤	07 ③	08 ②	09 ①	10 ④
11 ④	12 ①	13 ②	14 ③	15 ①
16 ④	17 ③	18 ②	19 1.7797	

20 (1) $150°$ (2) $15\pi \ \text{cm}^2$ (3) $9 \ \text{cm}^2$ (4) $(15\pi - 9) \ \text{cm}^2$
21 $\dfrac{192}{25}$ **22** $58°$ **23** $26°$

01 답 ①

$\cos A = \dfrac{5}{6}$이므로 오른쪽 그림과 같은 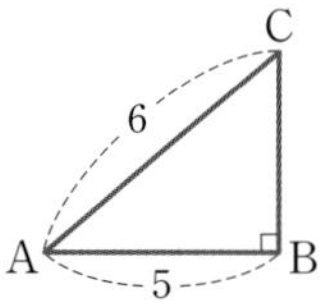
직각삼각형 ABC를 그릴 수 있다.
$\overline{BC} = \sqrt{6^2 - 5^2} = \sqrt{11}$이므로
$\sin A = \dfrac{\sqrt{11}}{6}$, $\tan A = \dfrac{\sqrt{11}}{5}$
$\therefore 30 \sin A \times \tan A = 30 \times \dfrac{\sqrt{11}}{6} \times \dfrac{\sqrt{11}}{5} = 11$

02 답 ②

$x - 15° = 45°$이므로 $x = 60°$
$\therefore \cos \dfrac{x}{2} \div \tan x = \cos 30° \div \tan 60° = \dfrac{\sqrt{3}}{2} \times \dfrac{1}{\sqrt{3}} = \dfrac{1}{2}$

03 답 ⑤

구하는 직선의 방정식을 $y=ax+b$라 하면 $a=\tan 30°=\dfrac{\sqrt{3}}{3}$

직선 $y=\dfrac{\sqrt{3}}{3}x+b$가 점 $(3, 0)$을 지나므로

$0=\sqrt{3}+b$ ∴ $b=-\sqrt{3}$

따라서 구하는 직선의 방정식은 $y=\dfrac{\sqrt{3}}{3}x-\sqrt{3}$

04 답 ③

$45°<x<90°$일 때, $\cos x<\sin x<1$, $\tan x>1$

∴ $\cos 50°<\sin 50°<\tan 50°$

05 답 ②

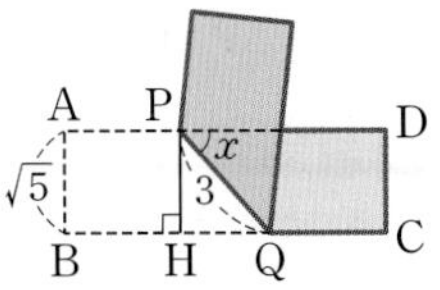

오른쪽 그림과 같이 점 P에서 $\overline{BC}$에
내린 수선의 발을 H라 하면
$\overline{PH}=\overline{AB}=\sqrt{5}$이고
$\angle PQH=\angle DPQ=\angle x$ (엇각)

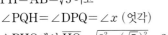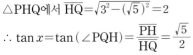

$\triangle PHQ$에서 $\overline{HQ}=\sqrt{3^2-(\sqrt{5})^2}=2$

∴ $\tan x=\tan(\angle PQH)=\dfrac{\overline{PH}}{\overline{HQ}}=\dfrac{\sqrt{5}}{2}$

06 답 ⑤

$\angle ACB=\angle DAC=8°$이므로

$\overline{AC}=\dfrac{3500}{\sin 8°}=\dfrac{3500}{0.14}=25000\,(m)$

따라서 비행기가 착륙하는 데 걸리는 시간은

$\dfrac{25000}{250}=100\,(초)$

07 답 ③

$\overline{AH}=h$라 하면

$\triangle ABH$에서 $\overline{BH}=\overline{AH}\times\tan 50°=h\tan 50°$

$\triangle ACH$에서 $\overline{CH}=\overline{AH}\times\tan 15°=h\tan 15°$

$\overline{BC}=\overline{BH}+\overline{CH}$에서 $6=h\tan 50°+h\tan 15°$

$6=h(\tan 50°+\tan 15°)$ ∴ $h=\dfrac{6}{\tan 50°+\tan 15°}$

08 답 ②

$\overline{BC}=\overline{DE}=10$이므로 $\overline{AC}=10\sin 30°=10\times\dfrac{1}{2}=5$

$\angle ACB=60°$이므로 $\angle ACE=90°+60°=150°$

∴ $\triangle AEC=\dfrac{1}{2}\times 5\times 10\times\sin(180°-150°)$

$=\dfrac{1}{2}\times 5\times 10\times\sin 30°=\dfrac{25}{2}$

09 답 ①

오른쪽 그림과 같이 $\overline{BD}$를 그으면

$\square ABCD$

$=\triangle ABD+\triangle DBC$

$=\dfrac{1}{2}\times 6\times 6\times\sin(180°-120°)$

$\quad +\dfrac{1}{2}\times 6\sqrt{3}\times 6\sqrt{3}\times\sin 60°$

$=9\sqrt{3}+27\sqrt{3}=36\sqrt{3}\,(cm^2)$

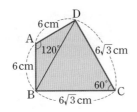

10 답 ④

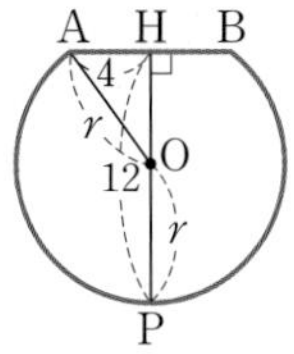

$\overline{HP}$는 현 AB를 수직이등분하므로 $\overline{HP}$는 오른쪽 그림과 같이 원의 중심 O를 지난다.
원의 반지름의 길이를 r라 하면 $\triangle OAH$에서

$r^2=4^2+(12-r)^2$, $24r=160$ ∴ $r=\dfrac{20}{3}$

따라서 원의 반지름의 길이는 $\dfrac{20}{3}$이다.

11 답 ④

$\triangle ABC$는 정삼각형이다.

④ $\triangle OMB$에서 $\overline{OM}=9\tan 30°=9\times\dfrac{\sqrt{3}}{3}=3\sqrt{3}$

12 답 ①

오른쪽 그림과 같이 원과 접하는 접점을
각각 G, H, I, J, K, L이라 하고
$\overline{AG}=\overline{AL}=x$라 하면

$\overline{BG}=\overline{BH}=4-x$

$\overline{CH}=\overline{CI}=5-(4-x)=1+x$

$\overline{DI}=\overline{DJ}=6-(1+x)=5-x$

$\overline{EJ}=\overline{EK}=7-(5-x)=2+x$

$\overline{FK}=\overline{FL}=8-(2+x)=6-x$

∴ $\overline{AF}=\overline{AL}+\overline{FL}=x+(6-x)=6$

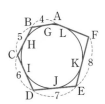

13 답 ②

오른쪽 그림과 같이 원의 중심 O를 지나는
$\overline{A'B}$를 긋고 원 O의 반지름의 길이를 r라
하면 $\triangle A'BC$에서 $\angle A'=\angle A=x$

$\sin A=\dfrac{\overline{BC}}{\overline{A'B}}=\dfrac{5}{2r}$이므로 $r=\dfrac{5}{2\sin A}$

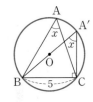

14 답 ③

오른쪽 그림과 같이 $\overline{CD}$를 그으면

$\angle ECD=\angle x$, $\angle BDC=\angle y$

$\triangle ABC$에서

$54°+(23°+\angle x)+(23°+\angle y)=180°$

$\angle x+\angle y+100°=180°$

∴ $\angle x+\angle y=80°$

15 답 ①

오른쪽 그림과 같이 $\overline{CE}$를 그으면

$\square ABCE$가 원에 내접하므로

$\angle AEC=180°-111°=69°$

$\angle CED=104°-69°=35°$

∴ $\angle CAD=\angle CED=35°$

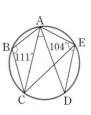

16 답 ④

네 점 A, B, C, D가 한 원 위에 있으므로

$\angle ACB=\angle ADB=24°$

$\triangle APC$에서 $\angle CAD=38°+24°=62°$

$\triangle DAQ$에서 $\angle CQD=62°+24°=86°$

17 답 ③

$\angle AQB=\angle BAP=\angle ABP=\dfrac{1}{2}\times(180°-44°)=68°$

$\triangle$AQB에서 $\angle$ABQ+$\angle$QAB=$180°-68°=112°$이고

$\overset{\frown}{\text{AQ}}:\overset{\frown}{\text{BQ}}=5:3$에서 $\angle$ABQ : $\angle$QAB=5 : 3이므로

$\angle x=\dfrac{5}{8}\times112°=70°$

18 답 ②

오른쪽 그림과 같이 $\overline{\text{CD}}$를 그으
면 $\angle$CDE=$\angle$ABC=$87°$
□DCFE가 원에 내접하므로
$\angle$DCF=$180°-118°=62°$
$\triangle$DCP에서
$\angle$P=$180°-(62°+87°)=31°$

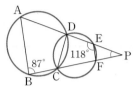

19 답 1.7797

$\sin x=\dfrac{\overline{\text{AB}}}{\overline{\text{OA}}}=\dfrac{\overline{\text{AB}}}{1}=0.7431$이므로 $x=48°$ ······ ❶

$\overline{\text{OB}}=\dfrac{\overline{\text{OB}}}{1}=\dfrac{\overline{\text{OB}}}{\overline{\text{OA}}}=\cos x=\cos48°=0.6691$

$\overline{\text{CD}}=\dfrac{\overline{\text{CD}}}{1}=\dfrac{\overline{\text{CD}}}{\overline{\text{OD}}}=\tan x=\tan48°=1.1106$ ······ ❷

$\therefore \overline{\text{OB}}+\overline{\text{CD}}=0.6691+1.1106=1.7797$ ······ ❸

채점 기준	배점
❶ x의 크기 구하기	1점
❷ $\overline{\text{OB}}$, $\overline{\text{CD}}$의 길이 각각 구하기	2점
❸ $\overline{\text{OB}}+\overline{\text{CD}}$의 길이 구하기	1점

20 답 (1) 150° (2) 15π cm² (3) 9 cm² (4) (15π-9) cm²

(1) $\triangle$OAP에서 $\overline{\text{OA}}=\overline{\text{OP}}$이므로

$\angle$OPA=$\angle$OAP=$15°$

$\therefore \angle$AOP=$180°-(15°+15°)=150°$ ······ ❶

(2) (부채꼴 AOP의 넓이)

$=\pi\times6^2\times\dfrac{150}{360}=15\pi\,(\text{cm}^2)$ ······ ❷

(3) $\triangle$AOP=$\dfrac{1}{2}\times6\times6\times\sin(180°-150°)$

$=\dfrac{1}{2}\times6\times6\times\dfrac{1}{2}=9\,(\text{cm}^2)$ ······ ❸

(4) (색칠한 부분의 넓이)=(부채꼴 AOP의 넓이)-$\triangle$AOP

$=15\pi-9\,(\text{cm}^2)$ ······ ❹

채점 기준	배점
❶ $\angle$AOP의 크기 구하기	1점
❷ 부채꼴 AOP의 넓이 구하기	2점
❸ $\triangle$AOP의 넓이 구하기	2점
❹ 색칠한 부분의 넓이 구하기	2점

21 답 $\dfrac{192}{25}$

오른쪽 그림과 같이 $\overline{\text{OP}}$와 $\overline{\text{AB}}$의 교
점을 H라 하면 $\angle$PAO=$90°$이므로
$\overline{\text{PA}}=\sqrt{5^2-3^2}=4$ ······ ❶
또, $\overline{\text{PO}}\perp\overline{\text{AH}}$이므로
$\overline{\text{AP}}\times\overline{\text{AO}}=\overline{\text{PO}}\times\overline{\text{AH}}$

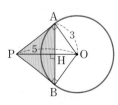

$4\times3=5\times\overline{\text{AH}}$ $\therefore \overline{\text{AH}}=\dfrac{12}{5}$

$\therefore \overline{\text{AB}}=2\overline{\text{AH}}=\dfrac{24}{5}$ ······ ❷

$\triangle$APH에서

$\overline{\text{PH}}=\sqrt{4^2-\left(\dfrac{12}{5}\right)^2}=\dfrac{16}{5}$ ······ ❸

$\therefore \triangle$PAB=$\dfrac{1}{2}\times\dfrac{24}{5}\times\dfrac{16}{5}=\dfrac{192}{25}$ ······ ❹

채점 기준	배점
❶ $\overline{\text{PA}}$의 길이 구하기	1점
❷ $\overline{\text{AB}}$의 길이 구하기	2점
❸ $\overline{\text{PH}}$의 길이 구하기	2점
❹ $\triangle$PAB의 넓이 구하기	2점

22 답 58°

오른쪽 그림과 같이 $\overline{\text{AE}}$, $\overline{\text{BF}}$, $\overline{\text{DC}}$를
그으면
$\angle$DEA+$\angle$AEF=$61°$이므로
$\angle$AOD+$\angle$AOF=$2\times61°$
$=122°$ ······ ❶
또, $\overset{\frown}{\text{AD}}=\overset{\frown}{\text{BD}}$, $\overset{\frown}{\text{AF}}=\overset{\frown}{\text{CF}}$이므로
$\angle$AOB=$2\angle$AOD, $\angle$AOC=$2\angle$AOF
$\therefore \angle$AOB+$\angle$AOC=$2\angle$AOD+$2\angle$AOF
$=2(\angle$AOD+$\angle$AOF$)$
$=2\times122°$
$=244°$ ······ ❷
따라서 $\angle$BOC=$360°-244°=116°$이므로 ······ ❸

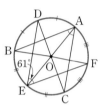

$\angle$BAC=$\dfrac{1}{2}\angle$BOC=$\dfrac{1}{2}\times116°=58°$ ······ ❹

채점 기준	배점
❶ $\angle$AOD+$\angle$AOF의 크기 구하기	1점
❷ $\angle$AOB+$\angle$AOC의 크기 구하기	1점
❸ $\angle$BOC의 크기 구하기	2점
❹ $\angle$BAC의 크기 구하기	2점

23 답 26°

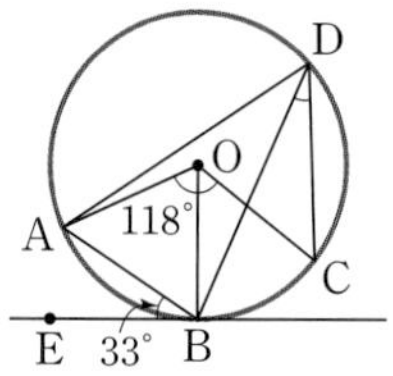

오른쪽 그림과 같이 $\overline{\text{OB}}$, $\overline{\text{AD}}$를 그으면
$\angle$ADB=$\angle$ABE=$33°$
$\therefore \angle$AOB=$2\angle$ADB
$=2\times33°=66°$ ······ ❶
$\angle$BOC=$118°-66°=52°$ ······ ❷

$\therefore \angle$BDC=$\dfrac{1}{2}\angle$BOC=$\dfrac{1}{2}\times52°=26°$ ······ ❸

채점 기준	배점
❶ $\angle$AOB의 크기 구하기	2점
❷ $\angle$BOC의 크기 구하기	2점
❸ $\angle$BDC의 크기 구하기	2점

특급기출

기출예상문제집
중학 수학 3-2 중간고사

정답 및 풀이

동아출판이 만든 진짜 기출예상문제집

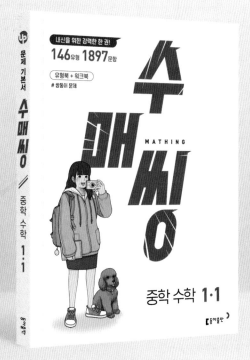
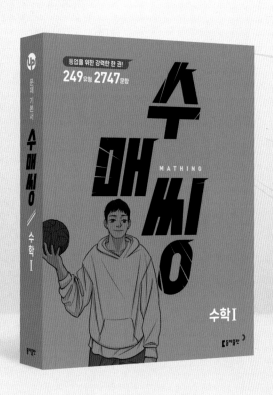